PRÉCIS
DE PHYSIQUE

PAR

É. FERNET

INSPECTEUR GÉNÉRAL DE L'INSTRUCTION PUBLIQUE

ANCIEN PROFESSEUR AU LYCÉE SAINT-LOUIS

VINGT-DEUXIÈME ÉDITION

AVEC LA COLLABORATION DE A. CUERVET

Professeur au Lycée Saint-Louis

Avec 313 figures dans le texte

PARIS

G. MASSON, ÉDITEUR

120, BOULEVARD SAINT-GERMAIN, 120

MDCCCXCIII

PRÉCIS

DE PHYSIQUE

OUVRAGES DE M. E. FERNET

Traité de physique élémentaire, de Ch. Drion et E. Fernet, revu et modifié par E. Fernet, 12e édition, entièrement refondue par MM. E. Fernet et A. Cherver. 1 vol. petit in-8° avec 700 figures dans le texte. . . . . 8 fr.

Cours de physique pour la classe de mathématiques spéciales, 3e édition, entièrement revue et mise en conformité avec les nouveaux programmes. 1 vol. grand in-8°, avec 489 figures dans le texte. 15 fr.

Cours de physique à l'usage des classes de lettres rédigé conformément aux nouveaux programmes. 1 vol. in-16, avec 485 figures. 5 fr.

Notions de physique et de chimie. 3e édition. 1 vol. in-18, avec 192 figures dans le texte, cartonné. . . . . 2 fr. 50

96583+7000 — 11.92 — Paris. Impr. Lahure, rue de Fleurus, 9. — 25921.

PRÉCIS

DE PHYSIQUE

PAR

E. FERNET

INSPECTEUR GÉNÉRAL DE L'INSTRUCTION PUBLIQUE

ANCIEN PROFESSEUR AU LYCÉE SAINT-LOUIS

VINGT-DEUXIÈME ÉDITION

AVEC LA COLLABORATION DE A. CHERVET

Professeur au Lycée Saint-Louis

Avec 313 figures dans le texte

PARIS

G. MASSON, ÉDITEUR

120, BOULEVARD SAINT-GERMAIN, 120

MDCCCXCIII

PRÉCIS
DE PHYSIQUE

NOTIONS DE MÉCANIQUE PHYSIQUE

I — MOUVEMENTS. — FORCES.

1. Mouvement en général. — On nomme *trajectoire* d'un point en mouvement, la ligne décrite par les positions successives de ce point. — Le mouvement est dit *rectiligne* ou *curviligne*, selon que la trajectoire est une ligne droite ou une ligne courbe. — Dans ce qui va suivre, nous n'étudierons que des mouvements rectilignes.

Pour que le mouvement d'un point soit complètement défini, il ne suffit pas que sa trajectoire soit connue: il faut encore que l'on connaisse la loi suivant laquelle il la parcourt. — Dans chacun des cas simples que nous aurons à examiner, il est facile d'obtenir une relation entre les valeurs du *temps* t, compté à partir d'un instant déterminé, et les valeurs correspondantes de l'*espace* e, qui sépare la position du point mobile d'un point fixe pris sur la trajectoire. — Une pareille relation prendra le nom d'*équation du mouvement*.

Nous supposerons les temps évalués en *secondes*, et les espaces évalués en *mètres*.

2. Mouvement uniforme. — Le mouvement d'un point est dit *uniforme*, lorsque les espaces parcourus dans des temps égaux sont égaux, quels que soient ces temps. — On appelle *vitesse* d'un mouvement uniforme, l'espace parcouru dans l'unité de temps.

Désignons par v la vitesse d'un mouvement uniforme déterminé, cette vitesse étant exprimée en mètres. — Si, pour plus de simplicité, on convient de compter les espaces à partir du point où se trouvait le mobile à l'instant pris pour origine du temps, on voit immédiatement que l'espace parcouru e, au bout d'un temps t mesuré en secondes, est

$$e = vt. \tag{1}$$

Réciproquement, cette formule permet de déterminer la vitesse v d'un mouvement uniforme, si l'on connaît la valeur e de l'espace parcouru au bout d'un temps t; car elle donne

$$(2) \qquad v = \frac{e}{t}.$$

3. Mouvement varié. — Vitesse moyenne, entre deux instants déterminés. — Vitesse à un instant déterminé. — On dit qu'un point est animé d'un *mouvement varié*, lorsque les espaces parcourus en des temps égaux ne sont pas égaux.

Soit AB (*fig.* 1) la trajectoire d'un mobile situé en A à l'instant pris pour origine du temps, et animé d'un mouvement varié. Soit AM l'espace parcouru au bout d'un temps t; désignons-le par e. Soit Am l'espace parcouru au bout du temps $t + \theta$; désignons-le par $e + \varepsilon$. L'espace Mm ou ε sera l'espace parcouru pendant l'intervalle de temps θ.

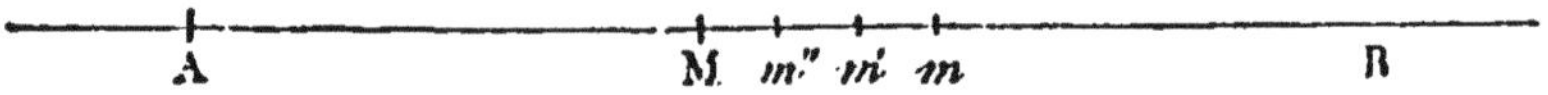

A M m'' m' m B

Fig. 1.

On conçoit que le mobile aurait pu parcourir ce même espace ε, d'un mouvement *uniforme*, dans le même intervalle de temps, à la condition d'avoir une vitesse convenable, qui serait $\frac{\varepsilon}{\theta}$. Cette vitesse est ce qu'on nomme la *vitesse moyenne* du mobile entre les deux instants t et $t + \theta$; elle s'obtient, comme on voit, en divisant l'accroissement ε de l'espace parcouru, par l'accroissement θ du temps.

Considérons maintenant, au lieu de l'accroissement θ du temps t, un accroissement plus petit θ'; l'espace parcouru AM se sera accru seulement de $Mm' = \varepsilon'$, et la vitesse moyenne entre l'instant t et l'instant $t + \theta'$ sera $\frac{\varepsilon'}{\theta'}$. De même, pour un accroissement de temps θ'', l'accroissement d'espace étant $Mm'' = \varepsilon''$, la vitesse moyenne entre les instants t et $t + \theta''$ serait $\frac{\varepsilon''}{\theta''}$, et ainsi de suite.

Ces quotients $\frac{\varepsilon}{\theta}, \frac{\varepsilon'}{\theta'}, \frac{\varepsilon''}{\theta''} \dots$ tendent en général vers une limite déterminée, quand on fait décroître indéfiniment les intervalles de temps θ, θ', θ''.... Cette limite est ce qu'on nomme la *vitesse à l'instant* t. — Nous appellerons donc *vitesse à un instant déterminé*, la limite vers laquelle tend le rapport de l'accroissement ε de l'espace à l'accroissement θ du temps, lorsque θ converge vers zéro.

On voit que la vitesse doit être considérée comme positive ou négative, selon que ε est lui-même positif ou négatif.

4. **Mouvement uniformément varié.** — Un mouvement est dit *uniformément varié*, lorsque sa vitesse varie de quantités égales en des temps égaux, quels que soient ces temps. — On appelle *accélération*, dans un pareil mouvement, la variation de la vitesse dans l'unité de temps. — Le mouvement est dit *uniformément accéléré* ou *uniformément retardé*, selon que l'accélération et la vitesse sont de même signe ou de signes contraires.

Considérons, par exemple, un mobile animé d'un mouvement *uniformément accéléré*. Soit v_0 sa vitesse initiale, c'est-à-dire sa vitesse à l'instant pris pour origine du temps; soit γ l'accélération; nous supposons v_0 et γ positifs. Si l'on désigne par v la vitesse au bout du temps t, on a, d'après la définition même de l'accélération,

$$v = v_0 + \gamma t. \tag{1}$$

Cette équation peut se transformer en une autre, qui donne l'espace parcouru e compté à partir du point où se trouvait le mobile à l'origine du temps. On en déduit, en effet, par un raisonnement pour lequel nous renverrons aux Traités de Mécanique, l'équation équivalente

$$e = v_0 t + \frac{\gamma t^2}{2}. \tag{2}$$

Remarque. — Si l'on considère le cas particulier où la vitesse initiale v_0 est nulle, c'est-à-dire où le mobile part du repos, les deux formules précédentes deviennent :

$$v = \gamma t$$
$$e = \frac{\gamma t^2}{2};$$

c'est-à-dire que, dans ce cas particulier, *les vitesses sont proportionnelles aux temps; les espaces parcourus sont proportionnels aux carrés des temps.*

Enfin, si l'on élimine le temps t entre les deux équations que l'on vient d'obtenir, on a

$$v = \sqrt{2\gamma e},$$

c'est-à-dire que *les vitesses sont proportionnelles aux racines carrées des espaces parcourus.*

L'une quelconque de ces trois lois, qui se déduisent les unes des autres, suffit pour caractériser le mouvement. — Ces résultats trouveront leur application, dans l'étude des mouvements des corps sous l'action de la pesanteur.

5. **Principe de l'inertie.** — *Un point matériel ne peut modifier de lui-même, ni son état de repos, ni son état de mouvement.* — Par cet énoncé général, on doit entendre :

1° Qu'un point en repos, si aucune cause extérieure n'agit sur lui, demeure en repos : c'est ce qu'on peut appeler *l'inertie dans le repos;*

2° Qu'un point en mouvement, si aucune cause extérieure n'agit sur lui, conserve indéfiniment un mouvement rectiligne et uniforme : c'est ce qu'on peut appeler *l'inertie dans le mouvement.*

Le principe de l'inertie dans le mouvement a été énoncé pour la première fois par Kepler : il paraît, au premier abord, contredit par un certain nombre de faits d'observation: un examen attentif montre qu'il n'y a là qu'une contradiction apparente (*).

6. Forces. — On appelle *force*, toute cause capable de produire le mouvement, ou d'en modifier la nature.

L'existence d'une force peut nous être révélée par des phénomènes très divers. — Si un point matériel, primitivement en repos, se met en mouvement, c'est qu'une force agit sur ce point. Si un point matériel est animé d'un mouvement rectiligne et accéléré, c'est qu'une force le sollicite dans le sens même du mouvement, etc. — Ces effets des forces, se manifestant par la production ou les modifications du mouvement, seront désignés sous le nom d'*effets dynamiques.*

Lorsque les points soumis à l'action des forces sont assujettis de manière à rester immobiles, l'existence de ces forces se manifeste par d'autres effets, que nous nommerons *effets statiques.* — Ainsi, un corps pesant placé en repos sur un plan horizontal produit une *pression*, qui arriverait à rompre le plan si le poids du corps dépassait une certaine limite. Le même corps, suspendu à un fil, produit sur ce fil une *tension.* Enfin, un corps pesant suspendu à un ressort comme celui de la figure 2, détermine une *flexion* du ressort. — Ces divers effets peuvent servir, non seulement à constater l'existence des forces, mais aussi à les mesurer, comme nous allons le voir.

7. Mesure des forces. — On dit que deux forces sont *égales*, lorsque, agissant sur un même corps, dans les mêmes conditions, elles produisent un même effet.

Pour comparer des forces inégales, il faut admettre le principe suivant, qui sera confirmé par la vérification de ses conséquences : *Lorsque plusieurs forces agissent simultanément sur un point matériel, l'action de chacune d'elles est la même que si elle agissait seule.*

On dit alors qu'une force F est *double* d'une autre force f, lorsqu'elle produit, dans les mêmes conditions, le même effet que deux forces égales à f, agissant simultanément. — De même, une force F sera égale à n fois une autre force f, lorsqu'elle produira le même effet que n forces égales à f, agissant simultanément.

(*) Si, par exemple, une bille lancée sur un plan horizontal ne continue pas à se mouvoir indéfiniment, c'est que le frottement de la bille sur le plan a pour effet de diminuer progressivement sa vitesse, jusqu'à la rendre nulle.

8. Dynamomètres. — On désigne sous le nom de *dynamomètres*, des instruments qui sont destinés à mesurer les forces par les effets de flexion qu'elles font éprouver à un ressort.

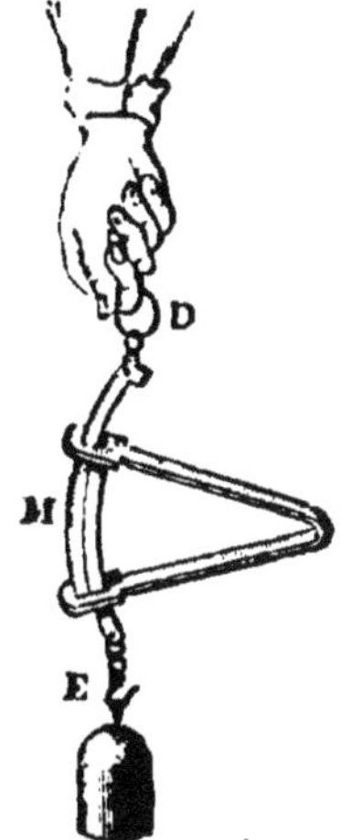

Fig. 2.

La figure 2 représente un dynamomètre formé d'une lame d'acier flexible, recourbée en forme de V; à chacune de ses extrémités, est fixé un arc métallique qui traverse une ouverture pratiquée près de l'autre extrémité. L'un de ces arcs se termine par un anneau D, qui sert à soutenir l'instrument; l'autre, par un crochet E. Pour graduer l'instrument, on suspend successivement, au crochet E, des poids de 1, 2, 3, 4 kilogrammes, etc.; le ressort s'infléchit de plus en plus, et l'on marque, à chaque fois, le point de l'arc extérieur MD qui correspond à l'ouverture de la branche qu'il traverse. — Si maintenant on attache l'anneau à un point fixe, à l'aide d'une corde R par exemple (*fig.* 3), et si l'on applique au crochet une force quelconque par l'intermédiaire d'une autre corde S, il se produit, comme précédemment, une flexion du ressort; selon que cette flexion est égale à celle que déterminait un poids de 2, 4, 10 kilogrammes, on dit que *l'intensité de la force est de* 2, 4, 10 *kilogrammes.*

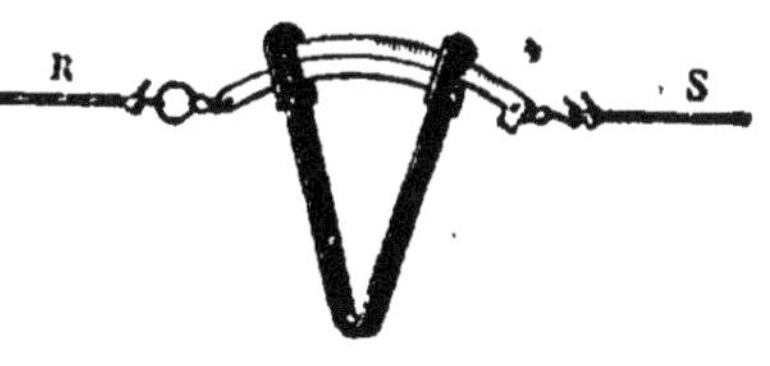

Fig. 3.

9. Une force constante, agissant seule sur un point matériel entièrement libre, lui imprime un mouvement uniformément accéléré. — Pour démontrer ce théorème, nous admettrons le principe suivant, qu'on doit encore considérer comme confirmé par la vérification de ses conséquences: *L'action d'une force sur un point matériel est indépendante du mouvement dont ce point est animé : elle est la même que si le point était en repos.*

Ce principe étant admis, supposons qu'une forme F, en agissant sur un point matériel primitivement au repos, lui imprime au bout d'une seconde une vitesse γ. Si la force cessait alors d'agir, le point continuerait à se mouvoir, d'un mouvement rectiligne et uniforme, avec la vitesse γ (5,2°); si donc la force F agit sur lui pendant un nouvel intervalle de temps égal à une seconde, l'action de cette force étant indépendante du mouvement dont le point est animé, elle lui communiquera au bout de ce temps, une nouvelle vitesse γ s'ajoutant à la première, en sorte que la vitesse au bout de deux secondes sera 2γ ; et ainsi de suite. Donc, au bout du temps t, la vitesse sera

$$v = \gamma t,$$

c'est-à-dire que le mouvement est *uniformément accéléré* (4 *Rem.*).

La démonstration s'applique également au cas où le point serait animé d'une vitesse initiale v_0. Dans ce cas, la vitesse au bout du temps t serait exprimée par $v_0+\gamma t$.

10. Deux forces constantes sont entre elles comme les accélérations qu'elles impriment à un même mobile. — Soient deux forces constantes F et F′ et supposons qu'elles aient une commune mesure f, en sorte qu'on ait

$$F=nf, \qquad F'=n'f, \qquad \text{et par suite} \qquad \frac{F}{F'}=\frac{n}{n'}.$$

Si la force f agissait seule sur le mobile considéré, elle lui imprimerait un mouvement uniformément accéléré, dont nous pouvons représenter l'accélération par α. Donc, si n forces égales à f agissent simultanément sur le même mobile, puisque l'action de chacune d'elles est indépendante de celle des autres, elles lui imprimeront une accélération n fois plus grande, c'est-à-dire $n\alpha$. De même, si n' forces égales à f agissent simultanément sur le mobile, l'accélération produite sera $n'\alpha$. On a donc, en désignant par γ et γ' les accélérations imprimées par F et par F′,

$$\gamma=n\alpha, \qquad \gamma'=n'\alpha;$$

on en déduit

$$\frac{\gamma}{\gamma'}=\frac{n}{n'} \qquad \text{et par suite} \qquad \frac{\gamma}{\gamma'}=\frac{F}{F'}.$$

Ce théorème étant démontré pour le cas où les forces ont une commune mesure, quelque petite qu'elle soit, nous le considérerons, par cela même, comme général.

11. Définition de la masse. — Mesure d'une force par l'accélération qu'elle imprime à une masse déterminée. — L'équation que nous venons d'obtenir peut s'écrire

$$\frac{F}{\gamma}=\frac{F'}{\gamma'}.$$

Or, si on faisait agir sur le même corps une autre force F″, le rapport de cette force à l'accélération γ'' qu'elle produirait serait encore le même : on a donc, pour toutes les forces appliquées à un même corps,

$$\frac{F}{\gamma}=\frac{F'}{\gamma'}=\frac{F''}{\gamma''}\dots=m.$$

La valeur m de ce rapport constant est ce qu'on nomme la ***masse*** du corps, ou sa quantité de matière.

Nous appellerons donc *masse* d'un corps, *le nombre constant qui exprime le rapport d'une force constante quelconque à l'accélération qu'elle imprime à ce corps.*

Si l'on considère, en particulier, parmi les forces qui peuvent agir sur un corps, celle qui résulte de l'action de la pesanteur sur lui, c'est-à-dire son poids P, et si l'on désigne par g l'accélération qu'il prend sous cette action (accélération que nous verrons être la même pour tous les corps tombant librement, en un même lieu), on aura

$$\frac{P}{g}=m.$$

On peut donc appeler *masse* d'un corps, *le rapport de son poids à l'accélération qu'il prend sous l'action de la pesanteur seule.*

Remarquons que l'expression $\frac{P}{g}$ comprend, d'une part, la quantité P qui dépend de l'unité de force; d'autre part, la quantité g qui dépend de l'unité de longueur et de l'unité de temps (puisque l'accélération est la variation de la vitesse dans l'unité de temps). Ces trois unités, choisies arbitrairement, sont ce qu'on appelle des unités *fondamentales*, et l'unité de masse est une unité *dérivée*. — On est convenu de prendre comme unité de temps la *seconde*, comme unité de longueur le *mètre*, et comme unité de force le poids du kilogramme, ou *kilogramme-poids*, c'est-à-dire la force produite, à Paris, par l'action de la pesanteur sur un décimètre cube d'eau. Quant à l'unité de masse, d'après la formule de définition $m=\frac{P}{g}$, on voit que, pour que la masse d'un corps soit l'unité, il faut que ce corps soit tel que l'on ait $P=g$. Or, à Paris, l'accélération de la chute des corps est approximativement $9^m,81$; l'unité de masse est donc la masse du corps qui pèserait à Paris $9^{kg},81$; en d'autres termes, l'unité de masse est approximativement la masse de 9810 centimètres cubes d'eau.

Il est essentiel de remarquer enfin que la notion de la masse fournit un moyen de mesurer les forces, non plus par l'observation de leurs effets statiques sur les dynamomètres (8), mais par l'observation des effets de mouvements. — Soit, en effet, un corps dont on connaisse préalablement le poids P, en un lieu déterminé : en divisant le nombre P par le nombre g qui exprime l'accélération due à la pesanteur dans le même lieu, on connaîtra la masse du corps, $m=\frac{P}{g}$. Dès lors, si l'on peut évaluer l'accélération γ qu'imprime à ce même corps la force qu'on se propose de mesurer, on aura, entre la valeur inconnue F de la force et l'accélération connue γ, la relation

$$\frac{F}{\gamma}=m,$$

d'où l'on déduira la valeur de la force

$$F=m\gamma.$$

12. Unités de temps, de longueur et de masse, du système C. G. S. — Dans le système d'unités que l'on vient de voir, et qui a été longtemps exclusivement employé, l'unité de masse (approximativement masse de 9810 centimètres cubes d'eau), est liée aux unités du système métrique par un nombre qui n'est pas simple, et qui ne peut même pas être exactement déterminé. Cette considération, et quelques autres que nous n'avons pas à exposer, ont déterminé les physiciens à l'adoption d'un autre système d'unités, dont voici les points fondamentaux :

1° L'unité de temps est encore la *seconde;*

2° L'unité de longueur est le *centimètre;*

3° L'unité de masse, qui est ici une unité fondamentale, est la masse du centimètre cube d'eau (à la température 4°) : c'est le *gramme-masse.*

L'unité de force devient alors une unité dérivée, définie par la formule $F = m\gamma$. Si une force, en agissant sur une masse m égale à l'unité, lui imprime une accélération γ égale à l'unité, la valeur F de cette force sera égale à l'unité. L'unité de force, que l'on nomme *dyne*, est donc la force qui, agissant sur 1 gramme-masse, lui communique une accélération de 1 centimètre (*).

Le système constitué par cet ensemble d'unités fondamentales et par les unités dérivées, a reçu le nom de système C. G. S. (centimètre, gramme, seconde).

13. Composition des forces appliquées en un même point. — On convient généralement de représenter une force par une droite partant de son point d'application, dirigée suivant la direction même de la force, et égale à autant de fois l'unité de longueur que la force contient de fois l'unité de force.

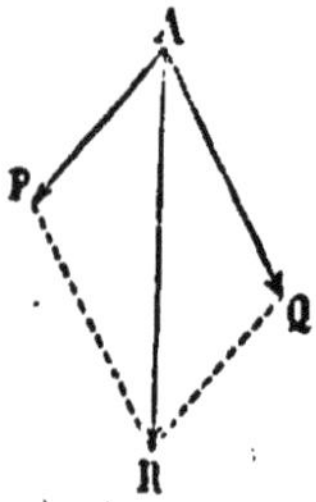

Ce mode de représentation facilite la solution d'un grand nombre de questions de Mécanique. — C'est ainsi que, dans certains cas, il permet de substituer, à plusieurs forces agissant simultanément sur un même corps, une force unique, ou *résultante*, ayant le même effet que l'ensemble des forces proposées.

Fig. 4.

En particulier, si l'on considère deux forces AP et AQ (*fig.* 4), *appliquées en un même point* A *dans des directions différentes*, on démontre qu'elles peuvent être remplacées par une résultante, laquelle sera représentée par *la diagonale* AR *du parallélogramme qui a pour côtés adjacents les deux forces proposées.*

(*) Pour nous faire une idée de la grandeur de la dyne, calculons la valeur de l'ancienne unité de force (poids du kilogramme) exprimée en dynes. Dans la formule $F = m\gamma$, faisons $m = 1000$ grammes, et $\gamma = 981$ centimètres. On a $F = 1000 \times 981$ dynes. On voit que le poids du kilogramme représente sensiblement un million de dynes; en d'autres termes, la dyne équivaut sensiblement au poids d'un millionième de kilogramme, ou au poids de 1 milligramme.

Réciproquement, étant donnée une force AB, appliquée en un point A, on peut remplacer cette force par deux autres, de directions choisies arbitrairement AP et AQ, pourvu que l'on donne, à ces deux *composantes*, des grandeurs représentées par les côtés du parallélogramme dont AB est la diagonale.

Pour obtenir la résultante d'un nombre quelconque de forces appliquées en un même point, il suffira de composer d'abord deux des forces proposées en une seule, puis la résultante partielle ainsi obtenue avec une troisième force, et ainsi de suite, jusqu'à ce qu'on ait réduit toutes les forces à une seule, qui sera la résultante du système tout entier.

14. Composition des forces parallèles et de même sens. — Centre des forces parallèles. — On démontre également, en Mécanique, que *deux forces parallèles et de même sens*, P, Q (*fig.* 5), *appliquées en deux points* A, B *d'un corps solide, ont une résultante* R *qui leur est parallèle, dirigée dans le même sens qu'elles, égale en grandeur à leur somme, et placée de manière que sa direction partage la droite* AB *en deux parties* AC, BC, *qui soient inversement proportionnelles aux intensités de ces forces* P *et* Q.

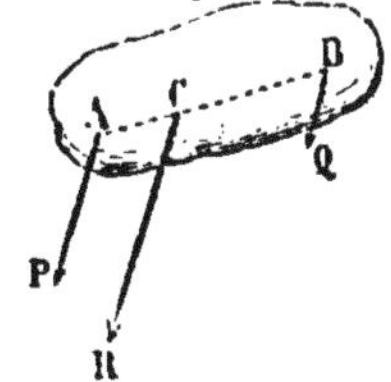

Fig. 5.

Pour obtenir la résultante d'un nombre quelconque de forces parallèles et de même sens p, p' p''... (*fig.* 6), appliquées en divers points A, B, C,... d'un corps solide, il suffira de composer d'abord deux de ces forces p, p', en une seule r; puis cette résultante partielle avec une troisième force p'', et ainsi de suite jusqu'à ce qu'on ait réduit toutes les forces à une seule R, qui sera la résultante du système.

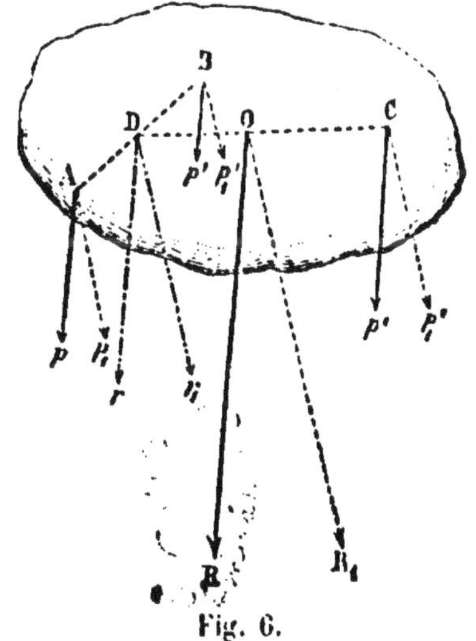

Fig. 6.

Or, supposons qu'on change la direction de ces forces (comme l'indiquent les lignes marquées sur la figure en traits discontinus), sans changer ni leurs points d'application, ni leur parallélisme, ni leurs rapports d'intensité. On voit immédiatement que le point D de la droite AB, par lequel passe la première résultante partielle r, ne sera pas changé, puisque la position de ce point est simplement déterminée par la relation $\frac{AD}{BD} = \frac{p'}{p}$, et ainsi de suite pour tous les points semblables, jusqu'au point O par lequel doit passer toujours la résultante définitive. Ce point prend alors le nom de *centre des forces parallèles.*

On appelle donc *centre des forces parallèles*, pour un système déterminé de forces parallèles et dirigées dans le même sens, appliquées en des points déterminés d'un corps solide, *le point par lequel passe constamment la résultante de ce système, lorsqu'on change la direction commune de ces forces, sans changer leur parallélisme, ni leurs rapports d'intensité.*

15. Équilibre. — Lorsque des forces, agissant simultanément sur un corps complètement libre, se neutralisent de manière à ne pouvoir pas produire de mouvement, on dit *qu'elles se font équilibre.*

Ainsi, deux forces égales et de sens contraires, appliquées en un même point, se font évidemment équilibre.

On démontre que *toutes les fois que des forces se font équilibre sur un corps complètement libre, chacune d'elles peut être considérée comme égale et directement opposée à la résultante de toutes les autres.*

Remarque. — Quand un corps complètement libre est animé d'un mouvement uniforme, les forces qui agissent sur lui se font équilibre; car, si elles avaient une résultante, le mouvement serait varié.

II. — TRAVAIL. — FORCE VIVE. — ÉNERGIE.

16. Travail d'une force, pour un déplacement déterminé de son point d'application. — Lorsqu'un corps, soumis à l'action d'une force, éprouve un déplacement, on dit, en général, qu'il y a eu un *travail* effectué. — Nous allons voir que la grandeur de cet effet dépend, non seulement de la grandeur de la force, mais aussi de la grandeur du déplacement de son point d'application.

Considérons un corps ayant pour poids 1 kilogramme, et soulevons-le verticalement, d'un mouvement uniforme, à 1 mètre de hauteur; d'après ce qu'on vient de voir (15, *Rem.*), la force musculaire nécessaire et suffisante est de 1 kilogramme; le travail effectué par cette force est *l'unité de travail* adoptée en Mécanique; on l'appelle *kilogrammètre.* Or si l'on veut soulever verticalement, d'un mouvement uniforme, à 1 mètre de hauteur, un corps ayant un poids de P kilogrammes, la force musculaire développée doit être P fois plus grande; le travail effectué sera P kilogrammètres. — Enfin, si le même corps, pesant P kilogrammes, est soulevé à une hauteur de h mètres, le travail effectué sera encore h fois plus grand, c'est-à-dire qu'il aura pour mesure, en kilogrammètres, le produit des deux nombres P et h; on aura, en représentant ce travail par W,

$$W = Ph.$$

17. Travail moteur. Travail résistant. — Dans l'exemple que nous avons choisi, la force musculaire, qui est dirigée dans le sens du déplacement effectué, est dite *motrice*, et son travail est dit *moteur*. D'autre part, le poids du corps, qui est une force dirigée en sens contraire du déplacement effectué, est dite *résistante*; son travail est appelé *travail résistant*.

Tant que le mouvement est uniforme, la force motrice et la force résistante sont égales (15 *Rem.*); le déplacement des points d'application étant le même, *le travail moteur est égal au travail résistant*.

Enfin, si un point matériel A (c'est-à-dire un corps solide de dimensions assez petites pour qu'on puisse l'assimiler à un point géométrique), sollicité par deux ou plusieurs forces F, F',... de directions quelconques, éprouve un déplacement rectiligne AB (fig. 7), on peut toujours considérer chacune des forces F comme décomposée en deux composantes, dont l'une F_1 serait dirigée perpendiculairement au déplacement AB, et l'autre F_2 dans la direction du déplacement lui-même. La première n'a évidemment aucun effet sur le mouvement; la seconde F_2, est la seule dont on doive considérer l'action. Toute force, telle que F, dont la *composante efficace* F_2 est dirigée dans le sens AB du déplacement effectué est une force *motrice*; le travail *moteur* de cette force a pour mesure le produit $F_2 \times AB$ de la composante efficace par le déplacement effectué. — Inversement, toute force F', dont la composante efficace F'_2 est dirigée en sens inverse du déplacement effectué AB, est une force *résistante*, et son travail $F'_2 \times AB$ est *résistant*.

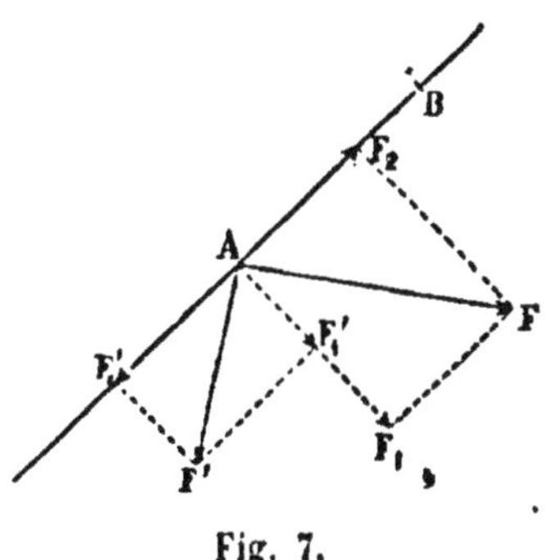

Fig. 7.

Tant que le mouvement du point matériel est uniforme, les forces F, F',... se font équilibre (15, *Rem.*); on démontre, en Mécanique, que la somme des composantes efficaces des forces motrices est égale à la somme des composantes efficaces des forces résistantes; *le travail moteur est encore égal au travail résistant*.

18 Force vive. — Principe des forces vives. — Si les forces F, F',... qui agissent sur un point matériel A ne se font pas équilibre, on peut supposer que ce point est sollicité par une force unique, résultante de toutes les forces F, F',... Sous l'action de cette résultante, le mouvement du point n'est plus uniforme, il est varié.

Considérons le cas le plus simple, celui d'un point matériel, de masse *m*, primitivement au repos, et sollicité par une force constante F. — Sous l'action de cette force, le point acquiert, comme nous l'avons vu (9), un mouvement uniformément accéléré, dans la direction même de la force. Au bout d'un certain temps, le point aura parcouru un certain espace e, et le travail effectué W sera représenté par l'expression

$$W = F \times e.$$

Or, si γ est l'accélération de ce mouvement, on sait que l'on a (11),

$$F = m\gamma.$$

D'autre part, si v est la vitesse acquise à l'instant considéré, on a, comme on l'a vu (4, *Rem.*) :

$$v = \sqrt{2\gamma e} \quad \text{ou} \quad e = \frac{v^2}{2\gamma}.$$

En remplaçant F et e par ces valeurs, dans l'expression du travail, et supprimant le facteur commun γ, il vient

$$W = \tfrac{1}{2} mv^2.$$

Le produit $\frac{1}{2} mv^2$ est ce que nous appellerons la *force vive* du point à l'instant considéré. — Nous dirons donc que, dans ce cas particulier, *le travail moteur effectué*, à un instant donné, par la force appliquée au point parti du repos, *est égal à la force vive acquise par ce point*, au même instant (*).

Cette relation remarquable est générale; on démontre en Mécanique le théorème suivant, connu sous le nom de *principe des forces vives :* Quand un système solide, formé d'un nombre quelconque de points, est soumis à l'action de forces quelconques, et animé d'un mouvement quelconque, *pendant un intervalle de temps déterminé, l'excès de la somme des travaux de toutes les forces motrices sur la somme des travaux des forces résistantes est égal, en grandeur et en signe, à la variation de la somme des forces vives de tous les points, pendant ce même temps.*

19. Energie. — Principe de la conservation de l'énergie. — On appelle *énergie* d'un corps, la faculté que possède ce corps de produire du travail. — Un corps peut posséder de l'énergie de deux manières différentes :

1° Soit un boulet de canon, de masse m, lancé horizontalement avec une vitesse v : sa force vive est $\frac{1}{2} mv^2$. Quand le boulet rencontre un obstacle, il y a, à la fois, anéantissement de la force vive, et production

(*) Ce résultat s'applique immédiatement au mouvement d'un corps pesant, partant du repos, et tombant sous la seule action de son poids P. — Sous l'influence de cette force constante, le mouvement doit être uniformément accéléré (9) : c'est ce que nous vérifierons d'ailleurs plus loin par l'expérience. — Si l'on considère le moment où le corps, ayant parcouru une hauteur H, a acquis une vitesse v, le travail moteur de la force P est représenté par le produit $P \times H$. D'après ce qu'on vient de démontrer, ce travail est égal à la force vive acquise par le corps, au même instant, c'est-à-dire à la quantité $\frac{1}{2} mv^2$.

d'un effet mécanique, sur l'obstacle lui-même : d'après le principe des forces vives (18), la force vive anéantie $\frac{1}{2}mv^2$ est la mesure du travail résistant des forces qui se sont opposées au mouvement du boulet, c'est-à-dire du travail effectué. C'est donc la mesure d'une certaine quantité d'énergie, que possédait le boulet par le fait même de son mouvement. Pour cette raison, on l'appelle *énergie de mouvement*, ou *énergie actuelle*.

2° Un ressort tendu possède plus d'énergie que s'il était détendu, puisqu'il peut, en se détendant, produire du travail; cette energie dépend de la position relative des différents points du ressort : ou l'appelle *énergie de position*, ou *énergie potentielle*.

On appelle *énergie totale* d'un corps, la somme de son énergie actuelle et de son énergie potentielle.

Pour faire concevoir le principe de la *conservation de l'énergie*, l'un des principes les plus féconds de la Mécanique, considérons un ressort qui se détend : les différents points du ressort sont mis en mouvement par des forces intérieures, appelées forces élastiques. Si, dans ce mouvement de détente, il repoussait progressivement un obstacle, le travail moteur des forces élastiques, égal au travail résistant des forces qui s'opposent à la détente, se traduirait par une diminution de l'énergie potentielle. Inversement, si, en appliquant au ressort une force musculaire, on lui imprimait une tension plus grande, le travail moteur de la force musculaire, égal au travail résistant des forces élastiques, se traduirait par un accroissement de l'énergie potentielle du ressort. — Si maintenant, le ressort étant tendu, aucun obstacle ne s'oppose à sa détente, les forces élastiques motrices, n'étant pas équilibrées, communiquent aux différents points un mouvement accéléré, et, d'après le principe des forces vives, la force vive acquise est égale au travail moteur des forces élastiques. Autrement dit, l'accroissement d'énergie actuelle est égal à la perte d'énergie potentielle, si bien que l'énergie totale du ressort reste constante. Il en est toujours ainsi : *pour tout corps ou tout système de corps soustrait aux influences extérieures, l'énergie totale demeure constante.*

LIVRE PREMIER

PESANTEUR ET HYDROSTATIQUE

CHAPITRE PREMIER

PESANTEUR

I. — NOTIONS GÉNÉRALES SUR LA PESANTEUR.

20. Direction de la pesanteur. — Verticale. — On nomme *pesanteur*, la cause qui sollicite les corps à tomber vers la terre, et qui détermine ce mouvement quand les corps ne sont pas soutenus (*).

Suspendons à l'extrémité d'un fil une balle de plomb, et prenons à la main l'autre extrémité du fil : l'effort que nous avons à faire pour soutenir le corps montre qu'il est sollicité par une *force*, à laquelle cet effort fait équilibre. — Quant à la direction de cette force, c'est évidemment celle que prend le fil lui-même quand il est maintenu immobile : cette direction est ce qu'on nomme la *verticale*. — L'instrument si simple, que l'on réalise en suspendant à l'extrémité d'un fil un corps solide quelconque (*fig.* 8), est ce qu'on nomme un *fil à plomb*.

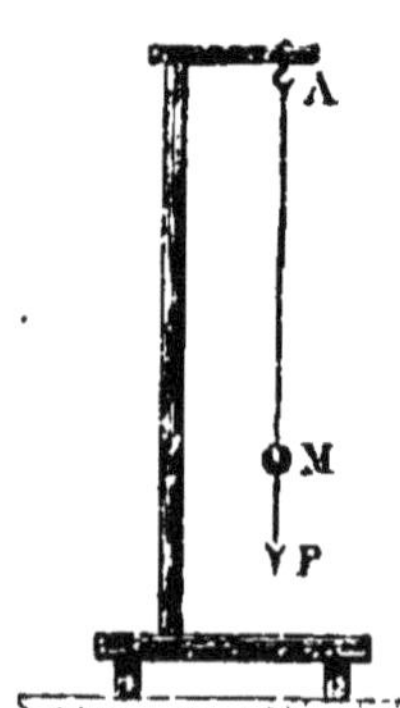

Fig. 8.— Fil à plomb.

Quand nous plaçons plusieurs fils à plomb à côté les uns des autres, ils nous paraissent *parallèles*, c'est-à-dire que leurs directions semblent ne jamais devoir se rencontrer, quelque loin qu'on les prolonge. Cependant, une étude attentive a permis de constater que toutes ces directions prolongées iraient se rencontrer *vers le centre de la*

(*) Si quelques corps paraissent se soustraire à l'action de la pesanteur, comme la fumée, ou les gaz avec lesquels on gonfle les aérostats, ce ne sont là que des exceptions apparentes, qui seront expliquées plus loin.

terre. — Donc, si deux verticales, menées en des points du globe voisins l'un de l'autre A et A' (*fig.* 9) nous semblent parallèles, c'est que le point O, où elles devraient se rencontrer, est situé à une distance énorme, par rapport à la distance des points où nous les observons. Si nous pouvions voir à la fois des verticales menées en deux points très éloignés l'un de l'autre à la surface de la terre, comme A et B, ou A et C, nous constaterions qu'elles font entre elles un angle d'autant plus grand que la distance de ces deux points serait plus considérable.

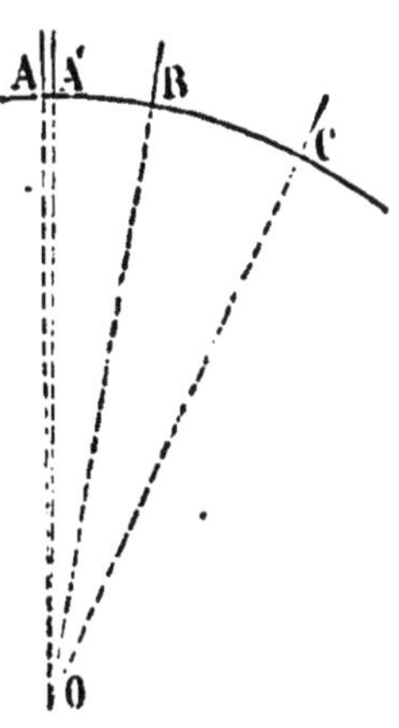

Fig. 9.

Dès lors, puisque la verticale, en chaque point du globe, est la direction que suivrait un corps pesant abandonné à lui-même, on peut dire que tout se passe comme si la pesanteur était due à une *attraction* exercée par la terre sur les corps, et comme si cette action *émanait du centre même de notre globe.*

21. Poids des corps. — Centre de gravité. — Lorsqu'on brise un corps solide quelconque, l'observation montre que chacun des fragments tombe exactement comme tombait le corps qui était formé par leur réunion. — Cette remarque suffit pour montrer que l'action de la pesanteur s'exerce à la fois *sur tous les points matériels* dont chaque corps se compose.

Mais, d'autre part, tant que les divers points d'un corps sont réunis entre eux, les actions que la pesanteur exerce sur chacun d'eux peuvent être considérées comme autant de forces parallèles et de même sens; elles ont donc une résultante verticale, dirigée de haut en bas, et égale à leur somme (14); on la nomme *poids* du corps. — On appelle donc *poids* d'un corps, la *résultante des actions de la pesanteur sur toutes les parties de ce corps.*

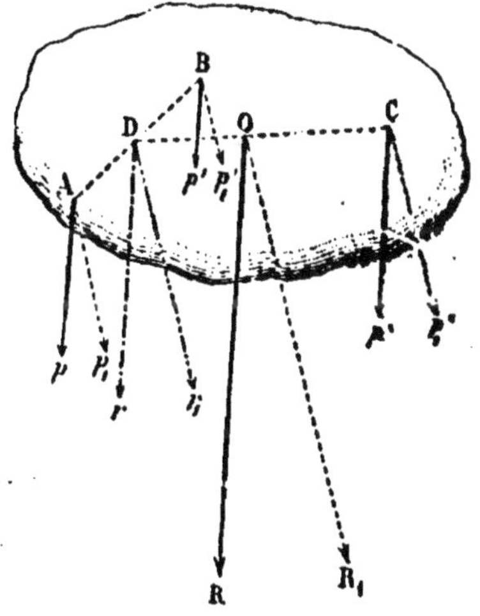

Fig. 10.

Supposons maintenant qu'après avoir déterminé la position de la résultante R (*fig.* 10) des forces verticales p, p', p'',... appliquées aux différents points A, B, C,... d'un corps solide, dans une position initiale déterminée, nous venions à faire tourner ce corps de manière à lui donner une position différente. Les forces dues à l'action de la pesanteur étant toujours verticales occuperont alors, par rapport au corps, des positions différentes p_1, p'_1, p''_1,..., mais on sait que leur résultante passera toujours par un point constant du corps (14). Ce point prend ici le nom de *centre de gravité*. — On appelle donc *centre de gravité* d'un corps, le *point par lequel passe constamment la résultante des actions de la pesanteur sur ses divers points*, quelle que soit la position que l'on donne à ce corps dans l'espace.

Dans toutes les questions où l'on devra tenir compte de l'action de la pesanteur sur un corps solide, on pourra considérer ce corps comme soumis à l'action d'une force unique, *son poids*, et supposer cette force appliquée *en son centre de gravité*.

22. Détermination expérimentale du centre de gravité. — Quand il s'agit d'un corps homogène et ayant une forme symétrique, il est facile de déterminer géométriquement son centre de gravité, par de simples considérations de symétrie.

Mais, quelles que soient la structure du corps et sa forme, le centre de gravité peut se déterminer par l'expérience, de la manière suivante : On suspend le corps, par l'un de ses points A, à l'extrémité d'un fil AB (*fig.* 11), et on laisse l'équilibre s'établir. Puisque tout se passe comme si le corps était sollicité par une force unique, appliquée en son centre de gravité, il est évident que le fil a dû se placer dans la direction même de cette force : en d'autres termes, si l'on prolonge la direction BA du fil, au travers du corps, on peut être certain que ce prolongement passe par la position, encore inconnue, du centre de gravité. — On suspend alors le corps par un autre point quelconque C (*fig.* 12) et on laisse encore l'équilibre s'établir; le prolongement du fil BC doit encore passer par le centre de gravité. Comme il y a toujours un centre de gravité, ces deux droites se rencontrent, et leur point d'intersection fait connaître le centre de gravité G(*).

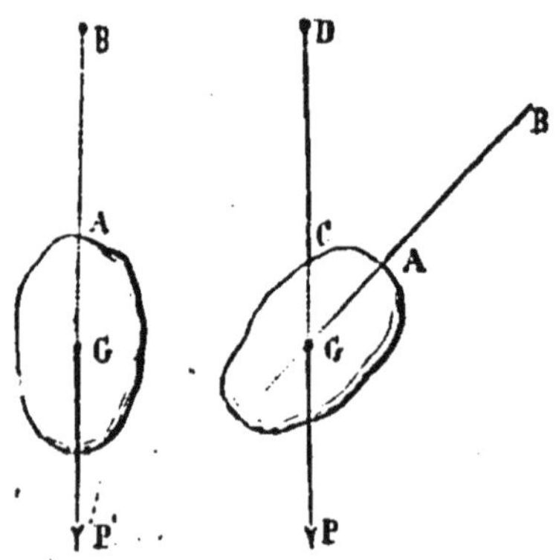

Fig. 11. Fig. 12.

(*) On est souvent conduit à considérer, comme centre de gravité d'un corps solide, un point qui ne fait pas partie du corps lui-même. C'est ce qui arrive, par exemple, pour un anneau, dont le centre de gravité est au centre de figure. — Alors, si l'on veut encore remplacer, pour la solution d'une question quelconque, l'ensemble des forces qui agissent sur tous les points du corps par une force unique, appliquée au centre de gravité, on devra raisonner comme si ce point était lié invariablement au corps lui-même.

II. — BALANCE.

23. Mesure des poids et des masses. — On verra plus loin que le poids d'un même corps, c'est-à-dire la résultante des actions de la pesanteur sur ses divers points, éprouve de légères variations quand on le transporte d'un point à l'autre du globe; c'est ce que l'on pourrait constater en faisant usage d'un dynamomètre suffisamment sensible.

Mais, dans la pratique, ce qu'on se propose de déterminer, par l'opération connue sous le nom de *pesée*, c'est la quantité de matière contenue dans chaque corps, c'est-à-dire, en réalité, sa masse M, évaluée par comparaison avec la masse m d'un corps pris comme unité. Or la *balance* permet de comparer, en un même lieu, le poids P d'un corps au poids p d'un autre corps pris comme unité : le rapport de ces poids est aussi celui des masses, car on a

$$\frac{P}{p} = \frac{Mg}{mg} = \frac{M}{m},$$

et ce rapport est indépendant du lieu où l'on opère. — Si le corps pris comme unité est le gramme, on détermine, au moyen de la balance, le nombre de grammes dont le poids, dans le lieu de l'expérience, est égal à celui du corps : ce nombre de grammes représente *la masse* du corps.

Dans le langage usuel, on emploie constamment le mot *poids* dans le sens de *masse;* c'est ce que nous ferons aussi le plus souvent, pour nous conformer à cet usage.

24. Description de la balance. — La partie principale de la balance est une barre métallique AB (*fig.* 13), qu'on appelle le *fléau;* cette barre est traversée, en son milieu C, par un couteau d'acier trempé, qui fait saillie des deux côtés et dont l'arête inférieure repose, de part et d'autre, sur deux petits plans d'acier trempé ou d'agate; l'un de ces plans est représenté, sur la figure, en avant du fléau; l'autre est en arrière. Le fléau peut osciller librement autour de cette arête (*) : aux extrémités A et B du fléau, sont fixés deux couteaux qui tournent en haut leurs arêtes vives et sur lesquels s'appuient les crochets qui portent les plateaux destinés à recevoir les corps, ou les poids mar-

(*) Pour que le fléau oscille, il faut que le centre de gravité de la partie mobile soit au-dessous de la ligne ACB : s'il coïncidait avec l'arête du couteau, le fléau demeurerait immobile dans toute position, le centre de gravité étant alors constamment soutenu; si le centre de gravité était au-dessus de la ligne ACB, le fléau pourrait se tenir en équilibre, dans une certaine position; mais, dérangé de cette position, le fléau se renverserait : la balance serait dite *folle*.

qués. — Les arêtes des trois couteaux, A, B, C, sont parallèles et situées dans un même plan; pour simplifier le langage, dans tout ce qui va suivre, nous les supposerons réduites à trois points *situés en ligne droite*, et nous nommerons *ligne du fléau* la droite qui joint ces

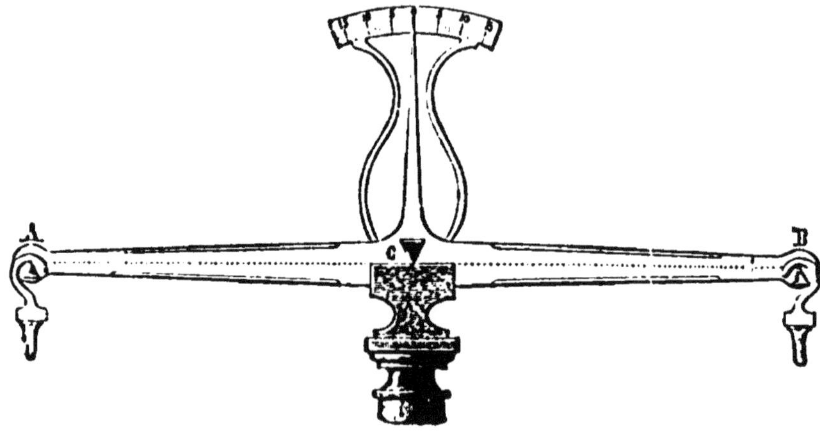

Fig. 13.

points; nous appellerons *bras du fléau* les distances AC ,BC, des couteaux extrêmes au couteau médian. — Une aiguille fixée perpendiculairement au fléau, en son milieu, se meut avec lui et parcourt un arc de cercle gradué, fixé à la colonne qui supporte l'appareil : le zéro de la graduation correspond à la position horizontale du fléau.

25. **Méthode ordinaire de pesée.** — Pour effectuer une pesée, la méthode vulgaire consiste à placer le corps dans l'un des plateaux, et, dans l'autre plateau, des *poids marqués* (masses échantillonnées, égales au gramme, à ses multiples et à ses sous-multiples), jusqu'à ce que le fléau se tienne en équilibre dans la position horizontale. On fait la somme des poids marqués, et l'on considère cette somme comme exprimant la masse du corps, ou vulgairement *le poids* du corps.

En faisant usage de cette méthode, on admet donc :

1° Que la balance est *juste*, c'est-à-dire que le fléau se tient horizontal sous la charge de masses égales placées dans les deux plateaux;

2° Que la balance est *sensible*, c'est-à-dire que l'addition d'une masse très petite, d'un côté ou de l'autre, dérangerait le fléau de la position horizontale

Nous allons indiquer comment on réalise ces conditions, dans la construction de la balance, et surtout comment on peut vérifier, par l'expérience, si elles sont en effet réalisées.

26. **Conditions de justesse. — Vérification expérimentale de la justesse.** — Pour qu'une balance soit juste, c'est-à-dire pour que son fléau se tienne horizontal quand les masses placées dans les plateaux

sont égales, on démontre qu'elle doit satisfaire aux deux conditions géométriques suivantes, conditions que le constructeur doit chercher à réaliser.

1° *Que le centre de gravité de la partie mobile (fléau et plateaux) soit sur une perpendiculaire à la ligne du fléau, passant par le point de suspension;*

2° *Que les deux bras du fléau soient d'égale longueur.*

La balance une fois construite, il est facile de vérifier si elle est juste, sans qu'il soit nécessaire d'avoir des masses dont l'égalité ait été préalablement constatée. — Pour cela, on fait successivement les deux opérations suivantes :

1° On abandonne la balance à elle-même, les plateaux étant vides. Quand le fléau est en équilibre, le centre de gravité de la partie mobile se trouve nécessairement dans la verticale du point de suspension (22); si alors le fléau en équilibre s'arrête dans la position horizontale, on peut affirmer que le centre de gravité est sur une perpendiculaire à la ligne du fléau passant par le point de suspension, ce qui constitue la première condition de justesse. — S'il n'en était pas ainsi, on pourrait toujours corriger le défaut de l'instrument, en ajoutant, *une fois pour toutes*, une charge suffisante du côté qui paraîtrait trop léger.

2° Pour vérifier la seconde condition de justesse, c'est-à-dire l'égalité des bras, on place un corps quelconque dans l'un des plateaux, et on ajoute progressivement de la grenaille de plomb ou du sable dans l'autre plateau jusqu'à ce que l'aiguille s'arrête au zéro. L'équilibre étant ainsi établi, on transporte dans le plateau de droite la charge qui était à gauche, et réciproquement; si l'aiguille revient au zéro, on peut affirmer que les bras sont égaux. En effet, si l'un des bras, AC par exemple, était plus petit que l'autre, on aurait été conduit à mettre d'abord du côté A une charge plus grande que du côté B; donc, en intervertissant les charges sans les modifier, on aurait placé la plus petite en A, c'est-à-dire du côté du bras le plus petit, et l'équilibre aurait été détruit. — Donc, si le fléau reste horizontal, les bras sont égaux, et la balance est définitivement juste.

27. Conditions de sensibilité. — On cherche ordinairement, en construisant une balance, à lui donner une sensibilité *constante*, c'est-à-dire à faire que, l'équilibre étant établi, l'addition d'un poids déterminé fasse toujours incliner le fléau du même angle, quelle que soit la charge primitive. — Pour qu'il en soit ainsi, la condition géométrique est *que les trois couteaux soient en ligne droite.*

On cherche, en outre, à donner à la balance *le plus de sensibilité possible;* c'est-à-dire à faire que, l'équilibre étant établi, l'addition d'une surcharge déterminée dans l'un des plateaux produise une inclinaison du fléau aussi grande que possible. — La théorie démontre qu'il faut, pour cela, *que les bras du fléau soient aussi longs et aussi légers que possible, et que le centre de gravité du fléau soit aussi voisin que possible du point de suspension.*

Une fois la balance construite, on évaluera son degré de sensibilité en établissant d'abord l'équilibre comme il a été dit, puis cherchant quelle est la surcharge qui fait incliner le fléau d'un angle appréciable. S'il suffit, par exemple, d'un milligramme, on dira que la balance est *sensible au milligramme.*

Il est très rare qu'une balance ayant une grande sensibilité absolue puisse conserver cette sensibilité sous des charges un peu grandes : de pareilles charges feraient fléchir le fléau, et les trois couteaux ne resteraient plus en ligne droite. On construit alors, pour les divers usages, des balances de dimensions diverses. — Les unes sont spécialement destinées à peser des masses de quelques grammes; elles ont un fléau très léger et très faible, et peuvent facilement être rendues sensibles au milligramme, ou au demi-milligramme. — Les autres, destinées à des masses de plusieurs kilogrammes, ont un fléau plus lourd et plus résistant, qui peut supporter des charges assez grandes sans fléchir : ces balances sont alors tout au plus sensibles au centigramme; mais une erreur de quelques centigrammes sur une masse de plusieurs kilogrammes a peu d'importance, en sorte que ces balances peuvent avoir une *sensibilité relative* comparable à celle des balances les plus délicates, à condition qu'on les emploie toujours à évaluer des masses assez considérables.

28. Méthode de la double pesée. — La méthode de la double pesée, ou *méthode de Borda*, permet de faire une pesée exacte, même avec une balance qui n'est pas juste, pourvu que cette balance soit sensible.

On place dans l'un des plateaux le corps à peser, et on lui fait équilibre au moyen d'une *tare* placée dans l'autre plateau, c'est-à-dire au moyen d'une quantité de grenaille de plomb ou de sable, qu'on règle de manière que l'aiguille vienne s'arrêter au zéro. On enlève ensuite le corps, et l'on met des poids marqués à sa place, *dans le même plateau*, jusqu'à ce que l'aiguille revienne s'arrêter au zéro. La somme de ces poids marqués représente exactement le poids du corps, indépendamment de la justesse de la balance : en effet, le corps et les poids ont fait successivement équilibre à la tare, dans des conditions identiques. — Pour que le résultat ait quelque précision, il faut que la balance soit sensible, afin qu'il n'y ait pas d'indécision quant au nombre exact des poids à employer pour rétablir l'équilibre.

29. Balances de précision. — Les balances dont on fait usage pour les pesées précises offrent quelques détails de construction destinés à assurer et à conserver la *sensibilité.*

Les oscillations du fléau étant accusées par les mouvements de l'aiguille sur son cadran, elles seront évidemment d'autant plus appréciables que l'aiguille sera plus longue. Pour accroître la longueur de l'aiguille sans augmenter la hauteur de l'instrument, on emploie une aiguille descendante *ab* (*fig.* 11), dont l'extrémité se meut sur un petit arc de cercle divisé *mn*, fixé à la partie inférieure de la colonne.

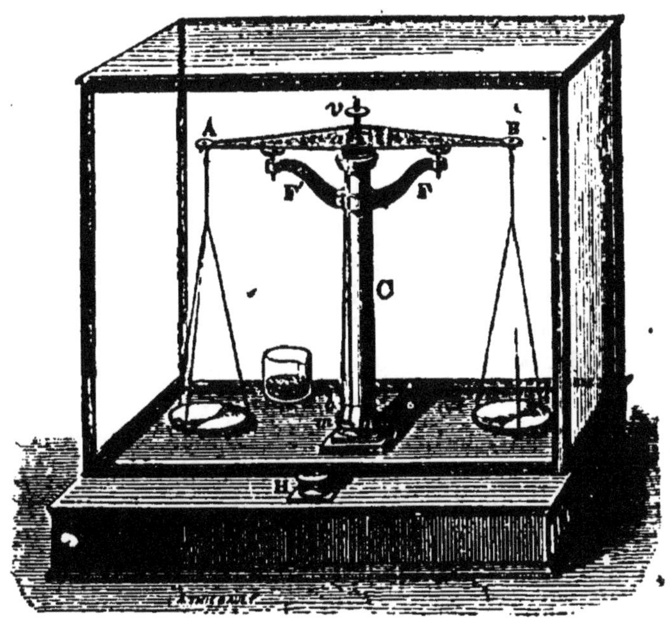

Fig. 11. — Balance de précision.

Les plans d'agate qui doivent supporter le couteau autour duquel s'effectue le mouvement du fléau, sont fixés à l'extrémité d'une tige placée à l'intérieur de la colonne C de la balance : lorsqu'on soulève cette tige, au moyen d'un système de leviers qui correspond au bouton H extérieur à la cage, les plans d'agate soulèvent eux-mêmes le fléau, qui oscille alors librement. Au contraire, lorsqu'on laisse descendre cette tige, le fléau est retenu dans sa descente par les deux fourchettes fixes F,F', et, la tige continuant à s'abaisser, le couteau reste à une certaine distance des plans d'agate : on évite ainsi que le couteau ne s'use par le frottement, quand la balance n'est pas en expérience.

III. — CHUTE DES CORPS.

30. Chute des corps dans le vide. — Lorsqu'on abandonne, à la même distance du sol et au même instant, des corps de diverses natures ou de diverses formes, comme une balle de plomb, un morceau de liège, une feuille de papier, on constate qu'ils mettent, pour venir rencontrer le sol, des temps très différents. Ces différences sont dues uniquement à la résistance de l'air : c'est ce que prouve l'expérience suivante.

Un tube de verre (*fig.* 15), ayant environ 2 mètres de long, et fermé à ses deux extrémités par des montures de cuivre, contient divers corps, tels que des grains de plomb, de petits morceaux de papier, des barbes de plume. On fait le vide dans ce tube, en adaptant sur la machine pneumatique la monture à robinet qui est à l'une des extrémités; puis on ferme le robinet. L'appareil étant ainsi préparé, si on le retourne brusquement, tous les corps qu'il contient arrivent ensemble à l'extrémité inférieure. — Si l'on ouvre le robinet pour laisser rentrer un peu d'air, et qu'on recommence l'expérience, on voit le papier et les barbes de plume rester en arrière sur le plomb : le retard est d'autant plus marqué qu'on a laissé rentrer plus d'air.

Fig. 15. Chute des corps dans le vide.

31. Marteau d'eau. — Lorsqu'on laisse tomber un liquide d'une certaine hauteur, il se subdivise de plus en plus pendant la chute; si la hauteur de chute est un peu grande, le liquide arrive au sol comme une espèce de pluie. Ce résultat est produit par l'air que le liquide rencontre et qui s'interpose entre ses parties. — Dans le vide, un liquide tombe sans se diviser; c'est ce que montre l'expérience du *marteau d'eau*.

On désigne sous ce nom un tube de verre (*fig.* 16), terminé en boule à l'une de ses extrémités. On a introduit de l'eau dans le tube, à peu près jusqu'aux deux tiers, et on a chassé l'air qui remplissait encore le reste de l'appareil, en faisant bouillir vivement l'eau dans le tube, avant de fermer à la lampe la pointe qui surmonte la boule. — Retournons d'abord lentement le tube, de manière à accumuler toute l'eau du côté de la boule; puis redressons-le brusquement dans la position indiquée par la figure : le liquide tombe tout d'un bloc, et produit alors, contre le fond du tube, un choc qui a fait donner à cet appareil son nom de *marteau d'eau*. — La subdivision d'un liquide pendant la chute, telle qu'elle se produit dans les conditions ordinaires, est donc bien due à l'interposition de l'air.

Fig. 16. Marteau d'eau.

32. Machine d'Atwood. — Puisque tous les corps prennent, dans le vide, sous l'action de la pesanteur, des mouvements identiques, il suffit d'étudier les lois de la chute pour *un seul corps*. — Mais l'étude directe de la chute libre d'un corps dans le vide présenterait de grandes difficultés pratiques. On a eu recours à divers artifices, parmi lesquels nous étudierons d'abord la machine d'Atwood.

La *machine d'Atwood* se compose essentiellement d'une poulie très légère R (*fig.* 17), sur laquelle passe un fil de soie, supportant à ses deux extrémités des masses égales M, M, en sorte que les poids de ces masses se font équilibre. Si maintenant on vient à placer une masse additionnelle *m* sur l'une des masses M, l'équilibre n'existe plus; mais comme le seul poids de la masse *m* doit entraîner simultanément les masses fixées aux deux extrémités du fil, on conçoit que ce mouvement doit être plus lent que celui de la chute libre. — Nous allons l'étudier d'abord, nous verrons ensuite comment il peut conduire aux lois de la chute libre.

Pour déterminer la loi suivant laquelle varient les *espaces* parcourus au bout des temps successifs, on emploie une règle verticale divisée (*fig.* 18), le long de laquelle descend la masse $M+m$. Cette masse est maintenue au zéro de cette règle, jusqu'au moment où le battement d'une horloge jointe à l'appareil marque le commencement d'une seconde déterminée. La masse est alors abandonnée; on cherche, par des tâtonnements, et en recommençant plusieurs fois l'expérience, en quel point de la règle on doit placer une plaque horizontale B, fixée à un curseur qui s'applique sur la règle, pour que la plaque soit frappée par cette masse à l'instant où l'on entend le battement de l'horloge qui termine cette seconde. La mesure de la distance qui sépare la plaque du zéro donne l'espace e_1, parcouru au bout d'une seconde. — On détermine de la même manière, et en répétant les mêmes tâtonnements, les espaces e_2, e_3.... parcourus en 2, 3... secondes (*fig.* 19 et 20). En comparant entre eux ces résultats, on trouve que les espaces e_1, e_2, e_3... sont entre eux comme les nombres 1, 4, 9..., c'est-à-dire *comme les carrés des temps*. — C'est ce qu'on appelle la *loi des espaces*, pour le système actuel.

On peut également déterminer, par une expérience directe, la *loi des vitesses*. — Pour cela, on emploie un autre curseur, portant un anneau A (*fig.* 21) qui laisse passer la masse M sans la toucher, mais qui arrête la masse additionnelle *m*, dont la forme est allongée. On place d'abord l'anneau à la division e_1, de manière que la masse additionnelle *m* soit enlevée au bout d'une seconde; à partir de ce moment, la masse M continue à descendre d'un mouvement uniforme, avec la vitesse qu'elle possédait au moment de la suppression de la masse *m* (5, 2°). On cherche donc en quel point on doit placer la plaque B, pour qu'elle soit rencontrée une seconde après la suppression de la masse *m*; la distance des points A et B donne l'espace parcouru en une seconde, dans ce mouvement uniforme, c'est-à-dire la vitesse que le corps avait acquise en arrivant en A, et qu'il a conservée de A en B; soit v_1 cette vitesse. — On détermine de la même manière les vitesses v_2, v_3... acquises au bout de 2, 3... secondes de chute, en plaçant convenablement les deux curseurs (*fig.* 22). On trouve que les vitesses v_1, v_2, v_3... sont entre elles comme

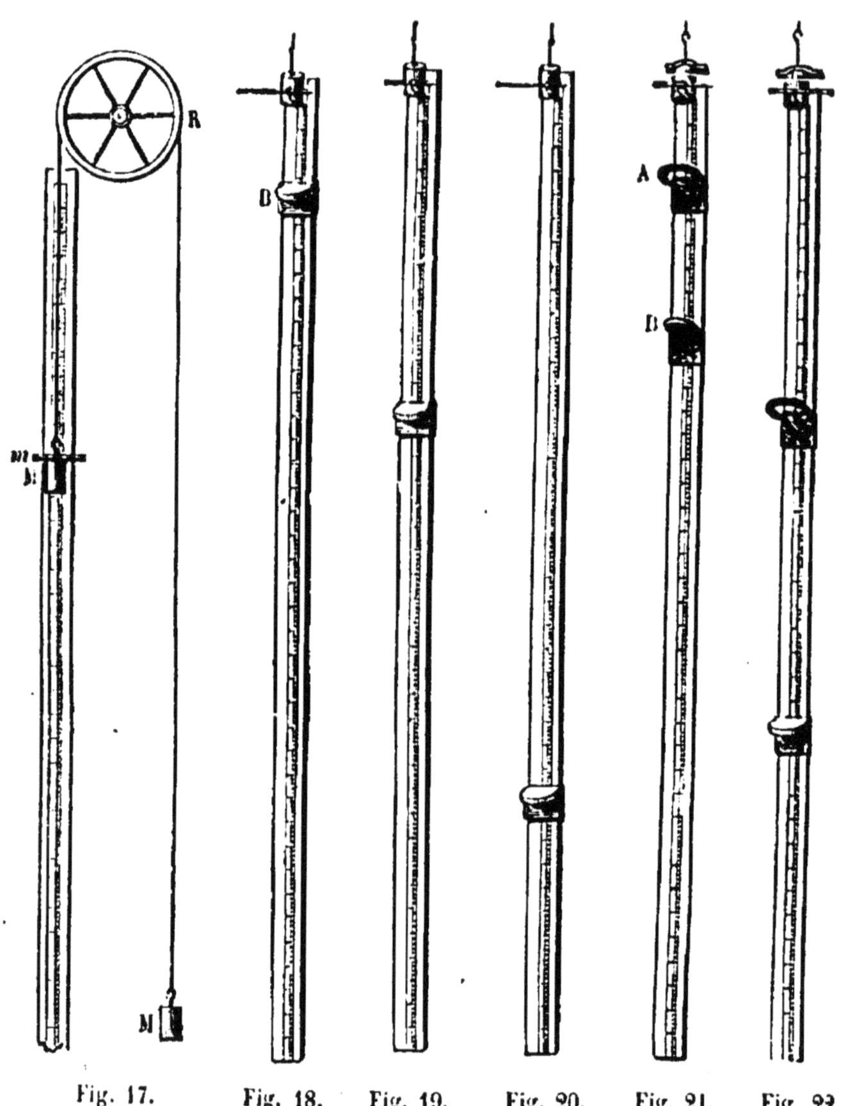

Fig. 17. Fig. 18. Fig. 19. Fig. 20. Fig. 21. Fig. 22.

les nombres 1, 2, 3..., c'est-à-dire qu'elles sont *proportionnelles aux temps*.. — C'est la *loi des vitesses*, dans le mouvement actuel (*).

On a donc ainsi deux lois expérimentales, dont une seule suffirait pour établir que le mouvement, dans la machine d'Atwood, est *unifor-*

(*) Si, prenant les résultats numériques fournis par ces expériences, on compare la vitesse v_1 à l'espace e_1, on constate que v_1 est double de e_1. — Il en est

mément accéléré (1, *Rem.*). — Il est facile d'en conclure que le mouvement d'un corps tombant *en chute libre* est de même nature. En effet, soit γ l'accélération dans l'expérience précédente : c'est une quantité constante, égale aux différences constantes $(v_2 - v_1)$, $(v_3 - v_2)$... Cette accélération est produite par l'action de la force p sur la masse $2M + m$; la force p est donc constante, et l'on a (11)

$$p = (2M + m)\gamma.$$

Donc, si la masse m était abandonnée seule dans le vide, elle prendrait, sous l'action de cette force constante p, un mouvement uniformément accéléré (9); et l'accélération g satisferait alors à la relation

$$p = mg.$$

En égalant ces deux valeurs de p, on a

$$mg = (2M + m)\gamma, \qquad \text{ou} \qquad g = \gamma\,\frac{2M + m}{m}.$$

On voit ainsi que les lois de la chute libre sont les mêmes que celles du mouvement dans la machine d'Atwood; mais cette machine, en ralentissant le mouvement, permet d'établir plus facilement ces lois. — Enfin, c'est à cause du ralentissement du mouvement, que l'on peut considérer la résistance de l'air comme négligeable.

Quant à la détermination de la valeur numérique de g, il semble qu'il suffirait pour l'obtenir, de prendre la valeur de γ fournie par l'expérience, et de la multiplier par le rapport $\frac{2M+m}{m}$, rapport que la balance peut fournir avec une grande précision. — Mais, en réalité, on n'obtiendrait ainsi la valeur de g qu'avec une approximation très grossière, en raison des erreurs inhérentes au mode d'expérimentation.

33. Appareil du général Morin. — L'appareil du général Morin permet également de déterminer les lois de la chute des corps. — En voici le principe.

Un cylindre de bois vertical (*fig.* 23) est animé d'un mouvement de rotation uniforme autour de son axe TT'. Sa surface est couverte d'une feuille de papier. Au niveau de sa base supérieure se trouve un corps pesant, de forme cylindro-conique D, qui porte un crayon horizontal dont la pointe appuie légèrement sur le papier. — Si l'on vient à

d'ailleurs toujours ainsi dans un mouvement uniformément accéléré, et sans vitesse initiale. En effet, si l'on fait $t = 1$ dans les formules établies précédemment (1, *Rem.*), il vient

$$v_1 = \gamma, \quad e_1 = \frac{\gamma}{2},$$

et par suite $v_1 = 2e_1$.

abandonner ce corps pendant que le cylindre est en mouvement, le crayon trace sur la feuille une courbe CMNPB.

Coupons maintenant cette feuille suivant la verticale CA qui passe par le point de départ C du crayon, et développons-la sur un plan (*fig.* 24); la droite CE perpendiculaire à CA n'est autre que le développement du cercle qui serait tracé par le crayon, supposé immobile, sur la surface du cylindre tournant. Menons maintenant des droites II', KK', LL',... parallèles à CA et équidistantes, et soient M, N, P..., les points où elles rencontrent la courbe. Lorsque, pendant l'expérience, le crayon s'est trouvé en M, la génératrice I'I du cylindre avait pris, sous la verticale décrite par la pointe du crayon, la place de CA; de même, quand le crayon s'est trouvé en N, c'est la génératrice K'K qui avait pris la place de CA. Or, puisque le mouvement de rotation était uniforme, ces substitutions ont eu lieu à des intervalles de temps égaux; en d'autres termes, les temps qu'il a fallu pour que le crayon arrivât aux points, M, N, P... peuvent être considérés comme mesurés par les distances CI', CK', CL'..., c'est-à-dire qu'ils sont entre eux comme les nombres 1, 2, 3.... D'autre part, les espaces décrits verticalement par le crayon à ces mêmes instants sont I'M, K'N, L'P...; or, en mesurant ces longueurs sur la feuille, on constate qu'elles sont entre elles comme les nombres 1, 4, 9..., c'est-à-dire comme les carrés des temps correspondants 1, 2, 3....

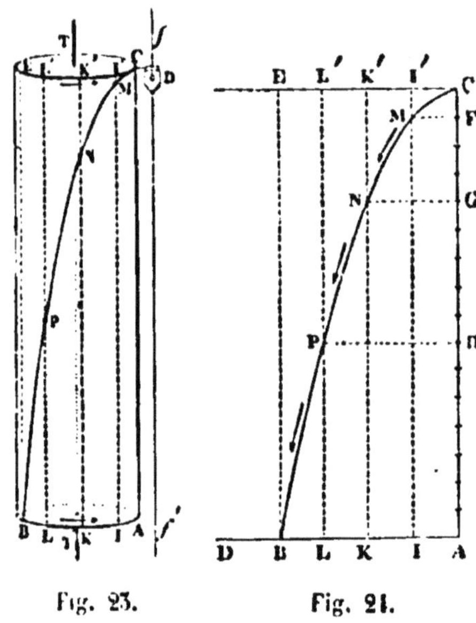

Fig. 23. Fig. 24.

Donc *les espaces parcourus en chute libre sont proportionnels aux carrés des temps;* cette loi suffit pour caractériser un mouvement *uniformément accéléré* (4, *Rem.*). — L'effet produit par la résistance de l'air est ici négligeable, à cause de la grande densité du corps.

L'appareil du général Morin, pas plus que la machine d'Atwood, ne peut servir à mesurer avec précision la valeur numérique de g; cette mesure s'effectue à l'aide du pendule.

IV. — PENDULE.

34. Pendule. — Un corps pesant quelconque, mobile autour d'un axe horizontal, ne passant pas par son centre de gravité, constitue un *pendule*; tel est, par exemple, un balancier d'horloge, un fléau de balance, etc. Un pareil corps est en équilibre lorsque le centre de gravité est dans le plan vertical qui passe par l'axe de suspension; si on le dérange de cette position, et qu'on l'abandonne à lui-même, il exécute, de part et d'autre de cette position, une série d'allées et de venues.

Pour étudier ce mouvement, nous imaginerons un pendule idéal, le *pendule simple*, pratiquement irréalisable, qui se composerait d'un point matériel suspendu à l'extrémité d'un fil sans poids, parfaitement flexible et inextensible. — Pour se rapprocher de ces conditions, on peut employer une petite sphère pesante M (*fig.* 25), suspendue à un fil aussi flexible et aussi fin que possible : ce fil sera fixé à son autre extrémité A.

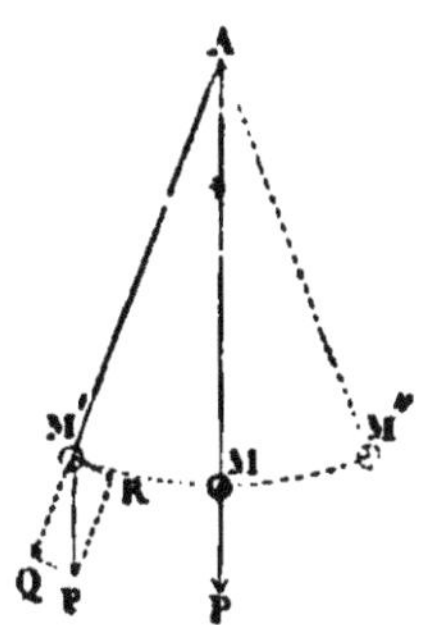

Fig. 25.
Pendule simple.

L'instrument est en équilibre sous l'action de la pesanteur, lorsque le fil est vertical (20); mais si on l'amène dans la position AM' et qu'on l'abandonne ensuite, l'équilibre n'existe plus. En effet, le poids P de la sphère, qui est une force verticale, peut se décomposer en deux forces, l'une Q dirigée suivant le prolongement du fil, et qui n'a d'autre effet que de le tendre; l'autre R perpendiculaire à cette direction, dans le plan M'AM, et qui sollicite la sphère à revenir vers le point M; comme il en est de même tant que la sphère est à gauche de M, la sphère parcourt avec une vitesse croissante, l'arc de cercle M'M. Arrivée en M, elle dépasse la position d'équilibre, en vertu de la vitesse acquise; mais la composante tangentielle du poids, agissant maintenant en sens contraire du mouvement, diminue peu à peu la vitesse, jusqu'à ce que la sphère arrive en un point M" symétrique de M' par rapport à AM. La sphère revient alors vers M, puis en M', et accomplit ainsi une série de mouvements alternatifs. — On nomme *oscillation* le mouvement du pendule, de l'une des positions extrêmes AM' à la position extrême opposée AM"; l'*amplitude* de l'oscillation est l'angle M'AM".

35. Isochronisme des petites oscillations. — Quand un pendule oscille dans l'air, il éprouve, de la part de l'air, une résistance qui tend à diminuer sa vitesse; les frottements de l'axe de suspension ont un effet semblable; aussi, les amplitudes des oscillations vont-elles en diminuant peu à peu, jusqu'à devenir insensibles.

En observant les mouvements d'une lampe suspendue à la voûte de la cathédrale de Pise, Galilée a remarqué que, malgré la décroissance de l'amplitude, *les oscillations de faible amplitude conservent une même durée.* — Pour vérifier expérimentalement cette loi, on fera osciller un pendule, et quand les oscillations seront devenues suffisamment petites, on déterminera, à l'aide d'une montre à secondes, la durée de 100 oscillations ; puis, plus tard, la durée de 100 autres, le résultat sera le même.

C'est cette loi de l'*isochronisme* qui explique comment on régularise le mouvement des horloges, en rendant ce mouvement solidaire de celui d'un balancier.

36. Application du pendule à la détermination des valeurs de l'intensité de la pesanteur. — La théorie mathématique du pendule établit que la durée d'une oscillation très petite est donnée par la formule

$$(1) \qquad t=\pi\sqrt{\frac{l}{g}}$$

dans laquelle t est la durée de l'oscillation exprimée en secondes, π le rapport de la circonférence au diamètre, l la longueur du pendule en mètres, et g l'accélération que prennent les corps tombant en chute libre, dans le lieu même de l'expérience.

Supposons donc que l'on connaisse d'une manière précise la *longueur* l d'un pendule, c'est-à-dire la distance du point de suspension A au centre de la sphère M (*fig.* 25), et que l'on détermine avec soin la durée t d'une oscillation (ce qu'on fera en observant le temps que met le pendule à faire un très grand nombre d'oscillations); la formule (1) permettra de calculer avec précision la valeur de g, pour le lieu où l'expérience aura été faite. — Or l'expérience, répétée ensuite en un lieu suffisamment éloigné du premier, *avec le même pendule*, fournira une autre valeur de la durée t', et par suite une autre valeur de l'accélération g', et ainsi de suite, pour les différents points de la terre.

On appelle *intensité de la pesanteur*, en un point du globe, la force qui résulte de l'action de la pesanteur *sur l'unité de masse.* — Or, si l'on prend le poids du kilogramme comme unité de force, et le mètre comme unité de longueur, l'expression de la masse d'un corps quelconque est $m=\frac{P}{g}$, et si l'on fait $m=1$, on a $P=g$. L'intensité de la pesanteur, évaluée en kilogrammes, est donc représentée par *le même nombre* que l'accélération de la chute des corps, évaluée en mètres.

D'après les mesures de Borda, effectuées au moyen du pendule, la valeur de l'accélération de la chute des corps est, à l'équateur, $9^m,78$;

à Paris $9^m,81$; à la latitude 80°, $9^m,83$. Ces mêmes nombres représentent, en *kilogrammes*, la force qui sollicite l'unité de masse, ou la masse de 9810^c d'eau (11), à ces diverses latitudes. L'intensité de la pesanteur augmente donc de l'équateur aux pôles. — On a constaté également que, à latitude égale, l'intensité de la pesanteur diminue à mesure qu'on s'élève dans l'atmosphère; elle est plus grande au niveau de la mer que sur les continents élevés ou sur le sommet des montagnes.

CHAPITRE II

HYDROSTATIQUE

37. Les corps sont considérés comme formés de molécules situées à distance. — On admet que tout corps, c'est-à-dire toute portion de matière, est un ensemble formé par de très petites masses, les *molécules*, séparées par des intervalles dont les dimensions sont comparables à celles des molécules elles-mêmes.

Cette hypothèse permet de se rendre compte des propriétés suivantes: 1° tous les corps éprouvent une *diminution de volume* quand on exerce sur eux une *pression* suffisante; 2° tous les corps éprouvent une *variation* de *volume* quand on fait varier leur *température*. Ces variations de volume s'expliquent par les variations de grandeur des intervalles qui existent entre leurs molécules.

38. Définition des liquides et des gaz. — Les *corps solides*, dont nous nous sommes occupés jusqu'ici, sont des corps dont la forme ne peut être modifiée que par des pressions ou des tractions très énergiques, ou par des variations de température. — Dans un corps solide, on peut donc se représenter les molécules comme maintenues dans une position constante, les unes par rapport aux autres, par une action réciproque qui a reçu le nom de *cohésion*.

Les *corps liquides* sont des corps dont la forme est essentiellement variable et dépend de celle des vases qui les contiennent, mais dont le *volume* reste toujours *constant*, ou ne peut être modifié que par des actions mécaniques énergiques ou par des variations de température. — Dans un corps liquide, on peut donc se représenter les molécules comme ayant une mobilité qui leur permet de se déplacer, les unes par rapport aux autres, sous l'influence d'actions assez faibles, mais comme assujetties à rester toujours, malgré ces déplacements, à des distances invariables.

Les *corps gazeux* ont, comme les liquides, la propriété d'avoir une forme essentiellement variable, mais ils se distinguent des liquides en ce qu'ils tendent toujours à occuper le *plus grand volume possible*. — En d'autres termes, quand une certaine masse de gaz est introduite dans une enveloppe quelconque, elle se répand toujours dans tout l'espace qui lui est offert, et elle continue encore à exercer, sur les parois de l'enveloppe, une pression tendant à les écarter. — Cette pression est ce qu'on nomme la *force élastique* ou la *tension* du gaz.

Fig. 26.

Cette propriété des gaz est mise en évidence par l'expérience suivante. — Une vessie fermée par un robinet R (*fig.* 26), et contenant un peu d'air, est placée sous une cloche dont l'intérieur communique avec le conduit d'une machine pneumatique. Lorsque, en faisant fonctionner la machine, on enlève l'air qui entoure la vessie, on la voit se distendre jusqu'à remplir presque complètement la cloche : donc, si la vessie ne se distendait pas d'abord, c'est que la force élastique du gaz qu'elle contient était équilibrée par la pression du gaz environnant. — La vessie s'affaisse de nouveau dès qu'on laisse rentrer l'air dans la cloche, par le robinet R.

Cette expérience prouve donc, non seulement que l'air possède une *force élastique*, mais aussi qu'il est *compressible*, c'est-à-dire que son volume diminue, quand la pression qu'il supporte vient à augmenter. — C'est ce que montre encore l'expérience suivante.

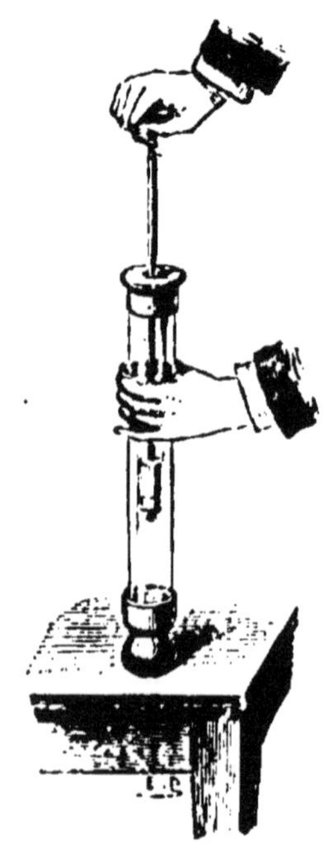
Fig. 27. — Briquet à air.

39. Expérience du briquet à air. — La force élastique d'un gaz augmente quand on diminue son volume. — Le *briquet à air* se compose d'un tube de verre épais (*fig.* 27), fermé à l'une de ses extrémités, et dans lequel on introduit un piston garni de cuir et bien graissé. On enferme ainsi, dans le tube, une certaine quantité d'air. — En appuyant, avec la main, sur la tige du piston, on arrive à le faire pénétrer dans le tube, jusqu'à une certaine profondeur, ce qui prouve que l'air est *compressible.* — Mais, en enfonçant ainsi progressivement le piston, on éprouve une résistance de plus en plus grande; cette résistance finit même par devenir assez considérable pour qu'il soit difficile de pousser le piston plus loin. Donc, la *force élastique* de l'air qui, pour chaque position du piston, fait équilibre à la pression exercée sur lui, devient *de plus en plus grande*, à mesure que le volume de l'air devient *plus petit* (*).

40. Fluides en général. — But de l'hydrostatique. — En ayant égard à la mobilité des molécules, propriété commune aux corps liquides et aux corps gazeux, on est conduit à comprendre tous ces corps sous le nom général de *corps fluides.* — *L'hydrostatique* est l'étude des conditions d'équilibre des fluides, en général.

Mais nous venons de voir qu'il existe, entre les liquides et les gaz, une différence essentielle. — Une même masse liquide, introduite successivement dans des vases de formes diverses, conserve un volume constant; elle présente, dans chacun d'eux, une *surface libre*, par laquelle elle n'est pas en contact avec les parois du vase. — Au contraire, une masse déterminée de gaz, introduite dans une enveloppe close, se répand dans tout l'espace qui lui est offert, *sans conserver de surface libre;* elle tend même encore, en vertu de sa force élastique, à agrandir cet espace, en sorte que son volume dépend essentiellement des pressions qui s'exercent sur elle en sens contraire. — Cette propriété a fait désigner les gaz sous le nom de *fluides élastiques.*

Dans l'étude des conditions d'équilibre des fluides, il est donc nécessaire de considérer séparément les corps liquides et les corps gazeux. — Nous traiterons d'abord spécialement de ce qui concerne les liquides.

I. — ÉQUILIBRE DES LIQUIDES

41. Principe fondamental de l'hydrostatique, ou **Principe de la transmission des pressions.** — L'hydrostatique tout entière repose sur le principe suivant, énoncé par Pascal : *Lorsque, sur une portion plane de la surface d'un liquide, on exerce une pression déterminée, cette pression se transmet intégralement à toute portion de paroi plane ayant une surface égale.*

On trouve une confirmation de ce principe dans la *presse hydraulique*, dont la première idée est due à Pascal. — Réduite à sa plus simple expression, cette machine se compose de deux cylindres verti-

(*) Cet appareil a reçu le nom de *briquet à air*, à cause de la chaleur que dégage la compression de l'air. Lorsqu'on enfonce brusquement la tige, le dégagement de chaleur peut devenir assez grand pour allumer un morceau d'amadou fixé à la partie inférieure du piston.

caux A et B fig. (28), contenant chacun un piston P, p, et réunis à leur base par un tube de communication CD; l'espace compris entre les pistons est plein d'eau. Si la surface du piston P est, par exemple, 100 fois plus grande que celle du piston p, et si l'on place sur le piston p un poids de 4 kilogrammes, il faudra, pour empêcher le piston P de s'élever, le charger d'un poids 100 fois plus grand, c'est-à-dire d'un poids de 400 kilogrammes. — Donc chacune des parties égales à p, dans lesquelles on peut décomposer le piston P, éprouve une pression qui est la centième partie de 400 kilogrammes, c'est-à-dire la pression même qui s'exerce sur le piston p.

Fig. 28.

42. Presse hydraulique. — Voici quelques-uns des détails de construction qui rendent la presse hydraulique applicable aux usages industriels.

Le petit piston, fixé à la partie inférieure de la tige KF (*fig.* 29), est

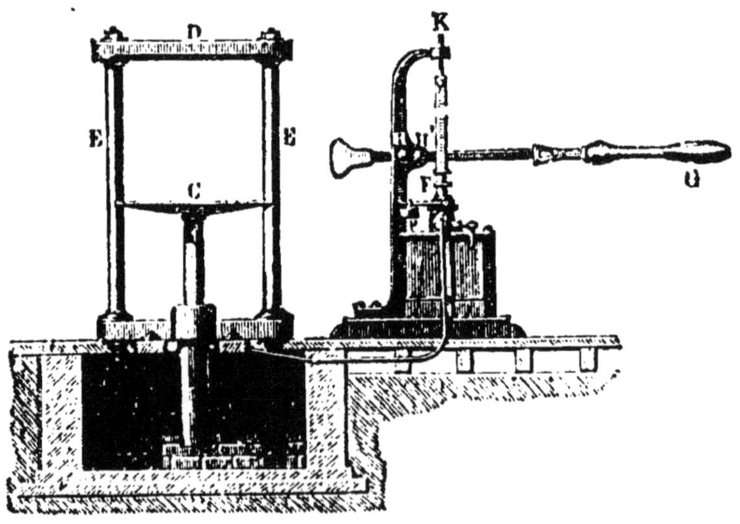

Fig. 29. — Presse hydraulique.

mis en mouvement au moyen d'un levier GH mobile autour du point H; le cylindre, ou *corps de pompe*, dans lequel se meut ce piston, plonge dans un réservoir d'eau R; les mouvements alternatifs du piston font pénétrer l'eau du réservoir dans le corps de pompe, quand le piston s'élève, et refoulent cette eau, quand le piston s'abaisse, dans un tube latéral qu'on aperçoit en avant de la figure; ce tube vient s'ouvrir dans le cylindre qui contient le gros piston. Le gros piston porte, à sa partie supérieure, un plateau C; au-dessus du plateau se trouve une plate-forme D, reliée au cylindre par des colonnes de fonte E, E. Les corps que l'on veut soumettre à l'action de la presse sont placés entre C et D; lorsque, en faisant manœuvrer l'extrémité G du levier, on refoule successivement l'eau du réservoir dans le gros cylindre, le plateau C s'élève et comprime ces corps contre la plate-forme D. — La pression qu'on exerce en G donne naissance à une pression plus grande sur le piston F (ces pressions sont inversement proportionnelles aux deux bras du levier); d'autre part, la pression exercée sur le piston F produit sous le gros piston une pression beaucoup plus grande encore, puisque les pressions sont directement proportionnelles aux surfaces de ces pistons. On voit donc qu'on peut exercer ainsi des pressions très considérables (*).

Il est facile de concevoir l'importance d'éviter ici les fuites, qui laisseraient échapper l'eau par le contour du gros piston. Pour y parvenir on fait usage d'un *piston plongeur* ayant une hauteur presque égale à celle du cylindre dans lequel il doit se mouvoir. Ce piston ne touche pas la paroi interne du cylindre; il traverse à frottement une garniture assujettie dans une gorge ménagée à la partie supérieure du cylindre. Cette garniture est représentée en coupe verticale par la figure 30 : c'est une plaque de cuir, en forme d'anneau, dont le bord extérieur et le bord intérieur ont été *emboutis*, c'est-à-dire repoussés au maillet, de façon à lui donner la forme d'une sorte de gouttière renversée. L'eau, en pressant à l'intérieur de cette gouttière, applique son bord interne contre la surface du piston, et son bord externe contre la paroi du cylindre: et cela, avec d'autant plus de force que la pression exercée dans l'appareil est plus grande.

Fig. 30.

43. Équilibre d'un liquide soumis à la seule action de la pesanteur. — Horizontalité de la surface. — Un liquide en repos, dans un vase ouvert, se dispose toujours de façon que sa surface libre soit

(*) L'avantage de cette machine est de permettre de vaincre, avec une force motrice relativement petite, une résistance considérable; mais, comme dans toutes les machines qu'on étudie en Mécanique, ce qu'on gagne en *force*, on le perd en *chemin parcouru*. En effet, si la section du gros piston est égale à cent fois celle du petit, la quantité dont s'élève le gros piston, pour chaque mouvement de descente du petit, est cent fois moindre : le *travail résistant* est donc égal au *travail moteur* (17).

perpendiculaire à la direction du fil à plomb, c'est-à-dire *horizontale*.

Alors, la partie supérieure du liquide exerce sur celle qui est immédiatement au-dessous une pression qui est due à son poids; celle-ci transmet cette pression à celle qui la supporte, en y ajoutant encore une pression due à son propre poids. On conçoit donc que le fond ou les parois latérales du vase qui contient le liquide doivent supporter des pressions dont la valeur dépendra de la profondeur des points considérés au-dessous de la surface libre. — C'est ce que nous allons constater par l'expérience.

44. Pression sur le fond horizontal d'un vase. — *La pression exercée par un liquide, sur le fond horizontal du vase qui le contient est égale au poids d'une colonne cylindrique de liquide ayant pour base la surface du fond du vase, et pour hauteur la hauteur du liquide au-dessus de cette surface.* — D'après cet énoncé, la pression ne doit pas dépendre de la *forme* du vase, mais seulement de la *surface du fond*, de la *hauteur du liquide* et de sa *nature*.

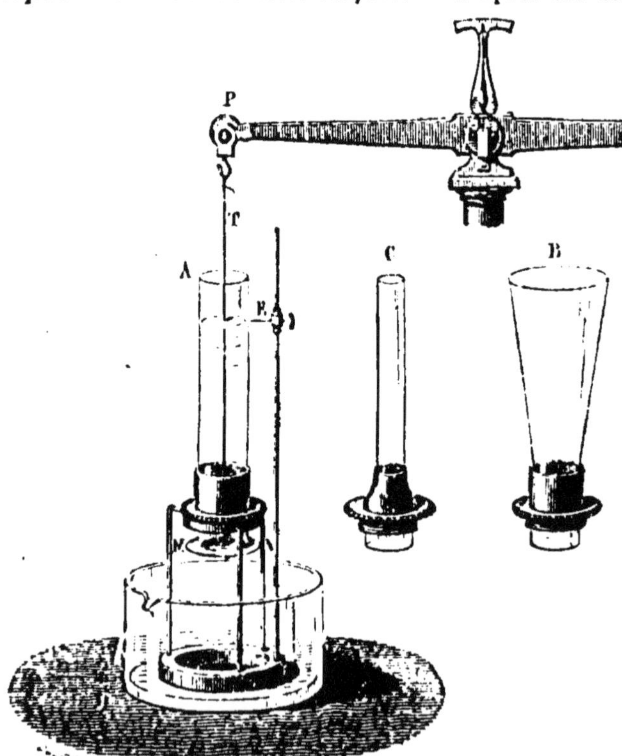

Fig. 31. — Pression sur le fond des vases.

Pour vérifier ce principe, prenons trois vases A, B, C (*fig.* 31) de formes différentes, et pouvant se visser tour à tour sur un trépied métallique; ces vases n'ont pas de fond, mais ils présentent, à leurs parties inférieures, des ouvertures *égales*. — L'un d'eux A étant vissé sur le trépied, on applique sur son ouverture inférieure un obturateur de verre MN, qu'on maintient en le suspendant par un fil T à l'un des bras P d'une balance; on place, dans le plateau que supporte l'autre bras, des poids suffisants pour appliquer assez fortement l'obturateur sur l'ouverture. On verse de l'eau dans le vase A, jusqu'à ce que l'obturateur se détache et laisse échapper quelques gouttes de liquide : à ce moment, la pression exercée de haut en bas sur ce fond mobile est égale à la force avec laquelle il est maintenu contre les bords de l'ouverture ; on marque alors la hauteur de l'eau au moyen du petit index E, mobile le long d'une tige verticale. — On répète la même expérience, en remplaçant le vase A successivement par les vases B et C : on constate que, l'index étant resté au même point de la tige, l'obturateur se détache toujours au moment où le liquide atteint le même niveau. — La pression est donc *la même sur le fond de ces trois vases*, quand le même liquide atteint la même hauteur au-dessus du fond.

Quant à la valeur absolue de cette pression, on peut la déterminer en plaçant sur l'obturateur, au lieu d'eau, un nombre convenable de grammes et de fractions de gramme : on trouve que le poids nécessaire, pour détacher l'obturateur, est égal au poids du volume d'eau que contenait le vase *cylindrique* A, ce qui vérifie l'énoncé.

On voit donc que, pour le vase B, la pression est inférieure au poids de l'eau que contient le vase ; elle est, au contraire, pour le vase C, supérieure au poids total de l'eau (*) — Pour concevoir qu'il en puisse être ainsi, il suffit, comme on va le voir, d'avoir égard aux pressions supportées par les parois latérales.

45. Pressions sur les parois latérales. — Lorsqu'on vient à pratiquer une ouverture dans la paroi latérale d'un vase qui contient un liquide, on voit le liquide s'échapper, en formant un jet qui est d'abord perpendiculaire à la paroi, et qui s'infléchit ensuite sous l'action de la pesanteur. Les molécules liquides qui touchaient la paroi étaient donc pressées normalement contre elle.

Cela posé, il est facile de concevoir en quoi la *pression exercée sur le fond* d'un vase se distingue du *poids du liquide*, c'est-à-dire de la force qui solliciterait, par exemple, le plateau d'une balance, sur laquelle on aurait placé ce vase. — Le liquide contenu dans un vase exerce, sur tous les éléments d'une paroi latérale, des pressions normales à ces éléments. Si les éléments d'une paroi telle que AB (*fig.* 32) font un angle obtus avec le fond, chacune de ces pressions p peut se décomposer en deux forces : l'une f' horizontale, l'autre f verticale et dirigée de haut en bas. Toutes ces compo-

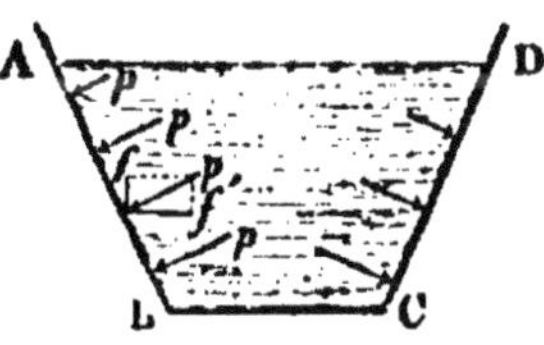

Fig. 32.

Fig. 33.

(*) Ce dernier résultat, qui paraît singulier au premier abord, a été désigné sous le nom de *paradoxe hydrostatique*.

santes verticales, agissant sur les divers points de la paroi, s'ajoutent à la pression supportée par le fond : c'est la résultante *totale* de toutes ces forces qui solliciterait, de haut en bas, le plateau d'une balance sur lequel serait placé le vase. En d'autres termes, c'est une résultante qui représente le poids du liquide : ce poids est donc plus grand que la pression supportée par le fond. — Au contraire, si les éléments d'une paroi telle que A′ B′ (*fig.* 33) font un angle aigu avec le fond, les composantes verticales *f* des pressions exercées sur ces éléments sont dirigées de bas en haut : ces forces agissent donc en sens contraire de la pression exercée sur le fond, et, en se composant avec cette pression, elles produisent une résultante totale qui est égale au poids du liquide ; ce poids est donc moindre que la pression supportée par le fond.

46. Mouvement de recul, produit par l'écoulement d'un liquide. — Lorsqu'on place un vase plein d'eau sur un petit chariot parfaitement mobile, et qu'on vient à déboucher une ouverture vers la partie inférieure de ce vase, on voit le chariot reculer en sens inverse de l'écoulement. Ce résultat trouve son explication dans ce qui précède. — Soit, en effet, un vase ABCD (*fig.* 34), et supposons, pour plus de simplicité, que les parois latérales opposées AB, CD soient planes, verticales et parallèles. Soit *m′n′* la portion de paroi que l'on supprime pour produire l'écoulement : avant que cette ouverture fût débouchée, la pression *p′* supportée par cette portion de paroi était équilibrée par une pression *p* égale et contraire, qui s'exerce sur la portion *mn* égale à la première et située à la même profondeur, sur la paroi opposée. Au moment où l'on enlève *m′n′*, la pression *p′* a pour effet de faire jaillir le liquide, tandis que la force *p*, qui reste seule appliquée au vase, le fait reculer en sens inverse de l'écoulement.

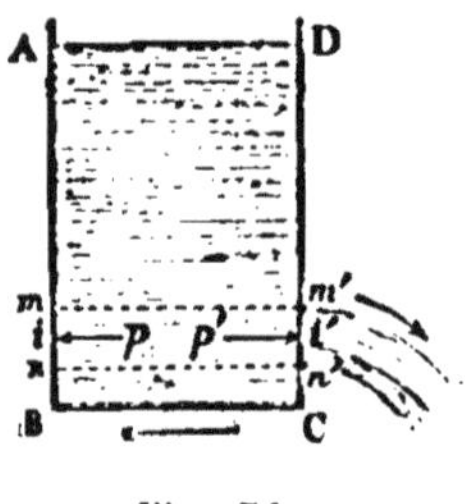

Fig. 34.

Fig. 35. — Tourniquet hydraulique.

Le mouvement du *tourniquet hydraulique* (*fig.* 35) s'explique de la même manière. — Cet appareil se compose d'un réservoir MN, mobile autour d'un axe vertical, et communiquant, par sa partie inférieure, avec un tube horizontal *ab*, recourbé en forme de Z. Le réservoir ayant été rempli d'eau, et l'écoulement se produisant par les extrémités *a* et *b* du tube, l'appareil prend un mouvement de rotation en sens inverse de l'écoulement : ce mouvement de recul est produit par les pressions du liquide sur les parois du tube opposées aux ouvertures.

47. Pression supportée de bas en haut par une surface horizontale, prise dans un liquide. — L'expérience suivante prouve qu'une surface horizontale prise *à l'intérieur* d'un liquide éprouve de bas en haut une pression verticale. — On prend un tube de verre, fermé à sa partie inférieure par un disque plan *ab*, (*fig.* 36) que l'on maintient au moyen d'un fil fixé en son centre; si l'on enfonce ce tube dans l'eau, on constate que le disque est appliqué fortement sur l'ouverture : on peut abandonner le fil sans que le disque se détache. — Si maintenant on veut évaluer la pression qui s'exerce sur la face inférieure de *ab*, il suffit de verser de l'eau dans le tube : le disque se détache au moment où le niveau intérieur arrive sensiblement dans le plan du niveau extérieur. Or, à ce moment, le tube fermé par son obturateur constitue un vase, sur le fond duquel s'exerce, de haut en bas, une pression verticale que nous savons évaluer (44) : cette pression est équivalente à celle qui s'exerce, de bas en haut, sur la face inférieure de l'obturateur. Donc la surface inférieure de *ab* supporte, de bas en haut, une pression égale *au poids d'une colonne cylindrique de liquide, ayant pour base cette surface, et pour hauteur la hauteur du liquide au-dessus de* ab.

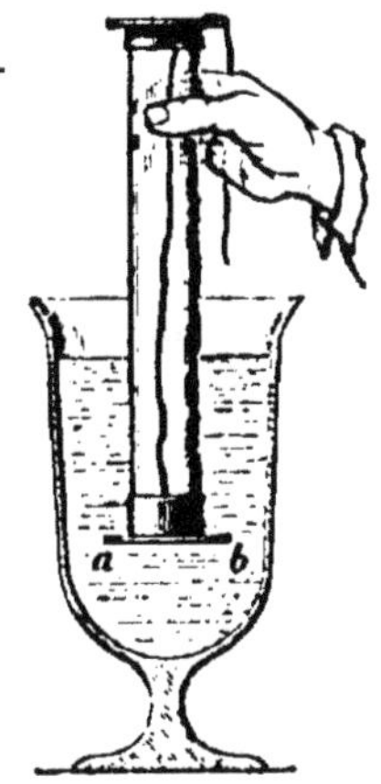

Fig. 36.

48. Égalité de pression en tous sens, autour d'un point pris dans l'intérieur d'un liquide en équilibre. — Si l'on considère un point quelconque, dans l'intérieur d'un liquide en équilibre, et une petite portion de surface plane passant par ce point, il est clair que l'équilibre ne serait point troublé si les points du liquide contenus dans cette petite surface étaient liés entre eux, de manière à former un corps solide. Or, dans le cas particulier où la surface en question est horizontale, nous venons de constater qu'elle supporte, sur deux faces, des pressions égales et directement opposées. — La théorie montre qu'il en est de même, quelle que soit la direction de la surface considérée. Ces conclusions sont d'ailleurs applicables, non seulement aux pressions dues à l'action de la pesanteur sur le liquide, mais aussi à celles qui proviennent d'actions extérieures.

On peut donc dire, d'une manière générale, que si par un point M, pris dans l'intérieur d'un liquide (*fig.* 37), on imagine une portion de surface plane, dont les dimensions soient constantes et très petites, elle supporte sur ses deux faces des pressions p, p', égales entre elles, et dont la valeur est toujours la même, quelle que soit la direction *mn*, *m'n'*... de la surface considérée. — Tel est le sens qu'il faut attacher au principe connu sous le nom d'*égalité de pression dans tous les sens autour d'un point.*

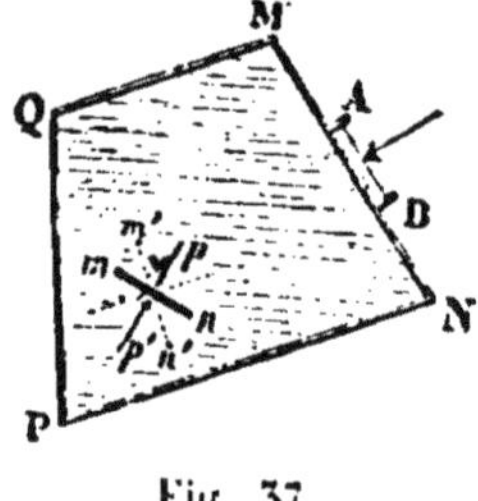

Fig. 37.

49. Égalité de pression en tous les points d'un même plan horizontal, pris dans un liquide. — La pression qui s'exerce sur une petite portion de surface plane, prise au sein d'un liquide placé dans un vase ouvert, est toujours égale, comme on vient de voir, au poids d'une colonne cylindrique du liquide, ayant pour base cette surface, et pour hauteur la hauteur du liquide au-dessus d'elle. Si donc on considère plusieurs petites surfaces *égales entre elles* et prises *dans un même plan horizontal*, comme elles sont toutes à la même distance de la surface, elles supportent des pressions égales. — La théorie montre qu'il en est de même pour un liquide placé dans un vase fermé, et soumis à des pressions quelconques : dans tous les cas, *les pressions supportées par des surfaces égales, prises dans un même plan horizontal, sont égales entre elles.*

50. Conditions d'équilibre des liquides superposés. — Quand plusieurs liquides, non miscibles et de densités différentes, sont placés dans un même vase ABCD (*fig.* 38), il faut, pour qu'il y ait équilibre, que *la surface de séparation soit plane et horizontale.* — En effet, si la surface de séparation avait une forme telle que EF, il serait impossible que tous les éléments égaux *m*, *m'*, pris en divers points d'un même plan horizontal HI situé au-dessous de cette surface, fussent soumis à une même pression.

Fig. 38.

Pour que l'équilibre subsiste, il faut encore que les liquides soient superposés par ordre de *densités décroissantes* à partir du fond.

Ces résultats peuvent être vérifiés par l'expérience, en plaçant, dans un même vase, du mercure, de l'eau et de l'huile; les surfaces des trois liquides sont horizontales, et l'ordre de superposition, à partir du fond du vase, est celui dans lequel nous venons de les énumérer.

51. Conditions d'équilibre des liquides, dans des vases communicants. — 1° *Lorsque plusieurs vases communicants contiennent un même liquide, il faut, pour qu'il y ait équilibre, que les surfaces libres soient dans un même plan horizontal.* — Soient V et V' (*fig.* 39) deux vases communicants, contenant un même liquide, et considérons un petit élément *mn* dans le tube de communication; il devra supporter, sur ses deux faces, des pressions normales *p* et *p'* égales entre elles. Or, le plan mené par *mn* pourrait être rendu solide sans que l'équilibre fût détruit; donc l'élément *mn* lui-même, considéré comme une portion de paroi du vase V, supporte de ce côté une pression p équivalente au poids d'un cylindre liquide qui aurait pour base mn, et pour hauteur la distance de mn au plan de la surface AB. De même, la pression p' est exprimée par une colonne de liquide ayant pour base mn et pour hauteur la distance de mn au plan mené par CD. Donc ces deux hauteurs doivent être égales, et les plans des deux surfaces AB, CD doivent se confondre. — C'est ce qu'on peut vérifier au moyen de l'appareil représenté par la figure 40. Quand on ouvre le robinet R, l'eau s'élève, dans celui des vases A, B, C, qui est ajusté en N, au même niveau que dans le vase V.

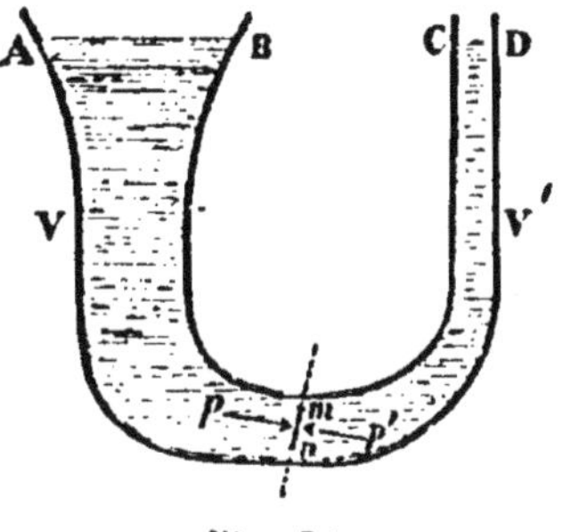

Fig. 39.

Si l'on adapte en N un tube tel que D, qui n'arrive pas jusqu'à cette hauteur, il se produit un jet d'eau qui atteint à peu près le même

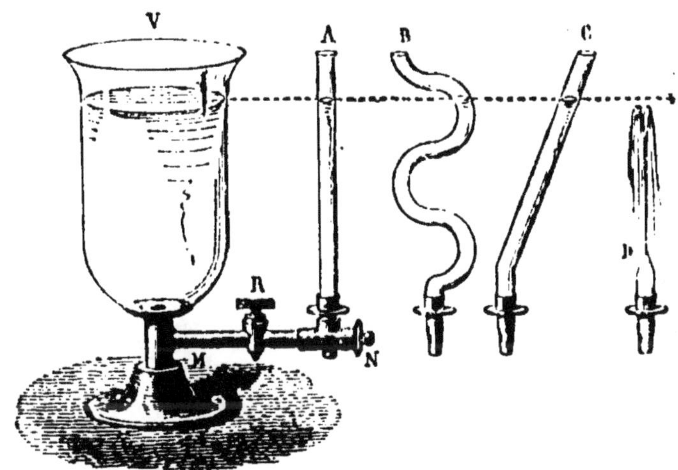

Fig. 40. — Vases communicants.

niveau : la petite différence de hauteur que l'on constate doit être attribuée au frottement de l'eau contre les parois, et aussi à ce que les gouttes du liquide qui retombent, rencontrant celles qui s'élèvent, diminuent la vitesse d'ascension.

2° *Lorsque l'un des vases communicants contient deux liquides superposés, il faut, pour qu'il y ait équilibre, que les hauteurs des liquides dans les deux vases, au-dessus de la surface de séparation, soient en raison inverse de leurs poids spécifiques.*

Soient deux vases communicants V, V' (*fig.* 41) : supposons qu'on y ait d'abord versé du mercure, et qu'on ait ensuite ajouté de l'eau dans le vase V : le niveau du mercure s'est déprimé à gauche et s'est élevé à droite ; considérons le moment où l'équilibre est établi. Un élément *mn*, pris dans le tube de communication, doit supporter, de part et d'autre, des pressions normales p et p' égales entre elles. Or, ces pressions ont une partie commune, savoir le poids d'une colonne de mercure ayant pour base *mn* et pour hauteur la distance HI de *mn* au plan de la surface de séparation EF ; donc il doit y avoir égalité entre le poids d'une colonne d'eau ayant pour base *mn* et pour hauteur HL, et le poids d'une colonne de mercure ayant même base *mn* et pour hauteur HK. Le mercure ayant une densité égale à celle de l'eau multipliée par 13,6, la hauteur HK doit être égale à $\frac{\mathrm{HL}}{13{,}6}$; en d'autres termes, les hauteurs des liquides, ***au-dessus de la surface de séparation*** EF, doivent être en raison inverse de leurs densités. — C'est ce que vérifie la mesure de ces hauteurs.

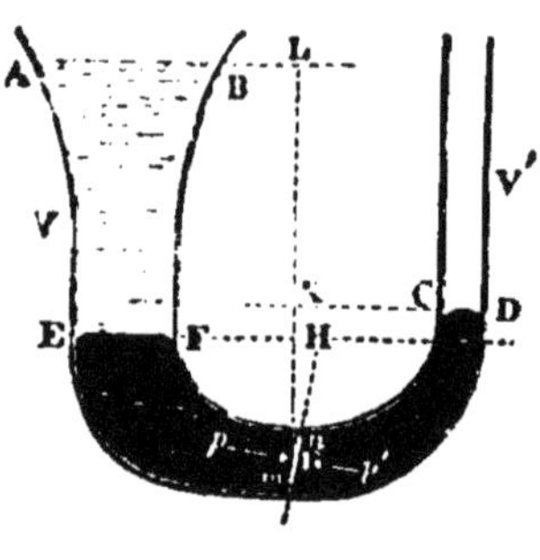

Fig. 41.

52. Puits ordinaires, puits artésiens, jets d'eau. — C'est dans les principes des vases communicants qu'on trouve l'explication des particularités que présentent les puits.

Concevons qu'une masse d'eau un peu considérable (*fig.* 42), comme

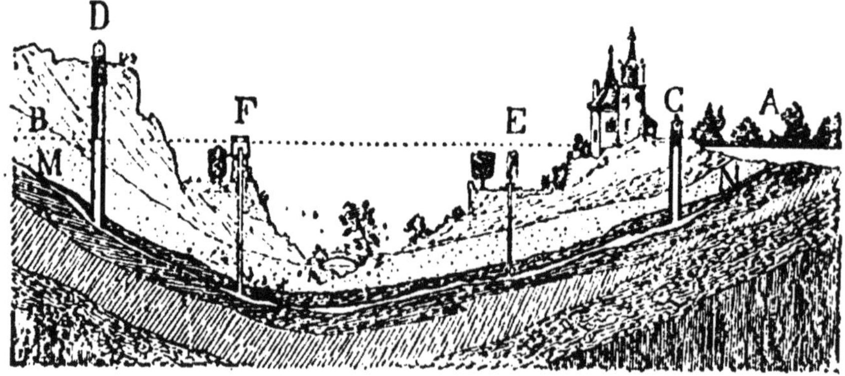

Fig. 42. — Puits ordinaires et puits artésiens.

celle d'un lac ou d'un étang A, pénètre dans le sol au travers de couches sablonneuses ou pierreuses, et parvienne ainsi jusque dans l'intervalle de deux couches argileuses imperméables : elle y forme alors une nappe souterraine, comme celle qui est représentée en MN. Si l'on vient à pratiquer des puits en des points du sol tels que C ou D, situés à des niveaux *plus élevés* que A, et qu'on fasse pénétrer ces puits jusqu'à la nappe MN, l'eau s'y élève jusqu'à ce qu'elle arrive, dans chacun d'eux, au niveau de la surface horizontale AB. Ce sont les *puits ordinaires* : on garnit les parois de maçonnerie, afin d'empêcher l'eau de se perdre dans les terrains perméables que le puits traverse.

Si les points du sol où l'on pratique les puits sont situés *plus bas* que le niveau AB, en E ou en F par exemple, l'eau jaillit au-dessus du sol, à une hauteur plus ou moins grande, selon la différence de niveau. — Le plus ordinairement, on adapte alors, à l'ouverture du puits, un tube surmonté d'un réservoir E, dans lequel l'eau s'élève, et duquel on fait partir des conduits pour la distribuer aux environs. — Ces puits portent le nom de *puits artésiens*, parce que c'est dans l'Artois qu'ont été creusés les premiers qui aient été pratiqués en France.

On se place dans des conditions semblables, pour obtenir des *jets d'eau* artificiels. Un réservoir étant disposé dans un lieu élevé, on le fait communiquer avec des conduits souterrains, qui vont s'ouvrir à la surface de bassins situés plus bas.

53. Niveau d'eau. — L'instrument connu dans l'arpentage sous le nom de *niveau d'eau* est fondé sur les mêmes principes. Il se compose d'un tube de métal (*fig.* 43), qui est porté par un trépied, et dont les

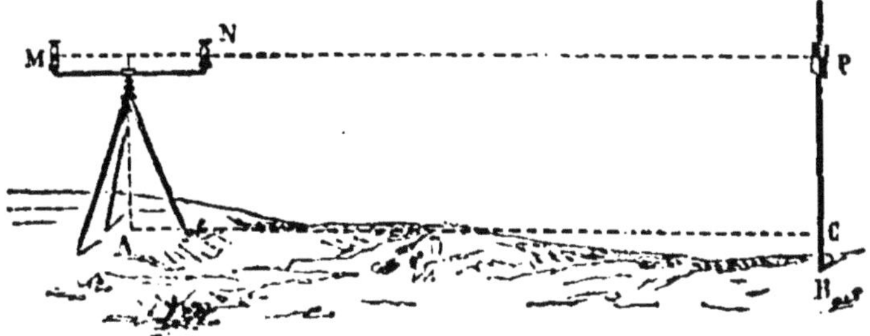

Fig. 43. — Niveau d'eau.

deux extrémités coudées se continuent avec les parois de deux fioles de verre sans fond, M et N. On y verse de l'eau, et l'on fait en sorte que les surfaces du liquide soient visibles dans les deux fioles ; le plan MN, qui passe par ces deux surfaces, est horizontal.

Quand l'arpenteur veut connaître la différence de niveau de deux points B et B' d'un terrain, il place l'instrument en un point intermédiaire A, et fait dresser verticalement en B, par un aide, une longue règle divisée : sur cette règle, se meut une plaque partagée en quatre carrés, dont deux sont peints en blanc, et les deux autres en rouge ou en noir : c'est la *mire* de l'instrument. L'arpenteur, plaçant l'œil en M à la surface du liquide, fait avec la main le signe d'élever ou d'abaisser la plaque, jusqu'à ce qu'il aperçoive, sur le prolongement du rayon visuel qui rase la surface de l'eau en N, le centre P de la plaque, c'est-à-dire le sommet commun aux quatre carrés. La position de la plaque une fois fixée, on note la hauteur BP mesurée sur la règle. — L'arpenteur fait alors transporter la mire au point B' (supposé à gauche, en dehors de la figure); il détermine de même la position du point P' qui se trouve dans le même plan horizontal que P, et la hauteur B'P' de ce point au-dessus du sol. — La différence des hauteurs BP et B'P donne la différence de niveau des points B et B'.

54. Niveau à bulle d'air. — On désigne sous le nom de *niveau à bulle d'air* un petit instrument (*fig.* 44) qui sert à vérifier l'horizontalité des lignes ou des surfaces sur lesquelles on le place.

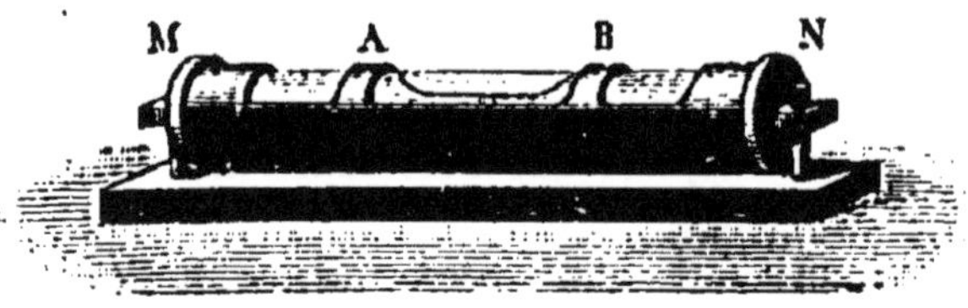

Fig. 44. — Niveau à bulle d'air.

Il consiste en un tube de verre légèrement convexe, dans lequel on a introduit de l'eau ou de l'alcool, en y laissant seulement un espace occupé par une grosse bulle d'air. Ce tube est contenu dans une gaine de cuivre MN, qui est évidée de manière à laisser voir le tube dans la plus grande partie de sa longueur : le tout est fixé sur une plaque métallique. — La bulle d'air se place toujours au point le plus haut, et on a réglé l'instrument de manière que, si la plaque est bien horizontale, les deux extrémités de la bulle viennent correspondre à deux bandes transversales de cuivre, A, B, appliquées sur le tube et servant de *repères*.

II. — PRINCIPE D'ARCHIMÈDE. — CORPS FLOTTANTS.

55. Principe d'Archiméde. — *Tout corps plongé dans un liquide éprouve une poussée verticale, de bas en haut, dont la valeur est égale au poids du liquide déplacé*

On peut se rendre compte de l'existence de cette poussée, et de sa valeur, par le raisonnement suivant. Soit un liquide en équilibre, et supposons qu'une portion MN de la masse (*fig.* 45) soit solidifiée, sans changer de poids ni de volume. Ce corps solide restera en équilibre au milieu du liquide : donc les pressions qui s'exercent sur tous les points de sa surface ont une résultante qui est égale et directement opposée à la résultante des actions de la pesanteur, c'est-à-dire à son poids P. — Or, ces pressions

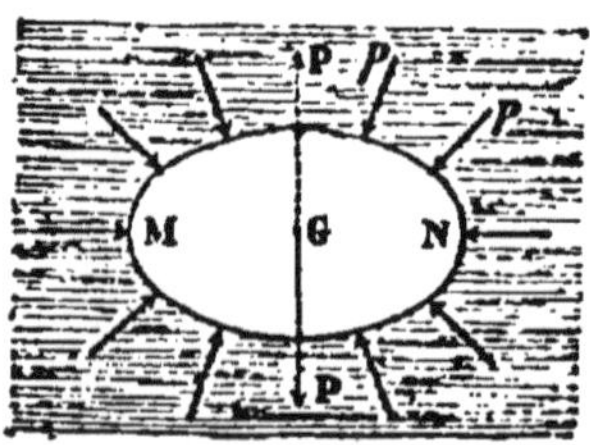

Fig. 45.

resteront encore les mêmes si l'on substitue à ce corps solide idéal un autre corps solide de même forme, mais de nature différente. Un corps quelconque, plongé dans un liquide, éprouve donc une *poussée* de bas en haut dont la valeur est égale au poids du liquide déplacé.

Cette valeur de la poussée peut être vérifiée par l'expérience. — Deux cylindres de laiton, l'un plein D (*fig.* 46), l'autre creux C, ont été

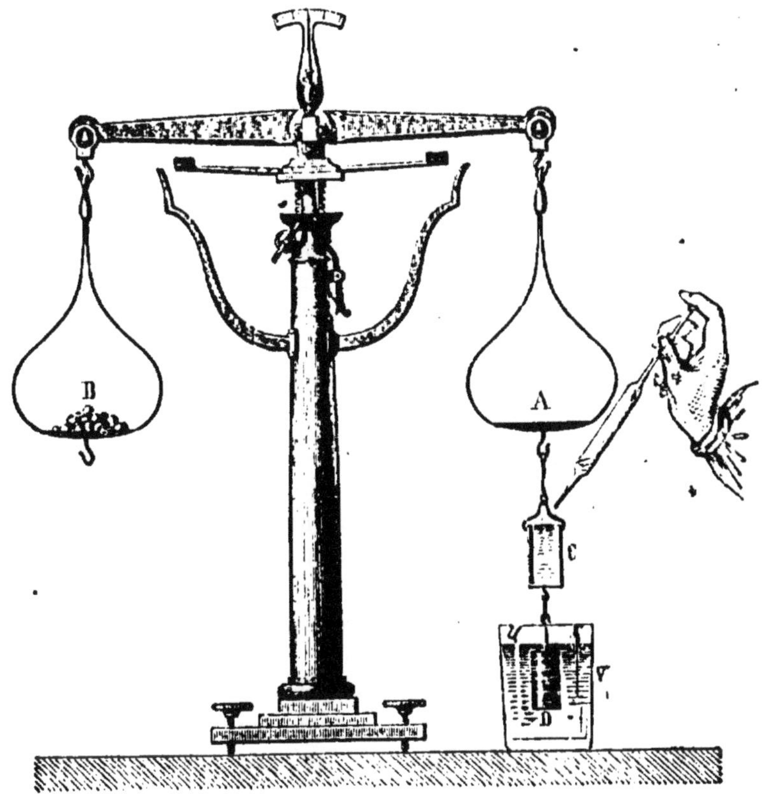

Fig. 46. — Vérification du principe d'Archimède.

travaillés de telle sorte que le cylindre plein entre exactement dans le cylindre creux. On suspend sous l'un des plateaux A de la balance hydrostatique le cylindre creux, et, au-dessous de lui, le cylindre plein; on fait la *tare* dans le plateau B. On descend ensuite le cylindre D dans un vase contenant de l'eau, et l'on constate que l'équilibre est détruit. Il suffit alors d'emplir d'eau la capacité C, pour que, le cylindre D étant complètement plongé, l'équilibre soit rétabli. — On voit donc qu'on a équilibré la poussée éprouvée par D, en ajoutant, du même côté de la balance, un poids d'eau précisément égal à celui qui est déplacé par D.

56. Poids apparent d'un corps complètement plongé. — De ce qui précède, il résulte que, si l'on compare la *poussée* éprouvée par un corps plongé, au *poids* de ce corps, on pourra, selon les circonstances, distinguer trois cas :

1° *Si le poids est plus grand que la poussée*, c'est-à-dire si le corps a un poids plus grand que le poids du même volume de liquide, tout se passe comme s'il était sollicité de haut en bas par une force égale à la différence de ces deux poids, différence qu'on peut appeler son *poids apparent*. On exprime souvent ce résultat en disant que le corps *perd une partie de son poids, égale au poids du liquide déplacé*. — Dans ce cas, le corps abandonné au milieu du liquide tombe au fond. C'est ce qui arrive pour le fer, pour les pierres, quand on les plonge dans l'eau; pour le platine, quand on le plonge dans le mercure.

2° *Si le poids est égal à la poussée*, c'est-à-dire si le corps a un poids égal à celui du même volume de liquide, il semble avoir perdu complètement son poids. — Abandonné sans impulsion au milieu du liquide, il y reste en équilibre, sans descendre ni monter.

3° Enfin, *si le poids est plus petit que la poussée*, c'est-à-dire si le corps a un poids moindre que le poids du même volume de liquide, la poussée l'emporte, et le corps s'élève dans le liquide. C'est ce qui arrive pour le bois, le liège, quand on les plonge dans l'eau; pour le fer, quand on le plonge dans le mercure.

57. Corps flottants. — Lorsqu'un corps, sollicité par une poussée plus grande que son poids, arrive à la surface libre du liquide dans lequel il est plongé, une portion de plus en plus grande de ce corps émerge progressivement du liquide; par suite, la poussée acquiert des valeurs progressivement décroissantes ; il arrive un moment où elle devient égale au poids du corps, et peut lui faire équilibre. — L'expérience montre que, après quelques oscillations, cet équilibre finit toujours par s'établir; on dit alors que le corps *flotte* à la surface du liquide.

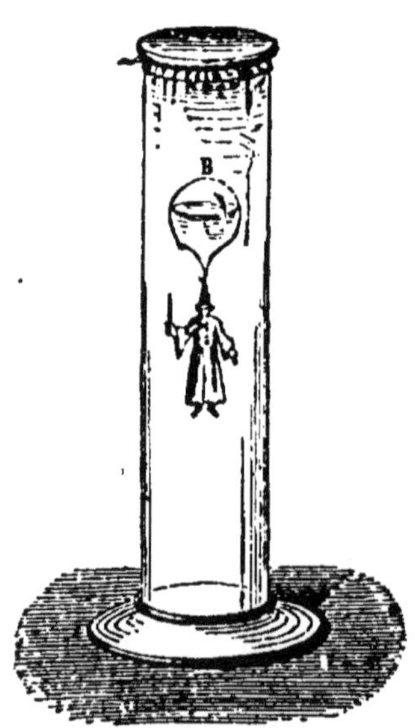

Fig. 47. — Ludion.

Il est essentiel, au point de vue des applications, de retenir ce résultat, que, *toutes les fois qu'un corps flotte, le poids du corps est égal au poids de liquide que déplace la partie plongée*.

58. Ludion. — On réalise les conditions diverses dans lesquelles un corps solide descend, monte ou se tient en équilibre dans un liquide, au moyen du *ludion* (*fig.* 47). — Dans une éprouvette pleine d'eau, on a placé une boule de verre creuse B, percée vers sa partie inférieure d'une petite ouverture capillaire (placée à gauche sur la figure) ; cette boule supporte une figurine d'émail, dont le poids a été réglé de façon que, la boule étant vide, le système ait un poids total moindre que celui de l'eau déplacée, et monte à la surface du liquide. Une membrane, fixée sur le bord de l'éprouvette, permet d'exercer avec le doigt une pression sur la surface de l'eau ; cette pression, se transmettant dans le liquide, fait pénétrer dans la boule une certaine quantité d'eau, qui comprime l'air intérieur, en sorte que le poids du système se trouve augmenté du poids de cette eau ; dès que le poids total est devenu supérieur à la poussée, le ludion descend. — Si l'on vient à supprimer la pression, la force élastique de l'air chasse de la boule l'eau qui y était entrée, et le système remonte. — Enfin, on peut régler la pression de manière à maintenir la boule au milieu de l'éprouvette ; à ce moment, le poids total du système est égal au poids de l'eau qu'il déplace.

CHAPITRE III

DENSITÉS DES SOLIDES ET DES LIQUIDES

59. Définitions. — On appelle *densité ou masse spécifique* d'un corps, *la masse d'un centimètre cube de ce corps*, évaluée en grammes.

Si, par exemple, un échantillon de platine a pour masse 115 grammes, et pour volume 5 centimètres cubes, la masse de 1 centimètre cube sera $\frac{115}{5}$ ou 23 grammes, et l'on dira que la densité du platine est 23. — En général, si M est la masse d'un corps en grammes, et V son volume en centimètres cubes, la densité D pourra se représenter par la formule

$$(1) \qquad D = \frac{M}{V}.$$

Remarquons encore que, d'après la définition du gramme, masse de 1 centimètre cube d'eau (12), le nombre V qui exprime le volume d'un corps est le même que le nombre m, qui exprime la masse d'un égal volume d'eau. La formule (1) se transforme donc en la suivante

$$(1 \ bis) \qquad D = \frac{M}{m}.$$

ce qui conduit à cet autre énoncé, tout à fait équivalent au premier : la densité d'un corps est *le rapport de la masse de ce corps à la masse du même volume d'eau.*

Le mot *poids* étant communément employé dans le sens de *masse*, on dit souvent aussi *poids spécifique*, au lieu de *densité* ou masse spécifique. — Rigoureusement, le *poids spécifique* d'un corps est le poids d'un centimètre cube de ce corps.

60. Problèmes. — La connaissance de la densité d'un corps permet de résoudre immédiatement les deux problèmes suivants :

1° *Calculer le poids d'un corps* (ce mot *poids* étant pris dans le sens de *masse*), *connaissant son volume et sa densité.* — Le volume V étant évalué en centimètres cubes, puisque le nombre D représente en grammes le poids (pris dans le sens de *masse*), d'un centimètre cube du corps, le produit $V \times D$ représente, en grammes, le poids P (ou mieux la masse) du corps donné :

$$P = V \times D.$$

Remarquons que, d'après le système métrique, si le volume V était évalué en décimètres cubes, le produit $V \times D$ exprimerait des kilogrammes; et ainsi de suite.

2° *Calculer le volume d'un corps, connaissant son poids* (pris dans le sens de *masse*) *et sa densité.* — De la formule précédente, on tire

$$V = \frac{P}{D}.$$

Si le poids P est évalué en grammes, le nombre V fourni par le quotient $\frac{P}{D}$ exprimera des centimètres cubes; si le poids P est évalué en kilogrammes, le nombre V exprimera des décimètres cubes ou des litres; et ainsi de suite.

I. — DÉTERMINATION DES DENSITÉS DES CORPS SOLIDES ET LIQUIDES

61. Principe général des méthodes employées. — La détermination expérimentale de la densité d'un corps doit comprendre deux opérations : 1° détermination du poids P (ou mieux de la masse) du corps soumis à l'expérience; 2° détermination du poids *p* (c'est-à-dire de la masse) du même volume d'eau. On fera ensuite le quotient du premier poids par le second.

Les trois méthodes que nous allons indiquer, pour déterminer les densités des corps *solides* et des corps *liquides*, ne diffèrent entre elles que par les procédés qui servent à obtenir ces deux poids.

62. Méthode du flacon. — *Corps solides.* — Les flacons employés pour déterminer les densités des corps solides ont le plus ordinairement la forme représentée par la figure 48. Le bouchon *ab* est formé d'un tube effilé, ouvert à sa partie supérieure; il est usé à l'émeri en *b*, de façon à s'enfoncer d'une quantité toujours égale dans le goulot. Lorsqu'on a rempli d'eau le flacon, et qu'on introduit le bouchon, il sort un peu de liquide par l'ouverture *a*, et la capacité intérieure est ainsi exactement pleine.

Soit à déterminer la densité d'un corps solide, insoluble dans l'eau : d'un morceau de soufre, par exemple. On place ce corps dans l'un des plateaux de la balance, et, à côté du corps, le flacon plein d'eau et bouché : on fait une tare dans l'autre plateau; puis, on enlève le corps et on le remplace par des poids marqués, ce qui donne son poids P par double pesée (28). — On retire alors les poids marqués; on introduit le corps dans le flacon, en sorte que, quand le bouchon est replacé, le corps a chassé du flacon un volume d'eau égal au sien; on essuie le flacon et on le replace dans le plateau. Pour rétablir l'équilibre, on ajoute des poids marqués : ils expriment le poids *p* de l'eau chassée par le corps. — On divise P par *p*, et l'on obtient la densité du soufre.

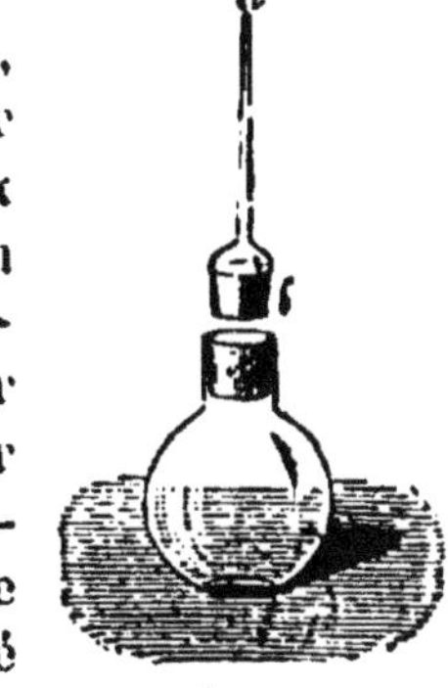

Fig. 48.

Quand on opère sur des corps en poudre, ils entraînent, lorsqu'on les introduit dans l'eau, des bulles d'air qui se dégagent difficilement : pour chasser ces bulles, on place le flacon sous le récipient de la machine pneumatique, et on laisse quelques instants dans le vide.

63. *Corps liquides.* — On se sert ordinairement, pour les liquides, de petits flacons formés d'un réservoir cylindrique A (*fig.* 49), surmonté d'un tube capillaire et d'une partie plus large B qui sert d'entonnoir. Pour emplir le flacon, on verse d'abord le liquide dans l'entonnoir, on chauffe le réservoir A pour en chasser l'air, et on laisse refroidir pour y faire pénétrer le liquide; en répétant deux ou trois fois cette opération, on emplit complètement le réservoir, et on enlève, avec du papier buvard, la petite quantité de liquide qui dépasse le trait *a* marqué sur le tube capillaire.

Fig. 49.

Soit à déterminer la densité de l'alcool, par exemple. On emplit le flacon d'alcool jusqu'au trait *a*, on le met dans l'un des plateaux de la balance, et on tare; on vide ensuite le flacon, on le sèche, on le replace sur le plateau, et les poids marqués qu'il faut ajouter pour rétablir l'équilibre donnent le poids P de l'alcool avec l'exactitude de la double pesée (28). — On répète la même opération avec de l'eau, ce qui donne le poids *p* du même volume d'eau. — Le quotient de P par *p* donne la densité de l'alcool.

64. Méthode de la balance hydrostatique. — *Corps solides.* — Soit à déterminer la densité d'un corps solide, insoluble dans l'eau, d'un morceau de fonte par exemple. — On le suspend, par un fil métallique fin, sous l'un des plateaux B d'une balance hydrostatique, et on fait une tare dans le plateau A (*fig.* 50); on enlève le corps, et on rétablit l'équilibre au moyen de poids marqués, placés en B : on connaît ainsi le poids P du corps, par la méthode de la double pesée. — On enlève les poids, on replace le corps sous le plateau, et on le descend dans l'eau : l'équilibre étant détruit, les poids marqués qu'il faut placer en B, pour le rétablir, expriment le poids *p* de l'eau déplacée. — Le quotient de P par *p* exprime la densité du corps.

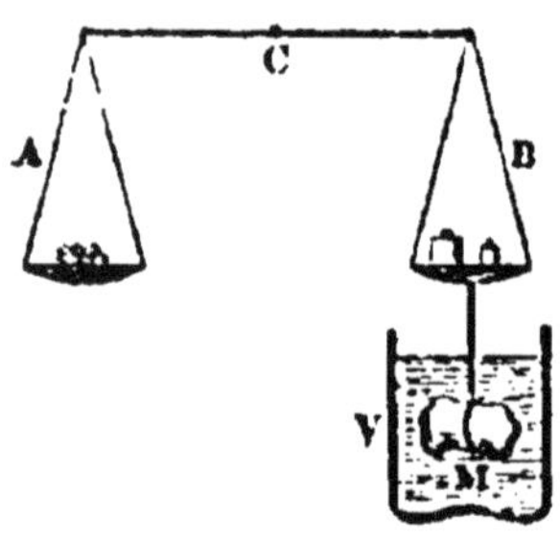

Fig. 50.

La résistance offerte, par le liquide au mouvement du corps qui y est plongé, fait que cette méthode n'offre qu'une précision inférieure à la précédente.

65. *Corps liquides.* — La méthode de la balance hydrostatique peut s'appliquer aux corps liquides. — On suspend au plateau B une boule de verre contenant de la grenaille de plomb, et on fait la tare dans le plateau A. On plonge la boule dans le liquide dont on veut déterminer la densité : les poids marqués qu'il faut ajouter en B pour rétablir l'équilibre donnent le poids P du liquide déplacé. On fait la même opération avec de l'eau, ce qui donne le poids *p* du même volume d'eau. — Le quotient de P par *p* donne la densité du liquide.

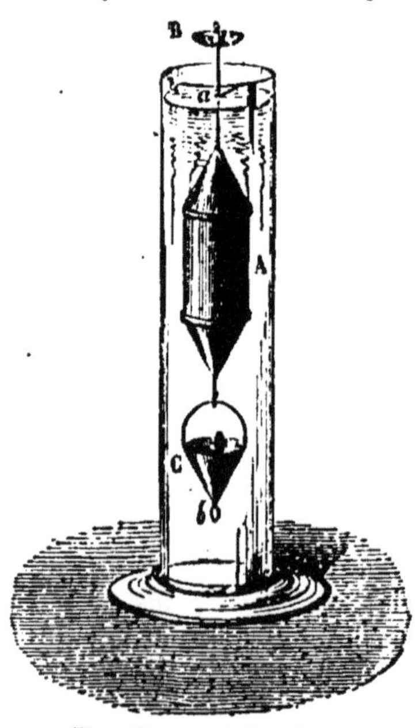

Fig. 51. — Aréomètre de Nicholson.

66. Méthode des aréomètres à volume constant. — *Corps solides.* — On emploie, pour déterminer la densité des corps solides, l'*aréomètre de Nicholson :* il se compose d'un cylindre métallique creux A (*fig.* 51), terminé en haut et en bas par deux cônes; il porte, à sa partie supérieure, une tige avec un petit plateau B; à sa partie inférieure, une petite corbeille C, lestée par de la grenaille de plomb.

Soit à déterminer la densité d'un corps solide, insoluble dans l'eau : d'un morceau de soufre, par exemple. L'aréomètre étant placé dans l'eau, on dépose le corps sur le plateau B et on ajoute de la grenaille de plomb, de façon que l'instrument s'enfonce jusqu'à un *trait d'affleurement a*, marqué sur la tige; on enlève le corps, on le remplace par des poids marqués, de manière à rétablir l'affleurement, et on connaît ainsi le poids P du soufre. — On enlève ces poids, et on place le corps sur la corbeille inférieure C; il éprouve alors une poussée, en sorte que, pour établir de nouveau l'affleurement, on doit placer, sur le plateau B, des poids marqués; ils expriment le poids p de l'eau déplacée. — Le quotient de P par p donne la densité du soufre.

Lorsqu'on opère sur des corps dont la densité est moindre que celle de l'eau, la poussée tendrait à les faire remonter à la surface : on retourne alors la corbeille, et on l'accroche par l'anneau *b*; la poussée presse le corps dans la concavité de la corbeille, et la méthode s'applique sans autre modification.

Cette méthode a l'avantage de n'exiger qu'un instrument portatif, dispensant de l'emploi d'une balance. Par contre, elle est peu sensible, à cause de l'adhérence que l'eau offre toujours avec le métal (*).

67. Corps solides solubles dans l'eau. — Pour déterminer la densité d'un corps solide soluble dans l'eau, aucune des méthodes précédentes n'étant applicable, on opère avec un autre liquide, dans lequel ce corps ne soit pas soluble : avec l'essence de térébenthine, par exemple On obtient ainsi la densité du corps *par rapport à l'essence :* il suffit de multiplier ensuite ce nombre par la densité de l'essence par rapport à l'eau. — En effet soient P, p' et p les poids de volumes égaux du corps, d'essence et d'eau; la densité du corps par rapport à l'essence est $\frac{P}{p'}$; la densité de l'essence par rapport à l'eau est $\frac{p'}{p}$; et l'on voit que le produit $\frac{P}{p'} \times \frac{p'}{p}$ est égal à $\frac{P}{p}$, c'est-à-dire à la densité du corps

68. Résultats. — Les tableaux suivants donnent les résultats obtenus, pour un certain nombre de corps solides et de corps liquides. — On peut remarquer que, pour un même corps solide, la densité peut varier, dans certaines circonstances entre des limites assez étendues. Ainsi, la densité d'un métal écroui par le laminage ou le martelage est toujours plus grande que n'était la densité de ce même métal quand il venait d'être fondu.

(*) Pour déterminer la densité des liquides, on a construit un instrument en verre, de forme semblable, et dont on fait d'ailleurs assez rarement usage. Cet aréomètre, connu sous le nom d'aréomètre de Fahrenheit, est lesté par du mercure placé dans une petite boule, à sa partie inférieure. — L'instrument a été pesé une fois pour toutes; soit 50 grammes son poids. On le plonge dans le liquide dont on veut déterminer la densité, et on ajoute des poids marqués sur le plateau supérieur, de manière à le faire enfoncer jusqu'au point d'affleurement. Puisque l'instrument flotte, la poussée qu'il éprouve est égale à son poids total (57), c'est-à-dire à la somme de 50 grammes et des poids placés sur le plateau; cette somme exprime donc le poids P d'un volume du liquide égal au volume de la partie plongée. — De même, l'instrument étant plongé dans l'eau, la somme de 50 grammes et des poids qui déterminent l'affleurement exprime le poids p d'un égal volume d'eau. — Le quotient de P par p donne la densité du liquide.

CORPS SOLIDES.

	Densités.		Densités.
Acier trempé	7,82	Magnésium	1,74
Aluminium fondu	2,56	Marbre	2,71
Argent fondu	10,47	Or fondu	19,26
Bois d'orme	0,55	Phosphore ordinaire	1,84
— de peuplier ordinaire	0,39	— rouge	2,10
— de sapin jaune	0,66	Platine fondu	21,15
Cuivre fondu	8,85	— écroui	23,00
— laminé	8,92	Plomb	11,35
Diamant	3,55	Porcelaine de Sèvres	2,24
Étain	7,29	Potassium	0,87
Fer	7,79	Sodium	0,97
Fonte de fer	7,21	Soufre natif ou octaédrique	2,07
Glace	0,92	— prismatique	1,97
Laiton	8,45	Verre à vitres	2,53
Liège	0,24	Zinc	7,19

CORPS LIQUIDES

	Densités.		Densités.
Acide nitrique fumant	1,52	Essence de térébenthine	0,869
Acide sulfurique	1,841	Huile d'olive	0,915
Alcool absolu	0,792	Mercure	13,596
Eau de mer	1,026	Sulfure de carbone	1,291
Eau distillée, à 4 degrés	1,000	Vin de Bordeaux	0,994
Esprit-de-bois	0,798	— de Bourgogne	0,991

II. — ARÉOMÈTRES A POIDS CONSTANT

69. Aréomètres à poids constant, en général. — On donne le nom d'*aréomètres à poids constant*, à de petits instruments dont on fait un usage fréquent dans l'industrie, et qui sont spécialement destinés à fournir des indications sur le degré de concentration des liquides, c'est-à-dire sur la proportion d'eau qui s'y trouve mélangée. — Ils se composent tous (*fig.* 52, 53 et 54) d'un tube de verre, qui porte à sa partie inférieure un renflement de forme variable; une ampoule, contenant du mercure ou de la grenaille de plomb, sert à lester l'appareil et le maintient vertical quand il flotte dans un liquide. — Les divers aréomètres diffèrent entre eux par leur graduation, comme nous allons l'indiquer.

70. Aréomètres de Baumé. — Les aréomètres de Baumé se graduent de deux manières différentes, selon qu'ils sont destinés à des liquides plus denses que l'eau, ou à des liquides moins denses.

1° Pour graduer les aréomètres destinés à des liquides plus denses que l'eau (*pèse-acides*, *pèse-sirops*, *pèse-sels*), on les plonge dans l'eau pure, et on règle le lest de manière qu'ils s'enfoncent à peu près jusqu'au sommet du tube : on marque zéro au point d'affleurement (*fig.* 52). On plonge ensuite l'instrument dans une solution de sel marin, contenant 15 parties de sel pour 85 parties d'eau : au nouveau point d'affleurement, on marque 15. L'intervalle de ces deux points est partagé en 15 parties égales, qu'on appelle *degrés* de l'aréomètre, et l'on continue de marquer des degrés égaux jusqu'au bas de la tige.

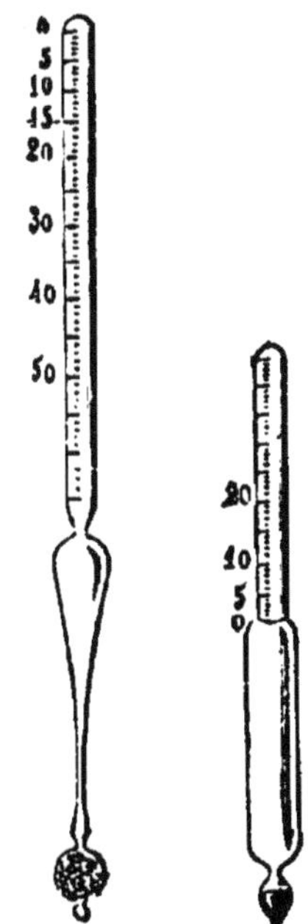

Fig. 52. Fig. 53.
Aréomètres de Baumé.

2° Pour graduer les aréomètres qui doivent servir à des liquides moins denses que l'eau (*pèse-esprits, pèse-liqueurs*), on règle le lest de manière que l'instrument, plongé dans une solution de 10 parties de sel marin pour 90 parties d'eau, s'enfonce seulement jusqu'à la naissance du tube, et on marque zéro au point d'affleurement (*fig.* 53). On le plonge ensuite dans l'eau pure : au point d'affleurement, on marque 10. L'intervalle est partagé en dix parties égales, ou *degrés*, et la graduation est continuée jusqu'au sommet de la tige.

Ces graduations, purement conventionnelles, ne donnent pas directement la densité d'un acide ou d'une liqueur. Mais on sait, par exemple, que l'acide sulfurique, à l'état de concentration adopté par l'industrie, doit marquer 66 degrés au pèse-acides de Baumé; que l'éther doit marquer 56 degrés au pèse-esprits, etc. — L'instrument permet donc de vérifier si le degré de concentration d'un liquide est convenable; mais, dans le cas où cette condition n'est pas remplie, il n'indique pas quelle est la proportion d'eau excédante.

71. Alcoomètre centésimal de Gay-Lussac. — L'alcoomètre de Gay-Lussac est un aréomètre à poids constant, dont la graduation est faite pour donner immédiatement la richesse d'un mélange d'alcool et d'eau. Pour cela, on le gradue comme il suit. — Le lest est réglé de façon que l'instrument, plongé dans l'alcool absolu, s'enfonce jusqu'au sommet de sa tige, et, en ce point, on marque 100 (*fig.* 54). On fait ensuite une solution contenant *en volume* 95 d'alcool pour 100, et au point d'affleurement on marque 95. On continue à déterminer ainsi, par des expériences successives, les points 90, 85, etc. — Ces points étant assez rapprochés, on peut, sans erreur sensible,

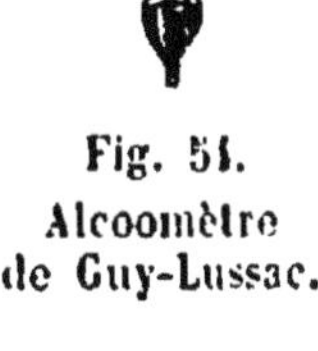

Fig. 54.
Alcoomètre de Gay-Lussac.

partager en cinq parties égales les espaces compris entre deux points consécutifs; mais on observe que ces divisions sont bien plus grandes au voisinage du sommet de la tige qu'à la partie inférieure : il est donc indispensable de déterminer par l'expérience un grand nombre de points de l'échelle. — Lorsque l'instrument ainsi construit marquera, par exemple, 67 dans un mélange d'alcool et d'eau, on pourra affirmer que ce mélange contient, en volume, 67 d'alcool pour 100 (*).

Pour que les indications de l'instrument aient une valeur, il faut s'assurer que le mélange ne contient aucune substance autre que l'alcool et l'eau : si cette condition n'était pas remplie, il faudrait éliminer les substances étrangères, avant de faire usage de l'aréomètre.

CHAPITRE IV

I. — PRESSION ATMOSPHÉRIQUE

72. L'air et les gaz sont pesants. — Pour démontrer que les gaz sont pesants, on peut faire l'expérience suivante, qui n'est qu'une modification d'une expérience due à Galilée.

Fig. 55.
Pesanteur de l'air.

Dans un ballon de verre, muni d'un robinet, on fait le vide à l'aide de la machine pneumatique. On le suspend sous l'un des plateaux d'une balance (*fig.* 55), et l'on fait une tare dans l'autre plateau. Si l'on ouvre alors le robinet, de manière à laisser rentrer l'air, on voit le fléau s'incliner du côté du ballon. — En laissant rentrer dans le ballon un autre gaz quelconque, on obtiendrait un résultat semblable.

On verra plus loin quelle est la méthode qui a été suivie pour déterminer avec exactitude le poids d'un volume déterminé d'un gaz. Nous admettrons, dès maintenant, que le poids d'un litre d'air, dans les conditions ordinaires, est environ 1gr,3. — Il en résulte que 1 centimètre cube d'air, pris dans les conditions ordi-

(*) La graduation ayant été faite à la température de 15 degrés, si la température au moment d'un essai est notablement différente, le résultat doit subir une correction. Ces corrections sont données par des tables, construites par Gay-Lussac, pour la série des températures qui peuvent se présenter dans la pratique

naires, pèse environ 0gr,0013; c'est-à-dire que la *densité*, ou *poids spécifique* de l'air, défini comme il a été dit (59) est 0,0013.

73. Pression atmosphérique. — Expérience de Torricelli. — Expériences de Pascal. — A l'époque où Galilée prouva que l'air est pesant, on expliquait encore par une hypothèse singulière un grand nombre de faits d'observation quotidienne, notamment l'ascension de l'eau dans les tuyaux des pompes aspirantes. On admettait que *la nature a horreur du vide;* que, partout où un vide tend à se produire, la nature tend à le combler. — Cependant, vers la même époque, des fontainiers de Florence remarquèrent que les pompes ne peuvent jamais aspirer l'eau à plus de 32 pieds de hauteur (environ 10 mètres) : l'ancienne hypothèse devenait donc insuffisante.

C'est à Torricelli, élève de Galilée, que revient l'honneur d'avoir prouvé que la cause réelle de ces phénomènes est la pression exercée par l'atmosphère sur la surface libre des liquides. Il pensa que, si cette pression ne peut soutenir qu'une colonne d'eau de 10 mètres de haut, elle ne doit pouvoir soutenir qu'une colonne de mercure de hauteur encore moindre, puisque le mercure est plus dense que l'eau.

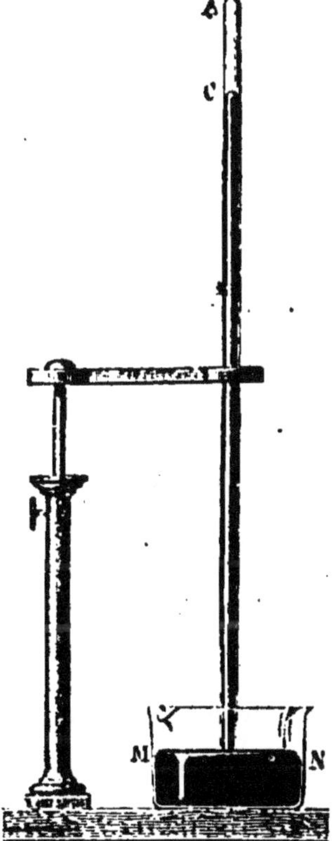

Fig. 56.
Expérience de Torricelli.

Pour le vérifier, Torricelli emplit de mercure un tube de verre, fermé à l'une de ses extrémités, et long d'environ 1 mètre; bouchant ensuite avec le doigt l'extrémité ouverte, il renversa le tube, et plongea cette extrémité dans une cuvette contenant du mercure; en retirant alors le doigt, il vit la colonne de mercure conserver, au-dessus de la surface libre MN du mercure dans la cuvette (*fig.* 56), une hauteur qui, avec nos mesures actuelles, est d'environ 76 centimètres.

La hauteur de la colonne liquide qui est maintenue dans un tube semblable varie, comme on devait le prévoir, avec la nature du liquide. — Pascal, en employant divers liquides pour répéter l'expérience de Torricelli, vérifia que les hauteurs sont inversement proportionnelles aux densités : un tube d'une quinzaine de mètres ayant été empli de vin rouge, la hauteur de la colonne qui resta soutenue dans le tube fut d'environ 32 pieds.

Enfin, Pascal pensa que, si c'est en effet la pression atmosphérique qui soutient le mercure dans l'expérience de Torricelli, la hauteur de la colonne soulevée doit être moindre au sommet d'une montagne que dans la vallée. L'expérience, faite par son beau-frère Périer au sommet du Puy-de-Dôme, et au même instant par d'autres expérimentateurs au pied de la montagne, donna un résultat conforme à ces prévisions.

74. Pression, en kilogrammes, exercée par l'atmosphère sur une surface déterminée. — Considérons deux surfaces égales, de 1 centimètre carré par exemple, situées au niveau de la surface libre dans la cuvette (*fig.* 57), l'une *ab* à l'intérieur du tube, l'autre *a'b'* à l'extérieur. La pression *p* que l'atmosphère exerce sur *a'b'* se transmet dans le liquide, en sorte que *ab* éprouve une pression de bas en haut, égale en grandeur à *p* : puisqu'il y a équilibre, cette pression est aussi égale à celle qu'exerce de haut en bas le mercure contenu dans le tube ; elle peut donc être exprimée par le poids d'un cylindre de mercure ayant pour base *ab*, et pour hauteur la distance verticale de C à *ab*.

Fig. 57.

Dès lors, le calcul de la pression exercée par l'atmosphère, sur une surface déterminée, se réduit au calcul du poids d'une colonne cylindrique de mercure. — Si la hauteur du liquide dans le tube est exactement 76 centimètres, la pression sur 1 centimètre carré est exprimée par le poids d'un cylindre de mercure dont la base serait 1 centimètre carré, la hauteur 76 centimètres, par suite le volume 76 centimètres cubes ; sa masse exprimée en grammes s'obtient (60) en faisant le produit de la densité du mercure 13,6 par 76 : on trouve 1033gr,6, ou 1kil,0336. Si l'on prend comme unité de force le poids du kilogramme (11), la pression atmosphérique sur un centimètre carré est donc une force de 1kil,0336. — C'est, comme on voit, un peu plus de 1 kilogramme : pour que la pression fût exactement de 1 kilogramme, il faudrait que la hauteur du mercure fût seulement $\frac{76}{1,0336}$ ou 73cm,5.

75. Évaluation de la pression atmosphérique, ou de la force élastique de l'air, en hauteur de mercure. — La pression atmosphérique éprouve en un même lieu, aux diverses heures du jour, des variations sensibles. Au lieu d'estimer cette pression par sa valeur en kilogrammes, sur une surface donnée, on la caractérise ordinairement par la hauteur de la colonne de mercure qui lui fait équilibre : on dit, par exemple, que, en un lieu donné et à un instant donné, *la pression est de 758 millimètres ;* c'est dire, d'une manière abrégée, que la pression exercée sur une surface déterminée est égale au poids d'une colonne de mercure ayant pour base cette surface et pour hauteur 758 millimètres.

Il est aisé de voir que l'évaluation de la pression atmosphérique fournit également celle de la *force élastique* de l'air, dans le même lieu. En effet, si l'on isole par la pensée une petite masse d'air au milieu de l'atmosphère, comme la surface qui la limite est en équilibre, on voit que la pression exercée extérieurement sur cette surface par l'atmosphère est égale à la pression exercée intérieurement par la force élastique du gaz. On peut donc dire aussi, en employant une locution abrégée semblable à la précédente, que *la force élastique de l'air*, à un moment donné, *est de 758 millimètres*.

On conçoit enfin comment la hauteur de la colonne de mercure reste la même, soit qu'on place l'appareil de Torricelli dans un appartement, soit qu'on le place à l'extérieur, puisque la force élastique de l'air de l'appartement est égale à celle de l'air extérieur.

76. Crève-vessie. — Hémisphères de Magdebourg. — Un cylindre de verre, ouvert à ses deux extrémités, et sur l'ouverture supérieure duquel est tendue une membrane de vessie, est placé sur la platine de la machine pneumatique (*fig.* 58). Tant qu'on n'a pas raréfié l'air dans le cylindre, la vessie reste plane, parce qu'elle supporte sur ses deux faces des pressions égales; mais, dès qu'on commence à raréfier l'air intérieur, la pression due à la force élastique de cet air étant diminuée, la vessie se déprime sous la pression exercée par l'atmosphère, et bientôt elle se brise.

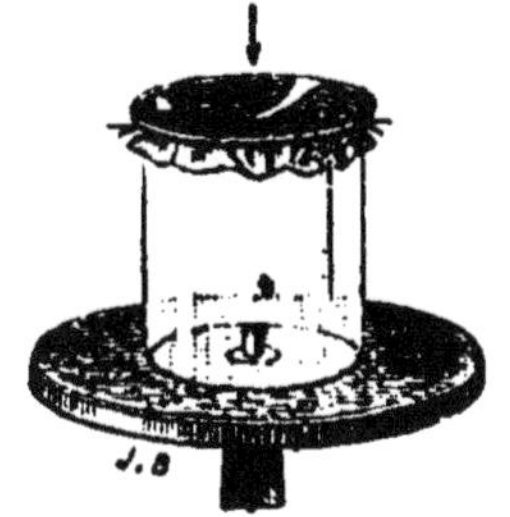

Fig. 58. — Crève-vessie.

Les *hémisphères de Magdebourg* (*fig.* 59) sont des hémisphères de laiton creux, dont les bords peuvent s'appliquer exactement l'un sur l'autre : une bande de cuir graissé rend la fermeture plus hermétique. L'hémisphère inférieur porte une monture à robinet, qui peut se visser sur le conduit de la machine pneumatique. — Les deux hémisphères étant superposés, si l'on fait le vide dans l'intérieur et qu'on ferme le robinet, la pression que l'atmosphère exerce perpendiculairement à chacun des éléments de la sphère, n'étant plus équilibrée par la force élastique de l'air intérieur, maintient les hémisphères fortement appliqués l'un contre l'autre; deux personnes tirant en sens opposé ne peuvent plus les séparer. Des hémisphères de grandes

Fig. 59. — Hémisphères de Magdebourg.

dimensions, construits à Magdebourg par Otto de Guericke, résistèrent à la traction exercée par vingt chevaux, sans se séparer. — Si l'on vient, au contraire, à ouvrir le robinet, l'air rentre en sifflant dans la cavité des hémisphères, et il devient facile de les disjoindre.

77. Effets de la pression atmosphérique sur nos organes. — La pression de l'atmosphère n'a pas, en général, d'effet sensible sur nos organes, bien que cette pression ait une valeur d'environ 100 kilogrammes par décimètre carré (74). Les cavités de l'organisme sont occupées ou par des liquides qui sont incompressibles, ou par des gaz dont la force élastique a pris une valeur égale à la pression atmosphérique : la pression de l'atmosphère, tant qu'elle demeure constante, ne peut donc, ni tendre à diminuer le volume de notre corps, ni en gêner les mouvements.

Il se produit, au contraire, une gêne extrême quand la pression extérieure vient à diminuer ou à augmenter notablement, parce qu'il n'y a plus équilibre entre la force élastique des gaz intérieurs et la pression extérieure. C'est l'effet que produisent sur nous les variations de la pression atmosphérique, quand elles atteignent une valeur un peu grande. Ce sont encore des effets de ce genre qui se manifestent, avec exagération, sur les aéronautes qui s'élèvent à des hauteurs considérables, ou sur les ouvriers qui travaillent à d'assez grandes profondeurs, sous l'eau, dans des appareils à air comprimé.

II. — BAROMÈTRES

78. Baromètres à cuvette. — L'appareil de Torricelli, disposé de manière à permettre de mesurer, à chaque instant, la valeur exacte de la pression atmosphérique, prend le nom de *baromètre à cuvette.*

Il est nécessaire, avant tout, que, à la partie supérieure du tube, dans la *chambre barométrique*, il ne se trouve aucun gaz ni aucune vapeur, dont la force élastique puisse déprimer la colonne mercurielle. Pour atteindre ce résultat, on remplit le tube de mercure bien pur, on le place sur une grille inclinée, et on fait bouillir progressivement le liquide dans toute la longueur de la colonne : la vapeur de mercure entraîne les bulles d'air et l'humidité qui pourraient être restées adhérentes aux parois du tube. — Une fois le tube refroidi et installé dans la cuvette, on reconnaît qu'il a été bien purgé d'air et d'humidité, en l'inclinant un peu, jusqu'à ce que le mercure en atteigne le sommet : la chambre barométrique doit alors se remplir complètement, et le liquide doit venir frapper le verre en faisant *marteau* sur le fond du tube.

79. Baromètre usuel à cuvette. — Dans les baromètres d'appartement, la cuvette et le tube sont fixés sur une planche de bois : une division en millimètres, dont le zéro est au niveau du liquide dans la cuvette, sert à mesurer la hauteur de la colonne de mercure.

Dans ces baromètres, on admet que le niveau du mercure dans la cuvette demeure invariable. Cependant, chaque fois que la colonne monte dans le tube, le niveau s'abaisse dans la cuvette, et réciproquement ; ce niveau cesse alors de correspondre au zéro de la graduation. Cet inconvénient peut être atténué en donnant à la cuvette une large surface (*fig.* 60). — La cuvette est fermée par une peau de chamois qui donne passage à l'air, tout en empêchant la poussière de pénétrer.

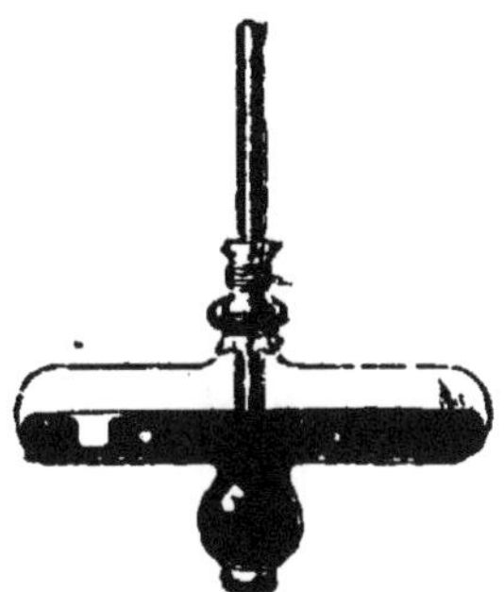

Fig. 60.
Baromètre à cuvette.

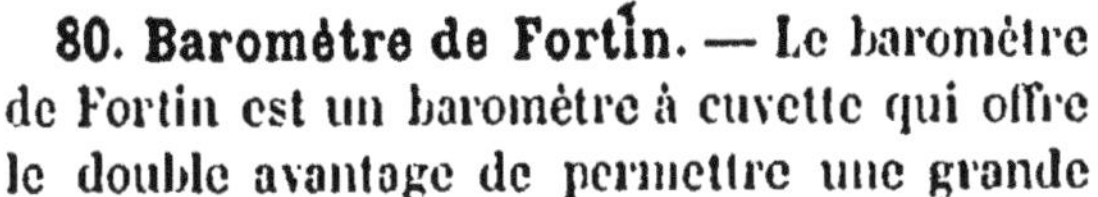

80. Baromètre de Fortin. — Le baromètre de Fortin est un baromètre à cuvette qui offre le double avantage de permettre une grande précision et d'être facilement transportable. — La cuvette est formée d'un cylindre de verre R (*fig.* 61), assujetti dans une monture métallique MN qui est garnie de bois à l'intérieur : le fond de la cuvette est formé par une peau de chamois PP ; une vis métallique V, qui traverse la monture inférieure, supporte sur son extrémité un disque de bois D fixé à la peau de chamois, en sorte qu'on fait monter ou descendre le niveau du mercure dans la cuvette, en tournant la vis dans un sens ou dans l'autre. Une petite pointe d'ivoire *a*, fixée à la partie supérieure de la cuvette, indique le niveau auquel on doit amener la surface *mn* du mercure avant de commencer l'observation : pour arriver à ce résultat, on fait mouvoir la vis V, jusqu'à ce que la pointe *a* semble toucher exactement son image, vue par réflexion dans le mercure. — Sur la gaine de laiton qui entoure le tube de verre T (*fig.* 62) est tracée une graduation dont

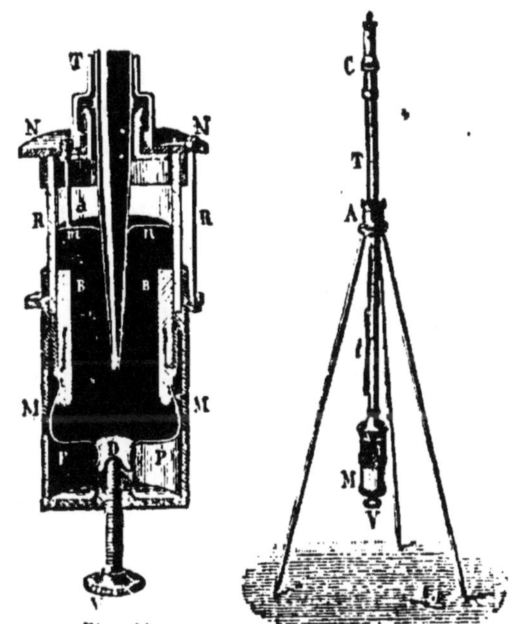

Fig. 61.
Cuvette du baromètre de Fortin.

Fig. 62.
Baromètre de Fortin.

le zéro correspond à l'extrémité de la pointe d'ivoire a : deux fentes longitudinales, opposées l'une à l'autre, permettent d'apercevoir la colonne de mercure. — Enfin pour lire la hauteur barométrique, on place le curseur C de façon que le plan horizontal passant par les bords supérieurs de deux petites fenêtres opposées soit tangent à la convexité du mercure : le numéro de la division qui correspond à ce niveau est ainsi déterminé avec exactitude.

Pour installer l'instrument, on peut le suspendre par sa partie supérieure, comme un fil à plomb. — On peut encore l'assujettir sur un trépied, comme l'indique la figure 62 ; une *suspension de Cardan* lui permet de se placer librement dans la position verticale, sous l'action du poids considérable de mercure que contient la cuvette.

Pour transporter le baromètre de Fortin, on soulève le fond mobile de la cuvette à l'aide de la vis V, jusqu'à ce que le mercure remplisse complètement la cuvette et le tube : on peut alors le renverser, ou lui imprimer des mouvements quelconques, sans avoir à craindre ni rentrée d'air, ni rupture du tube.

81. Baromètres à siphon. — Le baromètre à siphon consiste en un tube recourbé ABD (*fig.* 63), dont la grande branche est fermée en A, et la petite branche ouverte en D. On a d'abord empli de mercure la grande branche, en inclinant le tube à diverses reprises pour en faire sortir tout l'air qu'elle contenait, puis on a placé l'instrument dans une position verticale. A ce moment, le mercure s'est abaissé dans la grande branche et s'est élevé dans la petite : la distance verticale des deux niveaux m et C mesure la pression atmosphérique. En effet, menons par le point m un plan horizontal mn. Le liquide mBn, qui est au-dessous de ce plan, serait en équilibre s'il n'était sollicité que par la pesanteur ; donc, les pressions exercées sur des surfaces égales en m et en n, d'un côté par l'atmosphère, et de l'autre par la colonne de mercure nC, se font équilibre. — Pour mesurer cette colonne, on place entre les deux branches une échelle divisée en millimètres : une graduation ascendante, partant d'un point O situé vers le milieu, donne la distance h de ce point au niveau supérieur C ; une graduation descendante, partant du même point O, donne la distance h' au niveau inférieur m. La somme $h+h'$ est la hauteur barométrique cherchée.

Fig. 63.

82. Baromètre de Gay-Lussac. — Le baromètre de Gay-Lussac est un baromètre à siphon, avec quelques modifications destinées à en faciliter le transport. La plus petite branche est fermée en E (*fig.* 64) ; une ouverture capillaire, pratiquée en o, permet à la pression atmosphérique de se transmettre à la surface *m* du mercure. La courbure qui réunit les deux branches est formée par un tube capillaire D, destiné à empêcher l'air de pénétrer à travers la colonne mercurielle quand on retourne l'instrument.

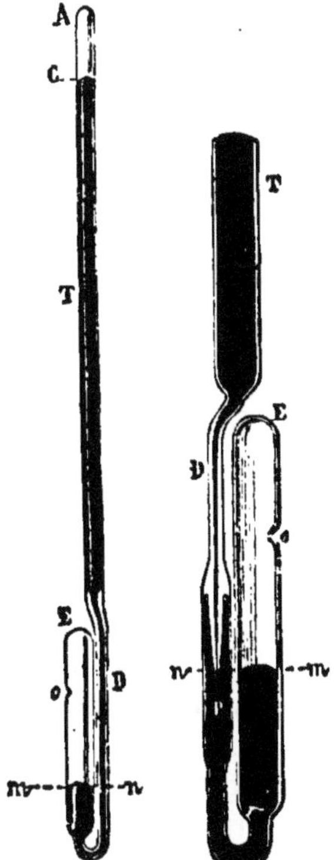

Fig. 64. Fig. 65.
Baromètre de Gay-Lussac.

Afin d'éviter, d'une manière plus sûre encore, l'introduction de l'air dans la chambre barométrique, le constructeur Bunten a eu l'idée de ménager, au milieu de la branche capillaire, un renflement dans lequel pénètre une pointe de verre P (*fig.* 65), qui se continue avec la grande branche T. Si une bulle d'air, introduite par la petite branche E, tend à monter dans la chambre barométrique, elle passe à côté de la pointe et va se loger à la partie supérieure du renflement, où elle n'altère en rien les indications du baromètre.

L'instrument tout entier est enfermé dans une gaine de laiton, présentant des fentes longitudinales par lesquelles on aperçoit les surfaces *m* et C du mercure : deux curseurs, semblables à celui du baromètre de Fortin, servent à déterminer avec exactitude les distances *h* et *h'* des deux niveaux au zéro commun des deux échelles.

83. Baromètre à cadran. — Le baromètre à cadran (*fig.* 66), employé comme baromètre d'appartement, est un baromètre à siphon, dont le mercure supporte, sur la surface libre dans la petite branche, un petit poids *p* suspendu à un fil qui vient passer sur une poulie très mobile M : un contrepoids *p'* maintient le fil tendu. Une aiguille, fixée à l'axe de la poulie, parcourt un cadran tracé sur la planche qui mas-

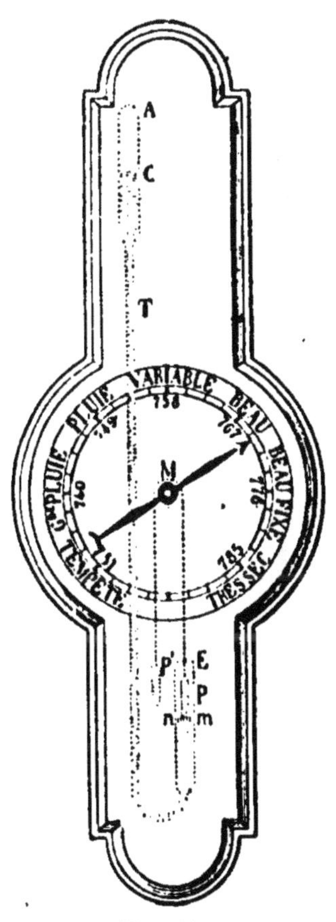

Fig. 66.
Baromètre à cadran.

que l'appareil. Sur ce cadran, on marque, en face des diverses positions de l'aiguille, les hauteurs correspondantes du mercure, exprimées en millimètres; souvent aussi, le cadran porte quelques indications relatives à l'état de l'atmosphère, dont on verra plus loin la signification.

84. Baromètres métalliques. — On construit enfin des baromètres que l'on désigne sous le nom de *baromètres métalliques*, et dont le jeu est fondé sur l'élasticité des métaux. — La figure 67 représente l'un des plus répandus.

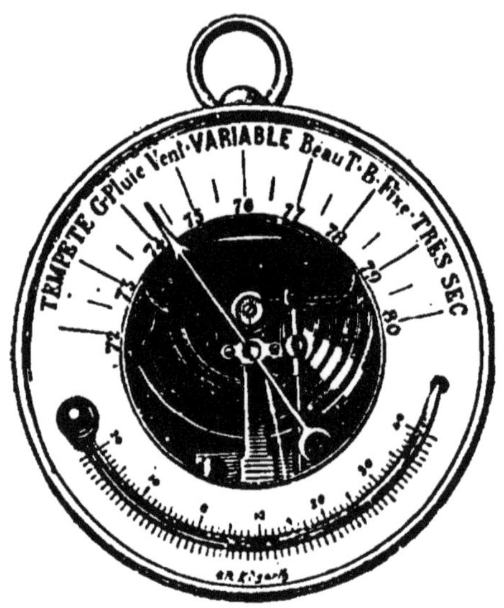

Fig. 67. — Baromètre métallique.

La partie principale de cet instrument est une petite boîte ronde, dont le dessus est formé par une lame métallique mince, qui présente des plis circulaires destinés à augmenter sa flexibilité (on distingue, sur la figure, à peu près la moitié de cette boîte). On a fait le vide dans la boîte, et on l'a fermée ensuite hermétiquement. La pression atmosphérique fait fléchir la lame, comme la membrane dans l'expérience dû *crève-vessie* (76). — Quand la pression atmosphérique augmente, la lame s'infléchit davantage; elle tend à se redresser quand la pression atmosphérique diminue. Ces mouvements sont transmis à un système d'engrenages, de manière à imprimer des déplacements beaucoup plus grands à une aiguille mobile sur un cadran. — Le constructeur, en comparant les indications de cet instrument avec celles d'un baromètre à mercure, inscrit sur le cadran les hauteurs de la colonne de mercure qui correspondent aux diverses positions de l'aiguille.

85. Variations barométriques. — La hauteur barométrique éprouve, dans un même lieu, des variations qui permettent de préjuger, avec quelque probabilité, l'approche des pluies ou du beau temps.

En France et dans les contrées de l'Europe qui en sont voisines, les vents humides et chauds qui viennent du sud-ouest font descendre le baromètre: en même temps, ils amènent ordinairement la pluie, parce que la vapeur d'eau qu'ils transportent se condense en nous arrivant: un abaissement de la colonne barométrique *coïncide* donc, d'ordinaire, avec l'approche des pluies. — Au contraire, les vents secs et froids du nord-est amènent le beau temps et font monter le baromètre.

De là, l'usage adopté, d'inscrire sur les baromètres d'appartement, en regard des chiffres qui indiquent les hauteurs de la colonne mercurielle, des indications relatives à l'état du ciel. — A la hauteur de 758 millimètres, qui est la hauteur moyenne dans nos contrées, correspond l'indication *Variable;* les autres indications se succèdent de part et d'autre, comme il suit, de 9 en 9 millimètres :

785 millimètres.	*Très sec.*
776 »	*Beau fixe.*
767 »	*Beau temps.*
758 »	*Variable.*
749 »	*Pluie ou vent.*
740 »	*Grande pluie.*
731 »	*Tempête.*

Il va sans dire que ces indications n'ont aucun caractère de certitude. — Elles peuvent d'ailleurs n'être pas applicables à des contrées dont la position géographique différerait de la nôtre.

CHAPITRE V

I. — LOI DE MARIOTTE

86. Loi de Mariotte. — *A une même température, les volumes d'une même masse de gaz sont inversement proportionnels aux pressions qu'elle supporte.* — Cette loi a été énoncée simultanément, vers 1670, en France par l'abbé Mariotte, et en Angleterre par Boyle; on peut la vérifier, pour l'air, à l'aide des expériences suivantes :

1° Le *tube de Mariotte* (*fig.* 68) est un tube de verre formé de deux branches très inégales, la plus grande B ouverte, la plus petite A fermée. On verse du mercure dans le tube, et l'on fait en sorte que les surfaces du mercure M et M′ dans les deux branches soient dans un même plan horizontal; c'est ce à quoi on parvient, avec quelques tâtonnements, en inclinant le tube de manière à laisser sortir un peu de l'air qu'on a ainsi enfermé dans la petite branche. Lorsque ce résultat est obtenu, le volume de l'air AM est mesuré par une graduation marquée sur la planche qui soutient le tube; quant à la force élastique, elle est égale à la pression atmosphérique qui s'exerce sur le même plan horizontal en M′. — On ajoute alors du mercure par la branche ouverte, jusqu'à ce qu'on ait réduit *à moitié* le volume de l'air; soient alors N et C (*fig.* 69) les surfaces du mercure. Si la loi de Mariotte est exacte, la force élastique de cet air doit être *double* de la pression atmosphérique ; or, cette force élastique est égale à la pression exercée en N′ sur le même plan horizontal, c'est-à-dire à la pression de la colonne de mercure N′C augmentée de la pression atmosphérique; donc N′C doit être égal à la hauteur barométrique, c'est-à-dire à 76 centimètres environ; c'est en effet ce qu'on vérifie. — Si le tube est assez long pour qu'on puisse, en versant encore du mercure, réduire le volume *au tiers* du volume initial AM, on constatera que la force élastique sera devenue *triple* de la pression atmosphérique, c'est-à-dire que la hauteur du mercure dans la branche B, au-dessus de la surface dans la branche A, sera égale à deux fois la hauteur barométrique, ou à environ deux fois 76 centimètres; et ainsi de suite.

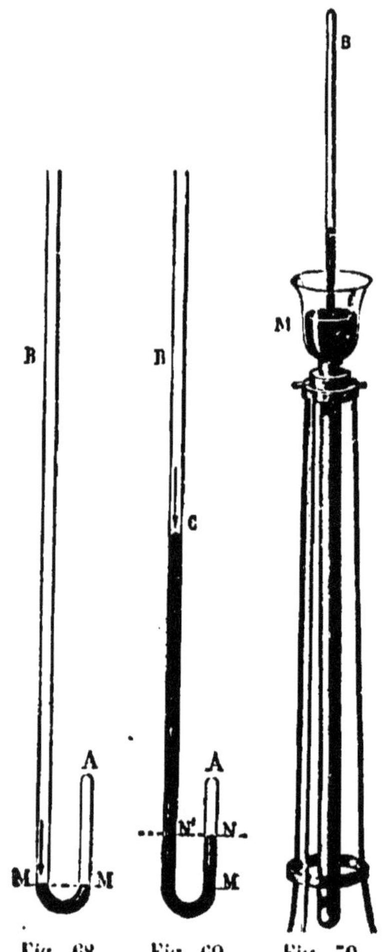

Fig. 68. Fig. 69. Fig. 70.

2° Mariotte a indiqué un moyen de vérifier encore la loi, en enfermant de l'air sous la pression atmosphérique et augmentant son volume. On prend un tube de verre cylindrique B (*fig.* 70) semblable à un tube de baromètre, et, au lieu de l'emplir complètement de mercure, on laisse un certain espace plein d'air; on bouche avec le doigt l'extrémité ouverte et on la plonge dans une *cuvette profonde* à mercure M, formée d'une cuvette de verre fixée à la partie supérieure d'un tube de fer vertical. On enfonce d'abord le tube (*fig.* 71) de manière que les surfaces du mercure dans ce tube et dans la cuvette soient sur un même plan horizontal; à ce moment la force élastique de l'air contenu en AM est égale à la pression atmosphérique. — On soulève alors le tube, jusqu'à ce que le volume occupé par l'air devienne *double* de ce qu'il était : on voit en même temps le mercure s'élever dans le tube. Or, si la loi de Mariotte est exacte, la force élastique de cet air doit être égale à *la moitié* de la pression atmosphérique; mais cette force élastique, ajoutée à la pression de la colonne de mercure soulevée, doit exercer, au niveau du mercure extérieur, une pression égale à la pression atmosphérique : donc la colonne soulevée doit être égale à la moitié de 76 centimètres environ, ou à 38 centimètres. C'est ce qu'on vérifie, en mesurant cette colonne. — On soulève encore le tube, jusqu'à ce que le volume de l'air devienne *triple* du volume initial AM; si la loi de Mariotte est exacte, sa force élastique doit être *le tiers* de la pression atmosphérique : cette force élastique, ajoutée à la pression de la colonne soulevée, devant produire au niveau du mercure extérieur une pression égale à la pression atmosphérique, la colonne soulevée doit avoir environ les deux tiers de 76 centimètres, c'est-à-dire 50c,7; et ainsi de suite.

Fig. 71.

87. La loi de Mariotte n'est qu'une loi approchée. — La loi si simple que nous venons d'énoncer ne doit cependant pas être considérée comme rigoureusement exacte. — Les écarts que présentent les divers gaz, par rapport à cette loi, se rattachent à une propriété générale, dont nous dirons d'abord quelques mots, et sur laquelle nous reviendrons plus loin.

La plupart des gaz arrivent à *se liquéfier*, même *à la température ordinaire*, quand on réduit progressivement leur volume, en exerçant sur eux une pression suffisamment grande, pression variable d'ailleurs d'un gaz à un autre. — Un petit nombre de gaz, tels que l'hydrogène l'azote, l'oxygène, ne se liquéfient pas à la température ordinaire, quelle que soit la pression qu'on leur fasse supporter : on ne peut parvenir à les liquéfier qu'en les amenant *à une température très basse*, en même temps qu'on les soumet à une pression de plusieurs centaines d'atmosphères.

Or, quand un gaz *liquéfiable à la température ordinaire* (acide carbonique, acide sulfureux...) est soumis à une pression progressivement croissante, on observe *toujours* que son volume réel devient *plus petit* que le volume théorique, assigné par la loi de Mariotte. Pour chacun de ces gaz, l'écart d'abord faible, devient de plus en plus considérable, à mesure que la pression se rapproche de celle qui produirait la liquéfaction. Enfin, pour une pression déterminée, l'écart est d'autant plus, grand que le gaz sur lequel on opère est plus facilement liquéfiable. — On peut donc dire que les gaz liquéfiables à la température ordinaire sont *de plus en plus compressibles* à mesure que la pression augmente, et ces divers gaz sont d'autant plus compressibles qu'ils sont plus facilement liquéfiables.

Au contraire, parmi les gaz *non liquéfiables à la température ordinaire*, l'hydrogène, en particulier, conserve toujours, sous des pressions croissantes, un volume *plus grand* que le volume théorique; l'écart, d'abord extrêmement faible, croît à mesure que la pression augmente. On peut donc dire que l'hydrogène *résiste à la compression*, et y résiste de plus en plus à mesure que la pression augmente. — Pour les autres gaz du même groupe (oxygène, azote,...), on observe d'abord que, à mesure que la pression augmente jusqu'à 75 ou 80 atmosphères le volume réel occupé par le gaz est *un peu plus petit* que le volume théorique (l'écart est toujours beaucoup plus faible que pour les gaz liquéfiables, dans les mêmes conditions de pression) ; mais quand la pression dépasse 100 ou 125 atmosphères, le volume réel devient *plus grand* que le volume théorique, et l'écart, après avoir changé de sens, augmente de plus en plus. Donc, à la température ordinaire, jusqu'à une certaine pression limite, variable du reste avec la nature du gaz, ces derniers gaz (oxygène, azote, etc.), se comportent comme les gaz facilement liquéfiables, ils sont *plus compressibles* que ne l'indique la loi de Mariotte; mais à partir de cette pression limite, ils se comportent comme l'hydrogène, et *résistent de plus en plus* à la compression.

Cependant, dans la pratique, quand il s'agit d'un gaz placé dans des conditions suffisamment éloignées de celles de la liquéfaction, et que ce gaz éprouve des variations de pression peu considérables, on peut considérer la loi de Mariotte comme suffisamment approchée pour permettre de calculer, sans erreur sensible, les variations de volume. — Voici quelques exemples de problèmes de ce genre.

88. Problèmes généraux. -- Évaluation du volume d'un gaz sous la pression normale. — Les deux problèmes généraux suivants se résolvent immédiatement, en appliquant la loi de Mariotte.

1° *Connaissant le volume V d'une masse de gaz sous la pression P, trouver son volume V' sous une autre pression P', la température restant constante.* — L'énoncé même de la loi de Mariotte donne

$$V' = V \frac{P}{P'}$$

2° *Connaissant la force élastique P d'une masse de gaz dont le volume est V, trouver la force élastique P' qu'elle doit acquérir si son volume devient V', sa température restant constante.* — La loi de Mariotte donne

$$P' = P \frac{V}{V'}$$

Voici l'une des applications qui se présentent le plus fréquemment dans la pratique. — Lorsque, pour comparer entre elles diverses quantités de gaz, on mesure *leurs volumes*, les résultats ne sont évidemment comparables qu'autant que les mesures ont été effectuées *sous une même pression*, pour chacun des gaz. Or, dans la plupart des cas, on ne peut pas disposer à volonté des pressions ; mais, pourvu que les pressions des divers gaz soient connues, et peu différentes de la pression atmosphérique, on peut, au moyen de la loi de Mariotte, calculer le volume que chacun de ces gaz occuperait sous la pression de 76 centimètres, qu'on désigne sous le nom de *pression normale.*

Soit, par exemple, un gaz contenu dans une éprouvette graduée en parties d'égales capacités, et placée sur le mercure; soit 110 centimètres cubes le volume occupé par le gaz. Supposons que le niveau du mercure se trouve, dans l'éprouvette, à une hauteur de 15 millimètres au-dessus du niveau extérieur; supposons enfin que le baromètre indique, au même moment, une pression de 755 millimètres. — On voit immédiatement que la pression du gaz, dans l'éprouvette, est 75,5 — 1,5 ou 74 centimètres. Calculons le volume que ce gaz occuperait sous la pression normale de 76 centimètres. Si la pression était de 1 centimètre, le volume serait $110^{cc} \times 74$; dès lors, sous la pression de 76 centimètres, le volume serait

$$\frac{110^{cc} \times 74}{76}, \text{ ou environ 107 centimètres cubes.}$$

89. Problèmes sur les mélanges des gaz. — Lorsque plusieurs gaz sont introduits dans une même enceinte, ils ne restent jamais séparés les uns des autres, comme le font certains liquides : ils tendent toujours à se mélanger intimement entre eux, en sorte que, si l'on analyse, après un temps suffisant, des parties du mélange prises en divers points de la masse totale, on constate qu'elles contiennent chacune tous les gaz mis en présence, et dans les mêmes proportions. — Les divers problèmes que l'on pourra se proposer sur ces mélanges gazeux reviennent, en général, aux deux suivants :

1° *Connaissant les volumes* $v, v', v'', \ldots$ *de plusieurs gaz séparés, sous les pressions* $p, p', p'', \ldots$ *et le volume* V *que l'on fait occuper au mélange, trouver la force élastique* P *de ce mélange.*

Ce problème se résout immédiatement à l'aide de la loi de Mariotte, et de la *loi du mélange des gaz*, dont l'énoncé est dû à Dalton : *La force élastique d'un mélange gazeux est égal à la somme des forces élastiques de tous les gaz, considérés chacun comme occupant le volume total du mélange.*

On raisonnera de la manière suivante. Si le premier gaz occupait seul le volume V, sa force élastique serait $p\frac{v}{V}$; de même, les forces élastiques de chacun des autres gaz, sous le volume V, seraient respectivement $p'\frac{v'}{V}$, $p''\frac{v''}{V}$ ... Donc, d'après la loi de Dalton, la force élastique du mélange sera :

$$(1) \qquad P = p\frac{v}{V} + p'\frac{v'}{V} + p''\frac{v''}{V} + \cdots;$$

2° *Connaissant les volumes* $v, v', v'', \ldots$ *sous les pressions* $p, p', p'' \ldots$ *et la pression* P *du mélange, trouver son volume* V.

En posant l'équation (1) comme précédemment, et la résolvant par rapport à l'inconnue actuelle V, il vient

$$V = \frac{pv + p'v' + p''v'' + \dots}{P};$$

expression qui fournit la solution du problème. — Remarquons que cette expression peut s'écrire

$$V = v\frac{p}{P} + v'\frac{p'}{P} + v''\frac{p''}{P} + \dots,$$

ce qui conduit à cet autre énoncé de la loi de Dalton : *Le volume d'un mélange gazeux est égal à la somme des volumes de tous les gaz, considérés comme soumis chacun à la pression finale du mélange.*

II. — MANOMÈTRES

90. Manomètres en général. — On appelle *manomètres*, des instruments destinés à mesurer les pressions des gaz ou des vapeurs.

L'une des applications les plus importantes est la mesure des pressions, dans les chaudières à vapeur. — Ces pressions étant généralement considérables, on a été conduit d'abord à les évaluer en *atmosphères*, c'est-à-dire à les comparer à la pression normale, représentée par une colonne de mercure de 76 centimètres de hauteur. Nous avons vu (74) que cette pression équivaut, pour chaque centimètre carré, à un poids de $1^{kil},033$, ou un peu plus de 1 kilogramme. — L'usage a prévalu aujourd'hui de graduer les manomètres industriels en prenant pour unité de pression la pression de 1 *kilogramme* exactement, par centimètre carré (c'est la pression qu'exercerait une colonne de mercure de $73^{cm},5$ de hauteur). L'adoption de cette unité offre l'avantage que, si un manomètre adapté à une chaudière donne l'indication 10, on sait que chaque centimètre carré de la paroi supporte, de dedans en dehors, une pression de 10 kilogrammes.

91. Manomètre à air libre. — Un tube de verre MN (*fig.* 72), ouvert à ses extrémités, plonge dans une petite cuvette A contenant du mercure : cette cuvette est contenue dans un cylindre métallique B, à la partie supérieure duquel le tube est mastiqué en C. La vapeur, arrivant dans le cylindre par le robinet R, fait monter le mercure dans le tube. Pour graduer l'appareil, on suppose en général que le niveau du mercure reste invariable dans la cuvette A. — Cela posé, on voit que, si la pression de la vapeur est égale à la pression atmosphérique, ou à 1 kilogramme environ, le niveau dans le tube est sur le même plan horizontal que dans la cuvette. Si la pression de la vapeur devient 2 kilogrammes, le mercure monte de 73cm,5 dans le tube; si la pression devient 3 kilogrammes, la hauteur du mercure est de 2 fois 73cm,5, et ainsi de suite. On marque donc 2, 3, 4 kilogrammes sur la planche qui supporte le tube, à des distances de la surface extérieure du mercure égales à 1, 2, 3 fois 73cm,5. Ces intervalles peuvent être ensuite subdivisés, pour indiquer les fractions du kilogramme.

Les manomètres à air libre ont l'avantage d'offrir une sensibilité assez grande, et qui demeure la même aux divers points de leur échelle. — Ils ont l'inconvénient de présenter une grande longueur, quand ils doivent mesurer des pressions un peu considérables.

92. Manomètre à air comprimé. — Le manomètre à air comprimé (*fig.* 73) diffère du manomètre à air libre, en ce que le tube est fermé en M, à sa partie supérieure. L'air contenu dans le tube se comprime quand le mercure s'élève, en sorte que, pour évaluer la pression exercée par la vapeur sur le mercure extérieur au tube, il faut ajouter à la force élastique de cet air, qui varie en raison inverse de son volume, la pression de la colonne de mercure. On voit donc que le point où l'on doit marquer 2 kilogrammes se trouve plus bas que la moitié du tube; le point où l'on doit marquer 3 kilogrammes est plus bas que le tiers, etc. — Ces points vont en se rapprochant de plus en plus les uns des autres. On les détermine d'une manière précise, soit par le calcul, soit par la comparaison avec un autre manomètre.

Ces manomètres ont l'avantage d'être plus transportables que les précédents. — Ils offrent cet inconvénient, que les divisions correspondantes à des pressions un peu grandes, comme 12 ou 13 kilogrammes, sont très rapprochées les unes des autres. La plus petite erreur, commise dans l'évaluation du niveau du mercure, conduit alors à une erreur très grande dans l'évaluation des pressions.

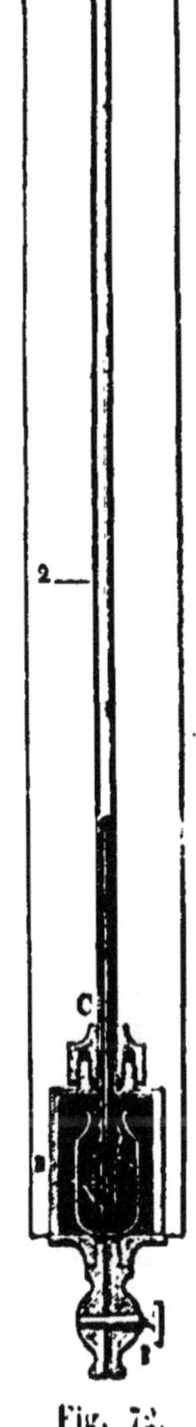

Fig. 72.
Manomètre
à air libre.

93. Manomètre métallique de Bourdon — Un tube enroulé en spirale, et dont la section est elliptique, communique avec la chaudière par l'une de ses extrémités, qui est fixe (*fig.* 75); quand la pression de la vapeur augmente, la spirale tend à s'ouvrir, et l'extrémité libre du tube entraîne une aiguille qui se meut sur un cadran divisé, où les pressions sont marquées en kilogrammes (*fig.* 74). La graduation est faite par comparaison avec un manomètre déjà construit.

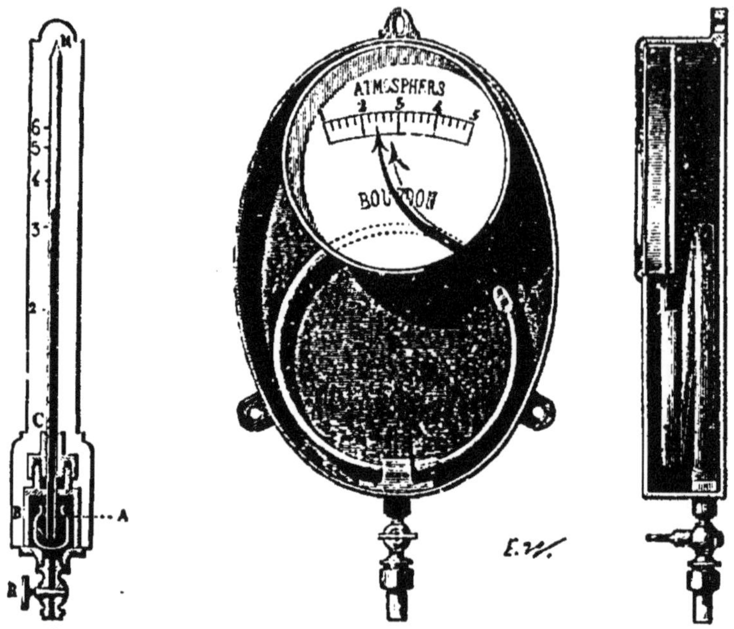

Fig. 73. — Manomètre à air comprimé.

Fig. 74. — Manomètre de Bourdon.

Fig. 75.

Ce manomètre métallique, et quelques autres dont le jeu repose également sur l'élasticité des métaux, ont l'avantage d'être peu fragiles et très portatifs; aussi les a-t-on substitués presque partout aux manomètres à liquides.

III. — MACHINE PNEUMATIQUE.

94. Description de la machine pneumatique. — La *machine pneumatique* est destinée à enlever l'air d'un espace limité : elle est d'autant plus parfaite qu'elle rend plus petite la force élastique de l'air restant. La première réalisation d'un appareil de ce genre est due à Otto de Guericke, bourgmestre de Magdebourg. — Nous décrirons la machine pneumatique telle qu'on la construit aujourd'hui.

Deux corps de pompe cylindriques, C, C′ (*fig.* 76), contenant chacun un piston, communiquent par leur partie inférieure avec un seul et même conduit en fonte A, qui vient s'ouvrir en O, au centre d'un plateau *p* ou *platine*; la platine est formée d'un disque de cristal, usé à l'émeri, sur lequel on applique les cloches dans lesquelles on veut faire le vide. Un pas de vis, pratiqué à l'extrémité O du conduit, permet également d'y adapter les appareils dont on veut enlever l'air. — Nous appellerons *récipient* l'espace dans lequel la machine devra raréfier l'air.

Les deux corps de pompe étant semblables, il nous suffira de décrire

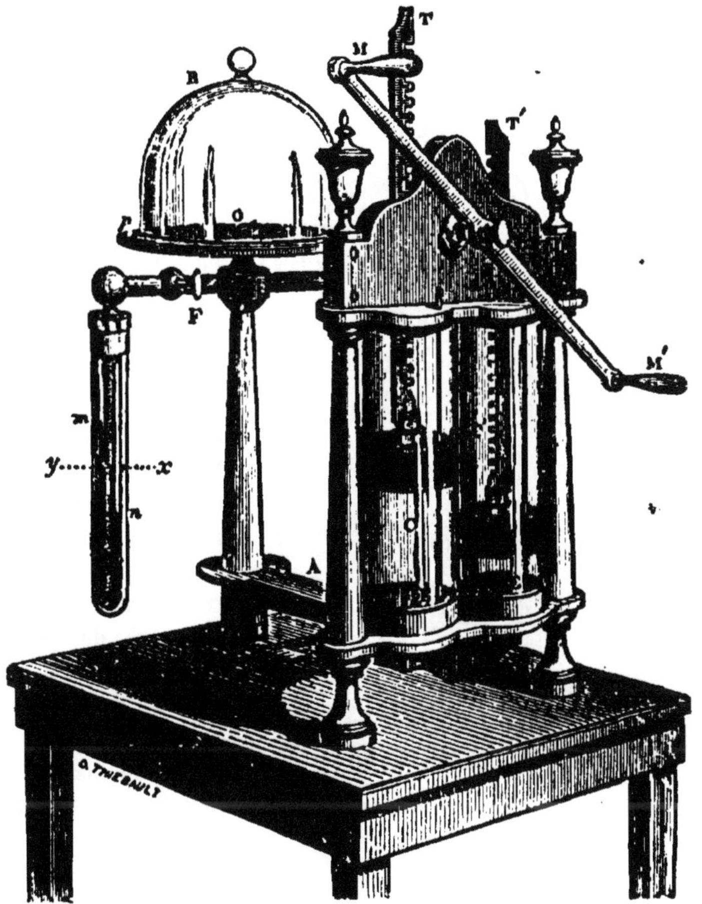

Fig. 76. — Machine pneumatique

l'un d'eux. — Le piston est formé de rondelles de cuir, pressées entre deux plaques métalliques *dd'*, *ee'* (*fig.* 77), qu'on a serrées l'une contre l'autre pour forcer le cuir à s'appliquer sur la paroi intérieure du corps de pompe. La pièce métallique qui forme le noyau du piston est creusée, suivant l'axe, d'un canal qui la traverse entièrement; ce canal contient un petit disque de métal *g*, qui est maintenu faiblement appliqué sur les bords de l'ouverture *a* par un ressort à boudin. Le piston est traversé par une tige métallique *hh*, qui y passe à frottement dur. Cette tige porte, à sa partie inférieure, un bouchon conique qui peut s'engager exactement dans l'entrée *b* du conduit; à sa partie supérieure, un arrêt *i*, qui viendra buter contre la base supérieure du corps de pompe dès que le piston, en s'élevant, aura entraîné le bouchon conique à une petite distance au-dessus de l'ouverture *b*. — Des tiges à crémaillère T, T' (*fig.* 75), articulées avec les pistons, engrènent avec une même roue dentée, qu'on mettra en mouvement alternativement dans un sens et dans l'autre à l'aide de la manivelle MM' : par cette disposition, l'un des pistons s'abaissera pendant que l'autre sera soulevé, et réciproquement.

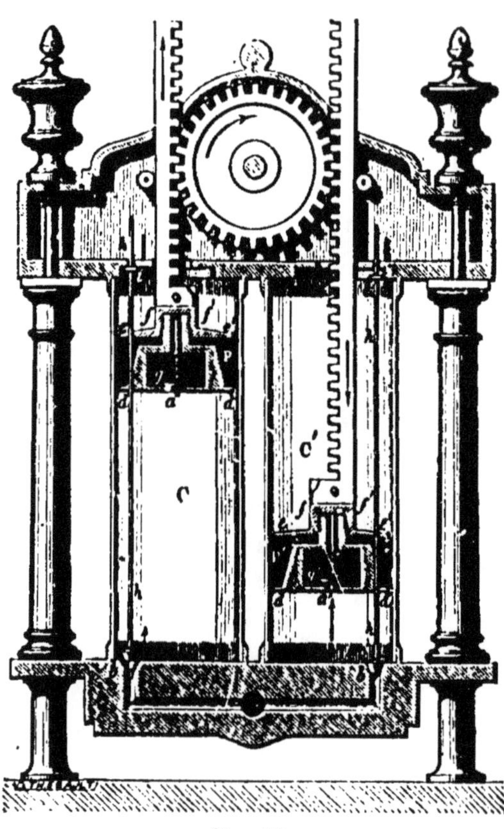

Fig. 77.
Coupe verticale des corps de pompe et des pistons.

95. Jeu de la machine. — Supposons que l'un des pistons, P, par exemple (*fig.* 77), d'abord appliqué sur le fond du corps de pompe, vienne à être soulevé. Le bouchon conique *b* est d'abord soulevé un peu au-dessus de l'ouverture; mais bientôt, la tige venant buter par son arrêt *i* contre la base supérieure du corps de pompe, le piston continue seul de monter. Pendant ce mouvement, l'air contenu dans le récipient se répand dans le corps de pompe, en sorte que sa force élastique va en décroissant; le disque *g* reste donc appliqué sur l'ouverture *a*, par la pression atmosphérique qui s'exerce sur sa face supérieure. — Le piston étant arrivé en haut de sa course, considérons ce qui se passe lorsqu'il vient à descendre. La tige *h* étant immédiatement entraînée, le bouchon conique vient fermer l'ouverture *b*; l'air enfermé dans le corps de pompe acquiert une force élastique croissante, et il soulève la soupape *g* dès que sa force élastique est devenue supérieure à la pression atmosphérique. Si le piston vient s'appliquer sur le fond du cylindre, l'air enfermé dans le corps de pompe est complétement expulsé. — Les mêmes phénomènes se reproduisent aux coups de piston suivants.

L'emploi de deux corps de pompe, au lieu d'un seul, a l'avantage de rendre l'opération à la fois plus rapide et moins pénible. Elle est plus rapide, puisque les deux pistons fonctionnent à la fois, et de la même manière. Elle est moins pénible, parce que les pressions que l'atmosphère exerce sur les faces supérieures des deux pistons se font équilibre : l'effort que l'on doit faire résulte donc seulement de la différence entre les forces élastiques de l'air dans les deux corps de pompe, et aussi des frottements qui se produisent entre les pistons et les cylindres.

96. Clef de la machine. — Un robinet, qu'on nomme la *clef* de la machine, et qu'on voit en D dans la figure 76, permet d'interrompre la communication entre les corps de pompe et le récipient. Ce robinet contient, outre la voie ordinaire, un petit canal longitudinal *m*, courbé à angle droit, comme le montrent les figures 78 et 79, et destiné à servir seulement quand le robinet est fermé : on peut alors, en enlevant la cheville K, laisser rentrer l'air, soit dans les corps de pompe, soit dans le récipient, selon que le robinet est tourné d'un côté ou de l'autre : des lettres gravées extérieurement sur la clef elle-même indiquent à l'opérateur ces deux positions. Il suffit ensuite de tourner d'un quart de circonférence pour *ouvrir* la clef, et faire communiquer les deux parties du conduit au moyen de la voie V.

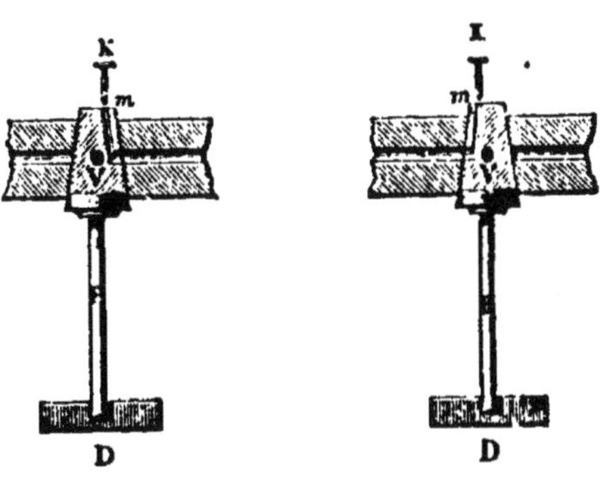

Fig. 78. Fig. 79.
Clef de la machine.

97. Calcul de la force élastique de l'air restant, après un nombre déterminé de coups de piston. — Désignons par V le volume du récipient et des conduits, par v le volume du corps de pompe, par H la force élastique de l'air avant l'opération : elle est, en général, égale à la pression atmosphérique. Quand on soulève pour la première fois le piston, l'air du récipient, qui occupait le volume V sous la pression H, acquiert le volume $V+v$; si donc on désigne par h_1 la force élastique au moment où le piston arrive au haut de sa course, on aura, d'après la loi de Mariotte :

$$\frac{h_1}{H}=\frac{V}{V+v}, \quad \text{d'où} \quad h_1=H\frac{V}{V+v},$$

ce qui montre que, pour obtenir la force élastique après le premier coup de piston, il suffit de multiplier la force élastique que possédait l'air avant ce coup de piston, par la fraction $\frac{V}{V+v}$. De même, pour obtenir la pression h_2 après le second coup de piston, il suffira de multiplier l'expression précédente par $\frac{V}{V+v}$, ce qui donnera $H\left(\frac{V}{V+v}\right)^2$, et ainsi de suite. — Donc, si on désigne par h_n la force élastique après n coups de piston, on aura :

$$h_n = H\left(\frac{V}{V+v}\right)^n.$$

Les valeurs de h_n vont en décroissant indéfiniment à mesure que n augmente, puisque la quantité entre parenthèses est plus petite que l'unité. On voit donc que, *en supposant la machine parfaite*, il y aura toujours avantage à donner un nombre de coups de piston de plus en plus considérable : la force élastique pourrait atteindre une valeur *aussi petite qu'on voudrait*, mais sans devenir jamais nulle.

98. Influence des causes qui limitent l'effet de la machine. — Quelque soin qu'on ait apporté à la construction d'une machine pneumatique, il reste toujours, sous les pistons, quand ils sont au bas de leur course, de petites cavités où peut se loger l'air : c'est ce qu'on nomme l'*espace nuisible*. Or, admettons, pour un instant, qu'il soit possible de réduire la force élastique à une valeur f telle, que l'air répandu dans le corps de pompe puisse être réduit au volume de l'espace nuisible sans acquérir une force élastique supérieure à la pression atmosphérique H : la soupape intérieure du piston cesserait de se soulever, et l'air cesserait de s'échapper au dehors. Donc, pour toute machine présentant un espace nuisible, il y a une *force élastique minimum*, au-dessous de laquelle il serait impossible de descendre. — Pour en déterminer la valeur, désignons par u le volume de l'espace nuisible : l'air qui occuperait le volume v du corps de pompe sous la force élastique minimum f, atteindrait une pression égale à la pression atmosphérique H lorsqu'il serait réduit au volume u; on aurait donc, d'après la loi de Mariotte,

$$\frac{f}{H} = \frac{u}{v}, \qquad \text{d'où} \qquad f = H\cdot\frac{u}{v}.$$

La théorie montre que cette limite ne peut même jamais être atteinte; cependant si la machine ne présentait aucun autre défaut, on en approcherait de plus en plus, à mesure que le nombre des coups de piston deviendrait plus grand.

Mais l'imperfection la plus grave, pour la plupart des machines, est l'existence de petits interstices livrant passage à l'air, particulièrement autour des soupapes intérieures des pistons. L'air extérieur pénétrant alors avec une vitesse d'autant plus grande que la pression intérieure devient plus faible, il arrive un moment où la quantité d'air qui rentre pendant un temps déterminé, est égale à celle que la machine expulse, et il n'y a plus aucun avantage à continuer la manœuvre. — C'est alors qu'on ferme la clef (96), pour conserver au moins dans le récipient le degré de raréfaction obtenu.

99. Manomètre de la machine pneumatique. — La figure 76 montre, sur le côté de la machine, une éprouvette de verre, qui communique avec les conduits et qui contient un petit manomètre destiné à indiquer la force élastique de l'air dans le récipient. Il se compose d'un tube de verre en forme d'U, dont l'une des branches *n* est ouverte et l'autre *m* fermée : on l'a rempli de mercure comme un baromètre à siphon (81); mais, les branches n'ayant guère qu'une longueur de 20 centimètres, quand la pression de l'atmosphère s'exerce dans la branche ouverte, le mercure reste appliqué contre l'extrémité de la branche fermée; de là le nom de *baromètre tronqué*, qu'on donne souvent à cet appareil. — Lorsque la force élastique de l'air dans la machine est devenue suffisamment faible, le mercure s'abaisse dans la branche fermée et monte dans la branche ouverte; la hauteur du mercure comprise entre les deux niveaux mesure, à chaque instant la pression de l'air restant (81).

100. Pompe à main, pour raréfier ou comprimer les gaz. — La *pompe à main* présente une disposition plus simple que la machine pneumatique. — Elle peut servir à volonté, comme nous allons le voir, à raréfier ou à comprimer les gaz.

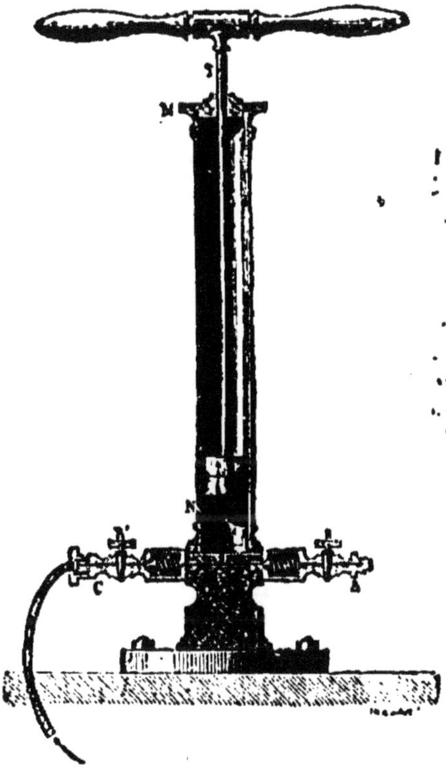

Fig. 80. — Pompe à main.

Elle est formée d'un seul corps de pompe MN (*fig.* 80), contenant un piston plein P, qu'on met en mouvement à l'aide d'une tige T, munie d'une poignée. A la partie inférieure du corps de pompe, sont deux tubes latéraux, A, C, contenant chacun une soupape formée d'un petit cône métallique, qui pénètre dans une cavité pratiquée dans l'axe du tube; un petit ressort spiral sert à maintenir chacun des cônes faiblement appliqué dans la cavité qui le reçoit. La figure montre que ces soupapes sont placées de façon à devoir s'ouvrir, l'une *a* sous l'action d'un excès de pression à l'intérieur du corps de pompe, l'autre *c* sous l'action d'un excès de pression à l'extérieur.

Si l'on veut employer la pompe à *raréfier* l'air dans un récipient, on met le tube C en communication avec ce récipient. — Il est aisé de voir, en raisonnant absolument comme nous l'avons fait pour la machine pneumatique, que les mouvements alternatifs imprimés au piston produisent dans le récipient une raréfaction successive; l'air s'échappe par la soupape *a* et le conduit A. — L'espace nuisible ayant, par la construction même, une valeur assez grande, la pompe à main ne peut être employée que pour obtenir un degré de raréfaction peu éloigné.

Si l'on veut, au contraire, employer la pompe à *comprimer* de l'air ou un gaz quelconque dans un récipient, on met le conduit A en communication avec ce récipient, et on fait communiquer le conduit C avec l'atmosphère ou avec un réservoir à gaz. — Quand on soulève le piston la soupape *c* s'ouvre et laisse entrer l'air ou le gaz dans le corps de pompe; quand on fait descendre le piston, la soupape *a* s'ouvre à son tour, dès que la force élastique intérieure surpasse celle qui s'exerce du côté A, et le gaz est refoulé dans le récipient.

IV. — POMPES. — SIPHON.

101. Diverses espèces de pompes à liquides. — Longtemps avant d'être appliquées à la raréfaction ou à la compression des gaz, les pompes avaient été employées à élever l'eau. — Les pompes à eau peuvent être rapportées à trois types principaux : la *pompe aspirante*, la *pompe foulante*, et la *pompe aspirante et foulante*.

102. Pompe aspirante. — La pompe aspirante (*fig.* 81) se compose d'un *corps de pompe* CC' dans lequel se meut un piston P, et qui présente, à sa partie inférieure, un *tuyau d'aspiration* T plongeant dans le puisard *mn* dont on veut élever l'eau; à sa partie supérieure, un *tuyau de déversement* D. A la jonction du tuyau d'aspiration et du corps de pompe, est placée une soupape ou *clapet* S, qui consiste en une plaque métallique garnie de cuir en dessous et mobile autour d'une charnière. Le piston est garni, sur son contour, d'étoupes qui s'appliquent exactement sur la surface interne du corps de pompe : il est traversé par une ou deux ouvertures, garnies elles-mêmes de clapets *s*, *s'*.

Supposons que, la pompe n'ayant pas encore fonctionné, on soulève pour la première fois le piston. Comme il raréfie l'air au-dessous de lui, les soupapes *s*, *s'* restent fermées par la pression atmosphérique extérieure; au contraire, la soupape S se soulève, pour laisser passer au-dessus d'elle une partie de l'air qui était dans le tuyau d'aspiration: la force élastique de cet air devenant moindre, l'eau du puisard s'élève dans le tuyau T, jusqu'à ce que la pression de la colonne d'eau située au-dessus de *m n*, augmentée de celle de l'air intérieur, produise une pression totale égale à la pression atmosphérique qui s'exerce extérieurement sur *mn*. Supposons que l'eau n'atteigne pas encore le point S quand le piston est au haut de sa course: la soupape S retombe par son propre poids, et, quand le piston descend, il comprime l'air contenu dans le corps de pompe; il lui fait bientôt acquérir une force élastique suffisante pour que les soupapes *s* et *s'* se soulèvent, et laissent échapper cet air au dehors. Quand le piston est soulevé de nouveau, l'eau s'élève un peu plus encore dans le tuyau d'aspiration, et ainsi de suite, jusqu'au moment où l'eau franchit la soupape S; la pompe est alors *amorcée*. Ce résultat pourra toujours être obtenu, à la condition que le tuyau d'aspiration n'ait pas une hauteur supérieure à 10 mètres environ au-dessus du niveau *mn* (*). — La pompe une fois amorcée, on continue à faire fonctionner le piston: chaque fois qu'il descend, l'eau enfermée dans le corps de pompe franchit les soupapes *s*, *s'*; chaque fois qu'il remonte, il élève toute l'eau que supporte sa face supérieure, et la fait écouler par le tuyau de déversement D; ce mouvement fait pénétrer une nouvelle quantité d'eau du puisard dans le tuyau d'aspiration et dans le corps de pompe.

Fig. 81.
Pompe aspirante.

103. — En modifiant un peu la construction de la pompe aspirante, on peut la rendre capable d'élever l'eau à une hauteur plus ou moins grande dans un *tuyau d'ascension* E (*fig.* 82). On ferme la partie supérieure du corps de pompe, et l'on fait passer la tige du piston au travers d'une garniture d'étoupes. Chaque fois que le piston monte, il soulève dans le tuyau d'ascension E l'eau qui est au-dessus de lui; quand il descend, la soupape S se ferme, et l'eau contenue dans le corps de pompe passe au-dessus du piston, en franchissant les soupapes *s*, *s'*, sans qu'il se produise aucun mouvement dans le tuyau d'as-

(*) L'expérience a montré que l'eau ne peut même pas, dans la pratique, atteindre cette hauteur, à cause des fuites qui se produisent entre le piston et le corps de pompe, et de l'espace nuisible qui reste toujours au-dessous du piston quand il est au bas de sa course. Aussi ne donne-t-on guère, aux tuyaux d'aspiration, des hauteurs dépassant 7 à 8 mètres.

cension E. — La pompe ainsi modifiée prend le nom de *pompe aspirante et élévatoire.*

Fig. 82. Pompe aspirante et élévatoire.

Les pompes destinées aux usages domestiques sont souvent disposées de façon qu'une même pompe puisse servir, à volonté, comme pompe simplement aspirante, pour amener l'eau à la surface du sol, ou comme pompe aspirante et élévatoire, pour faire parvenir l'eau aux étages supérieurs des bâtiments : il suffit, pour cela, d'adapter, à la base du tuyau E de la figure 82, un petit tube de déversement comme le tube D de la figure 81. Ce tube D étant muni d'un robinet, si ce robinet est ouvert, l'eau s'écoule par cet orifice; s'il est fermé, l'eau s'élève dans le tuyau d'ascension.

104. Pompe foulante. — La pompe foulante (*fig.* 83) se compose d'un corps de pompe CC′ entièrement immergé dans l'eau du puisard *mn,* d'un piston P, et d'un *tuyau de refoulement* R qui prend naissance à la partie inférieure du corps de pompe. A la base du corps de pompe est une ouverture, avec un clapet S s'ouvrant de dehors en dedans; à la jonction du corps de pompe et du tuyau de refoulement se trouve une seconde soupape *s*, qui s'ouvre de dedans en dehors.

Quand on soulève le piston, l'eau se précipite dans le corps de pompe, en franchissant la soupape S, et remplit le vide qui tendrait à se produire. Quand on fait descendre le piston, la soupape S se ferme : la pression qu'on exerce sur l'eau soulève la soupape *s*, et chasse l'eau du corps de pompe dans le tuyau de refoulement. Dès que le liquide a atteint l'extrémité libre du tuyau de refoulement, la pompe débite, à chaque coup de piston, un volume d'eau égal à la capacité du corps de pompe. Mais l'écoulement du liquide se produit *pendant la descente du piston :* c'est le contraire de ce qui avait lieu dans la pompe aspirante.

Fig. 83. Pompe foulante.

La *pompe à incendie* n'est autre chose qu'un système de deux pompes foulantes accouplées et placées dans une bâche remplie d'eau; les pistons des deux pompes ont des mouvements inverses, comme ceux de la machine pneumatique. Les deux pompes envoient l'eau tour à tour dans un réservoir qui contient de l'air : cet air, refoulé d'abord par l'arrivée de l'eau, réagit ensuite en vertu de son élasticité et pousse l'eau dans un tuyau d'ascension. On obtient ainsi un jet sensiblement régulier.

105. Pompe aspirante et foulante. — La pompe aspirante et foulante (*fig.* 84) est une combinaison des précédentes. Elle se compose d'un tuyau d'aspiration T, d'un corps de pompe muni d'un piston plein P, et d'un tuyau de refoulement R, qui prend naissance à la base du corps de pompe. Quand le piston monte, l'eau arrive par aspiration dans le corps de pompe; quand le piston descend, elle est refoulée dans le tuyau R. Le jeu des soupapes se comprend immédiatement, d'après ce qui a été dit dans les cas précédents.

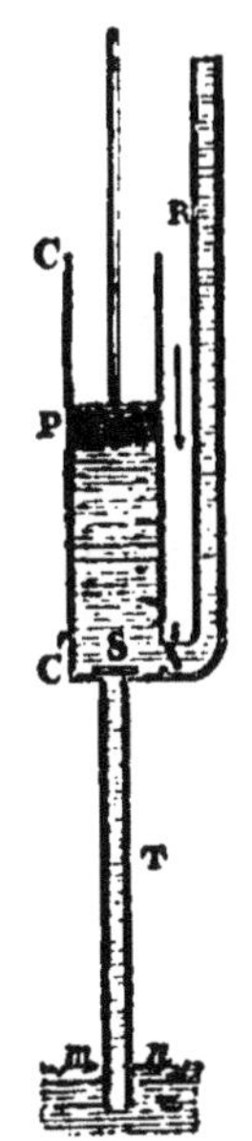

Fig. 84. Pompe aspirante et foulante.

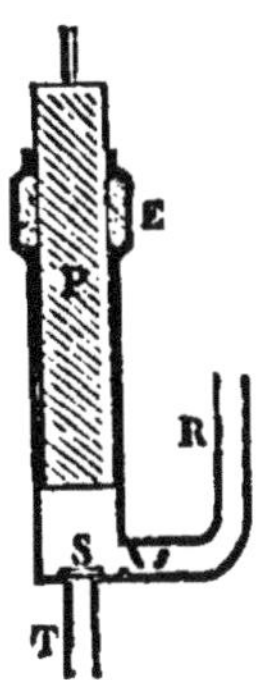

Fig. 85, Piston plongeur.

Quand le tuyau de refoulement R offre une grande hauteur, l'eau exerce sur la face inférieure du piston une pression considérable, et tend à chasser le liquide entre le piston et la paroi du corps de pompe. — On parvient à réaliser une fermeture plus exacte au moyen d'un *piston plongeur* (*fig.* 85) : c'est un cylindre métallique P, dont la hauteur est à peu près égale à celle du corps de pompe; il ne touche pas la paroi du cylindre, mais il traverse une garniture d'étoupes E, installée à demeure à la partie supérieure du corps de pompe. Le piston prend ainsi, en descendant, la place de l'eau qu'il chasse dans le tuyau de refoulement.

106. Siphon. — Le siphon est un tube formé de deux branches inégales, et destiné au transvasement des liquides.

Pour qu'un siphon puisse fonctionner, il faut d'abord qu'il soit *amorcé*, c'est-à-dire que le tube ABB'A' (*fig.* 86), plongeant par ses extrémités dans deux vases MN, M'N', remplis d'un même liquide, soit lui-même rempli de ce liquide. — Admettons, pour un instant, qu'il existe en *mn* une cloison solide fixée aux parois du tube, à une distance z de MN, et à une distance z' de M'N'. Nous pourrons assimiler les deux branches du siphon à deux éprouvettes A*mn*, A'B'B*mn* remplies du même liquide, et retournées sur deux cuvettes V et V'. Pour que le liquide reste suspendu dans les éprouvettes, il faut que les distances verticales z et z' soient, l'une et l'autre, moindres que la hauteur H du liquide qui ferait équilibre à la pression atmosphérique. S'il en était autrement, le liquide descendrait dans les deux branches et resterait suspendu dans chaque branche à une hauteur H au-

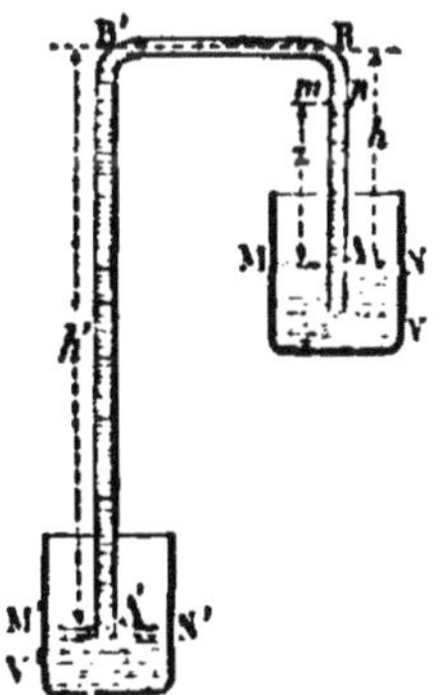

Fig. 86. — Siphon.

dessus du niveau de la cuvette. — Or les plus grandes valeurs de z et de z' sont h et h', distances verticales des deux surfaces libres MN et M'N' au point le plus élevé du tube. Pour que le siphon *reste amorcé*, il faut donc que les hauteurs verticales des deux branches soient plus petites que la hauteur H de la colonne du liquide à transvaser, qui ferait équilibre à la pression atmosphérique.

Cette condition étant supposée remplie, la pression que supporte la cloison *mn* de bas en haut, eu égard à la pression atmosphérique qui s'exerce en MN, sera exprimée par $H-z$; la pression que supporte la cloison de haut en bas est plus petite; eu égard à la pression atmosphérique qui s'exerce en M'N', elle est exprimée par $H-z'$, et la différence de ces pressions est $z'-z=h'-h$. — Les valeurs de ces pressions ne sont pas modifiées, si la cloison n'est pas adhérente aux parois du tube; la cloison est donc sollicitée à se mouvoir, de A en A', par une force proportionnelle à la différence des niveaux dans les deux vases V et V'. Ce résultat étant indépendant de la valeur de z, toutes les tranches sont sollicitées à se mouvoir dans le même sens, par des pressions dont la valeur est la même. Donc l'équilibre ne peut exister; l'expérience montre, en effet, que le liquide se met en mouvement du niveau le plus haut A vers le niveau le plus bas A'.

Le liquide s'écoule encore de la même façon, si l'extrémité de la plus grande branche du siphon s'ouvre dans l'atmosphère.

On peut *amorcer* un siphon en plongeant la plus petite branche dans le liquide, et aspirant avec la bouche par l'autre extrémité : mais ce procédé, fréquemment employé lorsque le liquide est de l'eau, est inapplicable quand il s'agit de liquides tels que des acides. On fait alors usage de siphons semblables à celui de la figure 87. Au voisinage de l'extrémité de la grande branche BC est soudé un tube ascendant *am*; on plonge l'extrémité A de la petite branche dans le liquide et on aspire avec la bouche par l'ouverture *m*, en bouchant avec le doigt l'extrémité C. Dès que le liquide arrive en *a*, on retire le doigt et l'on cesse d'aspirer. Tout se passe alors comme si la branche BC était coupée en *a*, puisque la pression de l'atmosphère s'exerce librement en ce point par le tube *ma*, qui reste plein d'air.

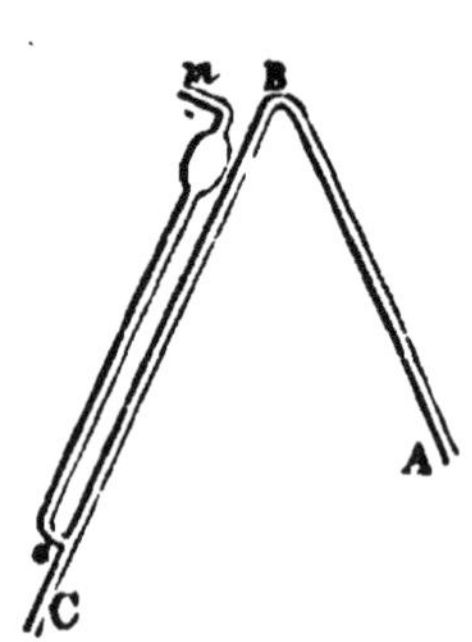

Fig. 87.

V. — PRINCIPE D'ARCHIMÈDE APPLIQUÉ AUX GAZ. — AÉROSTATS.

107. Poussée éprouvée par les corps plongés dans l'air. — La démonstration du principe d'Archimède, donnée pour les corps plongés dans les liquides (55). s'applique aux corps plongés dans les gaz. — *Tout corps plongé dans un gaz éprouve une poussée verticale de bas en haut, égale en grandeur au poids du gaz déplacé.*

Dès lors, ce qu'on observe directement, quand on détermine le poids d'un corps placé dans l'air, ce n'est pas son *poids réel*, mais son *poids apparent*, c'est-à-dire la différence entre le poids réel et la poussée qu'il éprouve de la part de l'air.

Ainsi, par exemple, les pesées effectuées au moyen de la balance doivent, pour fournir des résultats exacts, subir une correction ; on doit tenir compte de la poussée de l'air sur les poids échantillonnés dont on fait usage, et sur les corps soumis à la pesée.

108. Aérostats. — On donne le nom général d'*aérostats* à des appareils formés d'une enveloppe mince, contenant un gaz moins dense que l'air : si le poids total du gaz, de l'enveloppe et des accessoires, est moindre que le poids de l'air déplacé, la poussée est supérieure au poids, et le système tend à s'élever dans l'atmosphère.

Les *montgolfières* sont des aérostats gonflés avec de l'air chaud : les premiers appareils de ce genre furent construits en 1780 par les frères Montgolfier, fabricants de papier à Annonay. C'étaient des globes de toile, doublés de papier à l'intérieur et ayant une douzaine de mètres de diamètre ; on allumait un grand feu au-dessous d'une large ouverture pratiquée à la partie inférieure. On y suspendait ensuite un panier de fils de fer, rempli de matières en combustion, pour maintenir la température de l'air intérieur. — Malgré les dangers manifestes que présente, pour des aéronautes, l'emploi des mongolfières, de semblables ascensions furent entreprises un certain nombre de fois, et quelques-unes coûtèrent la vie aux voyageurs.

Les *ballons* sont des aérostats gonflés avec de l'hydrogène, ou avec le gaz d'éclairage. C'est avec des sacs de papier remplis d'*hydrogène* qu'avaient été faites les premières expériences des frères Montgolfier. Peu de temps après, le physicien Charles enleva, au Champ de Mars, un ballon gonflé également avec de l'hydrogène : l'enveloppe avait environ 4 mètres de diamètre.

Les ballons que l'on construit aujourd'hui ont des dimensions beaucoup plus considérables ; l'enveloppe est formée soit de taffetas verni, soit de feuilles de caoutchouc et de taffetas superposées. A la partie inférieure, est une ouverture destinée à l'introduction du gaz ; à la partie supérieure, une autre ouverture munie d'une soupape, dont nous verrons plus loin l'usage. Le ballon est couvert d'un filet, qui soutient une nacelle destinée à recevoir les aéronautes et le lest.

109. Force ascensionnelle. — On nomme *force ascensionnelle* d'un aérostat, à un moment donné, la différence qui existe entre la poussée due à l'air qui l'environne et son poids total.

Pour que l'ascension se fasse dans les conditions convenables, il est bon que cette force ascensionnelle, mesurée avant le départ à l'aide d'un dynamomètre, ne représente qu'une force de quelques kilogrammes. — Il faut remarquer enfin que l'enveloppe doit toujours être assez vaste pour que le ballon puisse s'élever *avant d'être complètement distendu* : en effet, si le volume du ballon ne pouvait plus s'accroître dans des régions de l'atmosphère où la pression est moindre, la pression intérieure pourrait amener la déchirure de l'enveloppe.

110. Variation de la force ascensionnelle pendant l'ascension. — Admettons que l'enveloppe soit assez vaste pour continuer toujours à se distendre, à mesure que le ballon s'élève : son volume varie alors en raison inverse de la pression extérieure; mais, comme la densité de l'air qu'il déplace varie proportionnellement à la pression, il en résulte que la poussée ne change pas. On voit donc qu'un ballon n'emportant aucun accessoire, et formé d'une enveloppe absolument imperméable, conserverait toujours une force ascensionnelle *constante*. — Mais il faut remarquer que les accessoires sont des corps solides, dont le volume ne varie pas, et qui, par suite, éprouvent une poussée de plus en plus faible à mesure que le milieu ambiant devient plus rare. Il faut remarquer surtout que l'enveloppe n'est jamais complètement imperméable : une partie de l'hydrogène s'échappe au travers des parois et est remplacée par de l'air. Or, d'après les lois suivant lesquelles s'effectue cet échange, il pénètre une quantité d'air qui présente, à la fois, *un volume moindre* et *un poids plus grand* que l'hydrogène qui s'échappe. De là, une *diminution de poussée* et un *accroissement de poids*, c'est-à-dire, pour ces deux raisons, une diminution de la force ascensionnelle. — Aussi est-on obligé, si l'on veut continuer à s'élever ou même se maintenir quelque temps à une même hauteur, de jeter une partie du sable qui sert de lest.

L'aéronaute, n'ayant autour de lui aucun point fixe qui lui permette de constater s'il monte ou s'il s'arrête, observe le baromètre, dans lequel la colonne mercurielle diminue à mesure qu'il s'élève. — Lorsqu'il veut opérer la descente, il ouvre, à l'aide d'une corde, la soupape qui ferme l'ouverture supérieure du ballon, de manière à laisser échapper du gaz.

111. Calcul de la force ascensionnelle, au départ. — Supposons qu'il s'agisse d'un ballon gonflé avec de l'hydrogène. Soit V le volume, en mètres cubes, du gaz introduit au moment du départ, sous la pression H de l'air environnant; v le volume, en mètres cubes, des corps non gazeux et p leur poids, en kilogrammes. On sait que le poids d'un mètre cube d'air, à 0° et sous la pression de 76^{cm}, est $1^k,3$; nous verrons plus loin que le poids d'un mètre cube d'hydrogène, dans les mêmes conditions, est $1^k,3 \times 0,0692$; nous supposerons que la température soit partout de 0°. — Le gaz ayant un volume V sous la pression H, son volume, sous la pression de 76^{cm}, serait $V\frac{H}{76}$; son poids est donc $1^k.3 \times 0,0692 \times V\frac{H}{76}$. De même, le poids de l'air déplacé par le gaz est $1^k,3 \times V\frac{H}{76}$. L'air déplacé par les corps non gazeux du système ayant un volume v sous la pression H, son volume, sous la pression de 76^{cm}, serait $v\frac{H}{76}$; son poids est donc $1^k,3 \times v\frac{H}{76}$. Par suite, la force ascensionnelle, c'est-à-dire la différence entre la somme des poussées et la somme des poids, est

$$1,3 \times V\frac{H}{76} + 1^k,3 \times v\frac{H}{76} - 1,3 \times 0,0692 \times V\frac{H}{76} - p,$$

ou bien

$$1,3\,(1-0,0692)\,V\frac{H}{76} + 1,3 \times v\frac{H}{76} - p.$$

Si les objets que l'aérostat doit enlever sont déterminés à l'avance, en sorte que p et v soient connus, et si l'on veut donner à la force ascensionnelle une valeur déterminée A, exprimée en kilogrammes, on égalera l'expression précédente à la quantité A, et l'on aura ainsi une équation d'où l'on tirera la valeur de V, c'est-à-dire du nombre de mètres cubes de gaz qu'il faut introduire dans le ballon, sous la pression du lieu de départ. — Quant au volume à donner à l'enveloppe, il doit être plus considérable, comme on l'a vu (109) : on fait en sorte qu'il surpasse, d'un tiers environ, la valeur du volume V de gaz qui est fournie par le calcul.

LIVRE II. — CHALEUR

CHAPITRE PREMIER

I. — DILATATIONS EN GÉNÉRAL. — THERMOMÈTRES

112. Dilatation des corps par la chaleur. — Les corps, en général, se dilatent quand ils s'échauffent, et se contractent quand ils se refroidissent. C'est ce que nous allons montrer par l'expérience.

1° *Corps solides.* — Les corps solides, mis sous la forme de barres, s'allongent quand on les échauffe. Pour le démontrer, nous ferons usage du *pyromètre à levier.* — Une tige métallique AB (*fig.* 88) traverse deux colonnes métalliques C, C′ : elle est fixée en A à la colonne

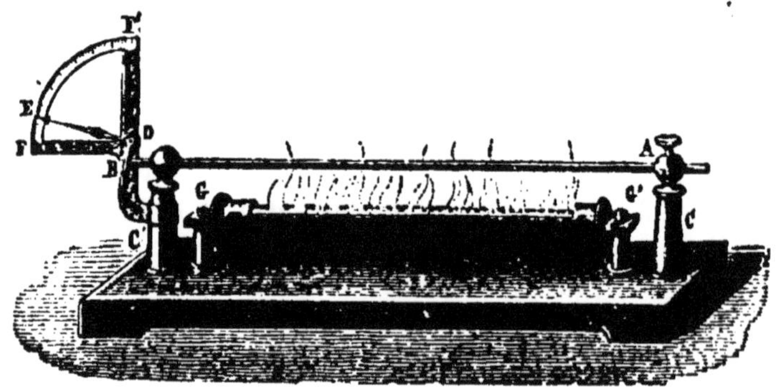

Fig. 88. — Pyromètre à levier.

C, au moyen d'une vis de pression; elle passe librement, au contraire, dans une ouverture que présente la colonne C′, et vient s'appuyer en B contre la plus petite branche d'un levier coudé BDE, mobile autour du point D. La grande branche DE de ce levier a la forme d'une aiguille dont l'extrémité peut parcourir un cadran divisé FF′. — Quand on chauffe la tige, en enflammant l'alcool placé dans le réservoir GG′, l'extrémité B de la tige se déplace et pousse devant elle la branche BD : on voit la pointe de l'aiguille s'élever sur le cadran. L'emploi du levier coudé BDE permet d'amplifier la dilatation de la tige, et de la rendre ainsi facile à constater; en effet, si DE est, par exemple, égal à dix fois DB, l'arc décrit par le point E aura une longueur égale à dix fois celle de l'arc décrit par l'extrémité B de la petite branche, lequel se confond sensiblement avec le déplacement de l'extrémité de la tige. — Quand on laisse refroidir la tige, l'aiguille revient à sa position primitive.

L'anneau de S'Gravesande permet de constater l'augmentation de volume des corps solides qu'on échauffe. — A froid, la sphère de cuivre S (*fig.* 89) passe exactement dans l'anneau de cuivre C. Lorsqu'on chauffe cette sphère avec une lampe à alcool, elle ne peut plus traverser l'anneau; elle y passe au contraire de nouveau quand on la laisse refroidir.

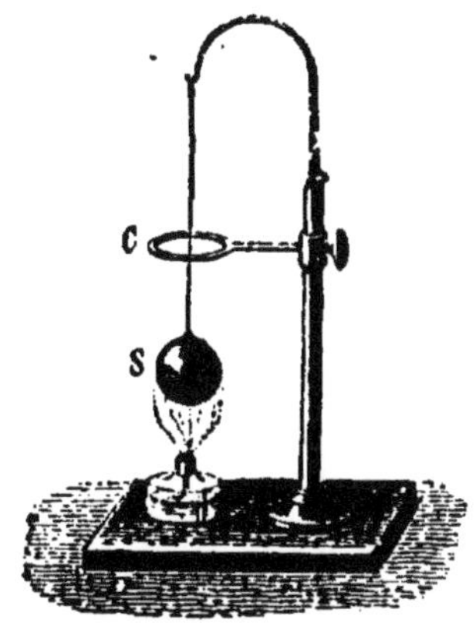

Fig. 89.
Anneau de S'Gravesande.

Lorsqu'on chauffe en même temps la sphère et l'anneau, ils continuent de s'adapter exactement l'un sur l'autre, d'où l'on peut conclure que les *espaces vides* contenus dans un corps solide s'accroissent, par une élévation de température, d'une quantité égale à l'accroissement de volume d'un corps solide *de même nature*, qui remplirait exactement ces espaces. — C'est ainsi que la capacité intérieure d'un vase de verre augmentera comme le volume d'une masse de même verre qui remplirait cette capacité.

2° *Corps liquides.* — Prenons un ballon de verre (*fig.* 90) surmonté d'un tube étroit, et contenant de l'eau colorée, jusque vers le milieu du tube : marquons le niveau A sur un index de papier, et plongeons le ballon dans l'eau chaude. Nous voyons au premier moment le niveau du liquide s'abaisser un peu dans le tube, en B : cela tient à l'échauffement du verre, qui augmente la capacité intérieure du ballon. Mais au bout d'un instant très court, la chaleur se transmettant au liquide intérieur, nous voyons le niveau remonter en C. L'ascension définitive du niveau prouve que la dilatation *réelle* ou *absolue* du liquide surpasse celle de la capacité intérieure du ballon. — On voit que la dilatation absolue BC du liquide est égale à la somme de la dilatation apparente AC, et de la dilatation AB de l'enveloppe.

Fig. 90.

3°. *Corps gazeux.* — Un ballon de verre B (*fig.* 91), communiquant avec un tube de verre horizontal, contient de l'air; une petite colonne liquide *a* sépare ce gaz de l'air extérieur. Le moindre échauffement, produit par l'approche de la main, suffit pour produire une dilatation sensible, et faire marcher la colonne *a* vers l'extrémité libre du tube.

Dans cette expérience, la force élastique du gaz est toujours restée égale à la pression atmosphérique. On conçoit que, si un obstacle vient s'opposer à l'accroissement de volume du gaz, l'élévation de température doit avoir pour effet un *accroissement de force élastique*. — C'est ce qu'on peut constater par l'expérience suivante. Un ballon de verre B (*fig.* 92) contient de l'air; le tube recourbé et la boule dont il est muni contiennent un liquide coloré. Dès qu'on approche la main du ballon, on voit le liquide s'élever dans la branche ouverte, tandis que son niveau varie peu dans la boule, si celle-ci a des dimensions suffisantes.

Fig. 91.

Fig. 92.

113. Températures. — Thermomètres. — Nous désignerons sous le nom général de *thermomètres*, des instruments disposés de manière à permettre d'évaluer facilement les variations de volume qu'ils éprouvent sous l'action de la chaleur. — Selon qu'un thermomètre, mis en contact avec tel ou tel corps, prendra un volume plus ou moins grand, on dira que ce corps est à une *température* plus ou moins élevée. — L'emploi de ces instruments permettra en outre, comme on va le voir, d'établir des relations *numériques* entre les diverses températures, c'est-à-dire d'arriver à la mesure des températures elles-mêmes.

Remarquons seulement qu'un thermomètre doit toujours avoir une masse suffisamment petite pour qu'il ne modifie pas sensiblement, par sa présence, la température primitive des corps avec lesquels on le mettra en contact.

114. Thermomètres à liquides. — Le thermomètre le plus ordinairement employé (*fig.* 93) se compose d'un petit *réservoir* de verre, de forme cylindrique ou sphérique, surmonté d'un tube très étroit qu'on appelle la *tige*. Dans certains thermomètres, le diamètre intérieur de ce tube est tellement petit, qu'on l'a comparé à celui d'un cheveu; on dit alors que le tube est *capillaire*. — Le réservoir et la partie inférieure de la tige contiennent du mercure ou de l'alcool : d'après ce que nous avons vu (112, 2°), le liquide montera progressivement dans la tige à mesure que la température s'élèvera; il descendra si la température s'abaisse.

Nous allons indiquer la série des opérations à effectuer pour construire un thermomètre à mercure et pour le graduer.

115. Construction du thermomètre à mercure. — Les ouvriers qui travaillent le verre fabriquent des enveloppes thermométriques qu'il reste seulement à emplir et à graduer. Nous supposerons que la tige soit formée par un tube capillaire *bien calibré*, c'est-à-dire ayant une section intérieure bien uniforme (*).

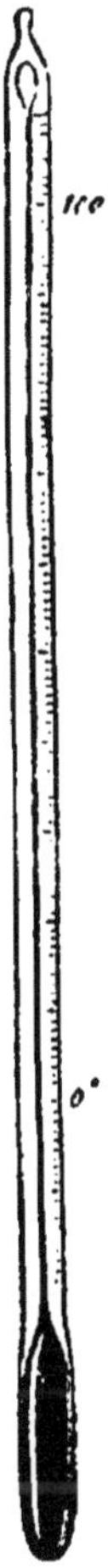

Une boule de verre B (*fig.* 94), surmontée d'une pointe effilée, a été soudée à l'une des extrémités de la tige ; à l'autre extrémité, l'ouvrier a soufflé, aux dépens de l'épaisseur du tube, un réservoir R en forme d'olive.

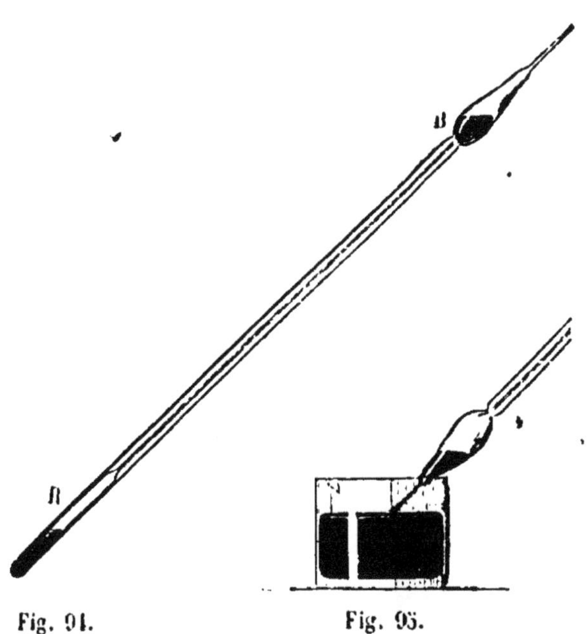

Fig. 94. Fig. 95.

Construction du thermomètre à mercure.

Fig. 93. Thermomètre à mercure.

On laisse la pointe supérieure fermée, jusqu'au moment où l'on introduira le liquide, afin d'empêcher la poussière et l'humidité de pénétrer dans l'appareil.

Pour introduire le mercure, on brise l'extrémité de la pointe, et, après avoir chauffé légèrement le réservoir R et la boule B pour dilater l'air intérieur, on plonge dans le mercure la pointe renversée (*fig.* 95): l'air intérieur se contracte par le refroidissement, et laisse entrer dans la boule une certaine quantité de mercure. Quand on juge cette quantité suffisante pour emplir au moins le réservoir et la tige, on redresse l'instrument. —

(*) On reconnaît qu'un tube satisfait à cette condition, en constatant qu'une petite colonne de mercure, introduite à l'intérieur et déplacée le long de ce tube, y présente toujours une longueur constante.

A ce moment, le mercure pénètre un peu dans la tige ; mais, comme la tige est capillaire, l'air intérieur empêche le liquide de descendre jusque dans le réservoir. On chauffe alors le réservoir, de manière que l'air, en se dilatant, fasse remonter tout le liquide dans la boule, et qu'une partie de cet air s'échappe dans l'atmosphère. On laisse ensuite refroidir le réservoir : la force élastique de l'air qu'il contient encore diminue, et une certaine quantité de mercure pénètre dans le réservoir, comme le représente la figure 94. — On fait alors bouillir le mercure, dont la vapeur entraîne les dernières traces d'air et d'humidité. Enfin, on laisse refroidir : la vapeur de mercure se condense, et le liquide de la boule vient remplir le réservoir et la tige.

L'instrument étant refroidi, on détache la boule B, en donnant un trait de lime sur le tube, et on porte le thermomètre à une température un peu supérieure à la plus haute température qu'il doive indiquer : l'excédent de mercure s'échappe, et on ferme à la lampe l'extrémité supérieure. — Si les dimensions relatives de la tige et du réservoir ont été bien choisies, le mercure, revenu à la température ordinaire, doit arriver encore dans la tige jusqu'à une certaine distance du réservoir.

116. Points fixes. — Graduation du thermomètre centigrade. — Pour que les divers instruments donnent des indications concordantes, on doit marquer sur la tige les niveaux correspondants à deux températures déterminées, adoptées comme *points fixes*.

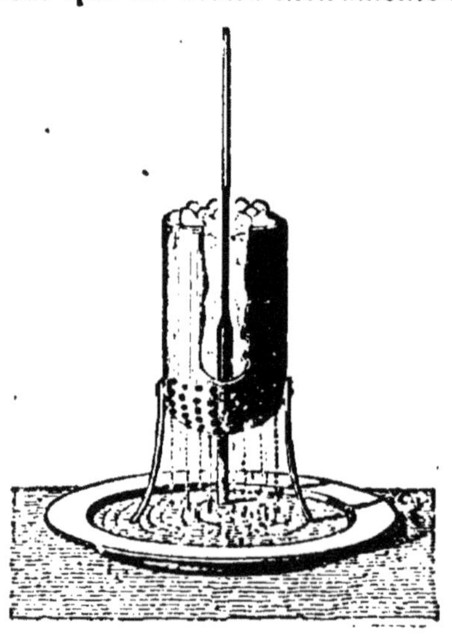

Fig. 95.

La première de ces températures est celle de la *glace fondante*; l'expérience a montré, en effet, que la température de la glace fondante est toujours la même, quel que soit l'état de l'air environnant, et que cette température demeure invariable pendant tout le temps que dure la fusion. — On emplit donc de glace fondante un vase dont le fond est percé de trous (*fig.* 96), et on y enfonce l'instrument, de manière que la colonne liquide soit entièrement plongée dans la glace. De temps en temps on soulève la tige pour observer le sommet de la colonne de mercure : quand il est devenu stationnaire, on marque sur la tige le point auquel il s'est arrêté. — Ce sera le *zéro* du thermomètre.

La seconde des températures prises comme points fixes est celle de la *vapeur d'eau bouillante*, sous la pression de 76 centimètres. C'est, comme on le verra plus loin, une température constante, pourvu que la pression extérieure ne varie pas. — On emploie généralement l'appareil qui est représenté en coupe par la figure 97. La vapeur se produit dans une petite chaudière E, placée sur un fourneau : elle s'élève dans la cheminée centrale M, et redescend dans l'espace NN qui enveloppe le tube M, pour s'échapper en C. Le thermomètre T est fixé dans la cheminée centrale par un bouchon A, son réservoir étant à une petite distance de la surface de l'eau bouillante; l'enveloppe NN, parcourue par la vapeur, préserve l'espace M de toute cause extérieure de refroidissement. — Un petit manomètre à eau, adapté dans une tubulure B qui débouche dans la cheminée centrale, permet de vérifier que la pression intérieure est égale à la pression atmosphérique; enfin on mesure la pression atmosphérique au moyen du baromètre : nous supposerons qu'elle soit de 76cm (*). — De temps à autre, on soulève le thermomètre, en le faisant glisser dans son bouchon, pour voir le sommet de la colonne; lorsqu'il est devenu fixe, on marque sur la tige le point qui lui correspond. — Ce sera le point 100 de la graduation.

Fig. 97.

Pour graduer l'instrument, on partage en cent parties égales la distance qui sépare les deux points fixes : chacune de ces divisions est un *degré* du thermomètre. — On continue la division, s'il y a lieu, au-dessus du centième degré. Enfin, on marque encore des divisions égales au-dessous du zéro, et on les désigne par les chiffres 1, 2, 3, etc., formant une échelle descendante qui indique les températures inférieures à celle de la glace fondante.

Dans les notations, on fait précéder du signe (—) les chiffres qui indiquent ces dernières températures; ainsi, —15°, indique une température de 15 degrés au-dessous de zéro, tandis que + 15°, ou simplement 15°, indique une température de 15 degrés au-dessus de zéro.

(*) Si, au moment de la détermination du point 100, la pression était notablement différente de 760 millimètres, on devrait faire subir à l'échelle une correction; on en calculerait la valeur en sachant que, pour un accroissement ou une diminution de pression de 27 millimètres, la température de la vapeur d'eau s'élève ou s'abaisse de 1 degré.

117. Déplacement du zéro. — Lorsqu'on prend un thermomètre construit depuis un certain temps, et qu'on vient à le replacer dans la glace fondante, on observe presque toujours que le point où s'arrête le mercure est remonté d'une ou deux divisions. — D'après les expériences de Despretz, ce résultat doit être attribué à une diminution lente de la capacité du réservoir. On doit remarquer, en effet, que pour souffler le réservoir dans l'épaisseur de la tige, on a dû porter le verre jusqu'à la température de sa fusion; le refroidissement lui a communiqué ensuite une véritable *trempe*, qui a fait conserver au réservoir un volume plus grand que celui qu'il aurait dû prendre à la température ordinaire. Les élévations de température qu'il subit ensuite, par l'usage, lui font éprouver un *recuit*, et par suite une diminution de capacité.

Avant d'employer un thermomètre pour des observations précises, on devra donc déterminer, en le replongeant dans la glace fondante, le nombre de divisions dont son zéro peut s'être déplacé : on retranchera ce nombre de toutes les indications qu'il fournira ultérieurement.

118. Échelle de Réaumur. — Dans l'échelle de Réaumur, longtemps usitée en France, encore employée dans certaines parties de l'Allemagne, le point correspondant à la vapeur d'eau bouillante est marqué 80°; l'intervalle compris entre ce point et le zéro est partagé en 80 parties égales.

Il est facile de convertir une indication du thermomètre Réaumur en indication du thermomètre centigrade, ou réciproquement. — En effet, 80 degrés de Réaumur valent 100 degrés centigrades; donc 1 degré de Réaumur vaut $\frac{100}{80}$ ou $\frac{10}{8}$ de degré centigrade. Il suffit donc de multiplier par 10 le nombre de degrés marqué par le thermomètre Réaumur, et de diviser le produit par 8, pour avoir le nombre équivalent de degrés centigrades. Exemple : 32° R. équivalent à 40° C. — Réciproquement, pour convertir un certain nombre de degrés centigrades en degrés Réaumur, il suffit de multiplier ce nombre par 8, et de diviser le produit par 10. Exemple : 14° C = 11°,2 R.

119. Échelle de Fahrenheit. — L'échelle de *Fahrenheit* est encore employée fréquemment en Angleterre. — Pour la construire, on marque 32 degrés à la glace fondante, et 212 degrés à la vapeur d'eau bouillante. On partage l'intervalle en 212 — 32, ou 180 parties égales, et on continue à marquer, à la partie inférieure, 32 divisions égales aux précédentes, ce qui détermine le zéro de l'échelle.

On voit que l'intervalle entre la température de la glace fondante et celle de la vapeur d'eau bouillante comprend 180 degrés de Fahrenheit et 100 degrés centigrades, en sorte que 18 degrés de Fahrenheit valent 10 degrés centigrades. — Cela posé, soit F une température évaluée au moyen de l'échelle Fahrenheit, et C cette même température évaluée en degrés centigrades. L'intervalle entre cette température et la glace fondante comprend, d'une part, F — 32 degrés de Fahrenheit, et, d'autre part, C degrés centigrades, on a donc la proportion

$$\frac{F-32}{C}=\frac{18}{10}.$$

Si F est donné, cette équation fera connaître C, et réciproquement Il est aisé de voir que, si F est supérieur à 32, C est un nombre positif; si F est inférieur à 32, ou si F est négatif, C est un nombre négatif. — On trouverait ainsi que le zéro de Fahrenheit correspond à la température de — 17°,78 C.

120. Thermomètre à alcool. — On verra plus loin que le mercure se solidifie vers — 40° C.; le thermomètre à mercure ne peut donc pas servir à évaluer les températures très basses, comme celles qu'on rencontre dans les contrées polaires. On remplace alors le mercure par l'alcool. — Dans les thermomètres grossièrement construits, l'alcool est quelquefois coloré en rouge par de la teinture d'orseille; mais cette matière colorante a l'inconvénient de s'altérer à la longue.

Le procédé d'emplissage du thermomètre à alcool est plus simple que celui du thermomètre à mercure : il n'est plus nécessaire de souder une boule à la partie supérieure de la tige, comme dans la figure 94. — On chauffe légèrement le réservoir, pour en dilater l'air, on renverse l'appareil, et on plonge dans l'alcool l'extrémité ouverte de la tige; lorsque le refroidissement a fait monter un peu de liquide dans le thermomètre, on le redresse et on le chauffe, de manière à faire bouillir l'alcool dans le réservoir et à chasser ainsi tout l'air. L'ébullition s'effectuant à une température peu élevée (78° C.), on peut plonger de nouveau la tige dans l'alcool et laisser le liquide froid arriver dans le réservoir, sans avoir à craindre la rupture du verre (*). — On ferme ensuite la tige à la lampe, en laissant un peu d'air au-dessus du liquide.

Le zéro du thermomètre à alcool se détermine comme celui du thermomètre à mercure. Mais on ne prolonge pas l'échelle jusqu'à la température d'ébullition de l'eau : à cette température (supérieure de 22 degrés à celle où l'alcool entre en ébullition à l'air libre), l'alcool émettrait des vapeurs dont la force élastique pourrait briser l'enveloppe. Pour graduer l'instrument, on se contente de déterminer un second point de l'échelle, en plongeant le thermomètre dans un bain chauffé à 45 ou 50°, et dont la température est donnée par un thermomètre à mercure.

(*) En procédant ainsi, on observe que l'alcool s'élève dans l'instrument renversé, de manière à remplir toute la capacité de la tige et du réservoir; il reste cependant toujours, dans le réservoir, une petite bulle de gaz, provenant de l'air qui était dissous dans l'alcool et qui s'en est dégagé. Pour chasser cette bulle, on redresse l'instrument, on l'attache à l'extrémité d'une ficelle, et on le fait tourner comme une fronde : ce mouvement, chassant l'alcool vers les points les plus éloignés du centre de rotation, force la bulle d'air à se dégager par la surface libre du liquide.

121. Remarques sur le choix des corps employés comme thermomètres. — Le thermomètre à mercure est le plus fréquemment employé. Il est facile de se rendre compte des raisons qui ont déterminé ce choix. — Et d'abord, pourquoi prend-on, comme corps thermométrique pratique, un liquide, plutôt qu'un solide, ou plutôt qu'un gaz? Les corps *solides*, moins dilatables que les liquides, donneraient des thermomètres moins sensibles : cet inconvénient pourrait être atténué par l'emploi d'une disposition analogue à celle du pyromètre à levier (*fig.* 88), qui amplifierait la dilatation du corps; mais, dans bien des circonstances, cette disposition rendrait difficile l'usage de l'instrument. — Il faut remarquer, en outre, que la plupart des corps solides, et les métaux en particulier, lorsqu'ils sont soumis à des alternatives de dilatation et de contraction, éprouvent, dans leur structure, des changements qui modifient leur dilatabilité. Dès lors, un thermomètre formé d'une barre métallique pourrait, à des époques diverses, donner des indications qui ne seraient pas comparables entre elles.

Les corps *gazeux*, beaucoup plus dilatables que les solides et les liquides, se présentent comme éminemment propres à l'évaluation des petites variations de température. Ainsi on conçoit qu'un appareil comme celui de la figure 91, ou comme celui de la figure 92, doit fournir un *thermomètre à air* d'une grande sensibilité. — On construit, en effet, des *thermomètres à gaz*, qui surpassent en précision tous les thermomètres à liquides. Mais nous verrons que l'emploi de ces thermomètres constitue une véritable expérience, qui exige un opérateur exercé; de plus, il faut un calcul pour déduire, des indications de l'instrument, la valeur de la température. — Dans la pratique, il y a avantage à employer des instruments qui donnent, comme les thermomètres à liquides, des indications immédiates, par une simple lecture.

Enfin, parmi les liquides, on a choisi le *mercure*, pour de nombreuses raisons. — Les principales sont : 1° que ce corps peut être obtenu dans un état de pureté parfaite, condition indispensable pour que les liquides de tous les instruments soient identiques entre eux; 2° que le point de congélation du mercure (—40° C.) est très éloigné de son point d'ébullition (+ 360° C.), et que la plupart des températures usuelles sont comprises entre ces deux points; 3° que le mercure se met rapidement en équilibre de température avec les corps environnants.

II. — DILATATIONS DES CORPS SOLIDES.

122. Coefficients de dilatation linéaire et coefficients de dilatation cubique. — L'expérience montre que, si l'on fait subir à une même barre des variations de température peu considérables, et comprises, par exemple, entre 0° et 150°, elle éprouve des variations de longueur sensiblement *proportionnelles* à ces variations de température.

On appelle *coefficient de dilatation linéaire* d'une barre, *le nombre qui exprime l'allongement éprouvé par l'unité de longueur de cette barre, lorsque sa température s'élève d'un degré.* — Ce nombre varie avec la nature de la barre, comme on le verra plus loin.

On appelle *coefficient de dilatation cubique* d'un corps *le nombre qui exprime l'accroissement de volume éprouvé par l'unité de volume* de ce corps, *pour une élévation de température* de 1 degré.

123. Formules relatives aux dilatations linéaires. — Connaissant la longueur L_0 d'une barre à 0°, et son coefficient de dilatation linéaire l, proposons-nous de calculer la longueur L de cette barre à t degrés. — Puisque l'unité de longueur de la barre s'allonge de l en passant de 0° à 1°, elle s'allonge de lt en passant de 0° à t degrés; par suite, la longueur L_0, pour cette même variation de température, s'allonge de la quantité L_0lt. La longueur totale de la barre devient donc $L_0 + L_0lt$, c'est-à-dire que l'on a :

$$L = L_0 (1 + lt). \tag{1}$$

La quantité $1 + lt$ a reçu le nom de *binôme de dilatation.*

Inversement, si l'on connaît la longueur L d'une barre à t degrés, et son coefficient de dilatation linéaire l, pour avoir la longueur L_0 de cette barre à 0°, on aura :

$$L_0 = \frac{L}{1 + lt}. \tag{2}$$

Enfin, connaissant la longueur L à t degrés, il est facile d'en déduire la longueur L′ à t' degrés. — En effet, si l'on prend pour inconnue auxiliaire la longueur L_0 de la barre à la température de 0°, on a :

$$L = L_0 (l + lt) \qquad L' = L_0 (1 + lt')$$

et, en divisant ces deux équations membre à membre,

$$\frac{L'}{L} = \frac{1 + lt'}{1 + lt},$$

ou enfin

$$L' = L \frac{1 + lt'}{1 + lt} \text{ (*)}. \tag{3}$$

(*) Au lieu de cette dernière relation, on peut, dans la pratique, en employer une autre, qui est seulement *approchée*. Effectuons la division indiquée dans la formule (3), on obtient pour quotient

$$1 + l(t' - t) - l^2t(t' - t) + \ldots;$$

or l étant toujours une fraction très petite, on doit négliger les termes en

124. Formules relatives aux dilatations cubiques. — Si l'on désigne par V_0 le volume d'un corps à 0°, par V son volume à t degrés, et par k son coefficient de dilatation cubique, on aura, en raisonnant comme nous venons de le faire dans le paragraphe précédent,

$$(1) \qquad V = V_0\,(1 + kt);$$

d'où l'on déduira

$$(2) \qquad V_0 = \frac{V}{1 + kt}.$$

Enfin, en désignant par V' le volume du corps à t' degrés, on aura :

$$(3) \qquad V' = V\,\frac{1 + kt'}{1 + kt}\ (^*).$$

125. Relations entre les densités d'un même corps à différentes températures. — Les densités d'un même corps, à différentes températures, sont inversement proportionnelles aux volumes qu'il occupe : si donc on désigne par V_0 et D_0 le volume et la densité d'un corps à 0°, par V et D son volume et sa densité à la température t, on a

$$\frac{D}{D_0} = \frac{V_0}{V}.$$

En remplaçant V par sa valeur $V_0\,(1 + kt)$, il vient :

$$\frac{D}{D_0} = \frac{V_0}{V_0(1 + kt)} = \frac{1}{1 + kt}.$$

ou

$$D = \frac{D_0}{1 + kt}.$$

On aura de même, à une autre température t',

$$D' = \frac{D_0}{1 + kt'}.$$

$t^2, t^3 \ldots$, à côté du terme en l, et prendre, pour valeur approchée de ce quotient, $1 + l\,(t' - t)$. Il vient alors

$$(3\ b \qquad L' = L\,[1 + l\,(t' - t)],$$

relation qui offre a la formule (1) une analogie remarquable : elle indique que, pour passer la longueur L correspondante à une température quelconque t, à la long r L', correspondante à une autre température t', il suffit encore de multipl la première longueur par le binôme de dilatation $1 + l\,(t' - t)$, relati a la *variation* de température $(t' - t)$.

(*) On démontrerait, en raisonnant comme on l'a fait dans la note précédente, que cette relation peut être remplacée par la relation approchée :

$$(3\ bis) \qquad V' = V\,[1 + k\,(t' - t)].$$

En divisant ces deux dernières relations membre à membre, il vient

$$\frac{D'}{D}=\frac{1+kt}{1+kt'},$$

c'est-à-dire que *les densités d'un même corps, à deux températures différentes, sont inversement proportionnelles aux binômes de dilatation cubique.*

126. Détermination des coefficients de dilatation linéaire. — Principe de la méthode de Lavoisier et Laplace. — Le principe de la méthode suivie par Lavoisier et Laplace, pour déterminer les coefficients de dilatation linéaire des corps solides, consiste à rendre mesurables les petits allongements, à l'aide d'un artifice semblable à celui qui a été employé dans le pyromètre à levier (112).

La barre AB, soumise à l'expérience, était placée sur des rouleaux de verre, reposant sur le fond d'une caisse (*fig.* 98). L'une des extré-

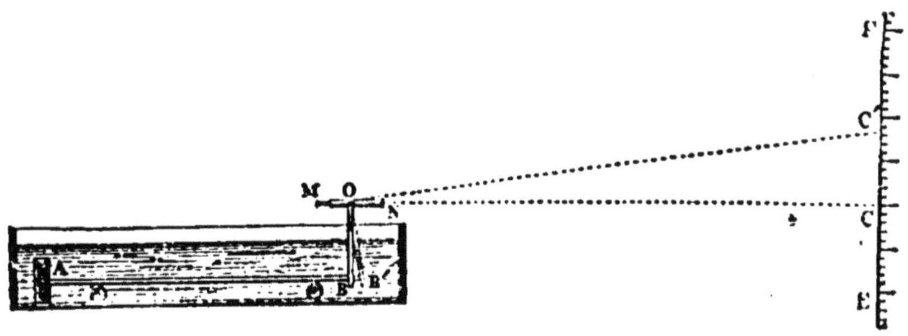

Fig. 98.

mités A de la barre était maintenue immobile par un talon fixe; l'autre extrémité B s'appuyait contre une tige verticale OB, mobile autour d'un axe horizontal O, et supportant une lunette MN. Une règle divisée EF était dressée verticalement à une certaine distance. — La barre étant d'abord environnée de glace fondante, on lisait la division C de la règle qui se trouvait dans le prolongement de l'axe de la lunette. On remplaçait alors la glace par de l'eau chaude ou de l'huile, dont on déterminait exactement la température : la barre s'allongeant, la tige verticale était amenée à une nouvelle position OB', et on lisait la nouvelle division C' qui se trouvait dans le prolongement de l'axe de la lunette. — Les triangles semblables BOB' et COC' donnent

$$\frac{BB'}{CC'}=\frac{OB}{OC},$$

d'où l'on tire :

$$BB'=CC'\frac{OB}{OC}.$$

Pour connaître l'allongement BB' de la barre, dans chaque expérience, il suffisait donc de multiplier la longueur observée CC' par le rapport des deux longueurs OB et OC, lequel avait été déterminé une fois pour toutes avec précision. — Enfin, pour en déduire le coefficient de dilatation linéaire, c'est-à-dire l'allongement de *l'unité de longueur* pour une élévation de température *de 1 degré*, il restait à diviser BB' par la longueur de la barre et par l'accroissement de température.

Voici quelques-uns des résultats obtenus.

	COEFFICIENTS DE DILATATION LINÉAIRE
Acier trempé.	0,000 013
Argent.	0,000 019
Cristal.	0,000 008
Cuivre.	0,000 017
Fer.	0,000 012
Laiton.	0,000 018
Or.	0,000 015
Platine.	0,000 009
Verre ordinaire.	0,000 009

127. Le coefficient de dilatation cubique est, pour chaque corps, sensiblement triple du coefficient de dilatation linéaire. — Les coefficients de dilatation linéaire des divers corps ayant été déterminés par l'expérience, on peut se dispenser de nouvelles expériences pour déterminer les coefficients de dilatation cubique de ces mêmes corps.

En effet, représentons par l le coefficient de dilatation linéaire d'un corps, du fer par exemple, et par k son coefficient de dilatation cubique. Prenons pour unité de longueur le mètre, et pour unité de volume le mètre cube. Si nous imaginons un cube de fer, ayant un mètre de côté à la température de 0°, et si nous portons sa température à 1°, chaque côté de ce cube acquiert une longueur $1+l$; le volume de ce cube devient donc $(1+l)^3$, c'est-à-dire $1+3l+3l^2+l^3$; par suite, son *accroissement de volume* est exprimé par $3l+3l^2+l^3$. Or, cet accroissement n'est autre chose que le coefficient de dilatation cubique k; on a donc

$$k=3l+3l^2+l^3.$$

Mais, pour tous les corps solides, l est toujours exprimé par un nombre très petit, comme le montre le tableau précédent; le carré l^2 et le cube l^3 sont des nombres encore beaucoup plus petits. Il en résulte que, si l'on calculait k, en remplaçant l par sa valeur dans les trois termes du second membre, le deuxième et le troisième terme n'augmenteraient le résultat fourni par le premier terme seul, que d'une quantité plus petite que l'erreur commise dans la détermination du premier terme; on doit donc les négliger, et on écrira :

$$k=3l.$$

Dès lors, pour obtenir les coefficients de dilatation cubique des divers corps inscrits dans le tableau précédent, il suffira de tripler tous les nombres de ce tableau.

128. Applications des dilatations des corps solides. — Les dilatations ou les contractions qu'éprouvent les corps solides, sous l'influence d'une élévation ou d'un abaissement de température, se traduisent autour de nous par un grand nombre de phénomènes.

Quand on chauffe brusquement un vase de verre, par une partie de sa surface, il n'est pas rare de le voir se briser. Cela tient à ce que le verre est un corps dans lequel la chaleur se transmet difficilement des points chauffés aux points voisins : dès lors, les parties chauffées étant les seules qui se dilatent, elles exercent sur les parties voisines un effort violent, qui détermine la rupture.

Les feuilles de zinc ou de plomb, qu'on emploie pour les toitures, présentent souvent, pendant les chaleurs de l'été, des parties soulevées. Ces effets se produisent, quand l'ouvrier, en fixant ces feuilles, n'a pas eu soin de leur laisser une liberté suffisante pour permettre à la dilatation de s'effectuer. — Inversement, pendant les froids de l'hiver, ces mêmes feuilles, en se contractant, arrachent les clous qui avaient servi à les fixer, ou se déchirent elles-mêmes. — De même, des pierres scellées par des crampons de fer, sont quelquefois brisées, par l'allongement du métal pendant l'été, ou par le raccourcissement qu'il éprouve pendant l'hiver. — Ces exemples montrent quelles forces énormes peuvent se développer, lorsque des obstacles tendent à s'opposer aux dilatations ou aux contractions produites par les variations de température.

III. — DILATATIONS DES LIQUIDES.

129. Dilatations apparentes et dilatations absolues. — Lorsqu'on chauffe un liquide placé dans un vase (*fig.* 90), on n'observe que l'effet résultant de l'action de la chaleur sur le liquide et sur le vase; c'est ce qu'on nomme la *dilatation apparente* du liquide. — Puisque le vase augmente de capacité, la dilatation apparente est moindre que l'accroissement réel du volume du liquide, ou *dilatation absolue*.

Il semble d'abord impossible de mesurer la dilatation absolue d'un liquide, sans tenir compte de la dilatation du vase qui le contient. — C'est ce que permet cependant la méthode suivante, qui a été appliquée par Dulong et Petit à l'étude de la dilatation absolue du mercure.

130. Détermination du coefficient de dilatation absolue du mercure, par la méthode de Dulong et Petit. — Le mercure est contenu dans un tube en U, formé de deux branches verticales AB, CD (*fig.* 99), réunies par un tube capillaire BEFD : la branche EF est placée de façon que son axe soit *parfaitement horizontal*. La branche AE est environnée de glace fondante; la branche CF est placée dans un bain d'huile, et portée à une température connue. Les liquides des deux branches, étant à des températures différentes, ont des densités inégales que nous pouvons désigner par D_0 et D : les hauteurs h_0 et h des surfaces m et n, au-dessus de l'axe du tube EF, sont en raison inverse de ces densités; c'est-à-dire qu'on a $\frac{h}{h_0} = \frac{D_0}{D}$. D'autre part, on a vu (125) que les densités D_0 et D sont inversement proportionnelles aux binômes de dilatation correspondants aux températures zéro et T, c'est-à-dire aux quantités 1 et $1 + m$ T. On a donc

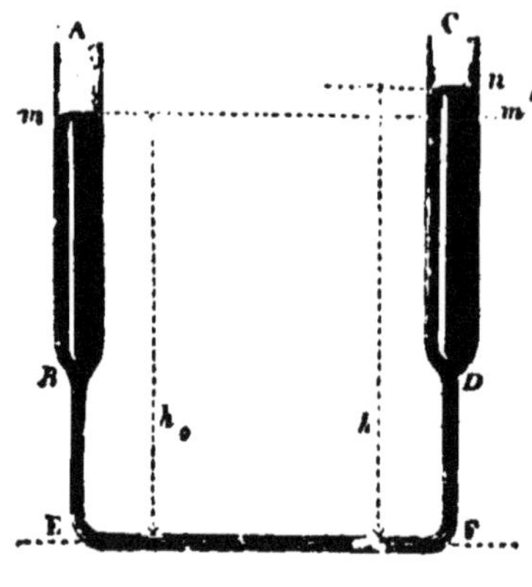

Fig. 99.

$$\frac{D_0}{D} = 1 + mT;$$

par suite,

$$\frac{h}{h_0} = 1 + mT.$$

De cette équation on tire la valeur de m,

$$m = \frac{h - h_0}{h_0 T}.$$

En opérant avec un appareil fondé sur ce principe, Dulong et Petit ont trouvé, pour le coefficient de dilatation absolue du mercure, la valeur $\frac{1}{5550}$, ou bien 0,000 18018

131. Détermination des coefficients de dilatation absolue des autres liquides. — Méthode du thermomètre à poids — La dilatation absolue du mercure étant connue, on emploie, pour les autres liquides, une méthode fondée sur cette remarque que, lorsqu'un liquide placé dans une enveloppe éprouve une élévation de température, on peut considérer la *dilatation absolue* comme *égale à la somme de la dilatation apparente et de la dilatation de l'enveloppe* (112, 2°).

Dès lors, si, dans une enveloppe de verre, on fait une première expérience avec du mercure, l'observation de la dilatation apparente permettra de calculer la *dilatation de l'enveloppe*, puisque la dilatation absolue du mercure sera connue. — Si maintenant, dans ce même vase, on fait une seconde expérience avec un autre liquide quelconque l'observation de la dilatation apparente permettra de calculer la *dilatation absolue du liquide*, puisque l'expérience précédente fournira la dilatation de l'enveloppe.

Pour ces deux opérations, Dulong et Petit faisaient usage d'un vase de verre d'une forme particulière, dit *thermomètre à poids*. C'est un réservoir cylindrique R (*fig.* 100) surmonté d'un tube t recourbé en forme de crochet, et effilé à son extrémité. — Avec cet instrument, les deux opérations que l'on vient d'indiquer s'effectuent de la manière suivante.

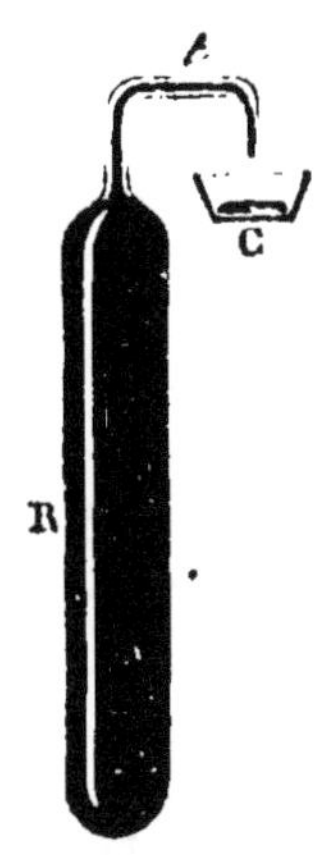

Fig. 100. Thermomètre à poids.

1° *Détermination du coefficient de dilatation de l'enveloppe.* — L'enveloppe de verre ayant été pesée, on l'emplit de mercure (en opérant comme pour un thermomètre ordinaire). On l'environne de glace fondante, en plongeant la pointe dans le mercure, de manière qu'il se remplisse complètement de mercure à la température de 0°, et on le pèse de nouveau : on en déduit le poids P du mercure qui remplit l'enveloppe à 0°. — On porte alors l'appareil à une température connue T (on peut le porter, par exemple, à 100°, en l'introduisant dans l'étuve de la figure 97) : une petite quantité de mercure s'échappe par l'extrémité du tube; on la recueille dans une coupelle, et on détermine son poids p. Le poids du mercure restant est $P - p$.

Or, si l'appareil était ramené à 0°, le mercure restant laisserait un espace vide dont le volume représenterait sa contraction apparente dans le verre, en revenant de T à 0°, ou sa dilatation apparente de 0° à T; ce volume serait d'ailleurs précisément celui qui était occupé par le poids p de mercure à 0°. D'autre part, les volumes peuvent être représentés par les poids de mercure à 0° qui les occupent : dès lors, p représente la dilatation, dans le verre, d'une quantité de mercure représentée par $P - p$, pour une variation de température de T degrés. Par suite, le *coefficient de dilatation apparente*, ou la dilatation apparente μ de l'unité de volume, pour une élévation de température d'un degré, est

$$\mu = \frac{p}{(P - p)T};$$

en retranchant ce coefficient du coefficient de dilatation absolue du mercure $\frac{1}{5550}$, on a le coefficient de dilatation k de l'enveloppe,

$$k = \frac{1}{5550} - \mu \text{ (*)}.$$

(*) Dulong et Petit ont trouvé, pour le coefficient de dilatation apparente μ du mercure, dans les enveloppes de verre qu'ils employaient, la valeur $\frac{1}{6480}$.

2° *Détermination du coefficient de dilatation d'un liquide quelconque.* — On reprend la même enveloppe; on y introduit le liquide dont on cherche le coefficient de dilatation absolue d, et on répète la même série d'opérations. Soit P′ le poids de liquide qui remplit l'appareil à 0°, et p' le poids qui s'échappe à la température T′; le coefficient de dilatation apparente δ de ce liquide dans le verre est

$$\delta = \frac{p'}{(P'-p')T'},$$

par suite, le coefficient de dilatation absolue d du liquide est

$$d = \delta + k,$$

k étant connu par l'expérience précédente (*).

132. Réduction des hauteurs barométriques à la température 0°. — Lorsque l'on considère les pressions atmosphériques comme mesurées par les hauteurs des colonnes barométriques (75), on suppose la densité du mercure constante; en réalité, la densité change avec la température. On est convenu, pour rendre les résultats comparables entre eux, de considérer toujours, non pas la hauteur barométrique observée, mais *la hauteur d'une colonne de mercure* à 0° *qui exercerait la même pression.* — Proposons-nous donc de *ramener à* 0° une hauteur barométrique H, observée à une température t.

Remarquons d'abord que la lecture de cette hauteur est faite sur une échelle métallique, dont on suppose la division effectuée à la température de zéro; si l est le coefficient de dilatation linéaire du métal dont est formée l'échelle, chaque millimètre est devenu $1^{mm}(1+lt)$; la hauteur réelle du mercure est donc à H $(1+lt)$. — Désignons maintenant par H_0 la hauteur de la colonne de mercure à zéro, qui exer-

Il en résulte que le coefficient de dilatation k de ce verre était $\frac{1}{5550} - \frac{1}{6480}$, ou sensiblement $\frac{1}{38670}$.

(*) Ce même appareil a été employé fréquemment par Dulong et Petit *comme thermomètre*, pour déterminer avec une grande précision la température de bains liquides. — On opère alors de la manière suivante.

Après avoir rempli l'appareil de mercure à 0°, et avoir déterminé le poids P de mercure qui le remplit, on le porte dans le bain dont on veut connaître la température x (température supposée supérieure à 0°). On détermine le poids p_1 de mercure qui s'échappe par la pointe. — Si l'on prend, pour coefficient de dilatation *apparente* du mercure dans le verre, la valeur adoptée par Dulong et Petit (voir la note précédente), c'est-à-dire $\frac{1}{6480}$, on a

$$\frac{1}{6480} = \frac{p_1}{(P-p_1)x},$$

d'où l'on tire la valeur de la température x.

cerait la même pression : cette colonne sera, à la colonne H $(1 + lt)$, dans le rapport inverse des densités du mercure D_0 et D aux températures 0° et t, c'est-à-dire qu'on aura

$$\frac{H_0}{H(1+lt)} = \frac{D}{D_0};$$

d'autre part, les densités D et D_0 sont, comme on l'a vu (125), inversement proportionnelles aux binômes de dilatation $(1 + mt)$ et 1 aux températures t et 0; on a donc

$$\frac{H_0}{H(1+lt)} = \frac{1}{1+mt},$$

ce qui donne :

$$H_0 = H\,\frac{1+lt}{1+mt}.$$

133. Maximum de densité de l'eau. — Lorsqu'on refroidit simultanément, à partir de 15° par exemple, un thermomètre à mercure et une enveloppe thermométrique contenant de l'eau, on voit d'abord les liquides baisser à la fois dans les deux instruments; mais, lorsque la température arrive aux environs de 4°, si le niveau du mercure continue à descendre, celui de l'eau remonte. — Il y a donc, aux environs de 4°, une température à laquelle le volume de l'eau passe par un *minimum*; par suite, la densité passe par un *maximum*.

L'existence de ce *maximum de densité* de l'eau peut encore être constatée par l'expérience suivante : — Une éprouvette de verre M (*fig.* 101) contient de l'eau : deux thermomètres, A et B, sont assujettis horizontalement, l'un dans les couches supérieures du liquide, l'autre dans les couches inférieures ; une galerie métallique C, entourant la partie moyenne de l'éprouvette, contient de la glace. L'eau de l'éprouvette étant d'abord à 12°, par exemple, on voit bientôt les deux thermomètres indiquer un abaissement de température; mais le thermomètre inférieur baisse d'abord plus vite que le thermomètre supérieur, les couches d'eau refroidies acquérant d'abord une plus grande densité, et gagnant successivement le fond du vase. Lorsque B est arrivé à 4°, il *demeure stationnaire*, tandis que A continue à descendre, d'abord jusqu'à 4°, puis jusqu'à zéro : il en résulte que l'eau, à mesure qu'elle se

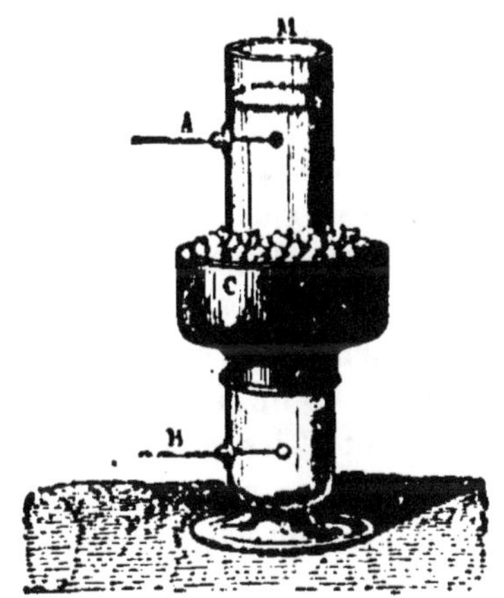

Fig. 101.
Démonstration du maximum de densité de l'eau.

refroidit au-dessous de 4°, au niveau de la galerie C, acquiert des densités moindres et gagne la partie supérieure du vase.

Des phénomènes semblables se produisent dans les lacs, où la température, à partir d'une certaine profondeur, reste toujours égale à 4°, soit pendant les chaleurs de l'été, soit pendant les froids de l'hiver. On voit en effet que, les variations de la température extérieure donnant toujours aux couches voisines de la surface une densité moindre que celle des parties profondes, il ne doit pas s'effectuer de mélange. — Grâce à ces circonstances, les poissons et les animaux aquatiques trouvent toujours des couches liquides où ils peuvent vivre, même pendant les grands froids, et quand la surface s'est abaissée bien au-dessous du point de congélation.

IV. — DILATATIONS DES GAZ

134. Coefficient de dilatation d'un gaz sous pression constante. — Loi de Gay-Lussac. — *Le coefficient de dilatation d'un gaz, sous pression constante, est le nombre qui exprime l'accroissement éprouvé par l'unité de volume de ce gaz, pour une élévation de température d'un degré.*

Les expériences de Gay-Lussac l'ont conduit à la loi générale suivante : *Tous les gaz ont, entre 0° et 100°, le même coefficient de dilatation* (loi de Gay-Lussac). — De plus, la valeur de ce coefficient est *indépendante de la pression* sous laquelle la dilatation se produit, pourvu que dans chaque cas particulier cette pression reste constante.

Cette loi ne doit pas être considérée comme rigoureusement exacte, mais elle est, comme la loi de Mariotte, suffisamment approchée pour permettre de calculer, sans grande erreur, les variations de volume des gaz, dans les divers cas qui peuvent se présenter.

135. Formules relatives à la dilatation des gaz, sous pression constante. — Si l'on désigne par α le coefficient de dilatation d'un gaz, par V_0, V et V' les volumes qu'occupe, *sous une pression constante*, une même masse de ce gaz portée successivement aux températures de 0°, t et t' degrés, on a, en raisonnant comme plus haut (124), les relations :

$$V = V_0(1 + \alpha t)$$

$$V_0 = V \frac{1}{1 + \alpha t},$$

$$V' = V \frac{1 + \alpha t'}{1 + \alpha t}.$$

136. Problème général. — Les formules précédentes supposent que la pression du gaz n'a pas varié. Or, dans la plupart des applications, la pression des gaz sur lesquels on opère varie en même temps que la température. On a alors à résoudre le problème général suivant :

Connaissant le volume V d'une masse gazeuse à la température t et sous la pression H, calculer son volume V' à la température t' et sous la pression H'. — Supposons d'abord que la pression seule varie, et soit V_1 le volume qu'occuperait le gaz à la température t et sous la pression H' : on aura, d'après la loi de Mariotte,

$$V_1 = V \frac{H}{H'}.$$

En faisant varier maintenant la température de t à t', on aura

$$V' = V_1 \frac{1 + \alpha t'}{1 + \alpha t},$$

ou, en remplaçant V_1 par la valeur précédente,

$$V' = V \cdot \frac{H}{H'} \cdot \frac{1 + \alpha t'}{1 + \alpha t}, \tag{1}$$

équation qui peut s'écrire sous la forme plus symétrique :

$$\frac{V'H'}{1 + \alpha t'} = \frac{VH}{1 + \alpha t}. \tag{2}$$

La formule (2) est connue sous le nom de formule de Gay-Lussac.

Remarque. — Ce résultat conduit immédiatement à la solution de la question suivante :

Connaissant la densité D d'un gaz à la température t et sous la pression H, calculer sa densité D' à la température t' et sous la pression H'. — Les densités D et D' d'une même masse de gaz étant en raison inverse des volumes qu'elle acquiert, on a

$$\frac{D'}{D} = \frac{V}{V'};$$

mais la formule (1) donne

$$\frac{V}{V'} = \frac{H'}{H} \cdot \frac{1 + \alpha t}{1 + \alpha t'};$$

en substituant, il vient

$$D' = D \cdot \frac{H'}{H} \cdot \frac{1 + \alpha t}{1 + \alpha t'}. \tag{3}$$

137. Calcul du volume ou de la densité d'un gaz dans les conditions normales de température et de pression. — L'un des problèmes que l'on a le plus fréquemment à résoudre est celui où, connaissant le volume V ou la densité D d'une masse gazeuse à une température t et sous une pression H, on se propose de déterminer le volume V_0 ou la densité D_0 *dans les conditions normales de température et de pression*, c'est-à-dire à 0° et sous la pression de 76 centimètres. — Dans les formules (1) et (3), il suffit de faire $t'=0$ et $H'=76$; il vient alors :

$$V_0 = V \cdot \frac{H}{76} \frac{1}{1+\alpha t}, \quad (4)$$

$$D_0 = D \cdot \frac{76}{H} \cdot (1+\alpha t). \quad (5)$$

138. Détermination du coefficient de dilatation des gaz sous pression constante. — Méthode de Gay-Lussac. — Pour déterminer le coefficient de dilatation d'un gaz, sous pression constante, Gay-Lussac introduisait le gaz dans une enveloppe AB (*fig.* 102) ayant

Fig. 102. — Dilatation des gaz; appareil de Gay-Lussac.

la forme de celle d'un thermomètre à gros réservoir et dont la tige était divisée en parties d'égales capacités; il avait déterminé d'avance le rapport entre la capacité du réservoir et celle d'une division de la tige. Dans la tige, était une petite colonne de mercure mn, séparant le gaz de l'atmosphère extérieure. L'appareil était placé horizontalement dans une caisse DD', et on le portait successivement à la température de la glace fondante, puis à une température T, qui était celle de l'eau bouillante, et qui était évaluée par des thermomètres à mercure : on notait les deux positions successives de l'index de mercure. — Soit V_0 le volume du gaz à 0°, évalué en divisions de la tige. Soit V son volume apparent à la température T, évalué de la même manière : si l'on désigne par k le coefficient de dilatation cubique du verre, le volume réel du gaz à cette température était $V(1+kT)$. L'accroissement de volume du gaz était donc $V(1+kT)-V_0$; par suite, son coefficient de dilatation α, c'est-à-dire l'accroissement éprouvé par l'unité de volume, pour une élévation de température de 1 degré, est donné par la formule

$$\alpha = \frac{V(1+kT)-V_0}{V_0T}.$$

En opérant ainsi, Gay-Lussac a trouvé, pour l'air et pour les divers gaz soumis à ses expériences, un coefficient de dilatation, sensiblement le même pour tous, et égal à 0,00375.

Des expériences plus précises, de Regnault, ont donné pour le coefficient de dilatation de l'air le nombre 0,00367 ou $\frac{1}{273}$. — Ces mêmes expériences ont montré que, parmi les autres gaz, ceux qui sont éloignés de leur point de liquéfaction ont des coefficients de dilatation peu différents. Au contraire, les gaz facilement liquéfiables ont des coefficients de dilatation sensiblement plus grands, et d'autant plus grands que leur point de liquéfaction est moins éloigné

139. Thermomètre à air. — Théoriquement, l'appareil de Gay-Lussac pourrait être employé comme un *thermomètre à air*, c'est-à-dire qu'il permettrait de déterminer la température T d'un milieu dans lequel on le placerait, en supposant connu le coefficient de dilatation de l'air α (égal à 0,00367). — L'équation précédente donnerait alors

$$T = \frac{V - V_0}{V_0\alpha - Vk}.$$

Un pareil thermomètre serait beaucoup plus sensible que le thermomètre à mercure, puisque l'air est beaucoup plus dilatable que le mercure. — Cependant cette disposition présente un inconvénient : plus la température s'élève, plus grande est la masse d'air qui sort du réservoir pour passer dans la tige ; si, comme il arrive le plus souvent, la tige est placée en dehors du milieu dont on veut évaluer la température, il en résulte une cause d'erreur qui va en croissant avec la température elle-même.

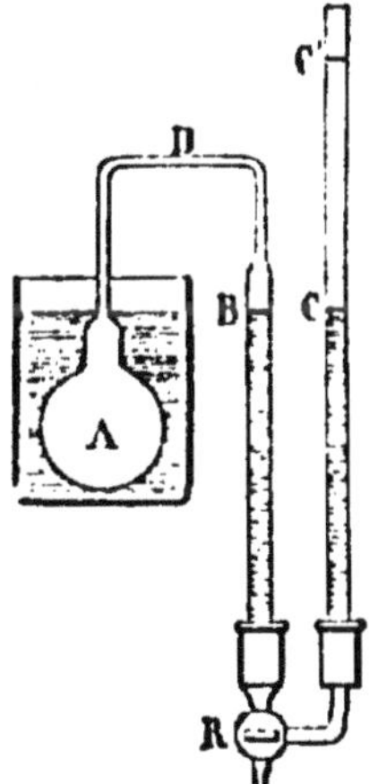

Fig. 103. — Thermomètre à air.

Pour cette raison, on préfère donner au thermomètre à air une disposition semblable à celle de la figure 103. Un ballon de verre A communique, par un tube capillaire D, avec un manomètre à mercure. La masse d'air isolée dans ce ballon a été réglée de telle sorte que, le ballon étant environné de glace fondante, et le mercure affleurant à un trait B marqué sur la branche gauche du manomètre, le niveau du mercure C dans la branche droite soit dans le même plan horizontal; l'air du ballon est alors à la pression atmosphérique H. — Quand le ballon est porté à la température T qu'il s'agit d'évaluer (température que nous supposerons supérieure à 0°), le mercure s'abaisse au-dessous de B et s'élève au-dessus de C; en versant alors du mercure dans la branche ouverte, on ramène le liquide à affleurer au trait B, c'est-à-dire qu'on ramène le volume de l'air à sa valeur primitive (*).

Soit alors C' le niveau du mercure dans la branche ouverte : si la pression barométrique n'a pas changé, la variation de force élastique de l'air intérieur est mesurée par la hauteur $CC' = h$, que l'on détermine à l'aide d'une règle divisée. Or on sait, d'après des expériences de Regnault postérieures à celles de Gay-Lussac, que de 0° à 100°, la force élastique d'une masse d'air assujettie à conserver un volume constant, augmente de 0,3665 de sa valeur initiale : la température actuelle T est alors définie par la proportion

$$\frac{T}{100} = \frac{h}{H \times 0,3665},$$

d'où l'on tirera la valeur de T

Il est bien vrai que l'on commet toujours une erreur, tenant à ce que la petite masse d'air contenue dans le tube D n'est pas exactement à la température du bain. Mais, d'une part, cette erreur est d'autant plus petite que la capacité du tube est plus faible; d'autre part, l'erreur est la même pour les températures élevées que pour les températures peu différentes de zéro. Toutes les températures sont donc évaluées avec la même approximation.

Cette considération a conduit les physiciens à prendre le thermomètre à air, dont nous venons d'indiquer le principe, comme *thermomètre normal*, pour définir les températures et pour les évaluer avec précision. — On appelle alors *degré*, la variation de température qui produit, sur une masse d'air assujettie à conserver un volume constant, une *variation de pression* représentée par la centième partie de la variation qu'elle éprouve entre la glace fondante et la vapeur d'eau bouillante, la force élastique de cette masse d'air dans la glace fondante étant de 76cm.

L'emploi des thermomètres à air n'a d'autre inconvénient que d'exiger une véritable manipulation, et l'intervention d'un expérimentateur exercé (**).

(*) Dans les tâtonnements, qui sont parfois nécessaires pour atteindre ce résultat, on peut, s'il y a lieu, faire écouler par le robinet R le mercure qui aura été mis en excès.

(**) Outre leur sensibilité, les thermomètres à air présentent encore l'avantage d'être *comparables entre eux*. Divers instruments, construits avec des verres différents, marquent simultanément la même température quand ils

V. — DENSITÉS DES GAZ

140. Définition. — D'après la définition générale (59), on doit appeler *densité* ou *poids spécifique d'un gaz*, dans des conditions déterminées de température et de pression, le *poids* (dans le sens de *masse*) *d'un centimètre cube de ce gaz*, pris dans ces conditions. — Mais la densité ainsi définie, qu'on peut appeler la *densité par rapport à l'eau*, est, pour un même gaz, essentiellement variable avec les conditions de température et de pression. On préfère introduire, dans les calculs, les densités des gaz *par rapport à l'air*.

On est convenu d'appeler *densité* d'un gaz, *le rapport entre les poids de volumes égaux de ce gaz et d'air, pris l'un et l'autre dans les mêmes conditions de température et de pression.* — Cette densité est *indépendante de la température et de la pression*, au moins tant qu'il s'agit d'un gaz auquel la loi de Mariotte est applicable, et dont le coefficient de dilatation est le même que celui de l'air : en effet, dans ce cas, des volumes égaux de ce gaz et d'air restent toujours égaux entre eux, quelles que soient les variations de température et de pression, pourvu que ces variations soient les mêmes pour l'un et pour l'autre.

Il n'en serait plus de même pour un gaz qui ne suivrait pas la loi de Mariotte, et dont le coefficient de dilatation différerait notablement de celui de l'air. Dans ce cas, le rapport entre les poids de volumes égaux de ce gaz et d'air, pris l'un et l'autre dans des conditions identiques, présenterait de petites variations avec ces conditions elles-mêmes. — Pour supprimer toute indétermination, on appelle alors plus spécialement *densité* d'un gaz, *le rapport entre les poids de volumes égaux de ce gaz et d'air, pris l'un et l'autre à la température de zéro et sous la pression de 76 centimètres.*

141. Détermination des densités des gaz; méthode de Regnault. — Pour déterminer la densité d'un gaz, la méthode employée par Regnault consiste dans les deux opérations suivantes :

1° Détermination du poids de gaz qui remplit, à 0° et sous une pression connue, voisine de 76cm, la capacité d'un ballon de verre : on en conclut, au moyen de la loi de Mariotte, le poids de gaz qui remplirait le ballon, à 0° et sous la pression de 76cm.

2° Détermination, par une seconde expérience, du poids d'air qui remplit le même ballon dans des conditions semblables : on en déduit le poids de l'air qui le remplirait à 0° et sous la pression de 76cm. —

sont placés dans le même milieu. En effet, la dilatation de l'air étant environ 150 fois égale à celle du verre, les petites différences que peuvent présenter les diverses espèces de verre disparaissent vis-à-vis de la dilatation du gaz.

Pour obtenir le nombre qui exprime la densité du gaz, il suffira de diviser le premier résultat par le second.

Voici, quant à ses parties essentielles, le procédé suivi pour ces deux déterminations :

1° Un ballon (*fig.* 104), ayant une capacité d'une dizaine de litres, est muni d'une garniture à robinet R; on le place dans la glace fondante, et on le met en communication, par le tube à trois branches T, d'une part, avec la machine pneumatique; d'autre part, par l'intermédiaire de tubes desséchants, avec l'appareil producteur du gaz: des robinets permettent d'intercepter ou de rétablir à volonté ces communications. Après avoir fait le vide, on laisse entrer le gaz sur lequel doit porter l'expérience, on fait le vide de nouveau, et on recommence cinq ou six fois la même manipulation; après la dernière rentrée de gaz, on laisse pendant quelques instants le ballon en communication avec l'atmosphère, et on ferme le robinet R; on observe la pression barométrique H. On retire le ballon de la glace, on l'essuie, et l'on attend qu'il ait pris la température du laboratoire: on le suspend alors sous l'un des plateaux de la balance, et on fait la tare, comme nous l'indiquerons plus loin.

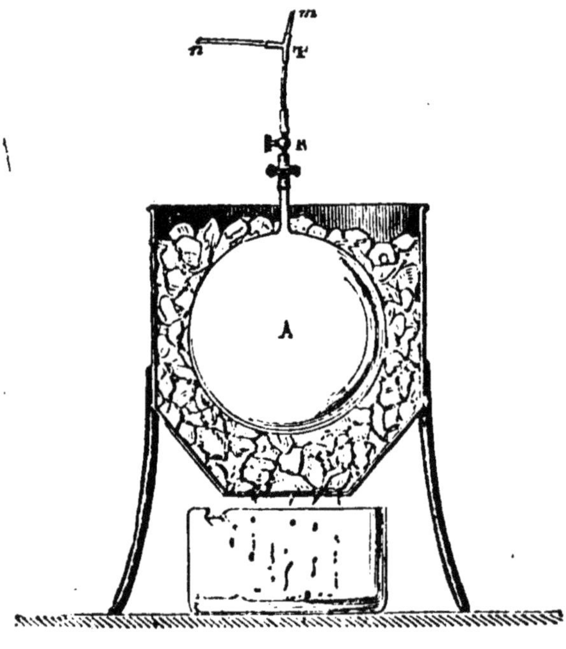

Fig. 104.

Il est clair que, si l'on pouvait alors extraire complétement le gaz, la perte de poids que le ballon éprouverait donnerait le poids de gaz qui le remplit à 0° et sous la pression H. Mais la machine pneumatique ne peut jamais faire un vide absolu : on a recours alors au procédé suivant. Le ballon étant replacé dans la glace fondante, on le remet en communication, par le tube T, d'une part, avec la machine pneumatique; d'autre part, avec un *manomètre barométrique* (*fig.* 105), c'est-à-dire avec un tube de verre AB qui plonge dans une cuvette à mercure, à côté d'un tube barométrique ordinaire A'B'. On fait le vide autant que possible dans le ballon, et la différence des hauteurs du mercure dans les tubes AB et A'B' donne alors la tension ε du gaz restant. Enfin, on ferme le robinet R, on détache les tubes, et on replace le ballon sous le plateau de la balance, après avoir pris les mêmes précautions que plus haut. Le poids p qu'il faut ajouter du côté du ballon exprime le poids de gaz qui a été enlevé par la machine, c'est-à-dire, d'après la loi du mélange des gaz (89) celui qui occuperait le volume du ballon sous la pression $H - \varepsilon$, et à la température zéro. Donc, d'après la loi de Mariotte, le poids de gaz qui remplirait le même volume à zéro et sous la pression de 76 centimètres serait $p \frac{76}{H - \varepsilon}$.

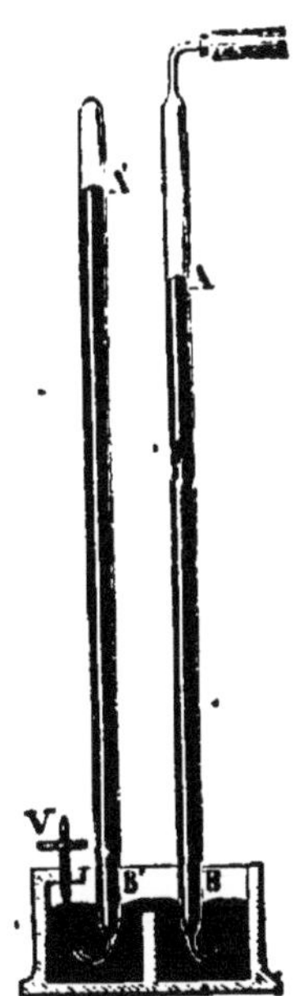

Fig. 105. Manomètre barométrique.

2° On répète, avec de l'air sec, la même série d'expériences. En désignant par H', ε', p' les quantités analogues à H, ε, p, on a, pour poids de l'air qui emplirait le ballon à zéro et sous la pression de 76 centimètres, $p' \frac{76}{H' - \varepsilon'}$.

En divisant l'un par l'autre ces deux poids, on obtient la densité cherchée :

$$D = \frac{p}{p'} \cdot \frac{H' - \varepsilon'}{H - \varepsilon}.$$

Il nous reste à ajouter quelques mots sur la nature de la *tare* employée dans ces diverses pesées. — Le ballon éprouve, lorsqu'il est suspendu à la balance, une poussée de la part de l'air environnant; cette poussée dépend des conditions de pression, de température et d'humidité dans lesquelles se trouve l'air extérieur. Or, si ces conditions restaient les mêmes lors des pesées du ballon plein de gaz et du ballon vide, il est aisé de voir que p exprimerait toujours le poids de gaz enlevé par la machine, comme si la poussée n'existait pas. Si, au contraire, les conditions atmosphériques ont changé, ces variations, en augmentant ou diminuant le poids apparent du ballon pendant l'opé-

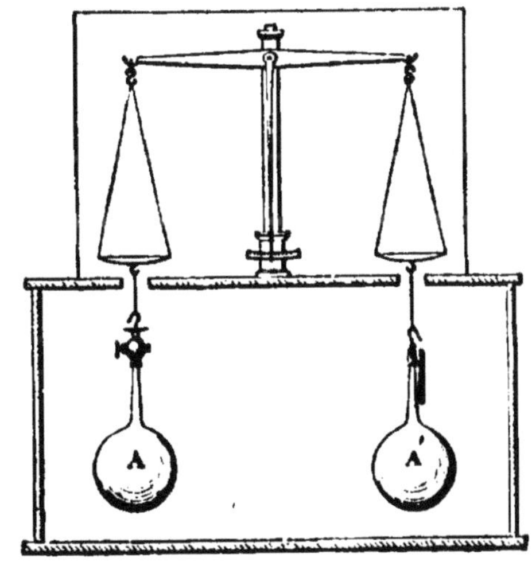

Fig. 106.

ration, seront une cause d'erreur qui pourra avoir une valeur appréciable par rapport au poids à déterminer. Il en est de même dans les pesées effectuées sur l'air. — Pour éviter les corrections qu'on devrait faire subir aux résultats, Regnault emploie, comme tare du ballon A, un autre ballon A' (*fig.* 104), fabriqué avec le même verre et présentant le même volume extérieur : on le suspend au-dessous de l'autre plateau de la balance, et on achève d'établir l'équilibre, avec de la grenaille de plomb. Les deux ballons flottent dans l'atmosphère d'une armoire vitrée, au-dessus de laquelle est la cage de balance, et dont l'air est desséché par de la chaux vive Quelles que soient les variations atmosphériques, les poussées éprouvées de part et d'autre restent égales. L'expérience montre d'ailleurs que l'équilibre de la balance, une fois établi dans ces conditions, se conserve ensuite pendant un temps indéfini.

C'est par cette méthode que Regnault a obtenu les résultats suivants :

	DENSITÉS PAR RAPPORT A L'AIR A 0° ET SOUS LA PRESSION DE 76 CENTIMÈTRES
Air.	1,0000
Azote.	0,9714
Oxygène.	1,1056
Hydrogène.	0,0693
Acide carbonique. . . .	1,529
Oxyde de carbone. . . .	0,967
Acide sulfureux.	2,234

142. Poids du litre d'air. — La seconde partie de l'expérience précédente donne le poids de l'air que contiendrait le ballon à la température de zéro et sous la pression normale, savoir

$$p' \frac{76}{H' - \varepsilon'}.$$

Pour avoir le poids d'un litre d'air, dans ces mêmes conditions, il reste donc à déterminer le volume du ballon, en litres, à la même température. C'est ce qu'a fait Regnault, en pesant le ballon plein d'eau à zéro, et s'entourant de précautions particulières pour donner au résultat toute la précision désirable. — En divisant le poids précédent par le nombre de litres trouvé, on obtient le poids du litre d'air à zéro, et sous la pression de 76^{cm}. Ce poids est 1^{gr},293.

143. Densités ou poids spécifiques des gaz par rapport à l'eau. — Le poids (dans le sens de *masse*) du litre d'air étant 1^{gr},293, le poids d'un centimètre cube d'air est 0^{gr},001293; ce nombre représente la densité ou le poids spécifique de l'air par rapport à l'eau (rapport du poids d'un volume d'air au poids du même volume d'eau).

La densité ou poids spécifique *d'un gaz quelconque* par rapport à l'eau s'obtient en multipliant le nombre précédent par la *densité* du gaz rapportée à l'air. Ainsi, la densité de l'acide carbonique par rapport à l'air étant 1,529, le poids spécifique de ce gaz par rapport à l'eau est

$$0{,}001293 \times 1{,}529 = 0{,}001977.$$

144. Problème. — *Calculer le poids d'un volume donné* V *d'un gaz, à la température* t *et sous la pression* H.

Soit D la densité d'un gaz par rapport à l'air ; proposons-nous de calculer le poids (ou mieux la masse) P, en grammes, d'un volume V de ce gaz, exprimé en centimètres cubes, à t degrés, et sous la pression H.

Le volume occupé par ce gaz, à 0° et sous la pression 76cm, serait (137) :

$$V_0 = V \frac{H}{76} \times \frac{1}{1+\alpha t}.$$

D'autre part, à 0° et sous la pression de 76cm, la masse d'un centimètre cube de gaz (143) est égale à 0gr,001293×D ; et par suite la masse (vulgairement le poids) du gaz sera donnée par l'expression

$$P = V \times 0{,}001293 \frac{H}{76} \frac{D}{1+\alpha t}.$$

Si le volume V était exprimé en litres, et si l'on voulait obtenir P en grammes, on remplacerait dans la formule le poids du centimètre cube d'air par le poids du litre d'air, 1gr,293.

CHAPITRE II

CHANGEMENTS D'ÉTAT

145. Changements d'état des corps, sous l'action de la chaleur. — Lorsqu'on porte un corps solide à des températures de plus en plus élevées, il arrive en général un moment où il devient liquide : c'est le phénomène de la *fusion*. — Réciproquement, les corps liquides, lorsqu'on les refroidit suffisamment, peuvent prendre l'état solide : c'est le phénomène de la *solidification*.

Les liquides, en absorbant de la chaleur, se transforment en des corps gazeux, qu'on désigne plus particulièrement sous le nom de *vapeurs* : c'est le phénomène de la *vaporisation*. — Réciproquement, les vapeurs, en perdant la chaleur qu'elles avaient absorbée, reviennent à l'état liquide : c'est le phénomène de la *condensation* ou de la *liquéfaction*.

Nous allons étudier successivement chacun de ces *changements d'état*.

I. — FUSION ET SOLIDIFICATION

146. Fusion. — En général, si on fait abstraction des corps tels que le verre, qui ne deviennent liquides qu'en passant par l'état pâteux, le phénomène de la fusion est soumis aux deux lois suivantes :

1° *Un même corps entre toujours en fusion à une même température*, qu'on appelle *son point de fusion.*

2° *Cette température une fois atteinte, la fusion du corps s'effectue d'une manière successive, sa température demeurant invariable pendant toute la durée du phénomène.*

Chaque substance a un point de fusion déterminé : ce point de fusion est le même pour tous les échantillons d'un même corps, pourvu qu'ils soient purs, car la présence de matières étrangères peut faire varier de plusieurs degrés la température de la fusion.

La glace fond à 0°, puisqu'on a pris la température de la glace fondante pour fixer le zéro du thermomètre centigrade. — Les points de fusion des autres corps sont répartis dans l'échelle des températures, comme l'indique le tableau suivant :

	POINTS DE FUSION.		POINTS DE FUSION.
Mercure	— 40°	Zinc	450°
Glace	0°	Argent	1000°
Phosphore	44°	Fonte blanche	1100°
Soufre	110°	Fonte grise	1200°
Étain	230°	Acier	1400°
Plomb	320°	Fer	1500°

On a regardé longtemps comme infusibles un certain nombre de corps, auxquels on donnait le nom de corps *réfractaires.* A mesure qu'on est parvenu à produire des températures plus élevées, on a vu diminuer le nombre des corps considérés comme réfractaires. — Il est permis de présumer que, avec des sources de chaleur suffisamment intenses, on parviendrait à fondre tous les corps solides, à l'exception d'un certain nombre de corps composés, dont les éléments se dissocient avant que ces corps entrent en fusion.

147 Chaleur de fusion. — La température d'un corps demeurant invariable pendant tout le temps que dure sa fusion, quelle que soit l'activité du foyer de chaleur qui lui est appliqué, on en doit conclure que la chaleur fournie par le foyer est uniquement employée à produire le changement d'état : on désigne sous le nom de *chaleur latente de fusion*, ou simplement *chaleur de fusion*, la chaleur que doit absorber un corps solide pour passer à l'état liquide sans changement de température. — Nous verrons plus loin (chapitre V) comment on peut mesurer la chaleur de fusion des divers corps.

148. Solidification. — Si l'on fait toujours abstraction des corps qui ne se solidifient qu'en passant par l'état pâteux, on peut dire que le phénomène de la solidification est assujetti à des lois semblables à celles de la fusion. Un corps liquide tend à se solidifier à une température déterminée, qui est précisément la *température de fusion* du solide dans lequel il se transforme, et il conserve cette température pendant toute la durée du phénomène.

Cependant, la solidification présente une anomalie qu'on désigne sous le nom de *surfusion* ; nous allons en indiquer les principales particularités.

149. Phénomènes de surfusion. — Lorsqu'un liquide est placé dans des conditions telles qu'il ne se trouve, en aucun point de sa masse, *aucune parcelle solide*, semblable à celles dans lesquelles il se transformerait, l'expérience montre qu'il peut se refroidir à une température bien inférieure à son point de fusion, sans passer à l'état solide. Les expériences de M. Gernez ont montré que l'eau, le soufre, le phosphore, etc., peuvent présenter la surfusion, pendant un temps à peu près indéfini, pourvu que la condition précédente soit remplie. — Au contraire, si, dans une masse liquide amenée à l'état de surfusion, on vient à introduire une parcelle du corps solide dans lequel le liquide peut se transformer, la solidification commence instantanément, et affecte une portion de la masse d'autant plus considérable que la température primitive était plus basse.

On remarque d'ailleurs que, au moment où la solidification se produit, *la température remonte* jusqu'au *point de fusion du corps*. — On conçoit en effet que, dans la masse totale, la partie qui se solidifie abandonne sa chaleur latente de fusion ; et cette quantité de chaleur a pour effet de faire remonter la température de la masse tout entière. La solidification se poursuit donc seulement jusqu'à ce que la température de toute la masse soit revenue au point de fusion.

150. Changements de volume qui accompagnent la fusion ou la solidification. — Lorsqu'un corps liquide passe à l'état solide, le plus souvent son volume diminue, et par suite sa densité augmente ; pour s'en convaincre, il suffit de remarquer, par exemple, que des morceaux de soufre solide restent au fond d'une masse de soufre liquide ; il en est de même de la cire, du plomb et des métaux en général. — L'eau présente une exception à cette règle : la glace flotte à la surface de l'eau liquide : la densité de la glace est donc moindre que celle de l'eau (elle en est les 0,9 environ).

L'augmentation de volume de l'eau, au moment où elle se congèle, s'effectue avec une force d'expansion que mettent en évidence plusieurs expériences remarquables. — Un canon de pistolet, rempli d'eau, hermétiquement fermé par un bouchon à vis, et placé dans un mélange réfrigérant, se déchire quand l'eau intérieure se congèle. — Tout le monde sait que pendant les hivers rigoureux, les tuyaux qu'on a laissés remplis d'eau se fendent. — C'est ainsi encore qu'on s'explique les effets funestes que produisent les gelées sur les végétaux, en brisant les parois des tissus qui sont remplis de sève.

151. Dissolution des corps solides dans les liquides. — Mélanges réfrigérants. — Le sel ordinaire, introduit dans l'eau, se transforme en un liquide qui se diffuse dans toute la masse. — Ce mode de passage à l'état liquide a reçu le nom de ***dissolution***.

La dissolution d'un corps solide dans un liquide, lorsqu'elle n'est accompagnée d'aucun phénomène chimique, détermine un ***abaissement de température***, à cause de l'absorption de chaleur qui est nécessaire pour produire la fusion. — Ainsi, en faisant dissoudre de l'azotate d'ammoniaque dans un poids d'eau égal au sien, on obtient un abaissement de température d'environ 25 degrés.

Les ***mélanges réfrigérants***, que l'on emploie pour abaisser la température des corps qui y sont plongés sont, fondés sur le même principe — L'un des plus employés est le mélange formé de 3 parties de sulfate de soude et de 2 parties d'acide chlorhydrique. On construit des appareils, connus sous le nom de ***glacières***, et dans lesquels on emploie ce mélange pour fabriquer des sorbets ou des glaces, au moyen de sirops ou de divers liquides sucrés. Le liquide à congeler est placé dans un vase métallique, au milieu du mélange.

On emploie très fréquemment aussi, dans les laboratoires, un mélange de glace pilée et de sel marin, qui peut abaisser la température jusqu'à une vingtaine de degrés au-dessous de zéro. — L'efficacité de ce mélange est due, non seulement à la fusion du sel, mais aussi à ce que la présence du sel accélère la fusion de la glace; dès lors, la glace ne peut plus emprunter à l'air qu'une petite partie de la chaleur qui lui est nécessaire pour passer à l'état liquide: la plus grande partie de cette chaleur est empruntée au mélange lui-même.

II. — VAPORISATION. — VAPEURS SATURANTES ET NON SATURANTES

152. Formation des vapeurs dans le vide. — On désigne, comme nous l'avons dit, sous le nom de ***vaporisation***, le phénomène général de la transformation des liquides en vapeurs. — Avant d'étudier les diverses formes sous lesquelles ce phénomène peut se produire, il est nécessaire de connaître les propriétés générales des vapeurs. Nous nous occuperons d'abord de la formation des vapeurs ***dans le vide***.

Plusieurs tubes barométriques C, D, E, F (*fig.* 107) étant installés dans une même cuvette, on introduit, dans l'un deux D, à l'aide d'une pipette recourbée, une petite quantité d'eau; on introduit de même, en E, de l'alcool; en F, de l'éther. Dès que ces liquides se sont élevés jusqu'à la surface du mercure, dans la chambre barométrique, on voit le mercure s'abaisser; une partie des liquides s'est donc vaporisée. — Les dépressions $m'p'$, $m''p''$, $m'''p'''$, sont différentes pour chacun des liquides employés. Si l'on a fait en sorte d'introduire, dans chaque tube, un excès de liquide, et si la température est, par exemple, de 10°, on constate que le mercure se déprime d'environ 9 millimètres avec l'eau, 24 millimètres avec l'alcool, 236 millimètres avec l'éther. — Ces dépressions mesurent la *force élastique* de la vapeur formée par chacun des liquides, comme elles mesureraient la force élastique d'un gaz introduit dans la chambre barométrique.

On peut donc dire que les liquides donnent naissance, dans le vide, à des vapeurs douées *d'une force élastique comparable à celle des gaz.*

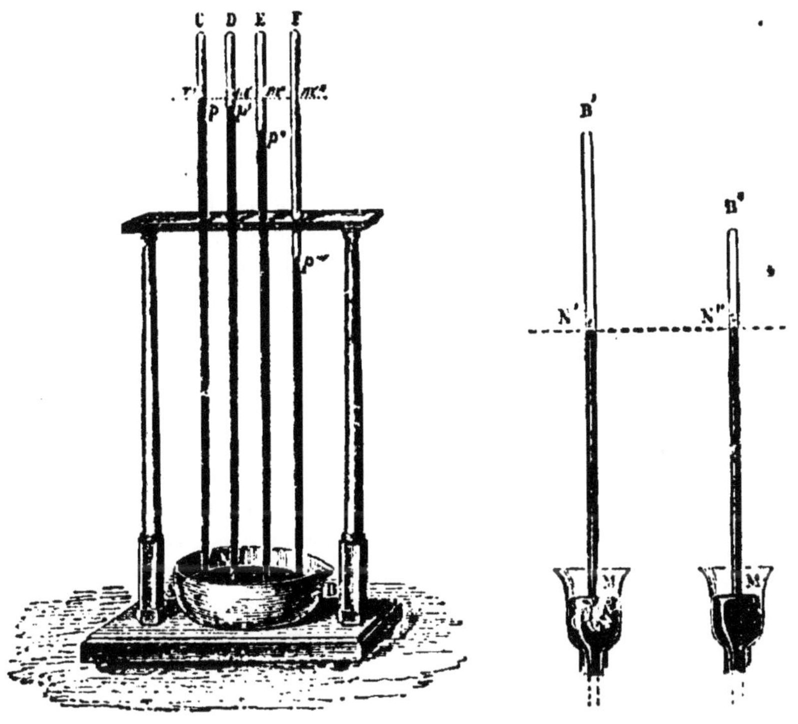

Fig. 107. — Force élastique des vapeurs dans le vide.

Fig. 108. — Fig. 109. Tension maximum des vapeurs saturantes.

153. Tension maximum des vapeurs saturantes. — Vapeurs non saturantes. — Lorsque, dans l'expérience qui vient d'être décrite, la quantité de liquide introduite est suffisante pour qu'il en reste encore *un excès* en contact avec la vapeur formée, il est évident que la chambre barométrique contient autant de vapeur qu'elle en peut contenir, à la température de l'expérience : on dit alors que l'espace est *saturé*, ou que la vapeur est *saturante*.

Or, nous allons montrer que, dans ces conditions, si l'on cherche à augmenter la force élastique de la vapeur, en diminuant l'espace qu'elle occupe, cette force élastique *reste constante*, et une partie de la vapeur se liquéfie. — On emploie, pour cela, le baromètre à cuvette profonde, que nous avons décrit précédemment (*fig.* 70). On introduit, dans la chambre barométrique bien purgée d'air, une quantité suffisante d'éther pour que, la tension de la vapeur ayant réduit la colonne mercurielle à la hauteur MN' (*fig.* 108), il reste encore une petite quantité d'éther liquide : on peut alors diminuer le volume de la vapeur, en enfonçant le tube (*fig.* 109), sans que la hauteur du mercure MN" soit modifiée. La vapeur avait donc acquis immédiatement un *maximum de tension*, qu'on ne peut lui faire dépasser. L'effet produit, par la diminution de volume, est simplement de faire revenir une partie de la vapeur à l'état liquide.

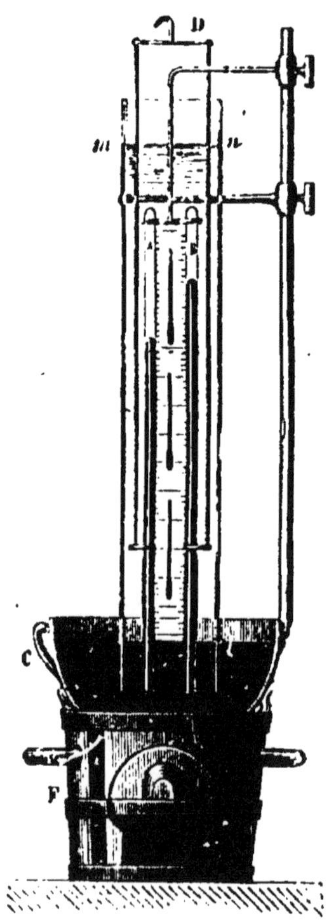

Fig. 110.
Appareil de Dalton.

Inversement, si on soulève le tube de manière à accroître le volume de la vapeur, on voit encore la hauteur de la colonne mercurielle rester constante : donc la tension de la vapeur ne diminue pas, mais une nouvelle quantité d'éther se vaporise. Il en est ainsi *tant que la vapeur reste saturante*.

Supposons maintenant qu'on puisse augmenter suffisamment l'espace occupé par la vapeur, pour qu'il ne reste plus trace de liquide ; on observe alors, en continuant à soulever le tube, que la force élastique de la vapeur varie en raison inverse de son volume. — Donc, une vapeur *non saturante* possède une force élastique qui est soumise à la même loi que la force élastique d'un gaz, c'est-à-dire à la loi de Mariotte (86).

154. Mesure de la tension maximum de la vapeur d'eau, entre zéro et 100 degrés, par le procédé de Dalton. — Lorsqu'on répète, à des températures diverses, les expériences décrites plus haut (152), on constate que, pour chaque liquide, le maximum de tension de chaque vapeur acquiert une valeur de plus en plus grande à mesure que la température s'élève. — La détermination de la tension maximum à diverses températures offre un intérêt spécial pour la *vapeur d'eau*, au point de vue des applications.

L'appareil de Dalton (*fig.* 110) permet de mesurer la tension maximum de la vapeur d'eau aux températures comprises entre zéro et 100 degrés. — Deux baromètres A et B sont installés dans une cuvette de fonte C, placée sur un fourneau F; l'un A contient une petite colonne d'eau au-dessus du mercure, l'autre B est un baromètre ordinaire; les deux tubes sont entourés d'un manchon de verre contenant de l'eau jusqu'en *nn*. Lorsqu'on chauffe la cuvette, la chaleur se transmet du mercure à l'eau du manchon : l'agitateur D sert à mêler les couches liquides, pour rendre la température uniforme. En portant l'appareil à des températures graduellement croissantes et indiquées par des thermomètres, on voit le sommet de la colonne mercurielle s'abaisser dans le tube A. Pour chaque température, Dalton mesurait la dépression du mercure dans le baromètre à vapeur A, au-dessous du niveau dans le baromètre sec B, au moyen d'une règle métallique divisée (*).

155. Valeurs de la tension maximum de la vapeur d'eau à diverses températures. — L'appareil de Dalton permet de constater que la tension maximum de la vapeur d'eau, égale à environ 4 millimètres au voisinage de 0°, acquiert, à 100°, une valeur égale à la pression atmosphérique. A cette température, le mercure descend, dans le baromètre à vapeur, jusqu'au niveau du mercure de la cuvette.

Il résulte, de cette remarque, que l'appareil de Dalton ne peut pas servir à déterminer les tensions de la vapeur d'eau pour des températures supérieures à 100°, alors même qu'on remplacerait l'eau du manchon par un liquide qui pût être porté à une température plus élevée. — En outre, même pour les températures inférieures à 100°, cet appareil ne peut fournir que des résultats approximatifs (**).

La mesure des valeurs de la tension maximum de la vapeur d'eau, aux diverses températures, a été reprise par Regnault, au moyen de méthodes beaucoup plus précises. — Les deux tableaux suivants donnent un résumé des résultats obtenus.

(*) Les hauteurs de mercure ainsi obtenues doivent subir une correction semblable à celle qui a été indiquée pour les hauteurs barométriques (132). Ces corrections sont indispensables, eu égard aux températures très différentes auxquelles les mesures sont effectuées.

(**) La principale imperfection de l'appareil de Dalton consiste en ce qu'il ne permet pas de conserver, dans le bain liquide, une température uniforme, au moment même où l'on mesure la dépression. En effet, l'agitation se transmettant par le mercure de la cuvette à celui des colonnes barométriques, il faut attendre quelques instants avant de faire la lecture des hauteurs; pendant ce temps, les inégalités de température, dans les différents points du bain, se reproduisent infailliblement. — De là des erreurs d'autant plus graves que, à des températures un peu élevées, de faibles variations de température correspondent à des variations considérables dans la tension de la vapeur.

TENSION MAXIMUM DE LA VAPEUR D'EAU :

entre — 30° et + 100°

Température.	Tension en millim.	Température.	Tension en millim.
— 30°	0mm,39	40°	54mm,91
— 20°	0mm,93	50°	91mm,98
— 10°	2mm,09	60°	148mm,79
0°	4mm,60	70°	233mm,03
+ 10°	9mm,16	80°	354mm,64
20°	17mm,39	90°	525mm,45
30°	31mm,58	100°	760mm,00 (1 atm.)

entre 100° et 236°.

Température.	Tension en atmosphères.	Température.	Tension en atmosphères.
100°	1 atm.	153°	5 atm.
121°	2 —	181°	10 —
135°	3 —	215°	20 —
145°	4 —	236°	30 —

Le premier tableau fournit, *en millimètres*, les tensions correspondantes aux températures inférieures à 100°, de 10 en 10 degrés; ces résultats présentent un intérêt particulier, au point de vue de l'évaluation de la tension de la vapeur d'eau dans l'air (*). — Le second tableau donne, *en atmosphères*, les tensions correspondantes aux températures supérieures à 100° : ces nombres sont importants à connaître, pour établir une relation entre les résistances que doivent présenter les machines à vapeur, et les températures auxquelles elles doivent fonctionner.

III. — MÉLANGE DES GAZ ET DES VAPEURS

156. Les vapeurs acquièrent, dans les gaz, la même tension que dans le vide, à la même température. — Ce principe, énoncé par

(*) Ce tableau donne les tensions de la vapeur d'eau à partir de 30° *au-dessous de zéro*. Gay-Lussac avait déjà montré, en effet, que la glace émet, à des températures inférieures à zéro, des vapeurs ayant encore des tensions sensibles. — Pour mesurer cette tension, on installe dans une même cuvette deux baromètres, l'un sec, l'autre contenant une petite colonne d'eau; la partie supérieure du second baromètre est un peu recourbée, et placée dans un mélange réfrigérant. La vapeur émise par l'eau vient se condenser progressivement, en une sorte de givre, dans la partie refroidie : lorsqu'il ne reste plus d'eau liquide au-dessus du mercure, on constate encore une dépression au sommet de la colonne de mercure, par rapport au niveau dans le baromètre sec; cette dépression mesure la tension de la vapeur d'eau, à la température du mélange réfrigérant.

Dalton, peut se vérifier au moyen d'une expérience due à Gay-Lussac.

Un tube A, d'un assez grand diamètre (*fig.* 111), communique, par sa partie inférieure, avec un tube B d'un diamètre beaucoup plus petit. L'appareil ayant été bien desséché, on l'emplit entièrement de mercure. jusqu'au robinet *r*; après quoi on adapte, au-dessus du robinet *r*, un ballon M, également muni d'un robinet *r'*, et plein d'air, ou de tout autre gaz sec. On ouvre alors les trois robinets *r*, *r'*, *r''* : une certaine quantité de mercure s'écoule, et est remplacé dans le tube A par du gaz sec, venu du ballon; lorsqu'on en a introduit une quantité suffisante, on ferme les robinets, on détache le ballon, et l'on ramène le gaz à la pression de l'atmosphère, en versant du mercure par le tube B.

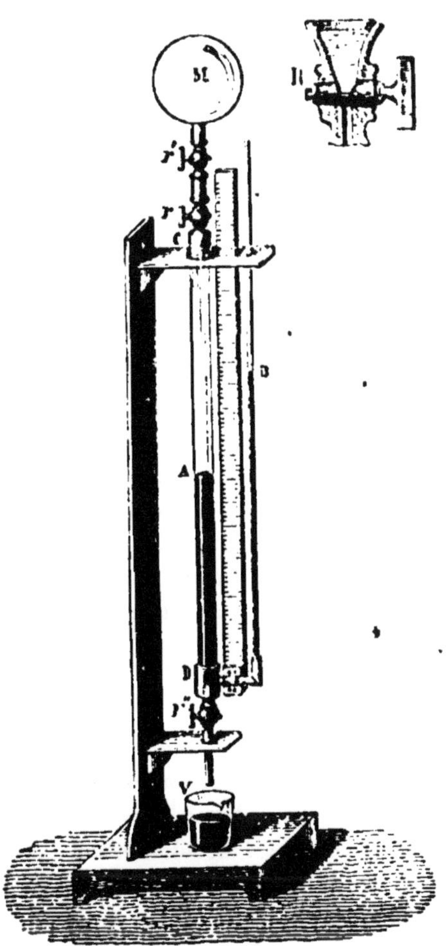

Fig. 111. — Mélange des gaz et des vapeurs : appareil de Gay-Lussac.

On adapte alors au-dessus du robinet *r*, un *robinet à goutles* R (représenté à droite de la figure, à une échelle plus grande). Le noyau de ce robinet n'est percé que d'une petite cavité hémisphérique; on verse une certaine quantité d'un liquide quelconque, d'éther par exemple, dans l'entonnoir qui le surmonte, et on le fait tourner plusieurs fois sur lui-même : à chaque tour, la cavité qu'il contient s'emplit d'éther, et déverse ensuite ce liquide dans le tube A, où il se vaporise On continue jusqu'à ce qu'on aperçoive, au-dessus du mercure, un excès de liquide non vaporisé. — A mesure que la vapeur d'éther se forme dans le tube A, on constate que le niveau du mercure se déprime dans ce tube et s'élève en B; une fois la saturation atteinte (ce qu'on reconnait à la constance des niveaux), on peut procéder à la mesure de la tension de la vapeur. — Pour cela, on ramène le volume à ce qu'il était d'abord, en versant du mercure dans la branche B; on détermine alors la différence de hauteur des deux niveaux du mercure.

L'expérience montre qu'elle est précisément égale à la force élastique de la vapeur d'éther *dans le vide*, à la même température.

157. Loi du mélange des gaz et des vapeurs. — L'expérience précédente montre que *la force élastique du mélange d'un gaz et d'une vapeur saturante est égale à la somme des forces élastiques qu'auraient séparément le gaz et la vapeur, si chacun d'eux occupait seul le volume du mélange*. — C'est une loi semblable à celle du mélange des gaz (89).

La même loi s'appliquerait encore au cas où la vapeur ne serait pas saturante, car alors cette vapeur suivrait la loi de Mariotte et se comporterait comme un gaz proprement dit.

IV — ÉVAPORATION ET ÉBULLITION

158. Distinction entre l'évaporation et l'ébullition. — La *vaporisation*, c'est-à-dire la transformation d'un liquide en vapeur, peut se présenter sous deux formes différentes :

On appelle *évaporation*, la production de vapeur s'effectuant, *d'une manière lente et insensible, à la surface libre d'un liquide.*

On appelle *ébullition*, la production de vapeur, *au sein même du liquide, sous forme de bulles qui viennent crever à la surface.*

Nous allons étudier successivement chacun de ces deux modes de formation des vapeurs.

159. Évaporation. — L'observation montre que de l'eau, répandue sur un sol dans lequel elle ne peut pas pénétrer, disparait cependant peu à peu. Elle s'est *évaporée*, c'est-à-dire qu'elle s'est convertie en une vapeur qui s'est dégagée progressivement à sa surface. — Certains liquides, comme l'alcool, l'éther, s'évaporent encore plus rapidement que l'eau, ce qu'on exprime en disant qu'ils sont *plus volatils.*

Quand l'espace où la vapeur peut se répandre est limité, la vapeur cesse de se produire au moment où elle acquiert le maximum de tension correspondant à la température actuelle (156). — Si, au contraire, le liquide est placé à l'air libre, l'évaporation se continue tant qu'il reste du liquide, et cela, quelle que soit la température. Seulement l'évaporation est *d'autant plus rapide que la température est plus élevée.*

La production de vapeur est aussi d'autant plus abondante que la *surface libre* du liquide offre plus d'étendue.

Enfin, l'agitation de l'air active encore l'évaporation, en entraînant la vapeur à mesure qu'elle se forme. — C'est pourquoi, dans les *séchoirs*, on a soin de déterminer des courants d'air, afin de faire sécher plus vite le linge ou les étoffes qui y sont suspendus.

160. Froid produit par l'évaporation. — Lorsqu'un liquide s'évapore sans l'intervention d'aucune source de chaleur, il éprouve toujours un *abaissement de température.* — Mettons, par exemple, une couche de coton autour du réservoir d'un thermomètre, et mouillons le coton avec de l'éther. A mesure que l'éther s'évapore, nous voyons le thermomètre indiquer une température de plus en plus basse. Cela tient à ce que le passage de l'état liquide à l'état de vapeur exige, comme le passage de l'état solide à l'état liquide (147), l'absorption d'une certaine quantité de chaleur, qu'on appelle ici *chaleur de vaporisation ;* dans le cas actuel, la vapeur la prend au liquide lui-même, et abaisse ainsi progressivement sa température.

Fig. 112. — Expérience de Leslie.

161. Expérience de Leslie. — Cryophore de Wollaston. — L'évaporation rapide de l'eau, dans un milieu sans cesse raréfié, peut abaisser sa température jusqu'à déterminer la *congélation* du liquide restant. — Cette expérience, qui est due à Leslie, s'effectue en plaçant quelques gouttes d'eau dans une petite capsule de liège noircie A (*fig.* 112), au-dessus d'un vase V contenant de l'acide sulfurique, et sous le récipient de la machine pneumatique : on fait le vide aussi complètement que possible, et on ferme la clef de la machine. L'acide sulfurique continue d'absorber la vapeur d'eau à mesure qu'elle se produit, et concourt ainsi à activer l'évaporation : au bout de quelques minutes, on voit se former dans la capsule une petite lentille de glace.

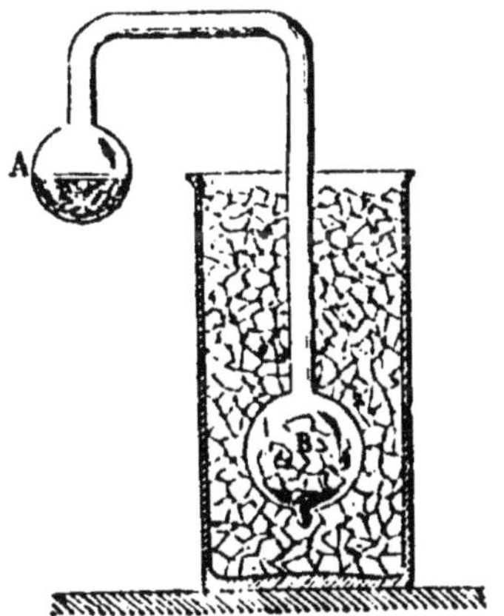

Fig. 113. — Cyrophore de Wollaston.

Le *cryophore de Wollaston* (*fig.* 113) permet de produire la congélation de l'eau par évaporation, sans le secours de la machine pneumatique. — Deux boules de verre A et B sont réunies par un tube recourbé : la boule A contient de l'eau. En construisant l'appareil, on l'a purgé d'air, en faisant bouillir pendant quelque temps l'eau dans la boule A, avant de fermer à la lampe la pointe effilée qui termine la boule B. — Pour faire l'expérience, on entoure la boule B d'un mélange réfrigérant ; il se produit alors une évaporation rapide à la surface de l'eau qui se trouve dans la boule A, parce que la vapeur, à mesure qu'elle se forme, vient se condenser dans la boule B.

Au bout de quelques minutes, l'eau qui reste en A est entièrement congelée.

162. Ébullition. — Le second mode de production des vapeurs est l'*ébullition*. Il est intéressant d'étudier ce phénomène avec quelques détails.

Lorsqu'on place de l'eau sur le feu, dans un vase de verre, on y voit apparaître d'abord, quand elle commence à s'échauffer, de petites bulles très fines, qui s'élèvent à sa surface. C'est *de l'air*, qui était en dissolution dans l'eau, et qui se dégage progressivement à mesure que la température s'élève. — Un peu plus tard, on commence à entendre un murmure particulier, qu'on exprime en disant que *l'eau chante*. En même temps, on aperçoit, au fond du liquide, des bulles plus grosses; mais elles apparaissent et disparaissent subitement, sans monter jusqu'à la surface. Ce sont des bulles de vapeur, qui se forment au contact de la paroi chauffée, mais qui se condensent brusquement, dès qu'elles rencontrent des couches d'eau moins chaudes. C'est le mouvement alternatif, ainsi imprimé à l'eau, qui produit le bruissement dont nous venons de parler. — Enfin, lorsque toute la masse de l'eau est arrivée à la température de 100°, de grosses bulles de vapeur s'élèvent dans le liquide, en lui imprimant une agitation tumultueuse, et viennent crever à sa surface. C'est le phénomène de *l'ébullition*.

163. Lois de l'ébullition. — En observant un thermomètre, placé dans un liquide en ébullition, on est conduit à formuler les deux lois suivantes :

1° *Pour un même liquide, placé dans les mêmes conditions, l'ébullition se produit toujours à une même température.*

2° *Une fois l'ébullition commencée, si les conditions restent les mêmes, la température reste constante pendant toute la durée de l'ébullition.*

La constance de la température, pendant toute la durée de l'ébullition, conduit à une conclusion semblable à celle qui a été énoncée relativement à la fusion (147). — On voit en effet que la chaleur fournie par la source est employée uniquement à produire le changement d'état, sans élévation de température. On désigne cette chaleur sous le nom de *chaleur latente de vaporisation*, ou simplement *chaleur de vaporisation*. — Nous reviendrons sur la mesure de cette quantité de chaleur (198).

Nous verrons un peu plus loin quelles sont les conditions dont la réunion est nécessaire pour que l'ébullition se produise toujours à une même température. Nous allons d'abord montrer, en prenant comme exemple l'eau, que le point d'ébullition d'un liquide dépend *de la pression qu'il supporte*.

Quand on chauffe l'eau sous la pression ordinaire, c'est-à-dire sous la pression de 76°, l'ébullition ne se produit *jamais* à une température inférieure à 100°. On conçoit en effet que, pour que les bulles de vapeur puissent se former au sein de l'eau, il faut que leur force élastique soit au moins égale à la pression atmosphérique, qui se transmet dans toute la masse liquide. Or c'est seulement à 100° que la tension de la vapeur d'eau devient égale à 76cm (155); c'est donc seulement à 100° que l'ébullition doit devenir *possible*. — D'autre part, si la surface libre de l'eau supportait une pression inférieure ou supérieure à 1 atmosphère, l'ébullition devrait être *possible* à une température inférieure ou supérieure à 100°. — En général, l'ébullition d'un liquide ne devient possible qu'*à la température pour laquelle sa tension de vapeur devient égale à la pression qu'il supporte.*

164. Points d'ébullition des divers liquides. — Nous appellerons *point normal d'ébullition* d'un liquide, la température la plus basse à laquelle l'ébullition de ce liquide peut avoir lieu, sous la pression normale de 76cm. Par définition, le point normal d'ébullition de l'eau est 100°. — Les points normaux d'ébullition des autres liquides, correspondent à des températures très diverses, comme l'indique le tableau suivant :

	POINTS D'ÉBULLITION		POINTS D'ÉBULLITION
Acide sulfureux	— 8°	Acide nitrique ordinaire	125°
Éther ordinaire	+ 35°,5	Essence de térébenthine	161°
Alcool absolu	78°,5	Acide sulfurique	326°
Acide nitrique monohydraté	85°	Mercure	350°
Eau	100°	Soufre	440°

165. Ebullition de l'eau au-dessous de 100°, sous des pressions inférieures à 76 centimètres. — D'après ce que nous avons dit plus haut (163), si la pression qui s'exerce à la surface de l'eau vient à diminuer, l'ébullition doit pouvoir se produire au-dessous de 100°.

Mettons de l'eau tiède dans un vase placé sur la platine de la machine pneumatique, et couvrons le vase d'une cloche. Enlevons progressivement l'air de ce récipient : il arrive un moment où, la pression qui s'exerce sur la surface libre du liquide étant suffisamment diminuée, nous voyons l'eau entrer en ébullition. — Si nous cessons de faire fonctionner la machine, l'ébullition s'arrête, parce que la vapeur dégagée vient accroître la pression à l'intérieur de la cloche.

Voici une autre expérience, qui n'exige pas l'emploi de la machine pneumatique, et qui est due à Franklin. — On met de l'eau dans un ballon de verre à long col; on place le ballon sur le feu, et on fait d'abord bouillir l'eau vivement, de manière que la vapeur chasse l'air qui surmonte le liquide. On retire alors le ballon du feu, on le ferme avec un bouchon, et, pour mieux empêcher l'air de rentrer par les petites ouvertures que le bouchon pourrait présenter, on retourne le ballon, et on plonge l'extrémité du col dans un vase plein d'eau (*fig.* 114). — Au moment où l'on a retiré le ballon du feu, l'eau a cessé de bouillir. Mais, si l'on verse de l'eau froide sur la partie supérieure du ballon, de manière à condenser en partie la vapeur d'eau qui s'y trouve, et à diminuer ainsi la pression intérieure, on voit se former dans le liquide de grosses bulles de vapeur, qui se dégagent en soulevant toute la masse.

Au contraire, quand on chauffe de l'eau dans un vase clos, et qu'on laisse s'accumuler la vapeur qui se forme lentement à la surface du liquide, l'ébullition ne peut pas se produire, quoique la température s'élève bien au-dessus de 100°. — C'est ce que nous allons constater au moyen de la *marmite de Papin.*

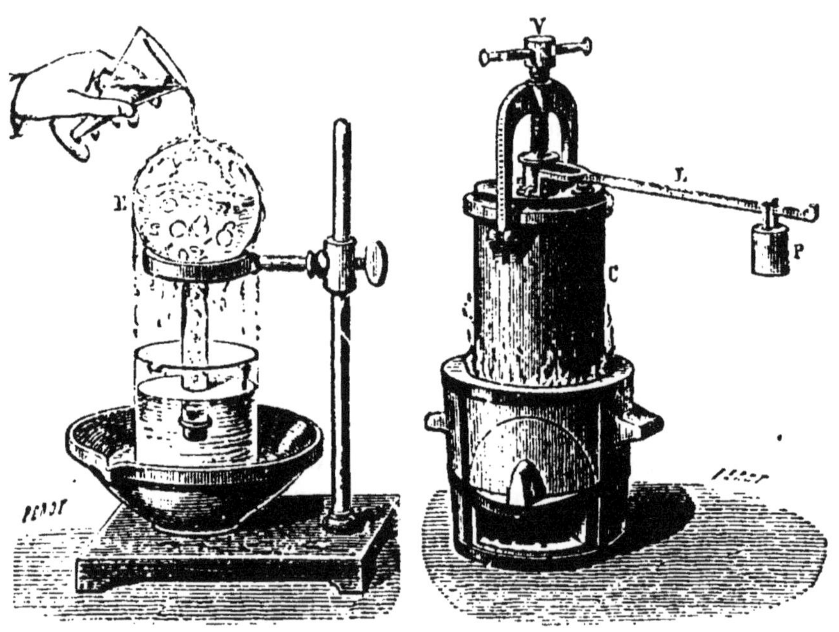

Fig. 114. — Expérience de Franklin. Fig. 115. — Marmite de Papin.

166. Marmite de Papin. — La marmite de Papin se compose d'une petite chaudière de bronze (*fig.* 115), que l'on ferme au moyen d'un couvercle fixé par la vis V. Ce couvercle est muni d'une *soupape de sûreté*, consistant en une petite ouverture *s*, sur laquelle s'appuie un levier L, maintenu à l'une de ses extrémités et chargé à l'autre d'un poids P; ce poids est réglé de façon que le levier puisse se soulever de lui-même et laisser échapper la vapeur, si la pression devenait trop considérable.

Lorsqu'on chauffe de l'eau dans l'appareil clos, la vapeur qui se forme progressivement à la surface exerce, à chaque instant, une pression supérieure à la force élastique des bulles qui tendraient à se former au sein du liquide, et l'ébullition est impossible. — L'ébullition se produit brusquement dès qu'on ouvre la soupape, la vapeur s'échappe, et il se produit une ébullition tumultueuse.

167. Vaporisation totale. — Si l'on chauffe de l'eau, ou tout autre liquide, dans un récipient clos, à chaque instant la force élastique de la vapeur est égale à la tension maximum correspondante à la température actuelle; elle augmente donc de plus en plus rapidement à mesure que la température s'élève (155) : on peut se demander si, la force élastique augmentant au delà de toute limite, la rupture du récipient ne doit pas nécessairement se produire. Les expériences de Cagniard de Latour établissent que, si l'on élève successivement la température d'un liquide dans un tube fermé, très résistant, il arrive un moment où le liquide tout entier se réduit en vapeur, mais sans entrer en ébullition. Une fois le liquide totalement vaporisé, sa force élastique n'augmente plus que très lentement quand la température s'élève. — La température de vaporisation totale est 413° pour l'eau, 259° pour l'alcool, 31° pour l'acide carbonique liquide.

Avec l'acide carbonique, l'expérience de la vaporisation totale est particulièrement facile à réaliser. Dans un tube fermé, d'environ 30 centimètres de longueur, on a introduit de l'acide carbonique liquide (*fig.* 116). Quand le tube est entouré de glace fondante, la longueur AB de la colonne liquide est à peu près le tiers de celle du tube; le reste du tube est rempli d'acide carbonique gazeux, sous la pression de 30 atmosphères. On place le tube dans un bain d'eau à 30°, le niveau s'élève jusqu'au point C; le volume du liquide est environ le triple de ce qu'il était à 0°, et la force élastique du gaz est devenue environ 75 atmosphères. — A ce moment, la surface de séparation du liquide et du gaz est encore très nette; mais si, en ajoutant une petite quantité d'eau chaude dans le bain, on amène la température à 31°, on voit la surface de séparation devenir nuageuse, puis disparaître. La masse d'acide carbonique remplit complètement le récipient comme le ferait un gaz; il y a eu *vaporisation totale*.

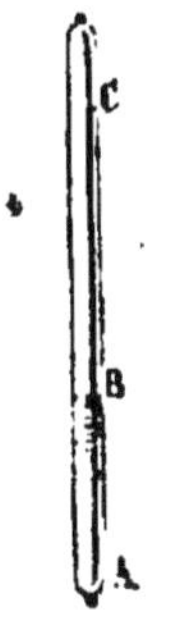

Fig. 116.

168 Influence de la présence de bulles gazeuses, au sein d'une masse liquide, pour déterminer l'ébullition. — Lorsqu'on observe l'ébullition d'un liquide dans un vase de verre, on voit les bulles de vapeur se dégager de certains points de la paroi, à l'exclusion des autres points. Une étude attentive a montré que ces points sont ceux auxquels ont pu rester attachées quelques bulles d'air; soit en raison des aspérités de la paroi du vase, soit à cause de la présence de matières grasses, qui empêchent le liquide de mouiller la paroi. — Chacune de ces bulles forme une sorte d'*atmosphère intérieure*, dans laquelle se répand la vapeur qui tend à se former; elle augmente ainsi progressivement de volume, jusqu'à ce qu'elle arrive à se détacher et à s'élever dans le liquide. Mais le départ de chaque bulle laisse encore, après elle, une partie du mélange gazeux adhérent à la paroi, en sorte que les bulles qui se dégagent ensuite continuent toujours à partir des mêmes points

De nombreuses expériences ont montré que la présence de bulles gazeuses, au sein de la masse liquide, est indispensable pour que l'ébullition commence réellement à la température où elle devient *possible*. — Ainsi, lorsqu'on place de l'eau dans un vase de verre nettoyé par des lavages à l'éther et à l'acide sulfurique, et lorsqu'on a soin de purger cette eau, par une ébullition préalable, de l'air qui y était dissous, on constate qu'elle n'entre plus en ébullition qu'à une température bien supérieure à 100°. L'ébullition se produit alors avec des soubresauts qui soulèvent toute la masse liquide.

Mais, lorsque de l'eau est placée dans ces conditions, si l'on vient à y introduire une petite cloche de verre, contenant de l'air, et ayant une capacité de quelques millimètres cubes, on voit se former des bulles de vapeur à l'orifice de la petite cloche, et l'ébullition continue régulièrement, à la température de 100°.

169. Influence des substances dissoutes sur la température d'ébullition. — La présence de corps en dissolution fait subir à la température d'ébullition des variations parfois très considérables : c'est ainsi que l'eau saturée de sel marin ne bout qu'à 108° ; que l'eau chargée de chlorure de calcium ne bout qu'à 180°, etc

Ces températures sont celles que marqueraient des thermomètres plongés dans les solutions elles-mêmes, pendant l'ébullition ; mais la vapeur d'eau qui se dégage est toujours à 100°. — C'est pourquoi, dans la détermination du 100e degré d'un thermomètre (116), on peut employer de l'eau ordinaire (non chimiquement pure), à la condition de placer le réservoir du thermomètre, non pas dans le liquide, mais dans la vapeur elle-même, à une certaine distance de la surface libre du liquide.

170. Phénomènes de caléfaction. — On sait, par une expérience vulgaire, que, lorsqu'on projette un peu d'eau sur une plaque métallique chauffée au rouge, on la voit rouler à la surface de la plaque, en gouttes arrondies, et se convertir lentement en vapeur, *sans entrer en ébullition*, mais par une *évaporation* successive. Ce phénomène, tout à fait anormal au premier abord, a été désigné sous le nom de *caléfaction*, avant qu'on se fût rendu un compte exact des circonstances dans lesquelles il se produit. — Les deux remarques suivantes permettent de le rattacher aux lois générales de la formation des vapeurs.

1° On peut constater que le liquide caléfié *ne touche pas* la surface chaude. — En employant une capsule percée de trous assez grands pour laisser passer le liquide à froid, on observe que le liquide caléfié ne traverse pas ces ouvertures, ce qui prouve qu'il ne touche pas la capsule. — En produisant la caléfaction de l'eau sur une plaque métallique bien horizontale, et disposant en arrière la flamme d'une bougie, on aperçoit la lumière entre le globule d'eau et la plaque.

2° La température du liquide caléfié reste *inférieure à sa température d'ébullition*. — C'est ce que M. Boutan a constaté directement, pour l'eau, en y introduisant un petit thermomètre : la température reste toujours inférieure à 100°.

Ces deux points étant établis, voici comment on peut s'expliquer le phénomène de la caléfaction. La surface solide étant à une température où la vapeur du liquide possède une tension considérable, il se forme, entre le solide et le liquide, une couche de vapeur qui maintient entre eux une distance sensible. Dès lors, le liquide s'échauffe beaucoup moins vite que s'il y avait contact : il n'émet de vapeur que par sa surface, sans qu'il puisse y avoir ébullition à l'intérieur.

Au contraire, si la surface solide vient à éprouver un abaissement notable de température, de manière que la couche de vapeur interposée ne puisse plus maintenir le liquide à distance, le contact s'établit entre la surface solide et le liquide : il se produit une vive ébullition, et le liquide se convertit instantanément en vapeur.

V. — LIQUÉFACTION DES VAPEURS ET DES GAZ

171. Condensation des vapeurs. — Distillation. — On désigne généralement sous le nom de *vapeurs*, les fluides élastiques provenant de la vaporisation des corps qui sont solides ou liquides à la température ordinaire. Pour condenser ces vapeurs, il suffit de les faire rendre dans des appareils environnés d'eau froide. — C'est sur ce principe qu'est fondée la *distillation*, qui sert à purifier les liquides volatils des matières étrangères avec lesquelles ils étaient mélangés.

L'appareil qui sert à la distillation de l'eau, dans les laboratoires, porte le nom d'*alambic* (*fig.* 117). — L'alambic se compose : 1° d'une *chaudière* A, dans laquelle on place de l'eau qu'on fera bouillir sur un fourneau ; 2° d'un réservoir CD, appelé *condenseur*, qui contient de l'eau froide, et au milieu duquel se trouve un tube EE, enroulé en spirale, qu'on nomme le *serpentin*. La vapeur d'eau, arrivant de la chaudière dans le serpentin, se condense au contact des parois froides de ce tube ; l'eau provenant de cette condensation s'écoule par l'extrémité O. — Pendant l'opération, l'eau qui entoure le serpentin s'échauffe rapidement, parce que la vapeur, en se condensant, abandonne sa chaleur de vaporisation : il est donc nécessaire de renouveler sans cesse l'eau froide que contient le condenseur. Pour cela, on adapte sur le côté un tube à entonnoir N, qui amène continuellement au fond du réservoir l'eau froide fournie par un robinet R ; à mesure que cette eau s'échauffe, elle gagne la partie supérieure du réservoir et s'écoule par le tube G.

L'eau de source et de rivière, que l'on introduit dans la chaudière de l'alambic, contient toujours en dissolution diverses matières étrangères ; la vapeur qui s'en dégage est, au contraire, formée d'eau pure, et les matières étrangères restent dans la chaudière. — L'eau *distillée* est donc de l'eau pure.

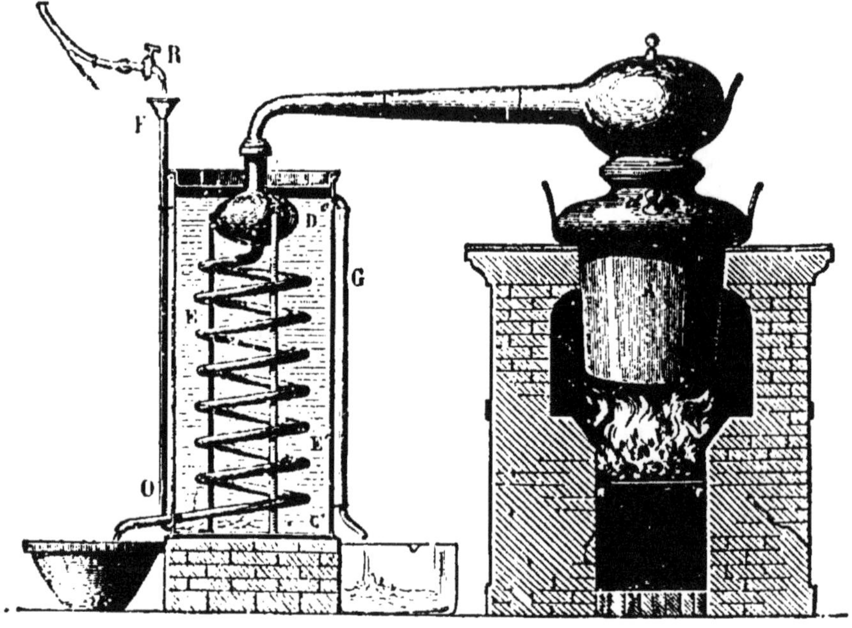

Fig. 117. — Alambic.

172. Liquéfaction des gaz. — Après avoir constaté que les vapeurs *non saturantes* se comportent comme des gaz, quant aux variations que peut subir leur force élastique (153), les physiciens furent conduits à penser que les corps désignés sous le nom de *gaz* ne sont que des vapeurs plus ou moins éloignées de leur point de liquéfaction. On entreprit alors d'obtenir la liquéfaction de ces gaz eux-mêmes. — Les moyens employés furent : d'une part, la *compression*, puisque la diminution progressive du volume a pour effet de rapprocher les vapeurs de la saturation ; d'autre part, le *refroidissement*, puisque la tension maximum des vapeurs diminue avec la température. Enfin, pour certains gaz, on employa simultanément la compression et le refroidissement.

Ces diverses expériences, et en particulier celles de Faraday, conduisirent à la liquéfaction de la plupart des gaz connus. Un certain nombre d'entre eux purent même être obtenus à l'état solide, par un abaissement de température suffisamment considérable.

Cependant, jusqu'à la fin de l'année 1877, six gaz avaient résisté à toutes les tentatives faites pour les liquéfier, et avaient été désignés sous le nom de *gaz permanents* : parmi eux se trouvaient l'oxygène, l'azote et l'hydrogène. — Or, nous avons vu (167) qu'il existe, pour chaque substance liquide, une température de vaporisation totale, au-dessus de laquelle la substance ne peut plus demeurer à l'état liquide ; au-dessus de cette température, la liquéfaction de la vapeur ne peut donc pas être obtenue, quelle que soit la pression exercée ; pour ramener la vapeur à l'état liquide, il faut d'abord la refroidir au-dessous de la température de vaporisation totale, ou *point critique* de la substance. Ce qu'il fallait donc avant tout, pour liquéfier les gaz réputés permanents, c'était un abaissement de température suffisant pour amener chacun d'eux au-dessous de son point critique.

En décembre 1877, M. Cailletet est parvenu à liquéfier ces gaz, en employant une méthode dont voici le principe. — Si, après avoir fortement comprimé un gaz dans un espace clos, on vient à augmenter brusquement son volume, de manière à lui faire éprouver une diminution subite de pression, cette *détente* a pour effet de produire un abaissement considérable de température : c'est l'effet inverse de celui que produit la compression brusque dans le briquet à air. — Si, par exemple, la température initiale est 0° et si la pression initiale est de 300 atmosphères, le calcul montre qu'une détente brusque, amenant la pression à n'être plus que d'une atmosphère, doit abaisser la température jusqu'à — 200°.

En soumettant à la détente les gaz réputés permanents, M. Cailletet les a vus apparaître à l'état liquide, sous la forme d'un brouillard constitué par des gouttelettes extrêmement fines, qui ne persistent que quelques instants. — Enfin, dans des recherches ultérieures, ces mêmes gaz ont été obtenus en masses liquides plus ou moins considérables, soit par M. Cailletet lui même, soit par d'autres physiciens, en employant à la fois des moyens de réfrigération extrêmement énergiques et une compression plus ou moins grande.

CHAPITRE III

HYGROMÉTRIE

I. — ÉTAT HYGROMÉTRIQUE DE L'AIR

173. Définition de l'état hygrométrique, ou fraction de saturation. — L'atmosphère contient toujours de la vapeur d'eau. Nous voyons, chaque jour, une carafe d'eau fraîche se couvrir d'une couche d'humidité : c'est le résultat de la condensation de la vapeur contenue dans l'air, au contact de la paroi froide du vase.

Lorsque la vapeur d'eau atmosphérique est voisine de son point de saturation, il suffit d'un faible abaissement de température pour en éterminer la condensation partielle; on dit alors que *l'air est humide.* — Quand la vapeur atmosphérique est éloignée de son point de saturation, il faut un abaissement considérable de température pour l'amener au point où la condensation commence : on dit alors que *l'air est sec* (*).

Le degré d'humidité de l'air dépend donc, non pas de la valeur absolue de la tension actuelle de la vapeur d'eau, mais du *rapport qui existe entre la tension actuelle f et la tension maximum* F *à la même température.* Ce rapport $\frac{f}{F}$ est ce qu'on nomme *état hygrométrique* de l'air ou *fraction de saturation*, au moment considéré. — Dans l'air absolument sec, l'état hygrométrique serait zéro; dans l'air saturé de vapeur d'eau, l'état hygrométrique serait égal à l'unité.

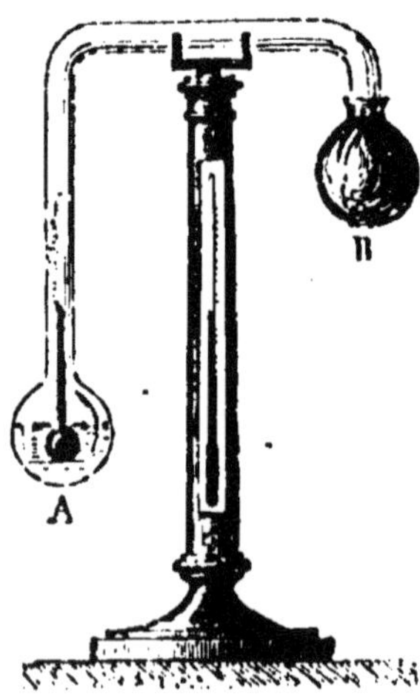

Fig. 118. — Hygromètre de Daniell.

On donne le nom d'*hygromètres* à des instruments qui sont destinés à mesurer l'état hygrométrique de l'air.

174. Hygromètres de condensation. — Hygromètre de Daniell, hygromètre de Regnault. — L'hygromètre de Daniell se compose d'un tube de verre recourbé (*fig.* 118), dont les deux branches sont terminées chacune par une boule. La boule A est en verre noir; elle contient une certaine quantité d'éther, dans lequel plonge le réservoir d'un thermomètre *t*. La boule B est entourée d'une gaze.

Pour trouver l'état hygrométrique à un moment déterminé, on verse de l'éther, goutte à goutte, sur la gaze qui couvre la boule B, de manière à la refroidir par évaporation : dès qu'il

(*) Pour mieux fixer les idées à cet égard, supposons que, à un moment donné, la température étant de 20°, la tension de la vapeur d'eau dans l'air soit de 17mm. Le tableau des tensions (155) montre que la tension maximum à 20° est 17mm,4 : à 19°, elle serait 16mm,3; si donc la température venait à s'abaisser d'un degré seulement, c'est-à-dire de 20° à 19°, une portion de la vapeur devrait se liquéfier : l'air est donc *très humide.* — Si, un autre jour, la température étant de 25°, la tension de la vapeur d'eau avait la même valeur 17mm,4, l'atmosphère serait très éloignée du point de saturation, puisque la température pourrait s'abaisser de 5 degrés sans qu'il y eût condensation : l'air serait donc *très sec.*

s'est établi ainsi une différence de température entre les deux boules, l'éther contenu dans la boule A commence à se vaporiser, la vapeur allant se condenser dans la boule B. Cette vaporisation abaisse progressivement la température de la boule A, il arrive un moment où l'on voit la surface extérieure de cette boule se couvrir d'un dépôt de rosée. A ce moment, on note la température t du thermomètre intérieur : c'est le *point de rosée*, c'est-à-dire la température à laquelle la vapeur de l'atmosphère est devenue saturante. Donc, si l'on cherche, dans les tables de tension maximum de la vapeur d'eau (*), la valeur qui correspond à cette température t, on aura la tension actuelle f de la vapeur d'eau dans l'atmosphère. — On cherchera, dans les mêmes tables, la tension maximum F qui correspond à la température extérieure T. — Enfin, en divisant f par F, on aura l'état hygrométrique cherché.

Les indications de l'hygromètre de Daniell manquent de précision. — Et d'abord, le refroidissement se propageant en A de l'intérieur à l'extérieur, en raison de la mauvaise conductibilité du verre, le liquide dans lequel plonge le thermomètre est nécessairement plus froid que l'air qui environne la boule, et la température observée t est toujours un peu trop basse. — Il faut encore signaler, comme cause d'erreur, la vapeur d'eau introduite dans l'atmosphère par la respiration de l'observateur.

Fig. 119. — Hygromètre de Regnault.

Ces causes d'erreurs sont évitées dans l'hygromètre de Regnault (*fig.* 119). — L'éther est contenu dans un dé d'argent B, fixé à l'extrémité d'un tube de verre A ; un thermomètre T plonge dans le liquide, ainsi qu'un tube C qui s'ouvre à l'extérieur ; enfin la partie supérieure du cylindre communique, par un tube de caoutchouc M long de plusieurs mètres, avec un aspirateur. Quand on ouvre l'aspirateur, on produit un appel d'air, qui pénètre en C, traverse l'éther, et en active l'évaporation. — Le second dé d'argent B', tout semblable au premier, mais ne contenant pas d'éther, permet d'apprécier, par contraste, le moment précis où la rosée apparaît en B. L'expérimentateur observe alors, de loin, avec une lunette, la température du point de rosée, donnée par le thermomètre T, et celle de l'air, indiquée par le thermomètre T'.

L'inconvénient de tous les hygromètres de condensation est d'exiger

(*) La première table du numéro 155 est extraite d'une table construite par Regnault, et dans laquelle on trouve les valeurs de la tension maximum de la vapeur d'eau, de dixième en dixième de degré.

toujours, pour obtenir l'état hygrométrique, une véritable expérience. — Nous allons décrire un instrument qui n'a pas la même précision, mais qui a l'avantage de n'exiger aucune manipulation.

175. Hygromètre à cheveu. — Tout le monde connait ces petits instruments, d'une construction grossière, qui servent à prévoir la pluie ou le beau temps. Ils représentent souvent un petit personnage qui rentre sous un abri, quand le temps est à la pluie. Dans ces instruments, le mouvement de la pièce mobile est produit par une corde à boyau, qui se détord plus ou moins, selon que le temps est plus ou moins humide.

Dans l'hygromètre de H.-B. de Saussure (*fig.* 120), c'est un cheveu qui indique, par ses variations de longueur, les changements qui surviennent dans l'humidité de l'air. Ces variations sont amplifiées à l'aide d'une disposition fort simple : le cheveu est fixé en A, à une pince située derrière le cadre de l'appareil : en B, il s'attache sur l'une des gorges d'une double poulie, qui porte une aiguille légère C, parcourant un cadran MM'. Sur l'autre gorge de la poulie s'enroule, dans le même sens, un fil de soie tendu par un petit poids *s* (*).

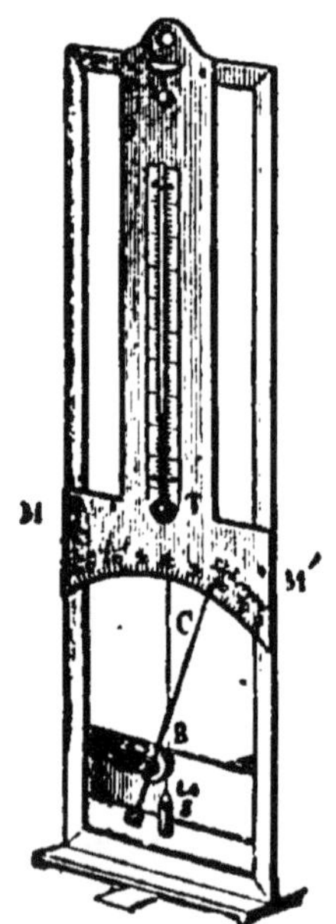

Fig. 120. -- Hygromètre à cheveu.

Pour graduer l'instrument, on détermine deux points fixes : 1° le centième degré, ou point d'*humidité extrême;* c'est le point où s'arrête l'aiguille quand l'appareil a séjourné quelque temps dans un vase clos contenant une petite couche d'eau : 2° le zéro, ou point de *sécheresse extrême;* c'est le point que marque l'aiguille dans un vase contenant une couche d'acide sulfurique concentré, qui absorbe l'humidité de l'air. — L'intervalle compris entre ces deux points fixes est ensuite divisé en 100 parties égales, qui constituent les *degrés* de l'hygromètre.

Avec l'instrument ainsi gradué, on peut, en observant les mouvements de l'aiguille, constater si l'air devient plus ou moins humide. Mais la graduation ne donne pas immédiatement l'*état hygrométrique :* l'expérience a montré que l'on se tromperait beaucoup, si l'on croyait que l'instrument dût marquer 50 degrés quand l'état hygrométrique est $\frac{1}{2}$, ou 25 degrés quand l'état hygrométrique est $\frac{1}{4}$. — Dès lors, si l'on veut employer l'instrument à la détermination de l'état hygrométrique,

(*) Le cheveu a été débarrassé de toute matière grasse par une immersion d'une demi-heure dans de l'eau bouillante, contenant un centième de carbonate de soude : il a été ensuite lavé et séché.

il est nécessaire de dresser préalablement une table, qui donne les valeurs de ce nombre pour les divers degrés de l'hygromètre.

Voici, par exemple, une table construite par Gay-Lussac pour l'un de ces instruments :

Degrés de l'hygromètre.	États hygrométriques.	Degrés de l'hygromètre.	États hygrométriques.
0.	0,000	60.	0,363
10.	0,046	70.	0,472
20.	0.091	80.	0,712
30.	0,148	90.	0 791
40.	0,208	100.	1,000
50.	0,278		

Il est d'ailleurs très rare que deux instruments placés dans des conditions identiques, autres que celles qui ont servi à déterminer leurs points fixes, donnent exactement la même indication. Si l'on veut des résultats précis, il est donc nécessaire de dresser une table de graduation *pour chaque instrument* en particulier. — Enfin, ces tables elles-mêmes ne conservent pas indéfiniment leur exactitude : la plupart des cheveux s'altèrent à la longue, et les indications de l'instrument ne correspondent plus exactement aux mêmes états hygrométriques.

De ces diverses remarques il résulte que l'hygromètre à cheveu ne doit pas être considéré comme un instrument de précision.

176. Problème. — *Étant donné l'état hygrométrique* m *de l'air, à un moment déterminé, et la température* T, *calculer le poids de vapeur d'eau contenu dans un mètre cube d'air. — On sait que la densité de la vapeur d'eau, par rapport à l'air, est* 0,622.

L'état hygrométrique donné m représente le rapport $\frac{f}{F}$ de la force élastique actuelle de la vapeur d'eau à la force élastique maximum F, pour la température T ; or les tables de tension font connaître F, que nous supposons évalué en centimètres; on a donc $f = mF$. — Pour avoir le poids d'un mètre cube de vapeur d'eau, sous la pression f et à la température T, nous raisonnerons comme s'il s'agissait d'un gaz, et nous chercherons d'abord le poids du même volume d'air, dans les mêmes conditions de pression et de température. Or le poids d'un litre d'air à 0° et sous la pression de 76cm étant 1gr,293, le poids d'un mètre cube serait 1293 grammes; par suite, le poids d'un mètre cube d'air, sous la pression f et à la température T, est

$$1293^{gr}\cdot\frac{f}{76}\cdot\frac{1}{1+\alpha T}.$$

D'autre part, la densité de la vapeur d'eau par rapport à l'air étant 0,622, on aura le poids d'un mètre cube de vapeur, dans les conditions données, en multipliant l'expression précédente par 0,622. Donc, en remplaçant f par mF, et α par sa valeur connue 0,00367, il vient

$$p = 1293^{gr}.\ \frac{mF}{76}.\ \frac{1}{1 + 0,00367\,T}.\ 0,622.$$

II. — ROSÉE ET MÉTÉORES AQUEUX

177. Formation de la rosée. — On donne le nom de *rosée* à ces gouttelettes d'eau qui couvrent, après les nuits calmes et sereines, les corps placés en plein air. — Dès que le soleil a disparu sous l'horizon, la terre, qu'il avait échauffée, commence à se refroidir : la température du sol peut s'abaisser de 5 à 6 degrés au-dessous de celle de l'air, dont le refroidissement est bien moins rapide. Dès lors, si la vapeur d'eau contenue dans l'atmosphère est suffisamment voisine de son point de saturation, les corps qui couvrent le sol peuvent arriver à se couvrir de gouttelettes d'eau condensée, sans que l'atmosphère perde sa transparence. — De là, l'apparition de la rosée.

La rosée n'est donc pas produite par de l'eau qui tombe : elle ne se produit même, avec abondance, que par des nuits *sans nuages*. Si l'on n'observe pas de rosée sous les arbres, ou dans les endroits couverts, cela tient à ce que ces abris rendent moins intense le refroidissement des points qu'ils protègent.

Un vent léger favorise, en général, la formation de la rosée, en renouvelant lentement les couches d'air, qui apportent successivement la vapeur d'eau qu'elles contiennent ; pour peu que ce vent soit humide, la rosée sera abondante. — Au contraire, un vent violent rend impossible le dépôt de rosée : l'air, se renouvelant rapidement, réchauffe le sol par son contact, sans se refroidir d'une manière sensible.

178. Gelée blanche. — On appelle *gelée blanche*, un dépôt de glace en petits cristaux, qu'on observe quelquefois sur les corps placés à l'air libre, après les nuits claires. — La gelée blanche se forme dans les mêmes circonstances que la rosée, surtout au printemps et en automne. En effet, si la température de l'air n'est que de quelques degrés *au-dessus* de 0°, la température du sol peut s'abaisser, par un ciel serein, jusqu'à quelques degrés *au-dessous* de 0° ; alors la condensation de l'humidité donne naissance à de petites aiguilles de glace (*).

(*) Les gelées blanches des premières semaines du printemps peuvent être funestes aux arbres fruitiers. A la suite de ces gelées, les bourgeons qui sont déjà développés ne tardent pas à se faner et à *roussir*. De là, le nom de *lune rousse*, que l'on donne à cette partie de l'année. Les habitants des campagnes ont observé, en effet, que c'est *lorsque la lune brille*, c'est-à-dire lorsque le temps est pur, que ces gelées tardives sont surtout à craindre.

179. Brouillards. — Nuages. — On donne communément le nom de *brouillard* au résultat de la condensation de la vapeur d'eau dans l'air, *à une petite distance du sol.* — L'eau condensée forme alors une multitude de gouttelettes fines, qui demeurent soutenues dans l'atmosphère par les courants d'air chaud provenant du sol, et qui enlèvent à l'atmosphère sa transparence.

Un *nuage* est, de même, le résultat de la condensation de la vapeur d'eau, *dans des régions plus élevées de l'atmosphère.*

Il n'y a donc en réalité, aucune différence entre les brouillards et les nuages, si ce n'est que les brouillards se forment autour de nous, tandis que les nuages nous pparaissent à des distances plus ou moins grandes.

La cause générale de la production des brouillards ou des nuages est le refroidissement d'une masse d'air déjà voisine de son point de saturation. — C'est ainsi qu'il se forme des brouillards à la fin des nuits de printemps ou d'automne, dans les vallées contenant des cours d'eau, lorsque l'air humide arrive au contact des flancs refroidis de la vallée. — C'est ainsi encore qu'il se forme des nuages, lorsque la vapeur d'eau qui se dégage d'un sol échauffé et humide arrive dans les couches élevées de l'atmosphère, où la température est plus basse.

180. Principales espèces de nuages. — Les formes des nuages, et leurs distances à la terre, sont extrêmement variables : on peut cependant les rapporter à trois types principaux.

On désigne sous le nom de *cirrus* les nuages en forme de stries blanches, qui apparaissent au milieu du ciel bleu, et qui signalent généralement la fin d'une période de beau temps. Leur distance à la terre peut atteindre 9 ou 10 kilomètres. — A ces hauteurs, la température est toujours très basse, même pendant l'été; aussi, a-t-on pu constater que ces nuages se composent, non pas de gouttelettes d'eau liquide, mais de petites aiguilles de glace, flottant dans l'atmosphère.

On donne le nom de *cumulus* à de gros nuages qui présentent la forme de masses blanches, à contours arrondis, et qui couvrent souvent une partie du ciel sans amener le mauvais temps (*). — Ils sont situés à des hauteurs qui ne dépassent guère 2 à 3 kilomètres, et sont formés de gouttelettes d'eau liquide, d'une finesse extrême.

Enfin, on désigne sous le nom de *nimbus* les gros nuages sombres qui interceptent la lumière du soleil, et qui prennent parfois une étendue considérable. Ils sont généralement situés beaucoup plus bas que les précédents, et peuvent arriver à raser la surface du sol. — Ces nuages sont formés de gouttelettes sensiblement plus grosses que celles des cumulus, et se résolvent ordinairement en pluie.

(*) Les cumulus apparaissent quelquefois à l'horizon sous la forme de bandes horizontales, qu'on désigne alors sous le nom de *stratus*.

181. Pluie. — Neige. — Grêle. — Lorsque les gouttelettes d'eau des nuages acquièrent un poids suffisant, elles ne peuvent plus être soutenues dans l'atmosphère par les courants d'air chaud qui s'élèvent du sol; elles tombent en *pluie*.

La *neige* se forme, dans les régions froides de l'atmosphère, par la congélation de l'eau qui était à l'état de gouttelettes ou à l'état de vapeur. — Les flocons de neige se composent de petites aiguilles de glace, groupées généralement entre elles de manière à former des étoiles à six branches : souvent même, à chacune des branches, sont fixées d'autres aiguilles plus petites, de manière à donner les diverses apparences que représente la figure 121.

Fig. 121. — Flocons de neige.

La *grêle* se forme, comme la neige, dans les régions élevées de l'atmosphère, où la température est très basse; mais elle prend toujours naissance par les temps d'orage, quand l'air est dans un état d'agitation extrême. — Lorsqu'on coupe un grêlon en travers, on trouve généralement au centre une partie opaque, ressemblant à une petite boule de neige; puis, autour de cette espèce de noyau, des couches de glace transparente. Cette constitution des grêlons montre comment ils se sont formés: les aiguilles de glace qui constituaient le nuage se sont d'abord rassemblées, par l'agitation de l'air, en petites boules arrondies : chacune de ces boules s'est ensuite couverte progressivement d'eau condensée, qui s'est convertie en glace. — Le plus souvent, la chute de la grêle est accompagnée d'éclairs et de tonnerre, c'est-à-dire de phénomènes électriques sur lesquels on reviendra plus loin.

182. Verglas. — A la suite d'une période de froid, on observe quelquefois qu'une pluie fine, survenant tout à coup, couvre la surface du sol d'une couche de glace transparente, dont l'épaisseur va en augmentant avec la durée du phénomène : c'est ce qu'on nomme le *verglas*.

Il est aujourd'hui démontré que, le plus souvent, au moment de la formation du verglas, la température de l'air et des gouttes d'eau est *inférieure à* 0°. Les gouttes d'eau, au moment où elles traversent l'air, sont donc alors à l'état *de surfusion* (149) : cette eau se congèle, presque en totalité, au moment où elle s'étale sur le sol, et elle le couvre ainsi d'une couche de glace, lisse et transparente (*).

(*) Les notions concernant la distribution de la température à la surface du globe, les climats et les vents, sont reportées après la Chaleur rayonnante.

CHAPITRE IV

NOTIONS SUR LES MACHINES A VAPEUR

183. Emploi de la vapeur pour produire le mouvement. — La vapeur d'eau saturante possède, à 100°, une tension égale à *une atmosphère*. Le second tableau des tensions maximum (155) montre que cette tension augmente très rapidement avec la température; à 120°, elle est déjà égale à *deux atmosphères*; à 180°, elle atteint dix atmosphères. — Par suite, la vapeur d'eau saturée à 180°, et contenue dans un espace clos, exerce sur chaque centimètre carré une pression d'environ 10 kilogrammes. — On désigne sous le nom général de *machines à vapeur*, des machines dans lesquelles on emploie la tension de la vapeur, à des températures plus ou moins élevées, pour produire le mouvement d'un piston, mouvement qui se transmet ensuite aux divers organes de la machine.— Nous décrirons une machine type, celle qui est connue dans l'industrie sous le nom de *machine de Watt*.

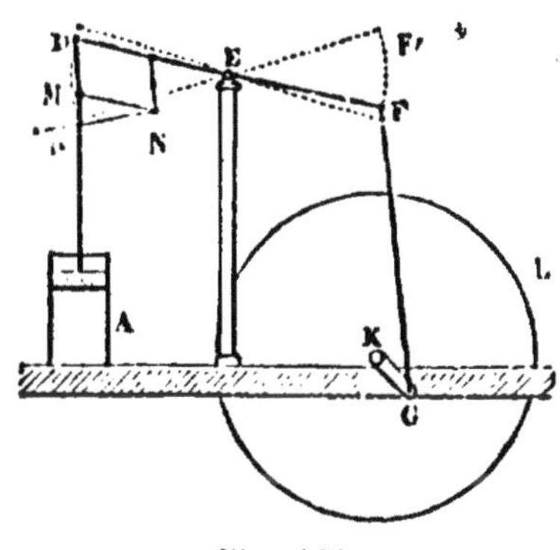

Fig. 122.

La vapeur, produite dans une chaudière, est amenée par des conduits dans un cylindre A (*fig.* 122), dans lequel peut se mouvoir un piston. Supposons que la vapeur arrive *alternativement* en dessous et en dessus du piston; supposons, en outre, que, à l'instant où la vapeur arrive au-dessous du piston, celle qui était primitivement en dessus puisse s'échapper, et réciproquement. La tension de la vapeur imprimera au piston un mouvement alternatif: voici comment on utilise ce mouvement, pour faire mouvoir les divers organes que la machine doit actionner.

La tige qui est fixée au piston, glissant à frottement doux dans une boîte à cuir située à la partie supérieure du cylindre, vient se relier à l'extrémité d'un *balancier* DEF mobile autour du point E (*). Le mouvement de va-et-vient du piston fait décrire au point F l'arc de cercle

(*) Cette liaison se fait par l'intermédiaire d'un parallélogramme de tiges métalliques, dit *parallélogramme articulé*, et destiné à éviter les flexions qu'éprouverait la tige, pendant les mouvements du balancier, si elle était articulée directement au point D. Les quatre sommets de ce parallélogramme sont

FF′, alternativement dans un sens et dans l'autre : le point F est réuni, par l'intermédiaire d'une *bielle* FG, à l'extrémité d'une manivelle KG ; il est aisé de voir que la manivelle est ainsi animée d'un mouvement de rotation continu autour de son axe K. Cet axe est celui de *l'arbre de couche*, sur lequel passent les courroies qui transmettent le mouvement à tous les organes de l'usine ; il porte un *volant* L, formé par une énorme roue de fonte qui, en raison de sa masse, empêche le mouvement de s'accélérer ou de se ralentir brusquement, quand il survient des variations dans les résistances à vaincre.

184. Emploi du condenseur. — Dans la description qui précède, nous avons supposé que, au moment où la vapeur arrive, par un tube t (*fig.* 123), à la partie inférieure du cylindre, la partie supérieure laisse échapper dans l'atmosphère, par un tube t', la vapeur qu'elle contenait. Or, supposons que la pression dans la chaudière soit de 10 atmosphères : pendant que cette pression s'exerce à la partie inférieure du piston, la pression atmosphérique s'exerce sur lui à la partie supérieure, en sorte que le piston n'est sollicité, en réalité, que par une pression de 9 atmosphères. — On peut supprimer presque entièrement cette perte de force, par l'emploi du *condenseur*, qui est dû à Watt.

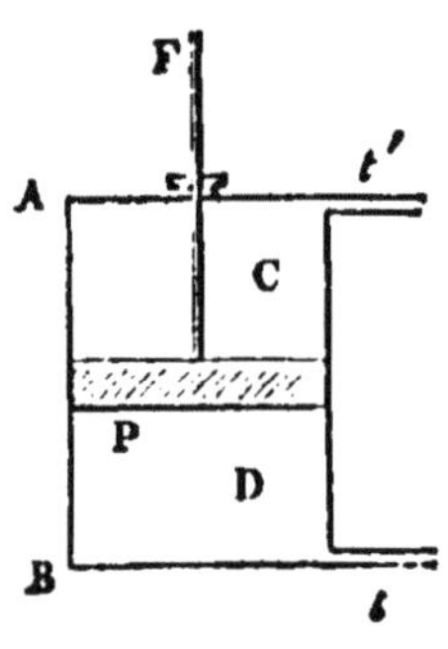

Fig. 123.

Le condenseur est une enveloppe métallique fermée et vide d'air, dans laquelle pénètre, sous forme de pluie, un jet continu d'eau froide ; au moment où la vapeur de la chaudière arrive dans le cylindre par le tube t, le tube t' est mis en communication avec le condenseur. Or, si la température dans le condenseur est, par exemple, de 45°, la tension de la vapeur y sera seulement d'un dixième d'atmosphère environ : dans ces conditions, la vapeur doit affluer du cylindre dans le condenseur et s'y liquéfier, jusqu'à ce que la tension ne soit plus que d'un dixième d'atmosphère. Le phénomène de l'abaissement de la pression est d'ailleurs tellement instantané, qu'on peut considérer la pression résistante, dans le cylindre, comme étant toujours égale à un dixième d'atmosphère, c'est-à-dire *égale à la tension de la vapeur d'eau correspondante à la température des parties les plus froides de l'espace où elle est contenue.* C'est le principe connu sous le nom de *principe de Watt.*

La machine elle-même fait fonctionner une pompe qui injecte l'eau

articulés, de sorte que les angles puissent varier sans que les longueurs des côtés varient : le sommet N est relié à un point fixe P par une tige rigide, en sorte que N est assujetti à décrire un arc de cercle autour du point P ; ce mode de liaison, imaginé par Watt, a pour résultat de faire décrire une ligne *sensiblement droite* à l'extrémité M de la tige du piston, l'extrémité du balancier décrivant un arc de cercle.

froide dans le condenseur, et une autre pompe qui enlève cette eau à mesure qu'elle s'échauffe. — Ce renouvellement continuel de l'eau est indispensable, parce que la vapeur cède au condenseur toute sa *chaleur de vaporisation;* cette quantité de chaleur est très considérable, comme on le verra plus loin (198).

185. Détente. — Lorsque le cylindre reste en communication avec la chaudière pendant toute la course du piston, la vapeur agit sur le piston, pendant tout ce temps, avec une tension constante, et s'échappe ensuite dans l'atmosphère. — Watt a eu l'idée d'intercepter l'arrivée de la vapeur *avant la fin de la course* du piston: la continuation de la course produit alors, sur la vapeur enfermée dans le cylindre, un accroissement de volume, et par suite une diminution de force élastique, ou une *détente;* mais pourvu que l'accroissement de volume ne soit pas trop considérable, la vapeur conserve encore une force élastique supérieure à la pression qui s'exerce sur l'autre face du piston.

Il est facile de montrer, par un raisonnement simple, qu'on trouve dans l'emploi de la *détente* une économie réelle. — Supposons que la force élastique de la vapeur dans la chaudière soit de 2 atmosphères, et que, à chaque coup de piston, on laisse la vapeur arriver dans le cylindre pendant *la première moitié* seulement de la course du piston. On dépensera ainsi, pour un même nombre de coups de piston, *moitié moins de vapeur;* d'autre part, il est facile de voir que *l'effet sur le piston ne sera pas réduit de moitié.* En effet, la force motrice de 2 atmosphères agira toujours pendant les premières moitiés des courses du piston, ce qui constitue déjà la moitié de l'effet qui se serait produit sans l'emploi de la détente; mais, en outre, pendant les secondes moitiés des courses, le piston sera encore soumis à l'action d'une force motrice variant entre 2 atmosphères et 1 atmosphère, force toujours supérieure à la force résistante qui s'exerce sur l'autre face. — Donc, pour une dépense déterminée de vapeur, il y aura augmentation de l'effet produit.

La majorité des machines fonctionne aujourd'hui avec détente. — On emploie fréquemment les *degrés de détente* $\frac{1}{5}$, $\frac{1}{10}$, c'est-à-dire qu'on laisse arriver la vapeur pendant le cinquième, le dixième de chaque course du piston. Avec des machines présentant une grande perfection, on a pu employer la détente à $\frac{1}{25}$ et même à $\frac{1}{50}$.

186. Machines à basse pression, à moyenne pression et à haute pression. — Au point de vue de la tension avec laquelle la vapeur arrive de la chaudière, on distingue les machines en trois groupes :

1° Les machines à *basse pression*, dans lesquelles la tension de la vapeur ne dépasse guère une atmosphère et demie. — L'emploi du condenseur est particulièrement nécessaire dans ces machines, afin que la vapeur conserve une action suffisante sur le piston.

2° Les machines à *moyenne pression*, dans lesquelles la tension est de 3 à 5 atmosphères.

3° Les machines à *haute pression*, où la tension de la vapeur dépasse 5 atmosphères. — Dans ces machines, il y a généralement avantage à supprimer le condenseur ; en perdant une atmosphère comme force motrice, on évite la dépense de travail nécessaire pour renouveler incessamment l'eau injectée dans le condenseur.

187. Distribution de la vapeur. — Tiroir. — Pour que les mouvements d'allée et de venue du piston puissent se produire, il faut que la vapeur vienne presser sur le piston tantôt d'un côté, tantôt de l'autre. — Voici comment on réalise ces conditions à l'aide du *tiroir* :

La vapeur arrive de la chaudière par le tube F, dans la *boîte à vapeur* FG (*fig.* 124), fixée sur le côté du cylindre : à l'intérieur de cette boîte se trouvent les ouvertures *a*, *b*, de deux conduits *a*A, *b*B, qui sont creusés dans l'épaisseur de la paroi du cylindre, et qui viennent aboutir chacun à l'une de ses extrémités. Dans cette même paroi est creusé un autre conduit, dont la figure ne représente que l'ouverture K, et qui va déboucher dans l'atmosphère ou dans le condenseur. Les centres des orifices *a*, K, *b* de ces trois conduits sont situés sur une même génératrice du cylindre. Enfin une pièce mobile *mn*, à laquelle sa forme a fait donner le nom de

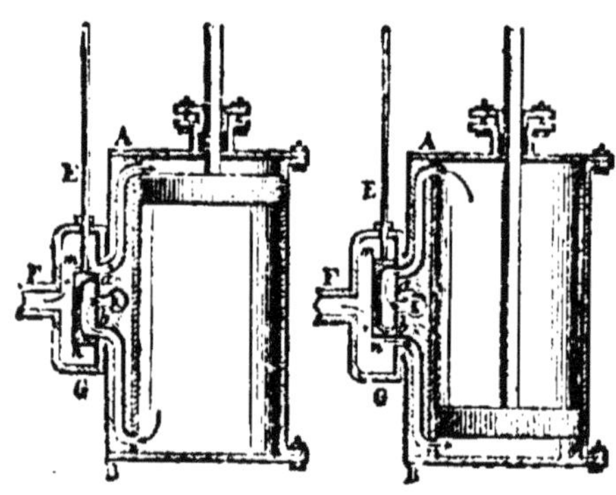

Fig. 124. Fig. 125.

tiroir, vient s'appliquer sur ces ouvertures, mais elle n'a que la longueur nécessaire pour couvrir deux d'entre elles. — Quand le piston arrive au haut de sa course, le tiroir se place dans la position indiquée par la figure 124 : la vapeur qui vient de la chaudière pénètre dans la partie supérieure du cylindre par le conduit *a*A, dont l'orifice *a* est libre ; d'autre part, la vapeur qui se trouvait au-dessous du piston s'échappe par le conduit B*b* dans l'intérieur du tiroir, et de là, par le conduit K, dans l'atmosphère ou dans le condenseur. Le piston se met donc en mouvement de haut en bas. — Quand le piston arrive au bas de sa course, la tige E amène le tiroir dans la position indiquée par la figure 125 : la vapeur pénètre, par *b*B, dans la partie inférieure du cylindre ; la vapeur qui se trouvait au-dessus du piston peut s'échapper par le conduit A*a* et par le conduit K dans l'atmosphère ou dans le condenseur ; le piston se met donc en mouvement de bas en haut, et ainsi de suite.

Pour que la machine marche *avec détente*, il suffit de régler la marche ou les dimensions du tiroir de manière que l'arrivée de la vapeur dans le cylindre soit interceptée, pendant la course du piston, avant que la communication de l'autre partie du cylindre avec le condenseur soit interrompue.

188. Description des pièces essentielles de la machine de Watt. — Cette machine, dont la figure 126 représente tous les organes, sauf le balancier, est construite pour fonctionner à basse pression.

La vapeur, arrivant de la chaudière en *a*, pénètre dans la boîte à vapeur; selon la position du tiroir, elle se rend au-dessus ou au-dessous du piston, dans le cylindre : dans la position indiquée par la figure, elle agit sur la surface supérieure du piston. — Le mouvement du piston B se transmet, par la tige C, à un balancier dont l'autre extrémité est articulée avec la bielle G, laquelle imprime ainsi un mouvement de rotation continu à la manivelle HK, et à l'arbre K sur lequel la manivelle est fixée, et qui porte le volant L.

Le condenseur *c* est mis en communication alternativement avec les deux extrémités du cylindre A, par l'intermédiaire du tiroir et du conduit ménagé dans l'épaisseur de la paroi du cylindre; ce conduit, situé en arrière du plan de la figure, vient s'ouvrir dans le condenseur en *d*; un jet continu d'eau froide, puisée dans un réservoir RR, arrive dans le condenseur par l'excès de la pression atmosphérique sur celle qui règne dans le condenseur.

Les mouvements du tiroir, qui doivent concorder avec ceux du piston B, sont produits par la machine elle-même.

La tige *x*, qui porte le tiroir, est articulée avec l'un des bras d'un petit levier coudé *rut*, dont l'autre bras s'articule en *t* avec le système de tiges *ss* : ce système se termine par un collier Q, qui presse légèrement sur le contour d'un disque circulaire P, fixé sur l'arbre de couche K. Mais le centre du disque P n'est pas sur l'axe de l'arbre de couche : il est, comme le montre la figure, en dehors de l'axe, et du côté opposé à la manivelle; de là, le nom d'*excentrique circulaire* donné à la pièce P. Dès lors, pendant chaque rotation de l'arbre de couche, le collier entraîne les tiges *ss* et le point *t* successivement vers la droite et vers la gauche; ces mouvements, se transmettant à la tige *x* par le levier coudé *tur*, ont pour effet de faire successivement descendre et monter le tiroir. — Comme à chaque tour complet de l'arbre K correspond une allée et venue du piston, on voit que les rapports de position du piston et du tiroir, une fois établis convenablement, se conservent indéfiniment.

La pompe *h*, située immédiatement à gauche du condenseur, sert à en aspirer l'eau à mesure qu'elle s'échauffe, et en même temps l'air qui se dégage constamment de l'eau aérée venant de R : de là, le nom de *pompe à air*. Le piston *h* de cette pompe est mis en mouvement par une longue tige fixée au balancier : l'eau qui a franchi les soupapes *i*, *i*, et qui est élevée par le piston *h* dans son mouvement

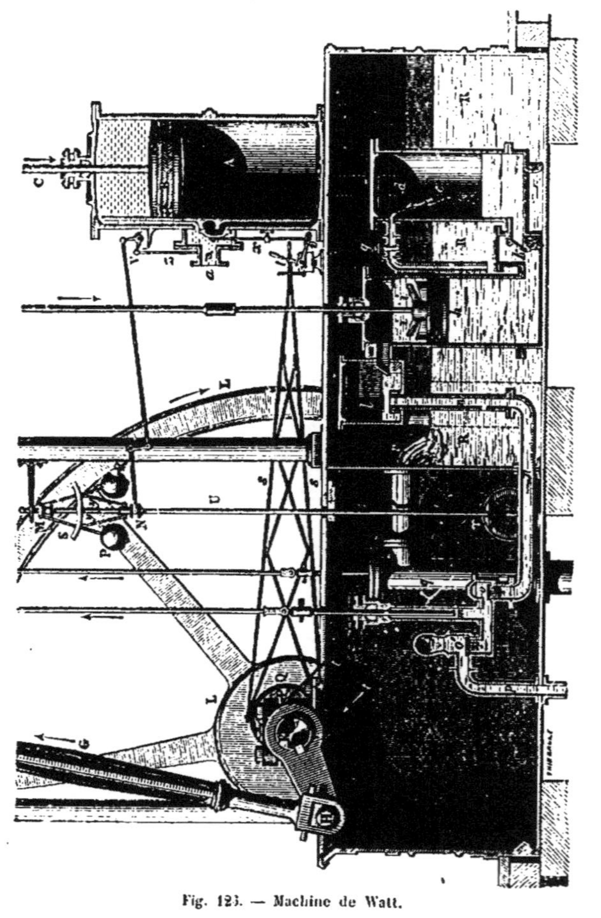

Fig. 123. — Machine de Watt.

ascensionnel, est déversée dans un petit réservoir *l*. — Une partie de cette eau chaude est aspirée par la *pompe alimentaire m*, dont le piston est également mis en mouvement par le balancier : l'eau y arrive par un tuyau *nn*, soulève la soupape *o* et remplit le corps de pompe *m*; puis, lorsque le piston *m* descend, elle soulève l'autre soupape *o'*, et est refoulée par le tuyau *p* jusque dans la chaudière. On a ainsi l'avantage d'employer, pour alimenter la chaudière, de l'eau déjà échauffée. — On utilise encore le mouvement du balancier pour faire fonctionner une troisième pompe *q*, qui va puiser de l'eau froide dans un puits ou dans un cours d'eau, et qui maintient le réservoir R constamment rempli.

Enfin, le *régulateur à force centrifuge* S empêche le mouvement de s'accélérer ou de se ralentir,quand il survient des variations un peu prolongées dans la grandeur des résistances à vaincre. Le mouvement de rotation de l'arbre K est transmis, par la courroie *tt*, aux roues d'angle T et à la tige U qui porte le régulateur. Celui-ci se compose de deux boules pesantes P, P, fixées à l'extrémité de deux tiges métalliques articulées en M à un point fixe de la tige U. Lorsque la vitesse de rotation augmente, les deux boules tendent à s'écarter de la tige : elles soulèvent, par l'intermédiaire des deux tiges *y*, *y*, la bague N qui glisse librement le long de U; alors, le système de leviers coudés, qui commence en N et finit en V, soulève la petite tige verticale *z*, et tend à fermer la soupape qui se trouve dans le tuyau d'arrivée de la vapeur *a*. Au contraire, quand le mouvement de la machine se ralentit, le poids des boules P tend à les rapprocher de la tige U, et, la soupape du tuyau *a* s'ouvrant davantage, la vapeur arrive en quantité plus grande.

189. Cheval-vapeur. — On exprime, en général, la puissance des machines, en indiquant leur *force en chevaux*. C'est là une expression toute conventionnelle, dont il faut connaître la signification.

On dit qu'une machine vaut un *cheval*, lorsqu'elle est capable d'effectuer un travail de 75 kilogrammètres par seconde, c'est-à-dire d'élever, par seconde, 75 kilogrammes à un mètre de hauteur. Une machine vaut 2, 3 chevaux, lorsqu'elle est capable d'effectuer, par seconde, un travail de 2, 3 fois 75 kilogrammètres (*).

(*) La puissance d'une machine en *chevaux-vapeur* ne représente pas le nombre de chevaux qu'il faudrait employer pour remplacer la machine elle-même, surtout si l'on tient compte du repos qu'il serait indispensable de leur laisser prendre. — Pour faire fonctionner, d'une manière continue, une machine ayant une puissance de 10 chevaux-vapeur, il faudrait employer 55 chevaux, travaillant d'une manière alternative.

CHAPITRE V

CALORIMÉTRIE

190. Objet de la calorimétrie. — La *calorimétrie* est la mesure des *quantités de chaleur* dont l'absorption ou le dégagement correspondent à des effets déterminés.

Pour ce qui concerne les phénomènes physiques, l'étude de la calorimétrie se divise en deux parties : 1° l'étude des *chaleurs spécifiques*, ou quantités de chaleur nécessaires pour produire, sur les divers corps, des variations de température déterminées; 2° l'étude des *chaleurs latentes*, ou quantités de chaleur nécessaires pour produire les changements d'état, sans variations de température.

I. — CHALEURS SPÉCIFIQUES

191. Expériences préliminaires. — Deux expériences feront concevoir la possibilité d'évaluer numériquement les *quantités de chaleur* correspondantes à des *variations de température* déterminées.

1° Mélangeons ensemble 1 kilogramme d'eau à 15° et 1 kilogramme d'eau à 25°; l'expérience montre que le mélange prend la température de 20°. L'élévation de température éprouvée par le premier kilogramme est donc de 5 degrés; l'abaissement de température éprouvé par le second kilogramme est également de 5 degrés. — Or, la quantité de chaleur gagnée par l'un étant précisément celle qui a été perdue par l'autre, on en conclut que, pour élever 1 kilogramme d'eau de 20° à 25°, il faut la même quantité de chaleur que pour l'élever de 15° à 20°. Par suite, pour élever 1 kilogramme d'eau de 15° à 25°, il faut *deux fois autant de chaleur* que pour l'élever de 15° à 20°. — En général, les expériences de ce genre conduisent à cette conclusion : *les quantités de chaleur nécessaires pour produire*, sur un même corps, *diverses variations de température, sont proportionnelles aux variations de température.*

2° Plongeons maintenant, dans 1 kilogramme d'eau à 0°, 1 kilogramme de *cuivre* chauffé à 100° : quand l'équilibre de température se sera établi entre ces deux corps, nous trouverons que la température est seulement de 9°. L'élévation de température éprouvée par le kilogramme d'eau est donc de 9 degrés : l'abaissement de température éprouvé par le kilogramme de cuivre est de 91 degrés. — Or, la quantité de chaleur gagnée par l'eau étant celle que le cuivre a perdue, on voit que, pour élever de 9 degrés la température de 1 kilogramme d'eau, il faut autant de chaleur que pour élever de 91 degrés la température de 1 kilogramme de cuivre. En d'autres termes, on peut dire que, pour éprouver *une même variation de température*, le cuivre exige, à poids égal, environ 10 *fois moins de chaleur* que l'eau. — En général, les expériences de ce genre conduisent à cette conclusion ; *des poids égaux de diverses substances exigent, pour s'échauffer d'un même nombre de degrés, des quantités différentes de chaleur.*

192. Unité de chaleur, ou calorie. — Chaleurs spécifiques des diverses substances. — Nous prendrons comme *unité de chaleur*, ou *calorie, la quantité de chaleur nécessaire pour élever de* 1 *degré la température de* 1 *kilogramme d'eau* (*).

D'après ce que nous venons de voir (191, 2°), si l'on prend 1 kilogramme d'un corps autre que l'eau, du cuivre par exemple, la quantité de chaleur nécessaire pour élever sa température de 1 degré sera différente. — On appelle *chaleur spécifique* d'un corps, *le nombre qui exprime, en calories, la quantité de chaleur nécessaire pour élever de* 1 *degré la température de* 1 *kilogramme de ce corps.*

Il résulte immédiatement, de cette définition, que la chaleur spécifique de l'eau est égale à l'unité.

193. Quantité de chaleur correspondante à une variation déterminée de température, pour un corps déterminé. — Supposons qu'on connaisse la chaleur spécifique du cuivre 0,095, et proposons-nous de calculer la quantité de chaleur nécessaire pour élever, de 0° à 60°, la température d'un bloc de cuivre pesant 5 kilogrammes. — D'après la définition même de la chaleur spécifique, 1 kilogramme de cuivre, pour s'échauffer d'un degré, exige $0^{cal},095$; par suite, 5 kilogrammes, pour s'échauffer d'un degré, exigeront $0^{cal},095 \times 5$; enfin, pour s'échauffer de 60 degrés, ces 5 kilogrammes exigeront 60 fois cette dernière quantité, c'est-à-dire

$$0^{cal},095 \times 5 \times 60, \quad \text{ou} \quad 28^{cal},5.$$

En général, soit p le poids d'un corps, c sa chaleur spécifique : la quantité q de chaleur qu'il absorbe pour s'élever de t à t' est

$$q = pc\,(t' - t).$$

Remarque. — Le produit pc est ce qu'on nomme la *capacité calorifique* du corps considéré : c'est le nombre de calories nécessaire

(*) L'unité de chaleur ainsi définie est la *grande calorie*. — La *petite calorie* en est la millième partie; c'est la quantité de chaleur nécessaire pour élever de 1° la température de 1 gramme d'eau.

pour faire éprouver au corps tout entier une variation de température de 1°. — Si l'on désigne par C la capacité calorifique d'un corps, et par e une variation de température déterminée, on voit que la quantité de chaleur correspondante sera représentée par l'expression

$$q = Ce.$$

194. Détermination des chaleurs spécifiques, par la méthode des mélanges. — Pour déterminer les chaleurs spécifiques des divers corps, la méthode la plus simple est la *méthode des mélanges.*

On chauffe, à une température connue T, un poids déterminé P du corps soumis à l'expérience; on le plonge ensuite dans une masse d'eau, dont on connaît également le poids M et la température initiale t. Le corps se refroidit, en cédant à l'eau une partie de sa chaleur, de sorte que l'eau s'échauffe : quand l'équilibre est établi, on détermine la température θ du mélange — On exprime alors, par une équation, que la quantité de chaleur *perdue par le corps* est égale à la quantité de chaleur *gagnée par l'eau.*

Soit x la chaleur spécifique du corps; le corps s'étant refroidi d'un nombre de degrés $(T - \theta)$, la quantité de chaleur qu'il a perdue est exprimée (193) par $Px(T - \theta)$; l'eau s'étant échauffée d'un nombre de degrés $(\theta - t)$, la quantité de chaleur qu'elle a gagnée est $M(\theta - t)$. — En égalant ces deux quantités de chaleur, on a l'équation

$$Px(T - \theta) = M(\theta - t), \qquad (1)$$

d'où l'on tire la valeur de x.

Termes de correction. — En posant l'équation comme nous venons de faire, on ne tient compte, ni de l'influence du vase dans lequel est placée l'eau, ni de l'influence de l'enveloppe dans laquelle est généralement contenu le corps. — Pour obtenir des résultats plus précis, il suffira d'introduire quelques *termes de correction.*

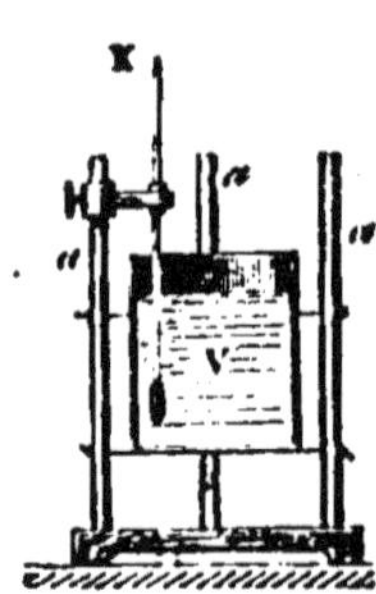

Fig. 127. Calorimètre.

Et d'abord, pour donner à ces termes une valeur aussi petite que possible, on place l'eau qui doit servir à l'expérience dans un vase de laiton V (*fig.* 127), dont la paroi est très mince, et dont le poids est par conséquent assez faible. Ce vase, qu'on appelle le *calorimètre*, repose sur des fils de soie croisés, supportés par des montants de bois *a, a* : les fils de soie, étant très mauvais conducteurs, n'enlèvent au laiton que des quantités de chaleur négligeables. Un thermomètre très sensible K donne la température de l'eau aux divers instants.

Si le corps soumis à l'expérience est un corps solide en fragments, on le place dans une petite corbeille, formée par une toile en fils de laiton très fins, et ayant par conséquent un poids très petit. — Enfin, pour connaître avec précision la température initiale T du corps et de la corbeille, on commence par les maintenir, pendant un temps suffisant, dans une étuve semblable à celle de la figure 97. Lorsqu'on est certain qu'ils ont bien pris la température de la vapeur d'eau bouillante, on les introduit rapidement dans le calorimètre; on agite, et on note la température θ à laquelle arrive le thermomètre.

Soit maintenant p le poids du calorimètre de laiton, p_1 le poids de la corbeille de laiton qui contient le corps; soit c la chaleur spécifique du laiton, que nous supposerons connue. — En raisonnant comme plus haut, on voit que la quantité de chaleur perdue par la corbeille de laiton est $p_1c\,(T-\theta)$; la quantité de chaleur gagnée par le laiton qui forme le calorimètre est $pc\,(\theta-t)$. En introduisant ces termes dans l'équation (1), on obtient l'équation plus exacte

$$(2)\qquad Px\,(T-\theta)+p_1c\,(T-\theta)=M\,(\theta-t)+pc\,(\theta-t),$$

d'où l'on tire

$$x=\frac{(M+pc)\,(\theta-t)-p_1c\,(T-\theta)}{P\,(T-\theta)}.$$

Il suffit d'effectuer le calcul indiqué dans le second membre pour obtenir la valeur numérique de la chaleur spécifique cherchée x (*).

195. Résultats. — Le tableau suivant donne les chaleurs spécifiques de quelques corps solides ou liquides, classés par ordre alphabétique.

	Chaleurs spécifiques.		Chaleurs spécifiques
Acier	0,118	Laiton	0,094
Argent	0,057	Mercure	0,033
Carbone (charbon de bois)	0,241	Or	0,032
Cuivre	0,095	Platine	0,032
Eau	1,000	Plomb	0,031
Étain	0,056	Soufre	0,203
Fer	0,114	Verre	0,198
Fonte	0,130	Zinc	0,096

Tous les nombres de ce tableau sont inférieurs à 1, excepté celui qui représente la chaleur spécifique de l'eau, prise pour unité. — Il en résulte que, de tous les corps solides ou liquides, c'est l'eau qui a la plus grande chaleur spécifique. C'est là une remarque importante; comme on le verra, au point de vue du rôle que joue l'eau dans la répartition des températures à la surface du globe.

(*) L'expérience préliminaire, destinée à la détermination de la quantité c, consiste à plonger dans le calorimètre un poids P' de laiton chauffé à une température comme T', et à déterminer la température θ' du mélange. Si M' est le poids de l'eau, et t' sa température initiale, on aura

$$P'c\,(T'-\theta')=(M'+pc)\,(\theta'-t'),$$

équation où la seule inconnue est c.

II. — CHALEURS LATENTES

196. Chaleurs de fusion et chaleurs de vaporisation. — Les quantités de chaleur qui correspondent à la fusion (147) ou à la vaporisation (160), pour les divers corps, se mesurent au moyen de *l'unité de chaleur*, ou *calorie*, qui a été définie plus haut. — On appelle *chaleur latente de fusion* d'un corps solide, ou simplement *chaleur de fusion, le nombre de calories qu'absorbe 1 kilogramme de ce corps pour fondre, sans élévation de température.* — On appelle *chaleur latente de vaporisation* d'un liquide, ou simplement *chaleur de vaporisation, le nombre de calories qu'absorbe 1 kilogramme de ce liquide, pour se transformer en vapeur, sans élévation de température.*

Ces nombres peuvent être déterminés, pour chaque espèce de corps, par la *méthode des mélanges* qui nous a servi à la détermination des chaleurs spécifiques (194). — Nous nous contenterons de montrer comment cette méthode s'applique à la mesure de la chaleur de la fusion de la glace, et à la mesure de la chaleur de vaporisation de l'eau.

197. Détermination de la chaleur de fusion de la glace. — Dans un calorimètre V (*fig.* 127), contenant un poids connu d'eau M, à une température t, un peu supérieure à celle de l'air environnant, on introduit un morceau de glace à 0°, qu'on a eu soin d'essuyer avec du papier buvard. On agite le liquide, et, quand la glace est complètement fondue, on note la température finale θ du mélange. Quant au poids P de glace employé, il serait difficile de le déterminer avant l'expérience, par une pesée directe, pendant laquelle une partie de la glace fondrait; on le détermine, après l'expérience, par l'accroissement de poids du calorimètre. — Nous exprimerons que la quantité de chaleur abandonnée par l'eau et par le calorimètre, qui se sont refroidis ensemble de t à θ, a été employée, d'une part à fondre la glace, d'autre part à échauffer de 0 à θ l'eau provenant de la fusion.

La quantité de chaleur abandonnée par l'eau est $M(t-\theta)$; quant au calorimètre, si l'on désigne par p son poids et par c la chaleur spécifique du laiton, il a perdu $pc(t-\theta)$. D'autre part, si l'on désigne par x la chaleur de fusion de la glace, le poids P a absorbé, en fondant, une quantité de chaleur Px; les P grammes d'eau qui proviennent de la fusion ont absorbé ensuite, en s'échauffant de 0 à θ, une quantité de chaleur $P\theta$. On aura donc l'équation

$$(M+pc)(t-\theta)=Px+P\theta,$$

d'où l'on tirera la valeur de x.

Par cette méthode, on trouve, pour chaleur de fusion de la glace, 79^{cal},25. — On voit qu'un kilogramme de glace absorbe, pour fondre, sans changer de température, autant de chaleur qu'il en faudrait pour échauffer d'un degré $79^{kil},25$ d'eau.

On comprend ainsi comment, dans l'emploi des mélanges réfrigérants formés de glace et de sel marin (151), il suffit d'un poids relativement faible de glace pour abaisser d'un grand nombre de degrés la température des corps qui sont plongés dans le mélange.

198. Détermination de la chaleur de vaporisation de l'eau. — Le procédé employé par Despretz, pour déterminer la chaleur de vaporisation de l'eau, est encore une application de la méthode des mélanges. — Une cornue de verre, contenant de l'eau en ébullition, est mise en communication, par le tube *t*, avec un calorimètre dont la coupe est représentée par la figure 128 : ce calorimètre contient un serpentin *ss*, qui est entouré d'eau froide, et qui vient s'ouvrir dans une boîte métallique *bb'*. Un agitateur *mnm'n'* sert à rendre uniforme la température de l'eau du calorimètre, pendant l'expérience. — Pour que l'ébullition, dans la cornue, ait bien lieu sous la pression atmosphérique, on a adapté, à la partie supérieure de la boîte *bb'*, un tube vertical ; le robinet *r'*, qui le termine, reste ouvert pendant l'expérience. — La vapeur vient se liquéfier dans le serpentin : l'eau condensée se rassemble dans la caisse *bb'* et y prend la température du calorimètre. Lorsqu'on met fin à l'expérience, on note la température du calorimètre; puis, ouvrant le robinet *r*, on recueille l'eau condensée, et on la pèse.

Fig. 128.

On exprime alors que la quantité de chaleur gagnée par l'eau et par le calorimètre est égale à la somme des quantités de chaleur cédées, 1° par la vapeur en se liquéfiant, 2° par l'eau condensée en se refroidissant jusqu'à la température finale. — Soit t la température initiale du calorimètre, M le poids de l'eau qu'il contient, p le poids du serpentin et du calorimètre, et c la chaleur spécifique du cuivre; soit P le poids de la vapeur condensée, T la température d'ébullition, x la chaleur de vaporisation de l'eau, et θ la température finale; on aura l'équation

$$(M + pc)(\theta - t) = Px + P(T - \theta),$$

d'où l'on tirera la valeur de x.

En opérant ainsi, on trouve que la chaleur de vaporisation de l'eau, quand l'ébullition se fait à 100°, est 537 calories. — Il faut donc, pour faire passer à l'état de vapeur 1 kilogramme d'eau dont la température est déjà 100°, autant de chaleur qu'il en faudrait pour échauffer d'un degré 537 kilogrammes d'eau à l'état liquide. — C'est à la chaleur de vaporisation, abandonnée par la vapeur d'eau au moment de sa condensation, qu'est dû l'échauffement rapide de l'eau qui entoure le serpentin de l'alambic (171), ou l'échauffement de l'eau qu'on injecte dans le condenseur de la machine à vapeur (184).

CHAPITRE VI

ÉQUIVALENCE ENTRE LE TRAVAIL MÉCANIQUE ET LA CHALEUR

199. Apparition de chaleur, accompagnant la disparition d'une certaine quantité de force vive. — Pour faire concevoir la relation qui existe entre les phénomènes du mouvement et les phénomènes de la chaleur, prenons comme exemple la chute d'un corps de masse m, tombant d'une hauteur h et venant rencontrer un plan horizontal, *parfaitement rigide*, comme un plan de marbre.

Si l'on choisit d'abord, pour cette expérience, un corps *parfaitement élastique*, comme une bille d'ivoire, on le voit remonter sensiblement jusqu'à son point de départ, où il arrive avec une vitesse nulle. — Or, dans le mouvement de descente, le corps a *acquis*, au moment où il rencontre le plan rigide, une certaine vitesse v, et par suite une certaine force vive $\frac{1}{2}mv^2$. Cette force vive est égale, comme nous l'avons vu (18), au travail moteur de la force qui le sollicite, c'est-à-dire de son poids p ; l'expression de ce travail est ph : c'est un travail *dépensé*. — Dans le mouvement d'ascension, le corps est d'abord renvoyé par le plan rigide, avec une vitesse égale et contraire à sa vitesse primitive : il possède donc, à l'origine de ce mouvement de bas en haut, une force vive $\frac{1}{2}mv^2$, égale à celle qu'il possédait au moment de rencontrer ce plan. Or, il perd successivement toute cette force vive, en parcourant de bas en haut le même chemin h ; à cette *perte de force vive* correspond un *travail résistant* qui est encore représenté, en valeur absolue, par ph, c'est-à-dire égal en grandeur à celui qui avait été dépensé pendant la chute. — En résumé, pendant la descente, *dépense d'un travail moteur et apparition d'une force vive correspondante ;* pendant l'ascension, *disparition de cette force vive, et accomplissement d'un travail résistant correspondant.*

Si maintenant on répète la même expérience avec un corps *mou*, c'est-à-dire avec un corps qui, au lieu de rebondir, reste appliqué sur le plan, il semble qu'il y ait annulation de la force vive acquise pendant la chute, sans qu'il y ait production d'un travail résistant correspondant. — Mais, dans tous les cas de ce genre, outre la déformation qu'éprouve le corps, il se produit un nouveau phénomène, en apparence très différent des phénomènes de mouvement : il y a *dégagement de chaleur.* — Ainsi, quand une balle de fusil rencontre la plaque d'une cible, elle ne prend, après le choc, qu'une vitesse insensible en sens contraire; mais il se produit un dégagement de chaleur qui la rend brûlante. — Les boulets, quand ils sont tirés sur des plaques de blindage, éprouvent une élévation de température qui les porte à l'incandescence. — Dans l'exemple que nous avions choisi d'abord, d'un corps perdant par le choc la force vive qui lui avait été communiquée par la simple action de son poids, le dégagement de chaleur n'est bien manifeste que pour des hauteurs de chute assez considérables; cependant il peut être constaté déjà pour des hauteurs de 3 à 4 mètres.

200. Notion de l'équivalence, entre une quantité de chaleur et une quantité de force vive ou de travail. — Les phénomènes du *choc* ne sont pas les seuls où l'on constate une production de chaleur, accompagnant une perte de force vive ou de travail.

Le *frottement* des corps les uns contre les autres, en diminuant à chaque instant la vitesse dont ils étaient animés, développe de la chaleur. Le frottement du moyeu d'une roue contre l'essieu, quand l'essieu n'est pas suffisamment enduit de matière grasse, arrive à rendre le moyeu brûlant et peut même y mettre le feu. — On répète souvent, dans les Cours, l'expérience suivante, qui est due à M. Tyndall. Un tube métallique contenant de l'éther, et fermé par un bouchon, est disposé de manière qu'on puisse lui imprimer un mouvement de rotation rapide autour de son axe. Pendant ce mouvement, on serre fortement le tube entre deux plaques de bois : la chaleur dégagée par le frottement amène bientôt l'éther à une température telle, que le bouchon est chassé violemment par la force élastique de la vapeur.

Les phénomènes de *compression*, et en particulier la compression des gaz, donnent lieu à un dégagement de chaleur, que l'on utilise dans le briquet à air (39, *note*) ; dans cet exemple particulier, le dégagement de chaleur est le résultat de la dépense de travail qu'il a fallu effectuer pour mettre le piston en mouvement.

Inversement, l'observation d'une machine à vapeur en activité montre la *dépense* d'une certaine quantité de la chaleur produite par le combustible, s'accompagnant d'une *production* de force vive communiquée aux organes de la machine, ou d'un travail résistant effectué.

En présence de ces résultats, on a dû se demander si, dans tous ces phénomènes, si divers en apparence, il n'existe pas un rapport constant entre la *quantité de chaleur* produite ou dépensée, et la *quantité de force vive ou de travail* dépensée ou produite. — Nous allons indiquer quelques-unes des expériences qui ont permis d'arriver à ce résultat.

201. Transformation de travail en chaleur. — Expériences de M. Joule sur le frottement. — On doit à M. Joule, de Manchester, un grand nombre d'expériences dans lesquelles on a employé une quantité déterminée de travail, pour produire, par le frottement, une quantité de chaleur que l'on mesurait avec précision. Les parties principales de l'appareil sont les suivantes :

Deux masses de plomb M, M′ (*fig.* 129), de même poids P, suspendues à des cordons qui s'enroulent sur les axes B, B′ de deux poulies, sont

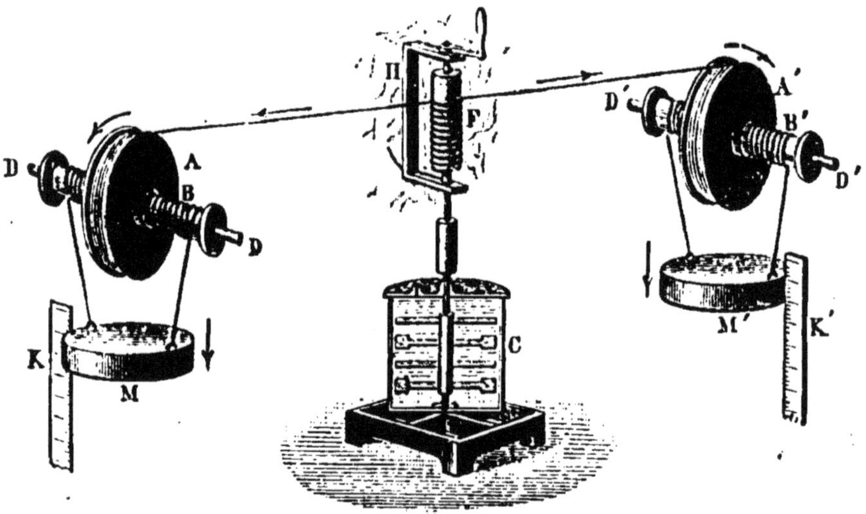

Fig. 129. — Expérience de Joule.

abandonnées sous l'action de la pesanteur : elles impriment un mouvement de rotation à ces deux poulies, dont les gorges portent des fils qui viennent s'enrouler sur le cylindre F, et l'entraînent dans leur mouvement; sur l'axe vertical autour duquel tourne le cylindre, sont montées des palettes de laiton, qui se meuvent au milieu d'une masse d'eau contenue dans un calorimètre C. — Le frottement de l'eau contre les palettes et contre la paroi du calorimètre a pour effet de diminuer la vitesse que les poids moteurs tendraient à imprimer au système : à cette perte de force vive correspond une élévation de température de l'eau et des pièces solides qui sont en contact avec elle, c'est-à-dire la production d'une certaine quantité de chaleur.

On évaluait la quantité de chaleur produite, en déterminant, au moyen d'un thermomètre très sensible, la température du calorimètre avant l'expérience, et ensuite la température du calorimètre après qu'on avait laissé descendre les poids depuis le point le plus haut de leur course jusqu'au sol (*). L'élévation de température permettait de déter-

(*) Pour rendre l'élévation de température plus sensible, on renouvelait l'expérience jusqu'à vingt fois. — Les frottements étaient augmentés par une

miner, au moyen des chaleurs spécifiques connues, la quantité de chaleur produite Q, évaluée en calories. — Le travail T, effectué pendant la chute des poids, était égal au produit de leur valeur totale 2P, évaluée en kilogrammes, par la hauteur de chute H, évaluée en mètres (*).

La moyenne des expériences effectuées par M. Joule donna, pour le rapport $\frac{T}{Q}$, le nombre 424,9. — En remplaçant l'eau par le mercure et le laiton par le fer, on trouva 425,4. — En remplaçant l'arbre à palettes par un anneau de fonte qui frottait sur un cône de fonte, on trouva 426,4. — Enfin, dans d'autres expériences, en exerçant sur une masse d'eau une pression qui la forçait à traverser un diaphragme d'argile poreuse, et observant l'échauffement produit, on obtint le nombre 425,0. — La concordance entre ces divers nombres est remarquable, eu égard aux difficultés pratiques d'expérimentation.

On peut donc affirmer que, dans les phénomènes de frottement, la *production* d'une quantité de chaleur égale à une calorie correspond à la *dépense* d'une quantité de travail constante, et exprimée, en nombre rond, par 425 kilogrammètres (**).

Ce nombre 425 est ce que nous nommerons *l'équivalent mécanique de la chaleur*, ou ce qu'on pourrait appeler plus correctement *l'équivalent mécanique de la calorie*. — Il nous reste à vérifier que la valeur de ce nombre reste encore la même dans des phénomènes d'un ordre inverse.

202. Transformation de la chaleur en travail. — Expériences de M. Hirn sur la machine à vapeur. — Considérons une machine à vapeur au moment où elle est arrivée à une période d'*activité régulière*, c'est-à-dire où la température maintenue dans la chaudière par le foyer demeure constante, et où il en est de même de la température maintenue dans le condenseur par l'injection de l'eau froide.

La mesure des dimensions du cylindre permet de connaître la quantité de vapeur qu'il reçoit, pour un nombre déterminé de coups de piston : par suite, connaissant aussi la température de la vapeur dans la chaudière, on en déduit la quantité de chaleur Q qui est con-

disposition qui consistait à placer, dans le liquide, des cloisons verticales fixes portant des ouvertures simplement suffisantes pour laisser passer les palettes.

(*) Ce travail n'avait pas été employé tout entier à produire l'échauffement du calorimètre, puisque chacun des poids P possédait, au moment où il venait rencontrer le sol, une certaine vitesse v, et perdait par le choc une certaine quantité de force vive. On mesurait la vitesse v du mouvement sensiblement uniforme des poids, un peu avant le choc ; en remarquant que la masse totale des deux poids est $\frac{2P}{g}$, on connaissait la force vive perdue par le choc, $\frac{P}{g}v^2$, qui devait être retranchée du produit 2PH.

(**) M. Favre et M. Hirn ont obtenu, par des procédés tout différents, des nombres qui s'écartent peu de ceux de M. Joule.

sommée, pendant un temps donné, pour transformer en vapeur l'eau empruntée au condenseur. — D'autre part, la mesure de la quantité d'eau froide qu'on doit injecter dans le condenseur pendant le même temps, pour y maintenir une température constante, donne en calories la quantité de chaleur Q' qui est absorbée par cette eau, c'est-à-dire abandonnée par la vapeur qui s'y condense. — Or, on trouve que la quantité Q' est toujours moindre que Q, c'est-à-dire que *la vapeur ne rapporte pas au condenseur toute la chaleur qu'elle avait prise à la chaudière.*

La perte de chaleur Q — Q' correspond au travail mécanique effectué pendant le même temps. — Pour mesurer ce travail, M. Hirn avait déterminé directement les valeurs de la pression exercée par la vapeur, à chacun des petits déplacements dans lesquels peut se décomposer la course du piston; le travail correspondant à chacun de ces déplacements s'obtenait en multipliant chacune de ces pressions par le déplacement correspondant : la somme de tous les termes ainsi formés donnait le travail pendant la durée d'une course, et par suite le *travail total* T, en kilogrammètres, pendant le temps considéré.

Les expériences de M. Hirn ont fourni, pour valeur moyenne du quotient $\frac{T}{Q - Q'}$ le nombre 413 : résultat dont l'accord avec ceux de M. Joule est plus grand qu'on n'aurait pu l'espérer, quand on songe aux difficultés de pareilles expériences.

203. Conclusions relatives à l'équivalent mécanique de la chaleur. – Sans multiplier davantage les exemples de déterminations numériques de l'*équivalent mécanique* de la chaleur, nous considérerons comme démontrées les deux conclusions suivantes :

1° Une certaine quantité de chaleur, consommée sans déterminer une élévation de température dans les corps auxquels cette quantité de chaleur a été fournie, produit une certaine quantité de travail résistant, savoir 425 kilogrammètres par calorie.

2° Une certaine quantité de travail moteur, dépensée sans effectuer aucun travail mécanique apparent, produit une certaine quantité de chaleur, savoir $\frac{1}{425}$ de calorie par kilogrammètre.

Cette *équivalence* entre la chaleur dépensée ou produite et le travail produit ou dépensé, doit être considéré comme un résultat expérimental, indépendant de toute idée théorique sur la nature de la chaleur.

LIVRE III

ÉLECTRICITÉ ET MAGNÉTISME

CHAPITRE PREMIER

I. — ÉLECTRISATION PAR FROTTEMENT. — PHÉNOMÈNES GÉNÉRAUX

204. Développement de l'électricité par le frottement. — Le frottement développe dans l'ambre jaune (ἤλεκτρον) la propriété d'attirer les corps légers, tels que des barbes de plume, de petits morceaux de papier, etc. — Cette propriété, connue des philosophes de l'antiquité, a été attribuée à une cause particulière, qui a reçu le nom d'*électricité*.

Dès le seizième siècle, on put constater que le même phénomène se produit avec le verre, le soufre, la résine, etc. ; mais un grand nombre d'autres corps, et en particulier les métaux, parurent d'abord incapables de s'électriser par le frottement.

205. Corps conducteurs. — Au commencement du dix-huitième siècle, une expérience célèbre de Gray vint montrer que la propriété électrique, communiquée par le frottement à un tube de verre, peut se transmettre à un bouchon qui ferme ce tube, à une tige de sapin plantée dans le bouchon, à une corde de chanvre attachée à la tige ; enfin à une boule d'ivoire ou de métal placée à l'extrémité de la corde. — On fut ainsi conduit à considérer l'électricité comme due à un fluide subtil, que le frottement développe sur les corps comme l'ambre ou le verre, et qui peut se répandre dans certains autres corps, tels que le bois, l'ivoire, les métaux, etc.

Nous donnerons le nom de *corps conducteurs* à ceux qui paraissent n'opposer à la propagation de l'électricité qu'une résistance insensible. — Le sol lui-même est conducteur, car si, après avoir constaté la propriété électrique dans un corps conducteur, on le met en communication avec le sol, il perd cette propriété. — Il en est de même si on le touche avec la main, ce qui prouve que le corps humain est également conducteur de l'électricité.

206. Tous les corps sont électrisables par frottement. — Il est maintenant facile de montrer que *tous les corps peuvent être électrisés par le frottement.* — Et d'abord, puisqu'une tige de verre, tenue à la main et frottée à son extrémité, ne manifeste la propriété électrique que dans les points frottés, c'est que l'électricité n'a pu se propager dans l'étendue de la tige, pour se répandre dans le corps de l'opérateur et dans le sol; en d'autres termes, le verre *n'est pas conducteur.* Il en est de même de la résine, et de tous les corps sur lesquels on peut, sans précaution particulière, manifester l'électricité développée par le frottement

Fig. 130.

Dès lors, pour savoir si les corps conducteurs, comme les métaux, peuvent être directement électrisés par le frottement, il est nécessaire de placer, entre eux et la main de l'opérateur, un corps *mauvais conducteur*, ou *isolant*, qui empêche l'électricité, si elle vient à se développer, de se perdre dans le sol. Or, si l'on frotte un cylindre métallique A (*fig.* 130), en le tenant par un manche de verre M, on constate que le métal acquiert la propriété d'attirer les corps légers. — En général, *tous les corps sont électrisables par le frottement*, mais les corps conducteurs ne peuvent donner de signes d'électrisation que s'ils sont isolés du sol par un corps mauvais conducteur.

L'air est mauvais conducteur : si l'air n'était pas isolant, l'électricité ne pourrait être maintenue à la surface des corps, et les phénomènes électriques nous seraient inconnus. — Cependant, l'air devient notablement conducteur lorsqu'il est humide, ce qui rend parfois les expériences d'électricité difficiles à réaliser.

Fig. 131.
Pendule électrique.

207. Distinction des deux électricités. — Un des corps légers qu'il est le plus commode d'employer, pour l'étude des propriétés des corps électrisés, est le *pendule électrique :* c'est une petite balle de sureau A (*fig.* 131), isolée par un fil de soie E fixé lui-même à un support de verre C.

Si, après avoir frotté un bâton de résine, on l'approche de la balle de sureau, on constate qu'elle est attirée, vient toucher la résine, et est ensuite *repoussée;* or le sureau, corps conducteur, a pris une partie de l'électricité de la résine; cette expérience montre donc que deux corps chargés de l'électricité de la résine se repoussent. — Pendant que le sureau est ainsi électrisé, frottons un bâton de verre et approchons-le du pendule : la balle est *attirée*. Donc l'électricité du verre n'est pas identique à celle de la résine. Nous donnerons à ces deux électricités différentes les noms d'électricité *vitrée* et d'électricité *résineuse*.

Nous pouvons reprendre cette série d'expériences, en opérant avec les deux mêmes corps dans un ordre inverse. — Nous toucherons d'abord la balle de sureau avec la main, pour conduire dans le sol l'électricité qu'elle avait reçue. Nous en approcherons alors le bâton de verre électrisé : la balle de sureau viendra toucher le verre, et, après lui avoir pris une partie de son électricité, elle sera *repoussée ;* donc deux corps chargés d'électricité vitrée se repoussent, aussi bien que deux corps chargés d'électricité résineuse. — Au contraire, la balle ainsi chargée d'électricité vitrée est *attirée* par la résine.

On peut constater enfin que, si l'on prend un corps quelconque, électrisé par frottement, et si on le présente successivement à deux pendules, dont l'un aura été chargé d'électricité vitrée et l'autre d'électricité résineuse, ce corps exerce toujours une répulsion sur l'un de ces pendules et une attraction sur l'autre, c'est-à-dire qu'il manifeste toujours soit les propriétés de l'électricité vitrée, soit les propriétés de l'électricité résineuse. — Il n'y a donc pas lieu de distinguer une troisième électricité, et les deux dénominations précédentes suffisent pour caractériser la nature de toutes les charges électriques.

De l'ensemble de ces expériences nous pouvons donc tirer les conclusions générales suivantes :

1° *Il y a deux espèces d'électricité, et deux seulement.*

2° *Deux corps chargés d'une même électricité se repoussent.*

3° *Deux corps chargés d'électricités contraires s'attirent.*

Cependant les expressions d'électricité *résineuse* et d'électricité *vitrée* semblent faire dépendre la nature de l'électricité développée dans un corps, par le frottement, de la nature de ce corps lui-même : or l'expérience montre qu'un même corps peut prendre l'une ou l'autre électricité, selon les circonstances. Ainsi le verre poli prend l'électricité vitrée, s'il est frotté avec une étoffe de laine ; il prend l'électricité résineuse, s'il est frotté avec une peau de chat. Aussi remplacerons-nous ces expressions par celles d'électricité *positive* et électricité *négative*. — Ces dénominations n'auront pour nous qu'une signification purement conventionnelle.

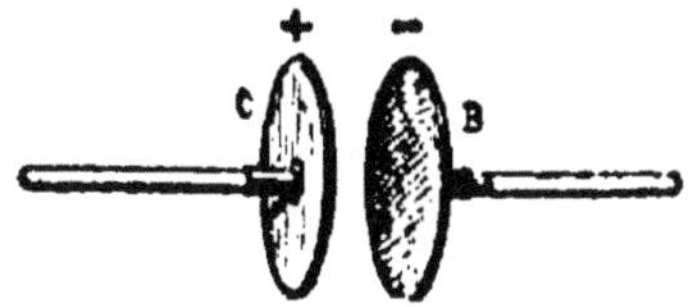

Fig. 132.

208. Deux corps frottés l'un contre l'autre acquièrent des électricités contraires. — Lorsqu'on frotte l'un contre l'autre deux corps bien isolés, par exemple un plateau de verre C (*fig.* 132) et un plateau de bois B couvert d'une étoffe de laine, ces plateaux étant supportés tous deux par des manches de verre, on constate, en les approchant ensuite d'un pendule électrisé, que le premier est chargé d'électricité positive et le second d'électricité négative. — On obtient des résultats analogues, quels que soient les corps qu'on frotte l'un contre l'autre, pourvu qu'ils soient isolés.

209. Hypothèse des deux fluides. — Etat neutre. — Les résultats précédents ont conduit le physicien anglais Symmer à une hypothèse qui permet de relier entre eux les divers phénomènes d'une manière particulièrement simple. — Cette hypothèse consiste à admettre qu'il existe, dans tous les corps, deux fluides différents, le *fluide positif* et le *fluide négatif*: les molécules de fluides de même nom se repoussent entre elles, et attirent les molécules du fluide contraire.

Lorsqu'un corps n'est pas électrisé, on admet qu'il contient, dans tous ses points, les deux fluides en quantités égales, de sorte que les actions contraires de ces fluides sur les fluides extérieurs ne peuvent se manifester; on dit alors que le corps est à *l'état neutre*.

Dans cette théorie, le frottement de deux corps l'un contre l'autre accumule le fluide positif dans l'un, le fluide négatif dans l'autre, en sorte que, après la séparation, l'un des corps manifeste d'une manière prédominante les propriétés du fluide positif; l'autre, les propriétés du fluide négatif. — Quant à l'interprétation de l'attraction qui se produit entre les corps à l'état neutre et les corps électrisés, elle sera donnée plus loin (218).

II. — LOIS DES ACTIONS ÉLECTRIQUES. — DISTRIBUTION DE L'ÉLECTRICITÉ. — DÉPERDITION

210. Énoncé des lois des attractions et des répulsions électriques. — Coulomb a étudié, par des expériences précises, les lois suivant lesquelles varient les actions attractives ou répulsives, entre deux petites sphères électrisées, quand on fait varier, soit leur distance, soit leurs charges. — Voici les résultats de ces expériences.

Lorsque les deux sphères chargées d'une même électricité sont placées successivement à différentes distances, *les forces répulsives sont en raison inverse des carrés des distances.*

Supposons maintenant qu'on ait d'abord mesuré la force répulsive qui s'exerce, à une certaine distance, entre deux petites sphères conductrices, chargées d'une même électricité : si l'on vient à enlever à l'une d'elles la moitié de sa charge, en la touchant avec une autre sphère égale, on constate que la force répulsive, *à la même distance*, devient moitié moindre. Si l'on enlève également à l'autre sphère la moitié de sa charge, la force répulsive est encore diminuée de moitié, c'est-à-dire qu'elle devient, à la même distance, quatre fois moindre qu'elle n'était au commencement. — D'une manière générale, *les forces répulsives, exercées à une même distance, sont proportionnelles aux produits des charges électriques des deux sphères.*

Les mêmes lois sont applicables aux *forces attractives* développées entre des sphères chargées d'électricités contraires.

211. L'électricité se porte à la surface des corps conducteurs. — Prenons une sphère métallique A (*fig.* 133), isolée par un fil de soie ou par un pied de verre, et deux hémisphères métalliques creux B, C, qui peuvent s'appliquer exactement sur la sphère, et qu'on maintient par des manches de verre. — Électrisons la sphère A, en la mettant en communication avec la machine électrique, et couvrons-la ensuite avec les hémisphères : en retirant les hémisphères et les approchant d'un pendule électrique, nous constaterons qu'ils sont électrisés, tandis que la sphère a perdu son électricité. L'électricité s'était donc portée to.' entière *à la surface* du système formé par la sphère et par les · cux calottes métalliques qui la couvraient.

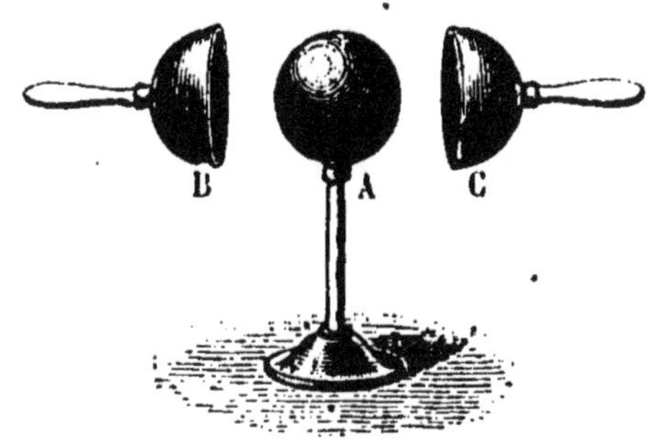

Fig. 133.

212. Influence de la forme d'ɔs corps conducteurs sur la distribution de l'électricité à leur surface. — Pour étudier la distribution de l'électricité à la surface des corps conducteurs de diverses formes, on emploie un *plan d'épreuve*, c'est-à-dire un petit disque de clinquant, isolé au bout d'une longue tige de gomme laque P (*fig.* 134). Lorsqu'on touche avec le plan d'épreuve un point quelconque d'un corps conducteur électrisé, le disque prend une quantité d'électricité proportionnelle à celle qui se trouvait en ce point; comme d'ailleurs il a toujours une surface très petite par rapport à celle des corps sur lesquels on opère, ce contact ne modifie pas sensiblement la charge des autres points. — Si donc on touche successivement, avec un même plan d'épreuve, deux points M et N d'un conducteur isolé et électrisé (*fig.* 134), et si l'on détermine, à chaque fois, les valeurs de la force répulsive que le plan

Fig. 134.

d'épreuve exerce, *à une distance constante*, sur une petite sphère contenant une charge *constante* de la même électricité, ces forces répulsives seront proportionnelles aux charges des points touchés. — Telle a été la méthode employée par Coulomb, pour étudier la distribution de l'électricité à la surface de corps conducteurs de formes diverses.

On constate ainsi, par exemple, que, sur une *sphère*, la quantité d'électricité est la même en tous les points de la surface; résultat évident *a priori*, par raison de symétrie.

Sur un disque circulaire, l'électricité s'accumule vers les bords.

Sur un *ellipsoïde* (*fig.* 134), les quantités d'électricité accumulées aux extrémités des axes sont proportionnelles aux longueurs de ces axes.

213. L'électricité tend à se perdre par les pointes. — D'après ce qui précède, on peut prévoir que, si le grand axe d'un ellipsoïde s'allonge indéfiniment par rapport aux autres, c'est-à-dire si le corps se termine par une pointe, l'électricité doit s'accumuler presque tout entière vers cette extrémité. — Or, en général, les diverses parties du fluide accumulé à la surface d'un corps exercent les unes sur les autres une répulsion, en vertu de laquelle le fluide tend à s'échapper dans l'air : à l'extrémité d'une pointe, cette *tension* doit devenir capable de vaincre la résistance de l'air, et l'électricité doit s'échapper dans l'air qui entoure la pointe.

C'est ce que l'on peut constater en adaptant, sur une machine électrique qui fonctionne régulièrement, une pointe métallique : la machine perd rapidement toute sa charge. — C'est pourquoi on a toujours soin de limiter par des surfaces arrondies les corps conducteurs dans lesquels on veut conserver l'électricité.

L'écoulement de l'électricité par une pointe, placée sur une machine électrique en activité, se manifeste par une aigrette lumineuse, visible dans l'obscurité. — En outre, comme l'air environnant se charge alors de la même électricité que la pointe, il se produit une répulsion entre la pointe et l'air. En plaçant la main près de l'extrémité de la pointe, on sent un courant d'air très vif; si on présente la flamme d'une bougie à ce courant d'air (*fig.* 135), on le voit courber la flamme et souvent l'éteindre.

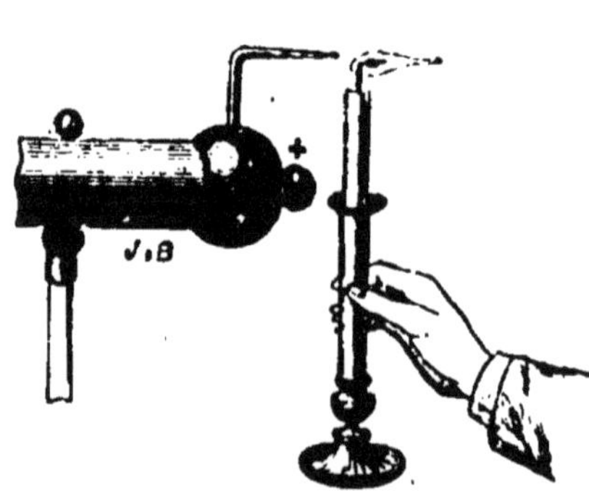

Fig. 135. — Écoulement de l'électricité par une pointe.

Si la pointe est mobile, et qu'elle puisse obéir à la force répulsive qui s'exerce entre elle et l'air électrisé environnant, on la voit se mouvoir en sens inverse : ce sont là les conditions réalisées dans le *tourniquet électrique*. Cet appareil se compose de plusieurs tiges métalliques horizontales, terminées par des pointes courbées dans le même sens; le système de ces tiges est mobile sur un pivot métallique, qui est mis en communication avec la machine électrique. L'appareil se met en mouvement, en sens inverse de la direction des pointes, c'est-à-dire dans le sens des flèches (*fig.* 136).

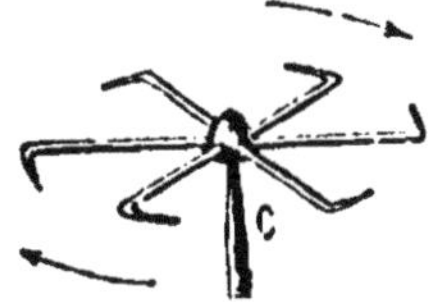

Fig. 136. Tourniquet électrique.

214. Notions générales sur la déperdition de l'électricité. — Lorsqu'on mesure, même grossièrement, l'action exercée par un corps électrisé sur un pendule électrique, on constate que cette action va peu à peu en diminuant : c'est-à-dire que le corps éprouve une *déperdition* successive d'électricité.

La déperdition est due, en général, à plusieurs causes qui agissent simultanément.— D'une part, le verre, la gomme laque, la résine, dont on se sert comme isolants, ne sont pas absolument dépourvus de conductibilité. — D'autre part, les couches d'air qui environnent un corps électrisé s'électrisent au contact, puis sont repoussées, et cèdent leur place à d'autres couches, qui emportent à leur tour une nouvelle quantité d'électricité. — Enfin, l'air possède lui-même une certaine conductibilité, même lorsqu'il est sec; quand il est humide, la conductibilité augmente avec l'état hygrométrique.

III. — DÉVELOPPEMENT D'ÉLECTRICITÉ PAR INFLUENCE

215. Expérience fondamentale. — Il se produit un développement d'électricité *par influence*, dans un corps primitivement à l'état naturel, toutes les fois que ce corps est mis en présence d'un corps électrisé, placé à une certaine distance.

Fig. 137. — Développement d'électricité par influence.

Soit un cylindre métallique BC (*fig.* 137) et une sphère A, portés l'un et l'autre par des pieds de verre. Chacune des extrémités du cylindre BC porte un couple de petits pendules, formés de balles de sureau suspendues à des fils conducteurs de lin. — Si la sphère A a été chargée, par exemple, d'électricité positive, dès qu'on la met en présence du cylindre, on voit les pendules de chaque couple s'écarter l'un de l'autre. Il y a donc, dans chacune des moitiés B et C du cylindre, développement d'électricité. Pour déterminer la nature des électricités développées, on constate qu'un bâton de résine, chargé d'électricité négative et approché *lentement* des pendules de l'extrémité B, les repousse ; on constate ensuite qu'un bâton de verre, chargé d'électricité positive et approché *lentement* des pendules de l'extrémité C, les repousse également (*). — Donc, des deux électricités dont la réunion constituait l'état neutre, l'électricité *négative*, attirée par A, s'est accumulée vers l'extrémité B; l'électricité *positive*, repoussée par A, s'est accumulée vers l'extrémité C. — Entre ces deux régions, chargées d'électricités contraires, se trouve une ligne neutre.

Il est aisé de voir que la décomposition du fluide neutre de BC doit être *limitée*. Considérons une molécule négative située sur la ligne neutre; elle est sollicitée à se mouvoir vers la gauche, par l'attraction de la sphère A, électrisée positivement; mais, d'autre part, elle est sollicitée en sens inverse : 1° par la répulsion du fluide négatif déjà accumulé sur B; 2° par l'attraction du fluide positif de C. — Ce serait l'inverse pour une molécule positive située sur la ligne neutre. — Il résulte de là que les molécules positives et négatives de la ligne neutre seront en équilibre, dès que les quantités d'électricité développées en B et en C auront atteint une certaine limite.

Dans cette expérience, on dit que la sphère est le corps *influent* ou *inducteur;* le cylindre est le corps *influencé* ou *induit.*

L'expérience étant ainsi faite, éloignons la sphère A : on voit les deux couples de pendule retomber. Le cylindre revient donc à l'état neutre dès que, l'influence de la sphère étant supprimée, les électricités contraires se réunissent sous l'action de leurs attractions mutuelles.

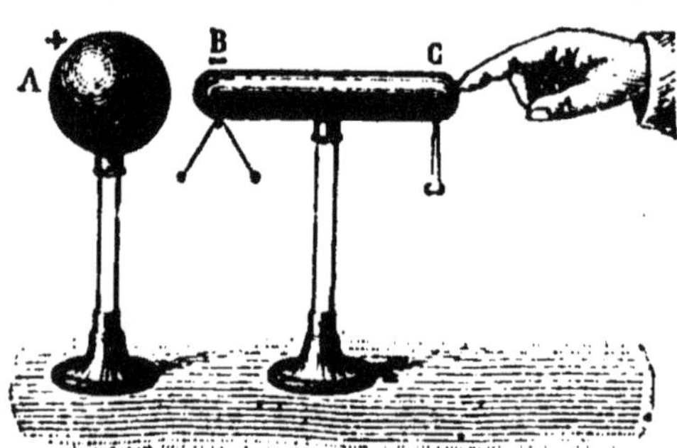

Fig. 138. — Cas où le corps influencé est mis en communication avec le sol.

216. Cas où le corps influencé est mis en communication avec le sol.— Si, laissant la sphère influente A en présence du cylindre, on met l'extrémité C du cylindre en communication avec le sol, en la touchant avec le doigt (*fig.* 138), on voit les pendules de cette extrémité retomber; au contraire, les pendules de l'extrémité B divergent un peu plus qu'auparavant. — On comprend, en effet, que l'électricité positive repoussée a dû être conduite dans le sol. L'électricité négative a été maintenue en B par l'attraction de la sphère : elle s'est

(*) On verra plus loin (218, *Rem.*) pourquoi il est nécessaire que le bâton de résine et le bâton de verre soient approchés *lentement* des pendules sur lesquels ils doivent agir par répulsion.

même accrue de celle qui provient de l'action exercée par la sphère sur le corps de l'opérateur, et en général sur le système des corps conducteurs qui font communiquer le cylindre avec le sol.

Enfin, si l'on supprime la communication avec le sol, et qu'on éloigne ensuite la sphère, l'électricité négative du cylindre se répand sur toute sa surface. On voit alors les deux couples de pendules diverger (*fig.* 159) : mais on peut constater, en approchant lentement un bâton de résine électrisé, qu'ils sont chargés d'une même électricité, l'électricité négative, c'est-à-dire *d'une électricité contraire à celle de* A.

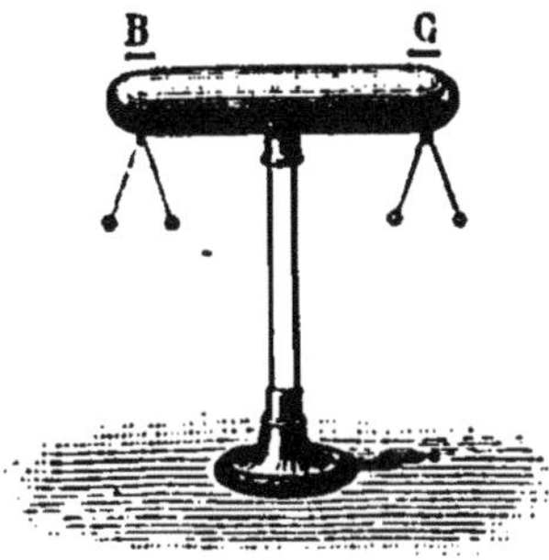

Fig. 159. — Résultat final.

Remarque. — L'expérience donnerait encore le même résultat si, au lieu de mettre le point C en communication avec le sol, on touchait *un autre point quelconque* du cylindre, et *même le point* B *qui est le plus voisin de* A. — C'est ce dont on peut se rendre compte, en remarquant que le cylindre, le corps de l'opérateur et le sol forment toujours un système de corps conducteurs, dans lequel la sphère A attire l'électricité négative vers les points les plus voisins d'elle, et repousse l'électricité positive dans le sol. Quand on vient à supprimer la communication, le cylindre doit donc rester toujours chargé d'une électricité *contraire à celle du corps influent.*

217. Étincelle électrique. Communication de l'électricité à distance. — Dans les expériences qui précèdent, lorsque la sphère est en présence du cylindre, l'attraction, exercée entre l'électricité positive de A et l'électricité négative induite en B, tend à réunir ces deux électricités : dès lors, si l'on rapproche progressivement la sphère, on conçoit que l'attraction puisse, à un certain moment, devenir suffisante pour déterminer la combinaison brusque des électricités contraires, au travers de l'air. Cette combinaison, s'effectuant avec lumière et avec bruit, constitue le phénomène de l'*étincelle.*

Ainsi, quand on approche la main d'une machine électrique chargée, par exemple, d'électricité positive, l'électricité négative du corps de l'expérimentateur est attirée vers l'extrémité de la main, tandis que l'électricité positive est repoussée dans le sol. Si la distance est suffisamment petite, il éclate une étincelle; la machine perd une partie de sa charge : c'est ce qu'on appelle une *décharge électrique.*

Quand l'étincelle jaillit entre une machine électrique, chargée positivement, et un conducteur *isolé* par un pied de verre, l'électricité négative, développée par influence, se combine avec une quantité égale d'électricité positive de la machine, et le conducteur reste chargé d'une quantité égale d'électricité positive. — L'étincelle constitue donc une sorte de *communication de l'électricité à distance*, semblable à celle qui se produirait si les corps avaient été mis directement en contact.

218. Explication des mouvements produits par les corps électrisés sur les corps légers. — C'est encore par le développement de l'électricité par influence qu'on explique les mouvements imprimés aux corps légers par les corps électrisés.

Considérons, par exemple, un bâton de verre V (*fig.* 140), chargé d'électricité positive, que l'on présente à une balle de sureau BC suspendue à un fil de soie, et prise *à l'état naturel.* — Le sureau étant conducteur, son électricité neutre est décomposée ; l'électricité négative s'accumule dans la région B, et l'électricité positive dans la région C. Or l'attraction qui s'exerce entre l'électricité positive du verre et l'électricité négative de la balle est supérieure à la répulsion exercée par le verre sur l'électricité positive de la balle, puisque cette attraction s'exerce à une distance moindre : elle doit donc tendre à mettre la balle en mouvement vers le bâton de verre.

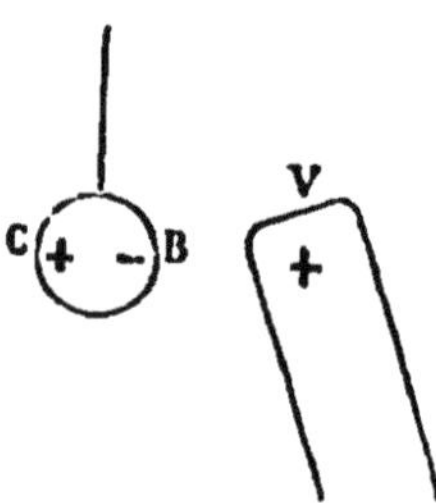

Fig. 140.
Attraction d'un corps léger par un corps électrisé.

Si maintenant on présente le bâton de verre à une balle de sureau, préalablement chargée d'électricité négative, il y a *attraction ;* si on le présente à une balle de sureau chargée d'électricité positive, il y a *répulsion.* — Ce sont les faits fondamentaux qui nous ont servi à établir la distinction entre les deux électricités (207) : ces mouvements montrent simplement que les corps peuvent être entraînés par les actions réciproques des fluides qui se trouvent à leur surface,

Remarque. — Il est essentiel de remarquer que deux corps préalablement chargés *d'électricités de même nom* peuvent agir l'un sur l'autre par *attraction*, quand l'un d'eux est fortement chargé et quand la distance qui les sépare est suffisamment petite : c'est là encore un phénomène d'influence. — Prenons, par exemple, un bâton de verre fortement chargé d'électricité positive, et présentons-le à une balle de sureau qui aura été électrisée positivement. Si la distance est d'abord assez grande, l'action exercée entre les électricités de même nom se manifestera par une *répulsion* de la balle. Mais, si l'on approche davantage, l'électricité neutre qui reste encore dans la balle sera décomposée par influence : à une distance suffisamment petite, ce seront les effets de cette décomposition qui deviendront manifestes, et qui produiront une *attraction* de la balle. — De là, la nécessité d'approcher *lentement* les corps les uns des autres, dans toutes les expériences où l'on a pour but de décider, par le sens du mouvement observé, si ces corps sont chargés d'une même électricité ou d'électricités contraires. Si on les approchait trop brusquement, on pourrait n'observer qu'une attraction, alors même que les corps seraient chargés d'une même électricité.

219. Expériences de la grêle électrique et du carillon électrique. — Les expériences suivantes s'expliquent immédiatement, par le développement de l'électricité par influence.

Pour l'expérience de la *grêle électrique*, on prend une tige métallique, fixée dans une cloche de verre qui repose elle-même sur un plateau métallique (*fig.* 141). Sur le plateau, sont placées de petites balles de sureau. On fait communiquer la tige avec la machine électrique. — La tige se charge d'électricité positive ; le plateau, qui était d'abord à l'état neutre, se charge, par influence, d'électricité négative, son électricité positive s'écoulant dans le sol. Les balles de sureau placées sur le plateau sont donc électrisées négativement : elles sont repoussées par le plateau, et attirées par la tige. Mais, dès qu'elles sont venues toucher la tige, elles se chargent d'électricité positive, sont repoussées par la tige et attirées par le plateau, et ainsi de suite (*).

Fig. 141. — Grêle électrique.

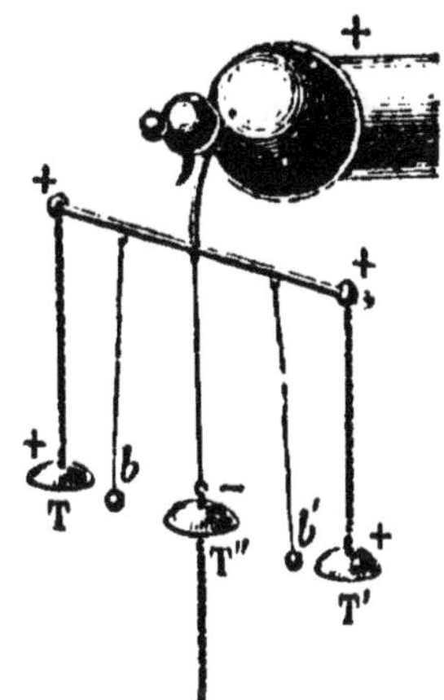

Fig. 142. — Carillon électrique.

Pour l'expérience du *carillon électrique*, on suspend à la machine électrique une tige métallique horizontale (*fig.* 142), à laquelle sont suspendus, par de petites chaînes métalliques, deux timbres T, T′ : entre ceux-ci est un autre timbre T″, suspendu par un fil de soie, et communiquant avec le sol par une chaîne métallique : dans les intervalles des timbres sont de petites balles métalliques *b*, *b′* suspendues par des fils de soie. — Lorsqu'on fait fonctionner la machine, les timbres T, T′ se comportent comme la tige dans l'expérience précé-

(*) C'est par des effets de ce genre que Volta a expliqué le bruissement qui se produit dans la région des nuages, avant la chute de la grêle. D'après Volta, les grêlons, avant leur chute, sont animés de mouvements de va-et-vient, entre des nuages chargés d'électricités contraires ; ils s'entre-choquent avec bruit, et ce sont ces frottements mutuels qui leur donnent leurs formes arrondies.

dente; le timbre T″ se comporte comme le plateau; les balles *b* et *b′* vont alternativement d'un timbre à l'autre, et il se produit ainsi un carillon continu, tant que la machine est en activité.

IV. — ÉLECTROSCOPES. — NOTION DU POTENTIEL

220. Électroscope à feuilles d'or. — On donne le nom général d'*électroscopes* aux appareils qui servent : 1° à reconnaître si un corps est électrisé; 2° à déterminer la nature de son électricité.

Le pendule électrique (*fig.* 131) peut servir d'électroscope; mais l'électroscope à feuille d'or possède une sensibilité beaucoup plus grande. — Cet instrument se compose d'une tige métallique BB′ (*fig.* 143), portant à sa partie inférieure deux petites feuilles d'or, *a*, *b*, et fixée dans la tubulure d'une cloche de verre C. L'air intérieur est maintenu sec par des fragments de chlorure de calcium

1° L'instrument étant à l'état naturel, si l'on approche de la boule B un corps électrisé, on observe une divergence des feuilles. On comprend, en effet, qu'il y a, dans la tige, développement d'électricité par influence : l'électricité repoussée par le corps influent, s'accumule dans les feuilles d'or, et, détermine entre elles une répulsion (*). — Si l'on éloigne le corps, la divergence des feuilles cesse; l'expérience ainsi faite sert donc uniquement à constater que le corps *était électrisé*.

Fig. 143.
Électroscope à feuilles d'or.

2° Pour savoir de *quelle électricité* un corps est chargé, on charge préalablement l'électroscope *d'une électricité connue*. — Pour cela, on approche, par exemple, de l'instrument un bâton de résine électrisé négativement et l'on touche du doigt le bouton B; l'électricité positive de la tige et des feuilles d'or, attirée par la résine, est maintenue en B, tandis que l'électricité négative est repoussée dans le sol (216, *Rem.*) Pendant cette opération, les feuilles d'or deviennent verticales; mais, si l'on enlève le doigt, et qu'on éloigne ensuite le bâton de résine, elles divergent, parce qu'une partie de l'électricité positive, primitivement retenue en B, se répand sur la tige

(*) Les feuilles elles-mêmes agissant par influence sur les petites colonnes métalliques *c*, *d*, sont attirées par elles, et la sensibilité de l'instrument est ainsi augmentée.

et sur les feuilles. L'instrument reste ainsi chargé d'électricité positive, c'est-à-dire d'une électricité *contraire à celle du corps qu'on a employé pour le charger*. — L'électroscope étant ainsi chargé d'une électricité connue, et, dans le cas actuel, d'électricité positive, on approche *lentement* de la boule B le corps qui est l'objet de l'expérience S'il détermine un rapprochement des feuilles d'or, c'est qu'il attire une partie de leur électricité dans la boule: on en conclut que le corps est chargé d'électricité négative. Si, au contraire, il augmente la divergence, c'est qu'il repousse dans les feuilles une partie de l'électricité répandue sur la tige; on en conclut que le corps est chargé d'électricité positive.

221. Notion du potentiel électrique. — Pour se faire une idée de la modification qu'éprouve l'état électrique d'un corps par l'addition d'une certaine quantité d'électricité, on peut assimiler le phénomène à l'addition d'une certaine quantité de liquide dans un réservoir, addition qui produit une élévation du niveau primitif; de même, on peut dire que l'addition d'une certaine quantité d'électricité à un corps conducteur produit un accroissement du *niveau électrique* de ce corps. — Deux réservoirs étant mis en communication, il ne peut passer de liquide de l'un dans l'autre que s'ils présentent une différence de niveau; de même, il ne peut y avoir passage d'électricité d'un conducteur à un autre, relié au premier par un fil métallique fin, que s'il existe entre ces deux conducteurs une *différence de niveau électrique*.

On peut encore assimiler les phénomènes électriques aux phénomènes de la chaleur. — L'addition d'une certaine quantité de chaleur à un corps lui fait éprouver une élévation de température : on peut dire que l'addition d'une certaine quantité d'électricité, à un corps conducteur, produit un accroissement de sa *température électrique*. — Il ne peut y avoir transmission de chaleur d'un corps à un autre, que s'ils présentent une différence de température; de même, il ne peut y avoir transmission d'électricité d'un conducteur à un autre, que s'il existe entre eux une *différence de température électrique*.

Ces différences d'état électrique, assimilables à des différences de niveau ou à des différences de température, constituent ce que nous appellerons des *différences de potentiel électrique*.

222. Mesure des potentiels. — Un même plan d'épreuve, mis successivement en contact avec les divers points d'un conducteur électrisé, acquiert généralement des charges différentes; c'est la mesure de ces charges qui permet d'étudier la *distribution* de l'électricité sur le corps (212). — Au contraire, si on relie un point quelconque du conducteur électrisé, par l'intermédiaire d'un fil métallique fin, avec une petite sphère conductrice isolée, assez éloignée pour qu'elle ne puisse éprouver aucune action d'influence, on constate que la petite sphère prend toujours la même charge. — Cette petite sphère remplit donc ici le rôle d'une sorte de thermomètre : elle indique, par la grandeur de la charge qu'elle acquiert, la *température électrique* ou le *potentiel* du point avec lequel elle est en communication. Puisque la charge prise par la sphère est toujours la même, on en doit conclure qu'il n'y a, entre les divers points du conducteur, *aucune différence de potentiel*. — S'il en était autrement, l'équilibre ne pourrait exister; l'électricité se déplacerait du point où le niveau électrique est le plus élevé vers le point où il est le moins élevé.

Le potentiel devra être considéré comme *positif* ou *négatif*, selon que la sphère prendra une charge *positive* ou *négative*; enfin, par définition, le potentiel du conducteur sera *nul*, lorsqu'il ne transmettra aucune charge à la sphère. — La sphère, mise en communication avec le sol, n'acquiert aucune charge électrique : la surface du sol est donc au potentiel *zéro*.

223. Électromètres. — On désigne sous le nom d'*électromètres*, des appareils qui servent à comparer les potentiels des corps électrisés. — Pour transformer l'électroscope à feuilles d'or en un électromètre, il suffira de placer derrière les feuilles d'or un cadran divisé, sur lequel on pourra mesurer la divergence des feuilles. La boule de l'électroscope étant mise en communication, par un fil métallique long et fin, avec le conducteur étudié, la charge que prendra l'appareil sera, par définition, proportionnelle au potentiel du conducteur. D'autre part, tant que la divergence des feuilles ne dépasse pas quelques degrés, on peut la considérer comme proportionnelle à la charge ; dès lors, on pourra prendre l'angle d'écart des feuilles d'or comme mesure de la valeur du potentiel du conducteur. — Pour déterminer le signe de ce potentiel, il suffira de déterminer la nature de la charge de l'électroscope, au moyen d'un bâton de résine électrisé.

224. Capacités électriques. — La variation de potentiel qu'éprouve un conducteur déterminé, par l'addition d'une certaine quantité d'électricité, dépend évidemment de cette quantité ; mais elle dépend aussi d'un autre élément, qu'on appelle la *capacité électrique* du conducteur. — C'est ce dont on peut encore se rendre compte par la comparaison avec les phénomènes de l'hydrostatique ou de la chaleur.

Une même quantité de liquide, introduite dans deux réservoirs de *capacités* différentes, donne lieu à des accroissements de niveau différents. — Une même quantité de chaleur, absorbée par deux corps différents, donne lieu, en général, à des accroissements de température différents : ces accroissements sont inversement proportionnels aux *capacités calorifiques* de ces corps. Si l'on désigne par q la quantité de chaleur absorbée ou cédée par un corps, par v la variation de température, et par C la capacité calorifique de ce corps, on a (193) :

$$q = Cv; \qquad \text{d'où} \qquad v = \frac{q}{C}.$$

Semblablement, une même quantité d'électricité, ajoutée à deux conducteurs différents, leur fait généralement éprouver des accroissements de potentiel différents. — Nous appellerons *capacité électrique* d'un conducteur, *la quantité d'électricité nécessaire pour lui faire éprouver un accroissement de potentiel égal à l'unité.* — Si l'on désigne par C la capacité électrique d'un conducteur déterminé, l'accroissement de potentiel V, dû à un accroissement Q de la charge, sera représenté par l'expression :

$$V=\frac{Q}{C}.$$

Il y a cependant une différence essentielle entre la capacité calorifique et la capacité électrique. — La capacité calorifique d'un corps, numériquement égale au produit pc de sa masse par la chaleur spécifique de la substance dont il est formé, dépend de la nature du corps et de sa masse. — Au contraire, l'expérience montre que la capacité électrique d'un conducteur, soustrait à toute influence électrique, dépend uniquement de la forme et des dimensions de sa surface extérieure. Enfin, si le corps est à proximité d'autres conducteurs, en sorte qu'il puisse se produire des actions d'influence, sa capacité électrique varie, comme nous le verrons (229), avec la forme et la position des conducteurs voisins; ce n'est donc plus une quantité constante, caractéristique du corps lui-même.

V. — MACHINES ÉLECTRIQUES.

225. Sources électriques. — On appelle *source électrique*, un système de corps capable de produire de l'électricité, de manière à arriver à un potentiel déterminé, et capable en même temps de reproduire l'électricité qui pourra lui être enlevée, de manière à se rétablir toujours à ce même potentiel (*).

Les *machines électriques*, que nous allons étudier dans ce chapitre, sont des sources électriques, en ce sens qu'elles peuvent reproduire l'électricité qu'on leur emprunte; mais cette reproduction ne se fait pas instantanément : elle exige une dépense successive de travail, consommé pour produire le mouvement de la machine. — Le *débit* d'une machine déterminée, c'est-à-dire *la quantité d'électricité qu'elle peut reproduire dans l'unité de temps*, est d'autant plus grand que la vitesse du mouvement est plus considérable.

(*) Le sens attribué ici à l'expression de *source électrique* est d'accord avec celui qu'on donne au mot source, en général. — Une source d'eau est une masse d'eau arrivant à un niveau déterminé, et se rétablissant toujours *à ce même niveau*, malgré les emprunts qui peuvent lui être faits.

Les *piles*, que nous étudierons plus loin (chap. III), sont des sources électriques plus parfaites que les machines : elles reproduisent instantanément l'électricité qu'on leur emprunte.

Il est essentiel de remarquer enfin que, quelle que soit la cause de la production de l'électricité dans une source en général, cette électricité provient toujours de la décomposition du fluide neutre : par suite, une source quelconque ne peut produire d'électricité positive, qu'à la condition de produire une égale quantité d'électricité négative. Ces deux électricités se porteront dans deux régions distinctes, que nous appellerons les *pôles* de la source. — Toute machine électrique sera donc capable de débiter de l'électricité positive, par son pôle positif, et de l'électricité négative, par son pôle négatif.

226. Machine électrique ordinaire. — La machine électrique ordinaire, ou *machine de Ramsden* (*fig.* 141) se compose de deux parties :

1° Un plateau de verre circulaire PP′, qu'on fait tourner autour de son centre au moyen d'une manivelle G : pendant ce mouvement, le plateau passe entre deux paires de coussins fixes, BB, B′B′, qui l'électrisent par frottement;

2° Des cylindres métalliques, C,C′, qui sont isolés par des pieds de verre, et qui constituent le *collecteur* de la machine; ces cylindres portent, à leurs extrémités voisines du plateau, deux fers à cheval métalliques ou *mâchoires*, F, F′, qui embrassent le plateau et qui sont garnis de pointes tournées du côté du verre.

Considérons, pendant la rotation, les points du plateau qui viennent de franchir l'une des paires de coussins : ils sont chargés d'électricité positive. Lorsqu'ils arrivent entre les branches du fer à cheval suivant, ils décomposent par influence l'électricité neutre du collecteur, repoussent l'électricité positive vers les parties les plus éloignées, et attirent l'électricité négative vers les pointes des fers à cheval, par lesquelles cette électricité s'écoule. De là résulte : 1° que le collecteur reste chargé d'électricité positive; 2° que les points du plateau qui ont franchi les fers à cheval sont ramenés à l'état neutre. Ces mêmes points, en repassant dans la paire de coussins suivante, s'électrisent de nouveau, et ainsi de suite. — La chaîne métallique M sert à conduire dans le sol l'électricité négative dont se chargent les coussins. — Le collecteur est donc le *pôle positif* de la machine, les coussins constituent le *pôle négatif*.

A mesure que l'on fait tourner le plateau, la charge du collecteur augmente. Elle ne peut cependant pas augmenter indéfiniment; en effet, il arrive un moment où l'électricité positive qui est déjà accumulée dans le collecteur, repoussant l'électricité positive que le plateau tendrait à mettre en liberté, l'empêche de venir s'ajouter à la charge des cylindres. Donc, même en se plaçant dans les conditions idéales où la machine n'éprouverait aucune déperdition, il y aurait toujours une limite de charge ; par suite, une limite de potentiel.

En général, il s'effectue, par les supports de verre et par l'air lui-même, une déperdition continuelle, qui diminue beaucoup la charge

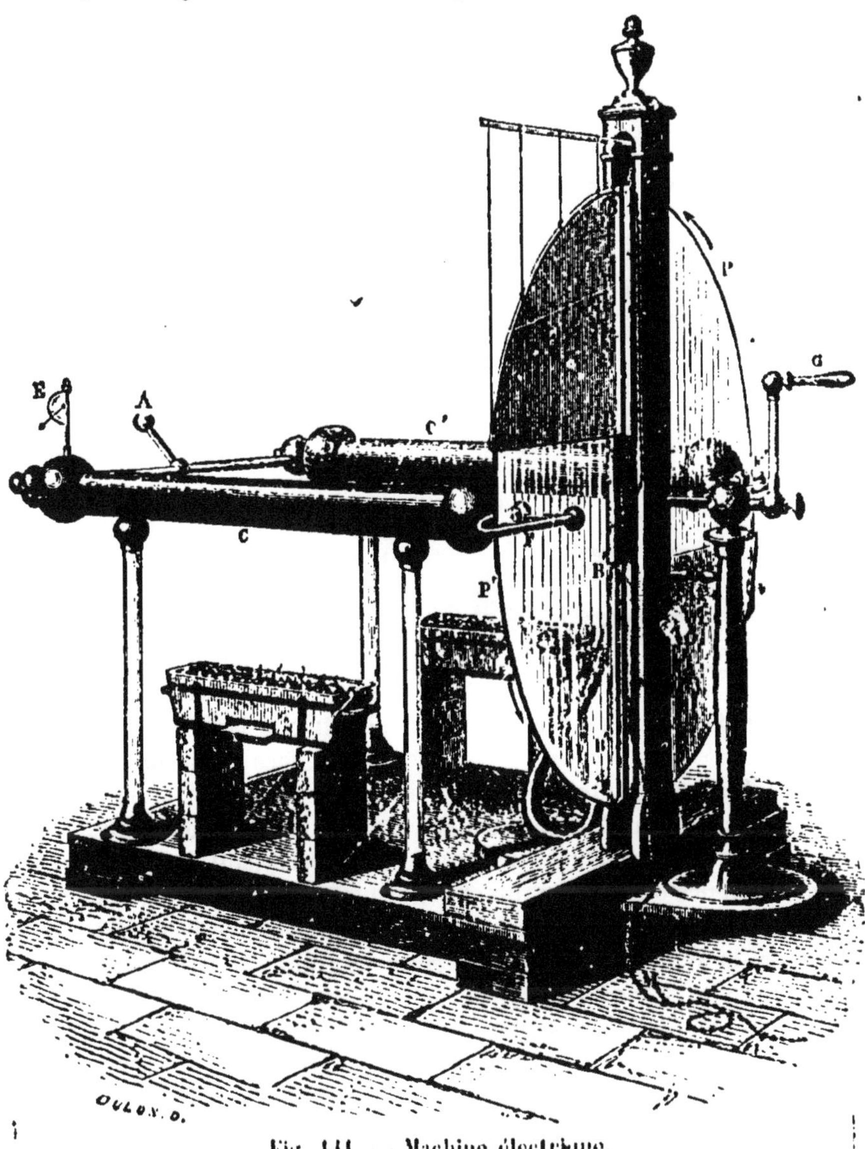

Fig. 141. — Machine électrique.

que les cylindres pourraient acquérir. Lorsque l'air est humide, on cherche à diminuer la déperdition, en plaçant des fourneaux sous les cylindres, pour dessécher l'air qui les environne, et en essuyant les pieds de verre avec un linge sec (*).

(*) L'électricité développée sur le plateau tend à se perdre aussi, dans le

Un *électromètre de Henley* E, c'est-à-dire une petite balle de sureau supportée par une tige conductrice d'ivoire, est placé sur le collecteur : l'angle de divergence de la tige augmente avec la charge du collecteur, et par conséquent avec son potentiel. — Quand le plateau est en mouvement, il arrive un moment où la divergence cesse de croître ; on en doit conclure que la machine est à son maximum de potentiel.

227. Électrophore. — On donne le nom d'*électrophore* à une sorte de machine électrique d'une extrême simplicité (*fig.* 145). — Il se compose : 1° d'un disque ou *gâteau* de résine, coulé dans un moule de bois ou de métal ; 2° d'un plateau d'un diamètre plus petit, qui est en métal ou en bois couvert d'une feuille d'étain : ce plateau est muni, en son centre, d'un manche de verre isolant.

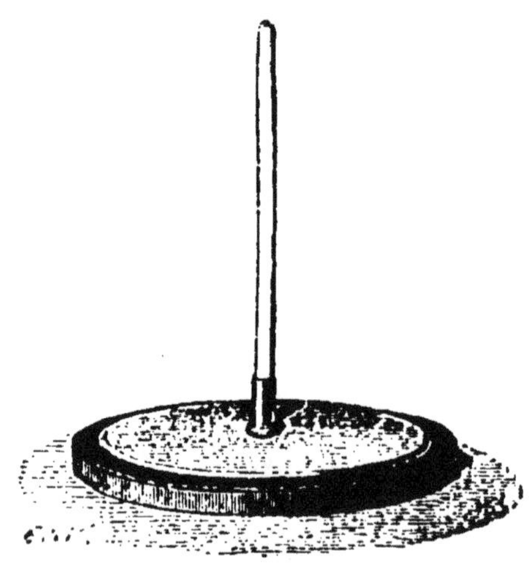

Fig. 145. — Électrophore.

On électrise le gâteau de résine, en le frappant avec une peau de chat : il se charge d'électricité *négative*. On y dépose alors le plateau métallique, dont l'électricité neutre est décomposée par influence : l'électricité négative est repoussée vers la face supérieure ; l'électricité positive est attirée vers la face inférieure, et n'est pas sensiblement neutralisée par l'électricité négative de la résine, parce que la résine n'est pas conductrice et qu'elle ne touche le métal que par un petit nombre de points. En approchant le doigt de la face supérieure du plateau, on obtient une petite étincelle, due à la combinaison de l'électricité négative de cette face avec l'électricité positive de la main, et le plateau reste chargé d'électricité *positive*, maintenue sur sa face inférieure. Cette électricité se répand sur ses deux faces, lorsqu'on le soulève par le manche de verre : le plateau peut alors donner une étincelle quand on en approche le doigt, ou servir à charger d'électricité un corps conducteur quelconque.

Le gâteau de résine, une fois électrisé, peut continuer à développer de l'électricité positive dans le plateau métallique, un nombre de fois presque indéfini.

temps que chacun de ses points met pour parvenir d'une paire de coussins au fer à cheval suivant : c'est pourquoi on place, sur ce trajet, des feuillets de taffetas de soie D, D', entre lesquels passe le plateau.

228. Machine électrique de Carré. — La machine Carré, ou électrophore tournant, se compose de deux plateaux, l'un P en ébonite, l'autre P′ en verre, que l'on fait tourner en sens inverse au moyen de la manivelle R, et d'une corde sans fin (*fig.* 146) ; la rotation du plateau P est beaucoup plus rapide que celle du plateau P′. Le plateau de verre P′ frotte entre deux coussins F, reliés au sol, de sorte qu'il reste constamment chargé d'électricité positive. En face du plateau d'ébonite P, et aux extrémités d'un même diamètre, se trouvent deux peignes métalliques M et M′, communiquant chacun avec l'un des conducteurs C et C′. — Les deux conducteurs étant amenés en contact, on met les plateaux en mouvement ; dès que l'on éloigne C de C′, il se produit, dans l'intervalle, une série continue d'étincelles.

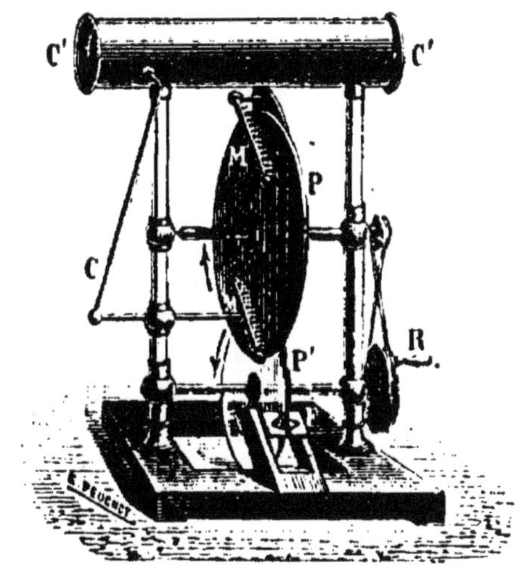

Fig. 146. — Machine électrique de Carré.

On voit, en effet, que le plateau P′, électrisé positivement, doit agir par influence, au travers du plateau P, sur le peigne inférieur M : il repousse l'électricité positive en C, et attire l'électricité négative dans les pointes, qui la laissent écouler sur le plateau. Les points du plateau ainsi chargés négativement arrivent en face du peigne supérieur M′, repoussent de l'électricité négative dans le conducteur C′, et attirent dans les pointes l'électricité positive qui s'écoule sur le plateau lui-même. — Les conducteurs C et C′ sont donc respectivement les pôles positif et négatif de la machine.

Dans l'appareil que nous venons de décrire, le frottement contre es coussins F n'a pour effet que de renouveler l'électricité du plateau inducteur P′, à mesure qu'elle se perd dans l'air ; mais, dans l'air sec, la machine fonctionnerait tout aussi bien, si on rendait immobile le plateau de verre P′, après l'avoir préalablement électrisé. De sorte que, avec une première quantité d'électricité limitée, on peut faire naître aux deux pôles C et C′ des quantités indéfinies d'électricité positive et négative, à la condition de communiquer indéfiniment au plateau P le même mouvement de rotation.

La machine électrique de Carré et les machines fondées sur le même principe (machines de Holtz, de Bertsch, etc.) sont souvent appelées *machines à réaction*, par opposition aux machines à frottement, telles que la machine de Ramsden.

VI. — CONDENSATION DE L'ÉLECTRICITÉ

229. Principe de la condensation. — Lorsqu'un plateau métallique isolé A (*fig.* 147) est mis en communication au moyen d'un conducteur métallique M, avec une source électrique fournissant, par exemple, de l'électricité positive, il ne peut acquérir qu'une charge limitée; cette limite est atteinte lorsqu'une molécule électrique *m*, située dans le conducteur intermédiaire, éprouve des répulsions égales de la part de l'électricité de A et de la part de l'électricité de la machine. Le plateau A s'est mis alors au potentiel V de la source; et si *c* représente la capacité électrique de ce plateau considéré seul, il s'est chargé d'une quantité d'électricité positive $q = cV$.

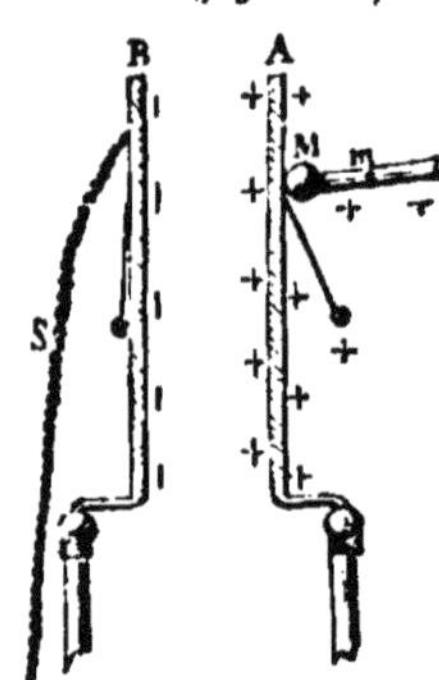

Fig. 147.
Condensateur.

Si maintenant on place en présence de A un autre plateau B, mis en communication avec le sol, il y aura répulsion dans le sol de l'électricité positive de ce plateau, et attraction d'électricité négative sur la face qui regarde A. En même temps, cette électricité négative, agissant à son tour sur l'électricité de A, l'attirera sur la face intérieure : de là, une diminution de la force répulsive exercée par A sur la molécule *m* et sur les molécules voisines, de sorte qu'une nouvelle quantité d'électricité positive pourra passer sur A. — Donc, par le fait seul de la présence du plateau B communiquant avec le sol, il y aura accumulation, ou *condensation* d'électricité, sur le plateau A. On peut dire encore, en d'autres termes, que la capacité électrique du plateau A est augmentée, par le seul fait de la présence du plateau B; elle a pris une valeur C, et quand le plateau A est au potentiel de la source, sa charge est devenue $Q = CV$.

L'appareil ainsi formé prend le nom de *condensateur :* le plateau qui communique avec la source d'électricité est le *plateau collecteur;* celui qui communique avec le sol est le *plateau condenseur.* — On appelle *force condensante* de l'appareil, le rapport de la charge que peut acquérir le plateau collecteur A, sous l'influence du plateau condenseur B, à celle qu'il prendrait s'il était seul, avec la même machine (*).

(*) L'expression de la force condensante est donc $F = \frac{Q}{q} = \frac{CV}{cV} = \frac{C}{c}$. C'est le rapport de la capacité électrique du collecteur, quand il fait partie du condensateur, à la capacité électrique du collecteur pris isolément.

230. Condensateur à lame de verre. — D'après ce que nous savons des phénomènes d'influence, il est évident que, avec deux plateaux déterminés, la force condensante doit être d'autant plus grande qu'ils sont plus rapprochés. Mais d'autre part, si les plateaux sont trop voisins, il peut arriver que l'attraction mutuelle des électricités contraires, accumulées sur leurs faces internes, surmonte la résistance de l'air, et que le condensateur se décharge ainsi de lui-même. — Il y a donc avantage à placer, entre les deux plateaux A et B, une lame de verre C (*fig.* 148), qui offre une résistance plus grande à la combinaison des électricités contraires, et contre laquelle on pourra appliquer les plateaux métalliques.

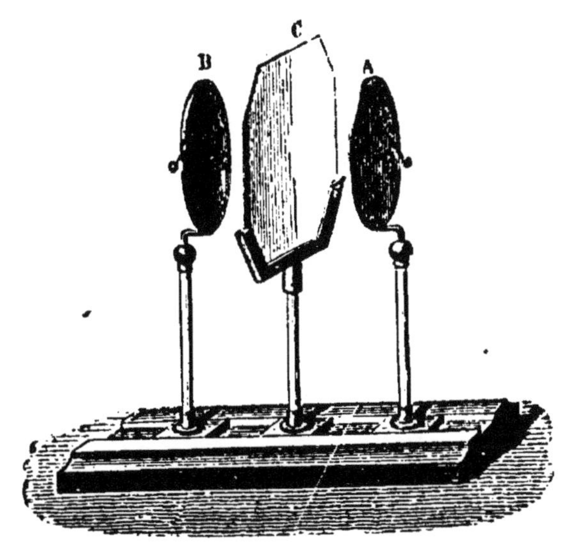

Fig. 148. — Condensateur à lame de verre.

L'expérience a montré que la substitution d'une lame de verre à une couche d'air a, en outre, l'avantage d'augmenter l'influence qui s'exerce entre les deux plateaux métalliques, et, par suite, d'accroître la force condensante de l'appareil (*).

231. Électricité libre. — Limite de charge d'un condensateur. — Lorsqu'on charge, comme il vient d'être dit, un condensateur portant de petits pendules sur les faces extérieures de ses plateaux métalliques (*fig.* 149), on constate que le pendule du plateau collecteur A est le seul qui diverge : celui du plateau condenseur B reste immobile, comme si ce plateau n'était pas chargé. Cependant les deux plateaux sont bien électrisés, l'un et l'autre; car, si on les isole de la machine et du sol, et qu'on vienne à les éloigner comme le représente la figure 148, on

(*) On appelle, en général, *corps diélectriques*, les corps mauvais conducteurs, comme l'air, le verre, la gomme laque, au travers desquels peuvent s'exercer des phénomènes d'influence, entre des corps conducteurs placés de part et d'autre. — Faraday a montré que, sous une même épaisseur, le verre ou la gomme laque ont des *pouvoirs inducteurs* plus grands que l'air, c'est-à-dire que les quantités d'électricité développées par influence, entre deux corps conducteurs, augmentent quand on remplace la couche d'air qui les sépare par une couche de verre ou de gomme laque.

constate que le pendule de B diverge fortement, et il est facile de reconnaître que ce plateau est chargé d'électricité *négative:* on constate, en même temps, que le pendule du plateau A diverge beaucoup plus qu'auparavant. — Dès qu'on rapproche les plateaux, les pendules reviennent à la position indiquée par la figure 149.

Donc, quand les deux plateaux sont rapprochés, on peut dire : 1° que toute la charge négative du plateau B est condensée sur sa face interne, et n'exerce aucune action sur le pendule placé sur son autre face; 2° qu'une partie considérable de la charge positive du plateau A est condensée sur sa face interne, et qu'une autre partie, restée *libre*, est répandue sur sa face externe; c'est seulement cette électricité libre qui agit sur le pendule, et en général sur les corps extérieurs.

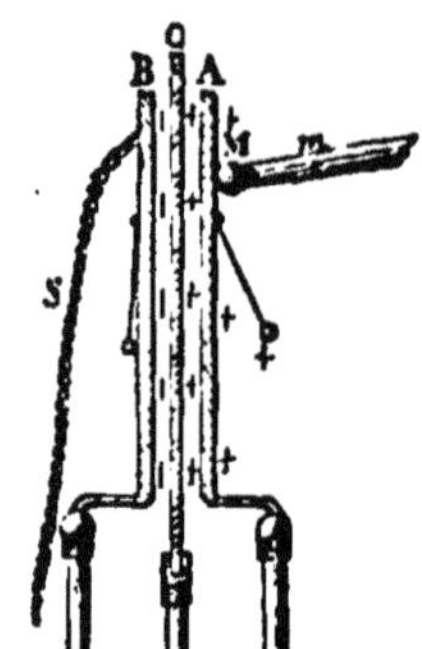

Fig. 149. — Charge du condensateur.

On conçoit donc que l'appareil doive encore avoir une *limite de charge* : cette limite sera atteinte lorsque la répulsion exercée par son électricité libre, sur une particule *m* du fluide positif du conducteur (*fig.* 149), sera égale à celle qu'exerce la machine.

232. Bouteille de Leyde. — La bouteille de Leyde reproduit, avec une forme différente, les parties essentielles du condensateur à plateaux : c'est, de tous les condensateurs, le plus employé.

La lame isolante est représentée par la paroi CC d'un flacon de verre mince (*fig.* 150). L'un des plateaux est représenté par des feuilles de clinquant, qui remplissent la bouteille, et au milieu desquelles plonge une tige de métal T, terminée en pointe à sa partie inférieure. L'autre plateau est représenté par une feuille d'étain BB, collée sur la bouteille, et s'élevant à peu près jusqu'aux trois quarts de sa hauteur. — L'ensemble TAA de la tige et des feuilles métalliques se nomme l'*armature intérieure* de la bouteille; la feuille d'étain BB est l'*armature extérieure.*

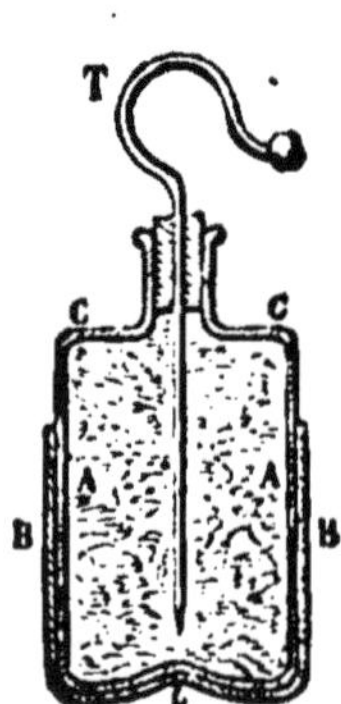

Fig. 150. — Bouteille de Leyde.

Pour charger la bouteille, on la prend ordinairement à la main, par la panse, ce qui met en communication l'armature extérieure avec le sol (*fig.* 151); puis, on fait communiquer l'armature intérieure avec la machine, en appliquant la tige sur le conducteur.

La bouteille de Leyde est un condensateur *fermé*, c'est-à-dire que l'armature extérieure enveloppe l'autre armature d'une manière à peu près complète. La théorie montre que, pour tous les condensateurs fermés, 1° les charges contraires des deux armatures sont *égales* entre elles; 2° la charge de l'armature intérieure est proportionnelle au potentiel de la source, à la surface du verre qui sépare les armatures, et en raison inverse de l'épaisseur du verre.

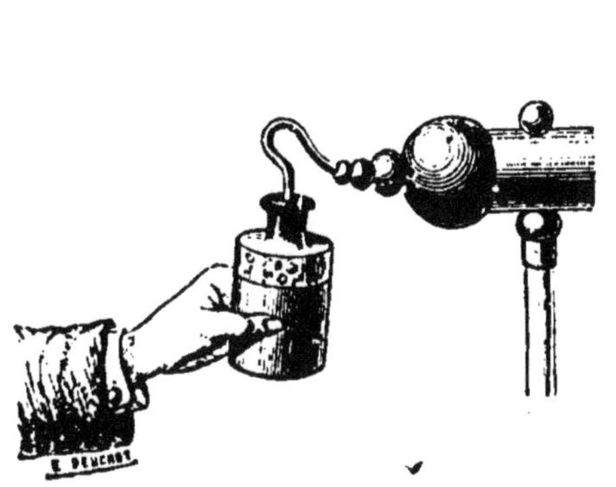

Fig. 151. — Charge de la bouteille.

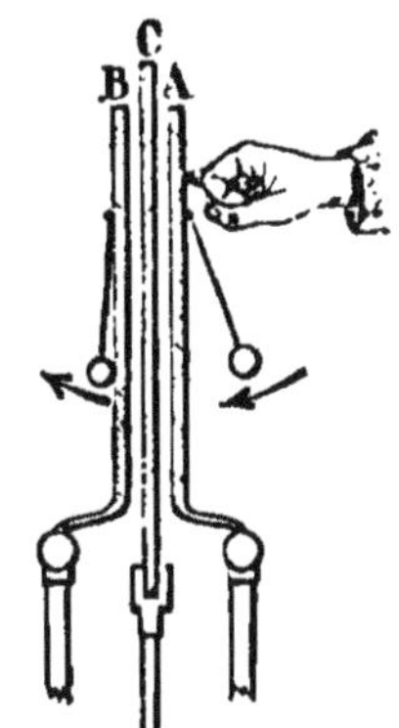

Fig. 152. — Décharge successive.

233. Décharge successive. — Un condensateur à plateaux ayant été chargé comme nous l'avons dit, et les communications avec la machine et avec le sol ayant été interrompues, si l'on approche le doigt du plateau A, qui contient de l'électricité libre (*fig.* 152), on en tire une petite étincelle : aussitôt, le pendule de ce plateau tombe au repos, et celui du plateau B diverge. On voit, en effet, que le contact du doigt a dû enlever au plateau A une partie de l'électricité positive qu'il contenait, et qui attirait l'électricité négative à la face interne de B : dès lors, une partie de l'électricité négative de B a dû devenir libre et produire la divergence du pendule de ce côté. — En touchant maintenant le plateau B, on obtient de même une petite étincelle, et le pendule de B retombe, tandis que celui de A diverge. L'explication précédente est encore applicable, puisque les rôles des deux plateaux sont simplement intervertis. — Si l'on continue à toucher alternativement l'un et l'autre plateau, on obtient des étincelles de plus en plus faibles. Théoriquement, on ne doit jamais arriver ainsi à décharger complètement le condensateur, puisqu'on n'enlève, à chaque contact, qu'une fraction de l'électricité restante.

La même expérience peut se faire avec une bouteille de Leyde, qu'on placera sur un support isolant après l'avoir chargée, et dont on touchera alternativement avec la main l'une et l'autre armature.

234. Décharge instantanée. — La décharge *instantanée* s'obtient en établissant une communication entre les plateaux par un corps conducteur. C'est ce qu'on peut faire en appliquant une main sur l'un des plateaux, et approchant l'autre main de l'autre plateau; mais la combinaison des électricités à travers le corps humain produit une commotion qui est souvent assez pénible. — On préfère se servir d'un *excitateur* PP' (*fig.* 153) formé de deux arcs métalliques qui sont articulés à charnière, et dont les extrémités libres sont terminées par des boules. On peut, dans la plupart des cas, tenir impunément avec les mains les deux branches de l'excitateur : la décharge passe par le métal, qui est bon conducteur, plutôt que par le corps humain, qui l'est beaucoup moins. — Quand on veut décharger des condensateurs fortement chargés, on isole l'excitateur en le tenant par des *manches de verre*, comme l'indique la figure 153.

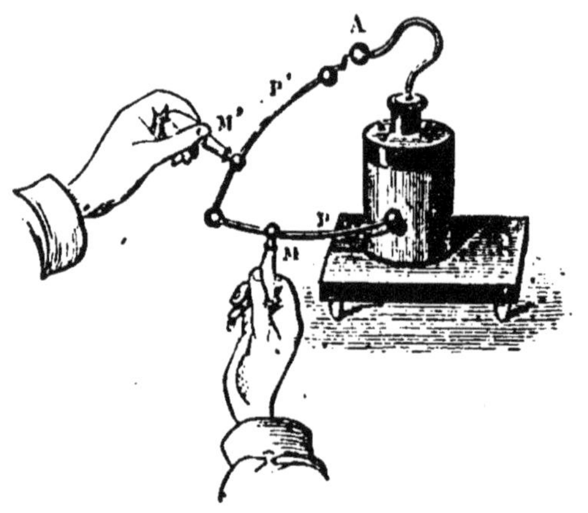

Fig. 153. — Décharge brusque.

Cependant le condensateur à lame de verre n'est jamais *complètement* ramené à l'état neutre après une seule décharge. En effet, si l'on vient, quelque temps après, à mettre de nouveau les armatures en communication, au moyen de l'excitateur, on obtient une nouvelle étincelle, bien plus petite que la première; de même parfois une troisième étincelle, au bout de quelque temps. La principale cause de ces *résidus* est l'adhérence de l'électricité pour la lame isolante : nous allons voir, en effet, que les électricités condensées s'accumulent *dans cette lame elle-même*.

235. Dans un condensateur, les électricités accumulées pénètrent dans la lame isolante. — On arrive à cette conclusion en opérant avec la *bouteille à armatures mobiles* (*fig.* 154), dont l'armature intérieure A et l'armature extérieure B sont formées par des pièces métalliques qui peuvent se détacher du bocal de verre intermédiaire C. — Les trois pièces étant introduites les unes dans les autres, on charge la bouteille, et on la place sur un support isolant; on enlève avec la main l'armature intérieure A, ce qui conduit son électricité dans le sol; on retire ensuite le vase de verre C, et on met l'armature extérieure B en communication avec le sol. Si l'on recompose alors la bou-

Fig. 154. — Bouteille à armatures mobiles.

teille, on constate que l'on peut encore obtenir, avec l'excitateur, une décharge très forte. Les charges électriques étaient donc restées, en plus grande partie, adhérentes au verre.

236. Batteries électriques. — On donne le nom de *batteries* à des réunions de grosses bouteilles de Leyde ou *jarres* (*fig.* 155). Toutes les armatures intérieures sont réunies en D; les armatures extérieures communiquent entre elles par une feuille d'étain, qui garnit l'intérieur de la caisse C; cette feuille communique elle-même avec la poignée A. — Pour charger la batterie, on met D en communication avec la machine, et A en communication avec le sol, par une chaîne métallique. Un électromètre de Henley, placé en E, permet de se rendre compte des progrès que fait la charge.

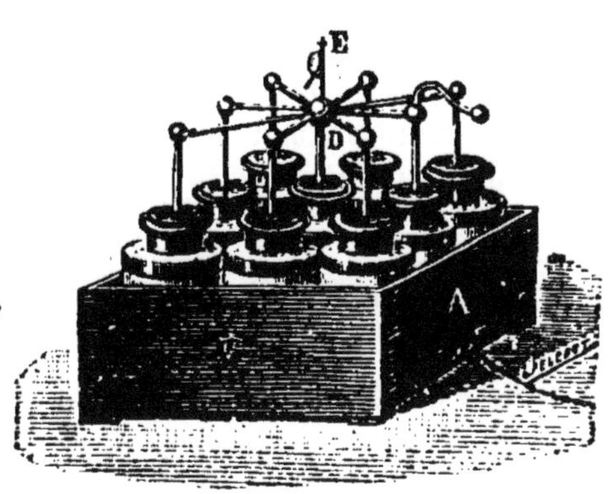

Fig. 155. — Batterie électrique.

237. Électroscope condensateur. — *L'électroscope condensateur*, qui est dû à Volta, n'est autre chose qu'un électroscope à feuilles d'or (220), dans lequel la partie supérieure de la tige est munie d'un condensateur. Cette tige porte, en effet, un plateau métallique horizontal A (*fig.* 156), dont la face *supérieure* est couverte d'une couche mince de vernis à la gomme laque; sur ce plateau on en pose un second B, dont la face *inférieure* est également couverte de vernis.

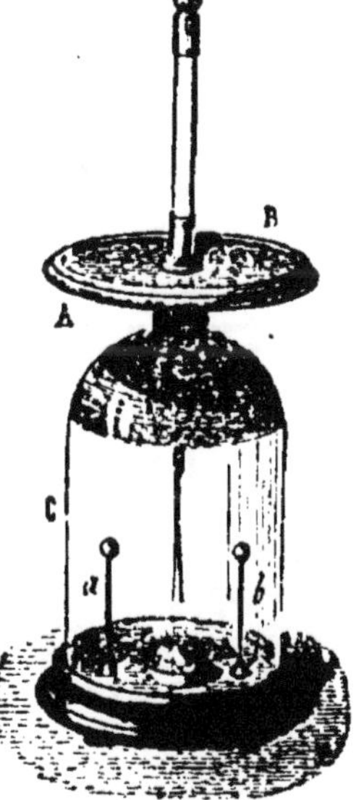

Fig. 156.
Électroscope condensateur.

Supposons qu'on ait à reconnaître la nature de la charge d'une source électrique telle que, tout en ne pouvant acquérir qu'un potentiel très petit, elle ait la propriété de reproduire instantanément l'électricité qui lui aura été enlevée, de manière à conserver toujours ce même potentiel. — La source est mise en communication avec la face inférieure du plateau A, qui joue alors le rôle de plateau *collecteur;* en même temps, on touche avec le doigt la face supérieure du plateau B, qui joue alors le rôle de plateau *condenseur*. L'électricité fournie par la source s'accumule sur le plateau A; le plateau B se charge d'électricité contraire. La force condensante est d'ailleurs considérable, en raison de la faible épaisseur du vernis. — On supprime les communications avec la source et avec le sol, et l'on enlève le plateau B par son manche de verre. L'électricité accumulée sur le plateau A, n'étant plus maintenue contre le vernis par la présence du plateau B, se répand sur la tige et sur les feuilles d'or. On observe alors une divergence, et l'on détermine la nature de la charge, en approchant de A un corps chargé d'une électricité connue.

Cet appareil permet d'étudier des sources d'électricité qui n'auraient aucune action appréciable sur l'électroscope ordinaire. En disposant vis-à-vis des feuilles d'or un cadran divisé, on peut transformer l'appareil en un électromètre (223).

VII. — EFFETS PRODUITS PAR LES DÉCHARGES ÉLECTRIQUES

238. Effets généraux des décharges électriques. — Quand il se produit une décharge électrique à travers un milieu plus ou moins résistant, ce milieu éprouve, en général, un ébranlement plus ou moins violent, qui se manifeste par des phénomènes divers, selon la constitution du milieu lui-même. — De là, la distinction que l'on établit ordinairement entre les divers effets produits par les décharges, distinction qu'il est commode de conserver pour en faciliter l'étude. — Quel que soit le phénomène, la grandeur de l'effet produit dépend à la fois de la quantité d'électricité mise en mouvement, et de la différence de potentiel que présentaient les conducteurs entre lesquels la décharge s'effectue.

239. — Effets mécaniques. — Lorsqu'une décharge passe au travers d'un solide *mauvais conducteur*, le corps est généralement percé ou brisé.

Fig. 157. — Perce-verre.

Plaçons, entre deux pointes métalliques verticales A et B (*fig.* 157), une lame de verre C posée sur un petit support de verre. Après avoir chargé une batterie, faisons communiquer son armature extérieure avec la pointe inférieure B, au moyen d'une chaîne métallique, et mettons ensuite l'armature intérieure en communication avec la tige A : l'étincelle, en éclatant entre les deux pointes, perce le verre, et souvent le fait éclater autour du trou qu'elle a pratiqué.

De même, en faisant traverser un morceau de bois bien sec par la décharge d'une batterie fortement chargée, on voit le bois se briser en éclats. — C'est un effet semblable à celui que produit la foudre sur le tronc des arbres qu'elle vient frapper.

On peut remarquer encore que c'est à l'ébranlement mécanique, produit dans l'air, qu'est dû le *bruit* de l'étincelle électrique, dans les circonstances ordinaires.

240. Effets calorifiques. — L'étincelle d'une machine électrique produit un dégagement de chaleur dans les gaz qu'elle traverse — On peut le démontrer en plaçant de l'éther dans une cuiller métallique, et en l'approchant de la machine électrique : la chaleur dégagée par l'étincelle, à la surface du liquide, suffit pour enflammer l'éther.

Lorsque l'étincelle électrique traverse un mélange d'hydrogène et d'oxygène, elle détermine la combinaison de ces deux gaz. — Le *pistolet de Volta* (*fig.* 158) est un flacon métallique A, dont la paroi laisse passage à une tige métallique DE, mastiquée dans un tube de verre qui l'isole. — On introduit dans le vase un mélange d'hydrogène et d'oxygène, et on le ferme avec un bouchon B. On approche la boule D de la machine électrique. L'étincelle qui jaillit entre l'extrémité E de la tige et la paroi, produit un dégagement de chaleur qui met le feu au mélange d'hydrogène et d'oxygène; et la vapeur d'eau produite acquiert, par l'élévation de température due à la combinaison chimique, une force élastique qui chasse le bouchon avec explosion.

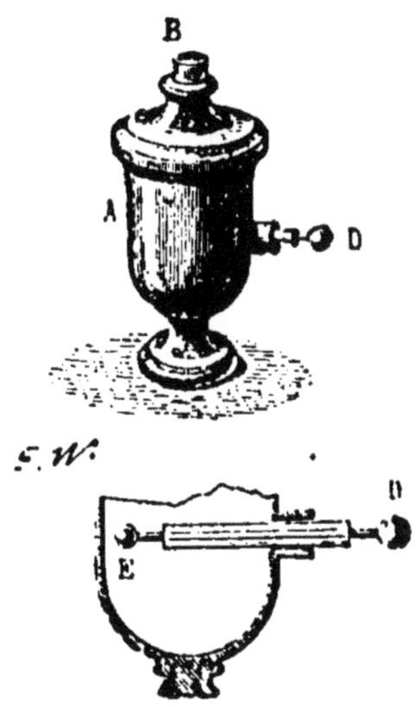

Fig. 158. — Pistolet de Volta.

En traversant des fils métalliques fins, les décharges y déterminent une élévation de température qui peut aller jusqu'à les volatiliser. — Le même effet se produit quand la décharge se propage dans une feuille d'or très mince; c'est ce qui donne lieu à l'expérience connue sous le nom de *portrait de Franklin*. Dans un carton B (*fig.* 159), on a pratiqué des découpures représentant le portrait de Franklin : sur ce carton, on applique une feuille d'or, entre les deux lames métalliques F, F', et l'on rabat sur elle les

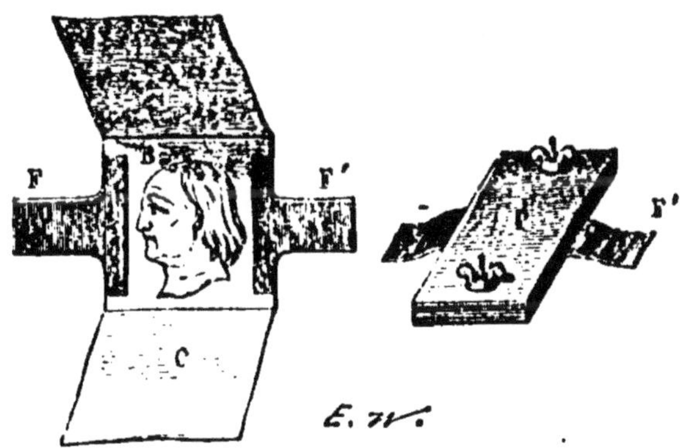

Fig. 159. — Expérience du portrait de Franklin

deux cartons A, C. On place alors le carton B sur un ruban de soie blanche, et on presse le tout entre deux plaques de bois P. On fait passer la décharge d'une batterie entre les lames F, F'; la feuille d'or, volatilisée et projetée à travers la découpure, vient imprimer le portrait de Franklin sur la soie blanche.

241. Effets lumineux. — Les *étincelles* qui jaillissent des machines électriques ou des condensateurs, au travers de l'air, sont les manifestations lumineuses ordinaires des décharges.

Le *tube étincelant* (*fig.* 160) est destiné à produire simultanément

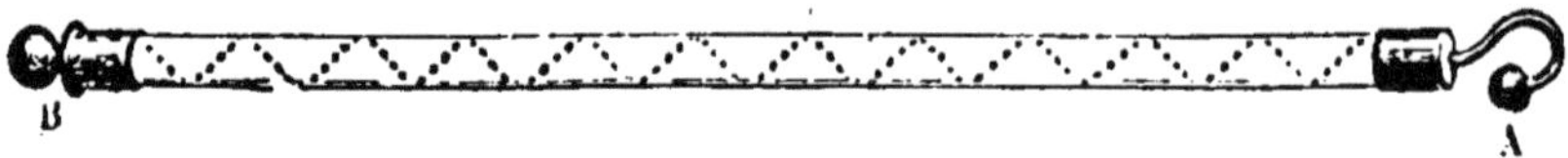

Fig. 160. — Tube étincelant.

un grand nombre d'étincelles. A l'intérieur d'un tube de verre, on a collé de petits losanges de clinquant, disposés suivant une spirale dont les extrémités communiquent avec les montures métalliques A, B Lorsqu'on met l'une des montures en communication avec le sol, et qu'on approche l'autre de la machine électrique, on voit, à chaque décharge, des étincelles jaillir à la fois dans les intervalles de tous les losanges. — Le *carreau étincelant* est une lame de verre sur laquelle on produit des effets semblables, au moyen d'une petite bande d'étain qui fait un grand nombre de zigzags, et qui présente des solutions de continuité dont l'ensemble forme un dessin.

Quand une machine fonctionne sans qu'aucun corps en soit assez voisin pour en tirer des étincelles, il se produit des *aigrettes* lumineuses, qu'on distingue dans l'obscurité sur les parties saillantes; ce sont des décharges de la machine vers les corps éloignés.

Pour observer les effets lumineux des décharges *dans un espace vide*, on peut faire usage du grand tube que représente la figure 15, et dont les montures métalliques portent de petites tiges intérieures. Le vide étant fait dans le tube aussi bien que possible, on met l'une des montures en communication avec la machine électrique, et l'autre avec le sol: on voit apparaître une traînée de lumière rougeâtre, dans tout l'espace qui sépare les deux tiges.

242. Effets chimiques. — Lorsqu'une série d'étincelles électriques traverse un gaz composé, son effet le plus ordinaire est de décomposer le gaz en ses éléments : ainsi, sous l'influence d'une *série d'étincelles*, l'ammoniaque est décomposée en azote et hydrogène; l'acide carbonique, en oxyde de carbone et oxygène, etc.

243. Effets physiologiques. — La décharge électrique, quand elle se fait à travers nos organes, y produit une commotion qui dépend de son intensité. Les commotions produites par les condensateurs sont toujours beaucoup plus violentes que celles des machines proprement dites. — La commotion d'une bouteille de Leyde peut être ressentie à la fois par un grand nombre de personnes se tenant par la main, de manière à former une chaîne continue : la première prend à la main la panse de la bouteille, la dernière vient toucher l'armature intérieure.

Avec les décharges de batteries puissantes, on a pu obtenir des commotions assez fortes pour tuer des animaux d'assez grande taille.

VIII. — ÉLECTRICITÉ ATMOSPHÉRIQUE

244. État électrique de l'atmosphère et du sol. — L'atmosphère est toujours plus ou moins chargée d'électricité. Pour déterminer la nature et le mode de distribution de cette électricité, on peut modifier l'électroscope à feuilles d'or (*fig.* 143), comme l'a fait de Saussure, en remplaçant la boule qui surmonte la tige par une pointe métallique. — Si cet électroscope est placé au-dessous d'un corps chargé d'électricité positive, l'électricité positive de la tige est refoulée dans les feuilles et l'électricité négative s'écoule par la pointe. L'instrument se charge donc, en général, de la *même électricité* que le corps influent : la divergence des feuilles est d'autant plus grande que le corps influent est à un potentiel plus élevé.

On a pu ainsi constater que, lorsque le ciel est serein, l'atmosphère est généralement à un potentiel *positif*, et ce potentiel est d'autant plus grand que le temps est plus sec. En outre, le potentiel électrique *augmente progressivement à mesure qu'on s'élève dans l'atmosphère.* — Un électroscope placé sous un arbre ne donne aucune indication, puisque l'arbre, communiquant avec le sol, est à un potentiel nul.

L'état électrique de l'atmosphère, doit être attribué à des phénomènes qui se produisent dans les régions très élevées. — C'est d'ailleurs dans ces hautes régions qu'on observe les *aurores boréales.* Ces splendides météores, particulièrement fréquents dans les contrées polaires, apparaissent sous la forme d'immenses arcs lumineux, dardant des rayons par leur partie inférieure : ils présentent une couleur rouge ou violacée, qui rappelle celle des décharges électriques produites dans l'air très raréfié (241).

245. État électrique des nuages. — Identité entre les phénomènes de la foudre et ceux de l'électricité. — L'étincelle électrique qui jaillit d'une machine fortement chargée rappelle, par sa forme sinueuse, les éclairs qui apparaissent pendant les orages. C'est à Franklin que revient la gloire d'avoir démontré qu'il y a réellement identité entre la foudre et les décharges électriques : la foudre est due à l'électricité dont sont chargés les *nuages.*

Les premières expériences furent faites en France, par Dalibard, d'après des indications données par Franklin. — En 1752, Dalibard fit élever à Marly-la-Ville une tige de fer de quarante pieds de haut, fixée sur un support isolant, et terminée en pointe à sa partie supérieure. Il attendit que des nuages orageux vinssent à passer au-dessus de la tige. En approchant alors de la partie inférieure de la tige un fil de cuivre mis en communication avec le sol, il obtint une succession d'étincelles, plus fortes que celles des meilleures machines. — Il est facile de se rendre compte de ce résultat. Le nuage, étant chargé, par exemple, d'électricité positive, agissait sur la tige *isolée* comme le plateau de la machine électrique agit sur le collecteur : c'est-à-dire que, sous l'influence du nuage, l'électricité négative de la tige s'écoulait par la pointe; l'électricité positive était repoussée à la partie inférieure, qui pouvait ainsi fournir des étincelles.

Un mois plus tard, Franklin fit lui-même, dans la plaine de Philadelphie, une autre expérience qui conduisit aux mêmes résultats. — Un cerf-volant, muni d'une pointe métallique, fut lancé dans la direction d'un nuage orageux : la corde se terminait, à sa partie inférieure, par un cordon de soie isolant. La corde de chanvre étant peu conductrice, on n'obtint d'abord que des traces douteuses d'électricité; mais, une pluie fine étant venue rendre le chanvre conducteur, Franklin put tirer de la corde des étincelles de plusieurs pouces; il put allumer de l'alcool, charger des bouteilles de Leyde, etc.

Enfin, l'année suivante, de Romas, magistrat de Nérac, fit encore usage d'un cerf-volant, mais eut soin d'ajouter un fil de cuivre à la corde de chanvre, dans toute sa longueur; l'extrémité inférieure de ce fil aboutissait à un cylindre métallique, supporté par des cordons de soie. — A l'approche de nuages orageux, on présenta à ce cylindre un autre cylindre métallique, que l'on tenait par un long tube de verre, et qui était mis en communication avec le sol. Des étincelles éclatèrent entre les deux cylindres, sous forme de lames de feu, de dix pieds de long, avec un bruit qui s'entendait à une distance considérable. — Cette expérience se termina par un coup de tonnerre formidable : la foudre était tombée à une petite distance (*).

On sait aujourd'hui que les nuages sont chargés tantôt d'électricité *positive*, tantôt d'électricité *négative*. — C'est ce dont on peut se rendre compte en remarquant qu'un nuage formé dans les régions supérieures de l'atmosphère, qui sont électrisées positivement (244), doit être lui-même chargé d'électricité *positive*. — Mais si un nuage se forme dans une couche d'air peu éloignée du sol, et par suite, sensiblement à l'état

(*) On comprend tout le danger que présentent ces expériences. Le 6 août 1753, Richmann, membre de l'Académie de Saint-Pétersbourg, en renouvelant des essais du même genre, s'approcha par mégarde du conducteur électrisé : la décharge l'atteignit au front, et la mort fut instantanée.

neutre, ce nuage s'électrise sous l'influence de l'électricité positive des régions élevées de l'atmosphère : il présente de l'électricité négative sur sa face supérieure, et de l'électricité positive sur sa face inférieure. Si la partie inférieure du nuage vient à se résoudre en pluie, ou si elle arrive momentanément en contact avec le flanc d'une montagne, il y aura déperdition d'électricité positive, et le nuage restera chargé d'électricité *négative*.

246. Foudre. — Éclair. — Tonnerre. — La *foudre* est une décharge qui éclate soit entre deux nuages, soit entre un nuage et la terre. *L'éclair* est le phénomène lumineux qui l'accompagne : le *tonnerre* est le bruit de la décharge.

Les éclairs offrent le plus souvent l'aspect de sillons lumineux, en forme de zigzag; ils franchissent parfois des distances de 15 à 20 kilomètres. — Lorsque les décharges se produisent dans des régions très élevées de l'atmosphère, où la pression est très faible, on n'observe que des lueurs rougeâtres, éclairant une région limitée du ciel.

Le bruit du tonnerre ne nous arrive jamais que quelques secondes après la lumière de l'éclair : cet intervalle entre les deux perceptions tient à ce que le son parcourt seulement 340 mètres environ par seconde, tandis que la lumière met un temps inappréciable à nous parvenir. On peut évaluer approximativement la distance qui nous sépare des nuages orageux, par le temps qui s'écoule entre l'apparition de l'éclair et le coup de tonnerre qui suit. — Le roulement du tonnerre est quelquefois dû aux échos produits par les objets situés à la surface de la terre, ou par les nuages eux-mêmes. Mais, dans la plupart des cas, le roulement que nous entendons est le résultat de la production *simultanée* de plusieurs décharges, entre plusieurs nuages situés *à des distances différentes de l'observateur:* on conçoit alors que ces décharges soient perçues par l'oreille comme si elles étaient successives.

Lorsque la foudre éclate entre un nuage et le sol, on dit que *la foudre tombe*. Elle frappe de préférence les points qui offrent des saillies par rapport aux corps environnants : les montagnes, les clochers, les arbres isolés au milieu des plaines; aussi n'est-ce jamais dans le voisinage de ces abris qu'on doit se réfugier dans les temps d'orage.

Quant aux effets de la foudre, ils ne se distinguent de ceux des décharges de nos appareils que par leur grandeur. — Ce sont des effets *mécaniques*, brisant les pierres ou déchirant en filaments le tronc des arbres; des effets *calorifiques*, fondant les fils de sonnettes ou volatilisant les dorures, et mettant le feu aux matières combustibles; des effets *chimiques*, donnant lieu à la formation d'acide azotique dans les pluies d'orages; des effets *physiologiques*, amenant quelquefois les lésions les plus graves, et d'autres fois la mort sans lésion apparente.

Il arrive enfin que l'homme ou les animaux soient victimes de la foudre, sans en être directement frappés : c'est le phénomène qu'on a désigné sous le nom de *choc en retour*. — Supposons qu'un nuage chargé, par exemple, d'électricité positive, passe à une petite distance du sol : il décompose par influence l'électricité neutre des objets situés à la surface de la terre, attire l'électricité négative et repousse l'électricité positive. Pendant que cette influence s'exerce, s'il arrive que le nuage se décharge sur un autre point, il s'opère une recomposition subite des électricités contraires, dans les corps influencés : de là, chez les animaux une commotion qui peut déterminer la mort.

247. Paratonnerres. — Lorsqu'une pointe métallique, communiquant avec le sol, est dirigée vers un nuage que nous supposerons chargé, par exemple, d'électricité positive, l'électricité neutre de cette pointe et des corps conducteurs qui communiquent avec elle est décomposée par influence : l'électricité positive est repoussée dans le sol, et l'électricité négative afflue vers l'extrémité de la pointe, qui la laisse échapper d'une manière continue. Les corps conducteurs qui communiquent avec la pointe ne peuvent donc *conserver* aucune charge électrique, en sorte qu'il ne peut se produire aucune décharge entre eux et le nuage. C'est ce qui explique l'efficacité des *paratonnerres*, imaginés par Franklin pour préserver les édifices de la foudre.

Un paratonnerre, tel qu'on le construit aujourd'hui, se compose d'une tige de fer de 8 à 10 mètres de longueur, terminée à sa partie supérieure par une pointe de cuivre. La tige doit être mise en communication avec le sol au moyen d'un *conducteur*, qui sera, soit une tige de fer, soit un câble de fils de fer. — Le conducteur doit *communiquer avec toutes les pièces métalliques un peu volumineuses* de l'édifice, afin que l'électricité développée dans ces pièces, par l'influence des nuages, puisse s'échapper par la pointe du paratonnerre. — Si plusieurs paratonnerres sont installés sur un même édifice, tous leurs conducteurs doivent communiquer entre eux par des tiges intermédiaires.

Pour établir une communication parfaite entre l'extrémité inférieure du conducteur et le sol, on fait plonger cette extrémité dans l'eau d'un puits, où elle se ramifie en plusieurs branches terminées par des plaques de tôle. L'électricité repoussée par les nuages se perd ainsi rapidement par la nappe d'eau souterraine qui alimente le puits (*).

(*) Il ne faudrait pas se contenter de faire rendre l'extrémité du conducteur dans une citerne, dont les parois seraient imperméables à l'eau ; la braise de boulanger, dont on enveloppe quelquefois les ramifications des conducteurs, est également insuffisante. Un paratonnerre installé dans de semblables conditions serait plutôt dangereux qu'utile.

CHAPITRE II

MAGNÉTISME

I. — PROPRIÉTÉS DES AIMANTS

248. Aimants naturels et aimants artificiels. — On appelle *aimant naturel* ou *pierre d'aimant* (μαγνης), un minerai de fer, dont les fragments possèdent, le plus souvent, la propriété d'attirer le fer.

En frottant, avec une pierre d'aimant, des barres d'acier trempé, on leur communique également la propriété d'attirer le fer ; elles prennent alors le nom d'*aimants artificiels*. — Cette propriété ne peut, par aucun procédé, être communiquée d'une manière permanente au fer parfaitement pur, qui reçoit le nom de *fer doux*.

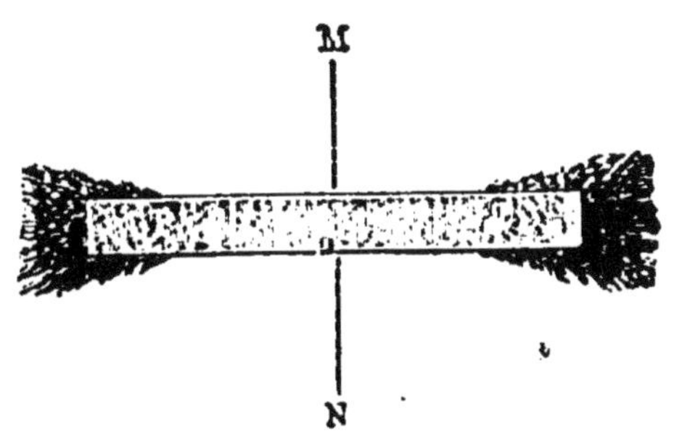

Fig. 161.

Le fer n'est pas le seul corps qui soit attirable à l'aimant : quelques autres métaux, tels que le nickel, le cobalt, le chrome, le sont également. On leur donne le nom de *substances magnétiques*.

249. Pôles des aimants. — Quand on plonge dans la limaille de fer un barreau aimanté (*fig.* 161), on voit la limaille s'attacher en filaments autour de deux points P, P′, situés au voisinage des extrémités, et qu'on nomme les *pôles*. Le milieu MN du barreau n'exerce aucune action sur la limaille : c'est ce qu'on nomme la *ligne neutre*.

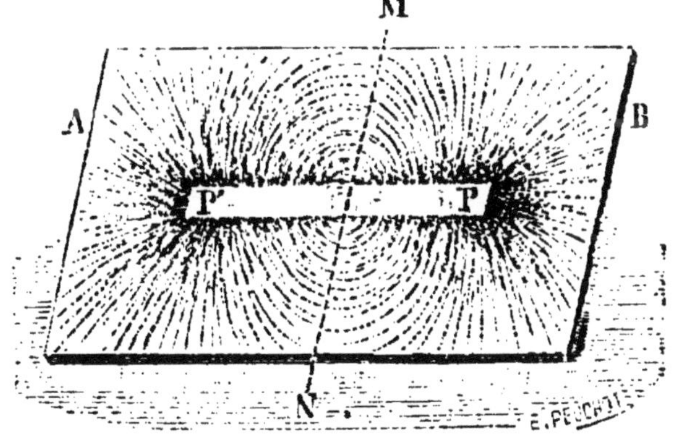

Fig. 162. — Spectre magnétique.

L'inégale activité des diverses régions d'un aimant peut encore être manifestée par l'expérience suivante. On place un barreau aimanté au-dessous d'une feuille de carton horizontale AB (*fig.* 162) ; puis, au moyen d'un tamis, on laisse tomber une pluie de limaille de fer sur cette feuille. On voit les grains de limaille se grouper de manière à dessiner le contour du barreau : ils forment, autour des pôles P, P', de longs filaments qui convergent vers chacun de ces points, et dont quelques-uns vont, en se courbant en arcades par-dessus la ligne médiane, rejoindre le pôle opposé. Au-dessus de la ligne médiane, se trouve un peu de limaille de fer, qui est restée où elle était tombée, sans paraître éprouver d'attraction. — La figure ainsi obtenue a reçu le nom de *spectre magnétique*.

250. Distinction des deux pôles au moyen de l'action exercée par la Terre sur un aimant. — Un barreau aimanté étant suspendu horizontalement par un fil (*fig.* 163), et abandonné à lui-même, on le voit, après quelques oscillations, prendre une direction fixe, qui est à peu près celle du nord au sud, et à laquelle il revient toujours quand on l'en écarte. — Si l'on vient à retourner le barreau, de manière à diriger vers le sud celui de ses deux pôles qui s'était tourné vers le nord, et qu'on l'abandonne de nouveau, on le voit faire une demi-révolution, et revenir, après quelques oscillations, à sa position primitive. Cette dernière remarque montre que les deux pôles ne sont pas identiques : nous les nommerons provisoirement *pôle nord* et *pôle sud*.

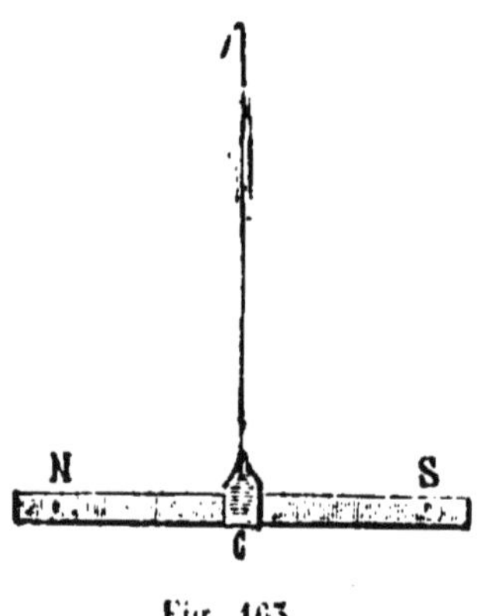

Fig. 163.

Une aiguille aimantée, placée horizontalement sur un pivot, se comporte de la même manière. — Pour distinguer les pôles l'un de l'autre, les constructeurs donnent ordinairement une teinte bleue au pôle qui se tourne vers le nord.

251. Actions réciproques des pôles de deux aimants. — Soit une

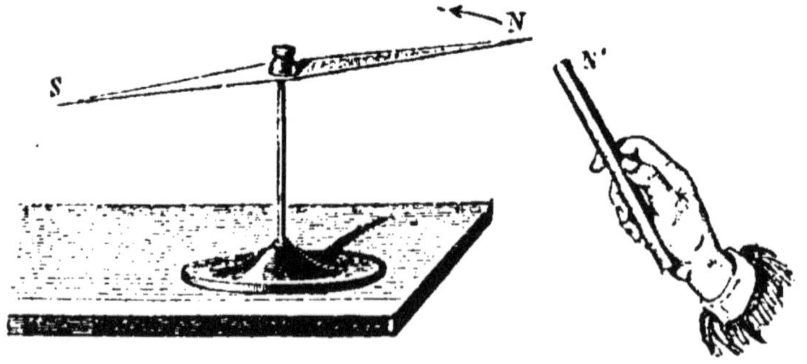

Fig. 164. — Actions réciproques des pôles de deux aimants.

aiguille aimantée, dont on aura déterminé le pôle nord N et le pôle sud S (*fig.* 164), et un barreau dont on aura également déterminé le pôle nord N' et le pôle sud S'. Lorsqu'on présente au pôle nord N le pôle nord N', on observe une répulsion. De même, le pôle sud S' repousse le pôle sud S. — Au contraire, le pôle nord N' attire le pôle sud S.

Donc, *deux pôles de même nom se repoussent*, et *deux pôles de noms contraires s'attirent.*

252. Hypothèse de l'aimant terrestre. — Pour nous faire une idée de l'action exercée par la Terre sur un aimant placé à la surface, prenons une aiguille aimantée, mobile sur un pivot, et plaçons au-dessous de cette aiguille un barreau aimanté (*fig.* 165); nous voyons l'aiguille prendre la même direction que le barreau, mais les pôles de l'aiguille se placent en sens inverse de ceux du barreau. C'est bien

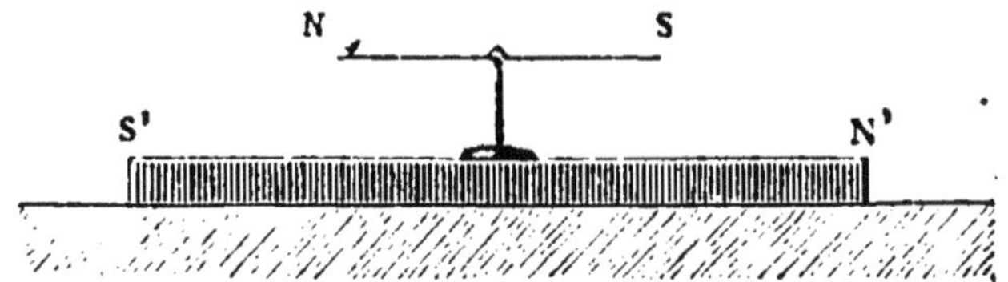

Fig. 165. — Action d'un barreau sur une aiguille placée au dessus de lui.

ainsi que les choses doivent se passer, puisque ce sont les pôles de noms contraires qui s'attirent. — Or quand cette même aiguille est loin de tout aimant, elle prend une direction fixe, celle du nord au sud; la Terre agit donc sur elle comme le ferait un aimant qui serait placé au-dessous d'elle, dans cette direction même, mais dont les pôles seraient disposés *en sens inverse* des siens.

On donne le nom d'*aimant terrestre* à cet aimant dont on imagine l'existence au sein de la Terre, pour expliquer l'orientation que prennent les aimants mobiles placés à sa surface. Nous supposerons cet aimant situé *au voisinage du centre* du globe, *à peu près dans la direction de la ligne des pôles géographiques.*

253. Origine des dénominations de pôle austral et de pôle boréal. — *L'aimant terrestre* étant supposé placé comme nous venons de le dire, l'un de ses pôles est dans l'hémisphère boréal (hémisphère nord), et peut prendre le nom de *pôle boréal;* l'autre est dans l'hémisphère austral (hémisphère sud), et peut prendre le nom de *pôle austral.* — Si maintenant on considère une aiguille aimantée, en équilibre à la surface du globe, et si l'on veut donner à ses deux pôles des dénominations semblables, on doit regarder les pôles de l'aiguille comme placés *en sens inverse* de ceux de l'aimant terrestre. On doit donc nommer *pôle austral* de l'aiguille celui qui se dirige vers le nord, et *pôle boréal* celui qui se dirige vers le sud.

C'est là, en effet, le système de dénominations le plus usité. Il est nécessaire d'en connaître l'origine, pour s'expliquer l'emploi de ces deux mots *austral* et *boréal*, appliqués aux pôles d'une aiguille, dans un sens qui semble en opposition avec leur signification habituelle.

254. Hypothèse des deux fluides magnétiques. — On peut s'expliquer les phénomènes du magnétisme en admettant, comme pour les phénomènes électriques, l'existence de deux *fluides*, que l'on appellera *fluide austral* et *fluide boréal*, et dont chacun aura la propriété d'attirer le fluide de nom contraire, et de repousser le fluide de même nom.

Un barreau d'acier *non aimanté* doit être considéré comme contenant, en chacun de ses points, des quantités égales de l'un et de l'autre fluide; on dit alors qu'il est à l'*état neutre*. — L'opération de l'*aimantation* est considérée comme ayant pour effet de séparer les deux fluides, de manière que la présence de l'un se manifeste dans l'une des moitiés du barreau, et la présence de l'autre dans l'autre moitié. Ce qu'il importe de remarquer, c'est que ces fluides magnétiques ne peuvent jamais abandonner le barreau qui les contient : quand un barreau arrive à présenter, dans une de ses moitiés, les propriétés du magnétisme austral, il présente toujours en même temps, dans son autre moitié, les propriétés du magnétisme boréal.

255. Aimantation temporaire du fer, sous l'influence d'un aimant. — Prenons un petit barreau de fer pur, et, après avoir constaté qu'il n'attire pas la limaille de fer, mettons-le à une petite distance du pôle austral A d'un aimant (*fig.* 166). Ses extrémités acquièrent la propriété d'attirer la limaille de fer, c'est-à-dire que le petit barreau de fer *s'aimante*. — Si, sans le déplacer, nous approchons de son extrémité *a* le pôle austral d'une aiguille aimantée, mobile sur un pivot, nous observerons une répulsion, d'où nous conclurons que l'extrémité *a* contient un pôle *austral*. L'autre extrémité *b* contient un pôle boréal. — On explique ce résultat en admettant que le fer contenait, avant l'expérience, les deux fluides magnétiques également distribués en tous ses points : sous l'influence du pôle A de l'aimant, le fluide austral a été repoussé du côté de l'extrémité *a*, et le fluide boréal a été attiré du côté de l'extrémité *b*.

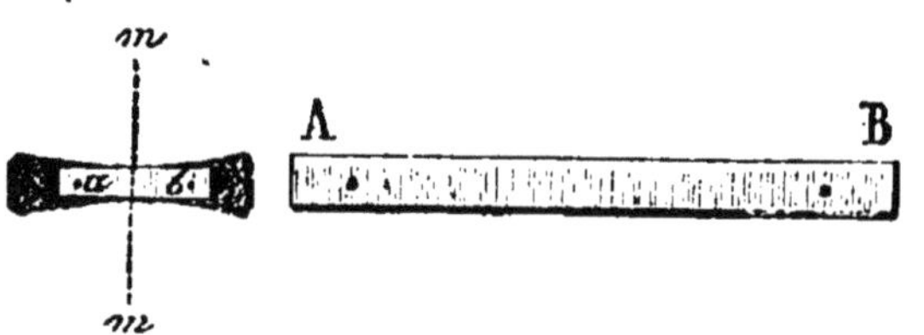

Fig. 166. — Aimantation temporaire du fer, sous l'influence d'un aimant.

Mais cette aimantation du fer n'est pas persistante : dès qu'on éloigne l'aimant influent AB, le barreau de fer revient à l'état neutre et abandonne la limaille qui s'y était fixée. — On donne ordinairement au fer par le nom de *fer doux*, pour le distinguer de l'acier, qui conserve l'aimantation une fois qu'il l'a acquise.

256. Attraction du fer doux par un aimant. — On comprend que, si le petit barreau de fer *ab* est abandonné à lui-même, à une petite distance de l'aimant AB, l'attraction exercée par le pôle A sur le pôle voisin *b* arrive à l'entraîner. Il s'attache alors à l'aimant, et y reste suspendu, si son poids n'est pas trop considérable.

De même, ce barreau de fer étant maintenant devenu un aimant, on peut lui en présenter un second, sur lequel il agit à son tour de la même manière, et ainsi de suite. — C'est par une succession d'actions semblables qu'on peut suspendre au pôle d'un aimant une série de morceaux de fer doux, dont chacun s'aimante sous l'influence de celui qui le précède. — C'est ainsi encore que les grains de limaille de fer s'attachent les uns aux autres, autour des pôles d'un aimant (*fig.* 161).

257. Aimantation permanente de l'acier. Force coercitive. — Un barreau d'acier trempé, placé dans les mêmes conditions que le barreau de fer doux *ab* (*fig*, 166), ne manifeste d'abord aucune trace d'aimantation : ce n'est qu'au bout d'un temps très long qu'on peut voir s'y développer des pôles. Mais aussi, une fois que l'acier a acquis une aimantation appréciable, il la conserve, même quand on l'éloigne de l'aimant qui a servi à la développer.

On peut donc considérer l'acier trempé comme se distinguant du fer doux, par la résistance qu'il oppose toujours au déplacement des fluides magnétiques; quand l'acier est à l'état neutre, les fluides ne s'y séparent que très difficilement; une fois qu'il est aimanté, les fluides n'obéissent aussi que très difficilement aux actions qui tendraient à ramener l'état neutre. — Cette résistance, qui caractérise l'acier trempé, a reçu le nom de *force coercitive*.

258. Expérience des aimants brisés. — Prenons une aiguille d'acier aimantée AB (*fig.* 167), et plongeons-la dans la limaille de fer, de manière à constater que la limaille s'attache seulement aux deux

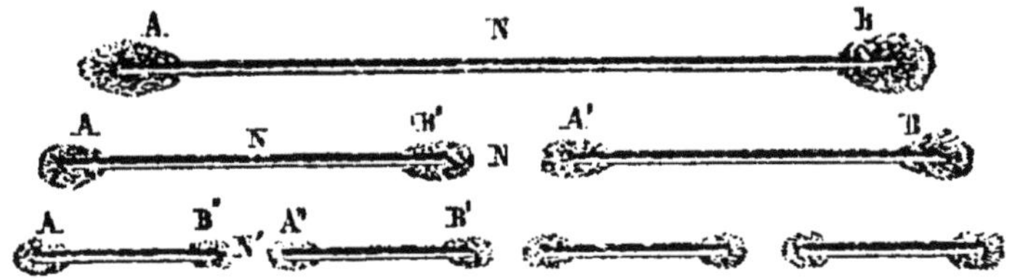

Fig. 167, 168, 169. — Expérience des aimants brisés.

extrémités, et que le milieu N est une ligne neutre; approchons-la ensuite d'une aiguille aimantée, mobile sur un pivot, afin de distinguer le pôle austral A du pôle boréal B. Cela fait, brisons l'aiguille au point N (*fig.* 168) : chacun des fragments attire encore la limaille de fer par ses deux extrémités, et l'on reconnaît que le fragment de gauche a un pôle austral en A, un pôle boréal en B', et une ligne neutre en son milieu; le fragment de droite a, de même, un pôle austral en A', un pôle boréal en B, et une ligne neutre en son milieu. — Brisons encore l'un de ces fragments en deux parties (*fig.* 169) : chacun des fragments partiels devient toujours un aimant complet, dont les pôles sont distribués comme l'indique la figure. — Il en est de même, quelque loin qu'on pousse la division des fragments.

Il est donc impossible d'admettre que, dans une tige d'acier aimantée, *il y ait transport des fluides vers les extrémités.*

En présence de ce résultat, Coulomb a été conduit à considérer les fluides magnétiques comme pouvant se mouvoir seulement dans des espaces très petits, qu'il a nommés *éléments magnétiques.* — Chacun de ces éléments contient et *conserve toujours* des quantités égales de l'un et de l'autre fluide : l'aimantation a seulement pour résultat de modifier la distribution des deux fluides *dans chacun des éléments* successifs, de manière que la résultante des actions exercées par tous les éléments, sur un pôle extérieur, se réduise à deux forces passant, l'une par un point situé vers l'extrémité gauche de l'aiguille, l'autre par un point situé vers l'extrémité droite. — On peut alors s'expliquer l'apparition de nouveaux pôles dans les fragments d'un aimant brisé. En effet, chaque fragment se compose encore d'éléments magnétiques, en nombre moindre que dans l'aimant primitif, mais dans chacun desquels la séparation des fluides persiste toujours dans le même sens. Dès lors, chacun de ces fragments peut continuer à se comporter comme un aimant complet.

II. — PROCÉDÉS D'AIMANTATION. — CONSERVATION DES AIMANTS

259. Procédé de la simple touche. — Le procédé de la *simple touche*, applicable, par exemple, à l'aimantation des aiguilles, consiste à frotter l'aiguille à aimanter sur l'extrémité d'un barreau puissant, en la faisant glisser plusieurs fois suivant sa longueur et toujours dans le même sens. Si l'on a employé le pôle austral du barreau, il se forme un pôle boréal dans la moitié de l'aiguille qui est arrivée la dernière au contact de cette extrémité. — Ce procédé ne développe jamais qu'une aimantation peu énergique.

260. Procédé de la touche séparée. — Pour appliquer le procédé de la *touche séparée*, on installe, dans le prolongement l'un de l'autre, deux aimants puissants AM, BM' (*fig.* 170), séparés par une règle de bois L, de telle façon que les extrémités de la pièce à aimanter s'appuient sur leurs pôles de noms contraires A, B. On applique, sur le milieu de cette pièce, deux barreaux *aN*, *bN'*, inclinés en sens inverse, et l'on a soin que leurs pôles *a* et *b* correspondent respectivement aux pôles A et B des aimants fixes. On fait alors glisser ces deux barreaux en sens contraires, chacun vers l'une des extrémités de la pièce à aimanter; on les enlève ensuite, on les reporte au milieu, et l'on recommence un certain nombre de fois la même opération. — Il est aisé de voir que les quatre barreaux agissent simultanément, pour donner à la pièce une aimantation de même sens. — On peut ainsi communiquer aux lames d'acier une aimantation assez énergique : il est bon d'ailleurs d'exercer les frictions successivement sur leurs deux faces.

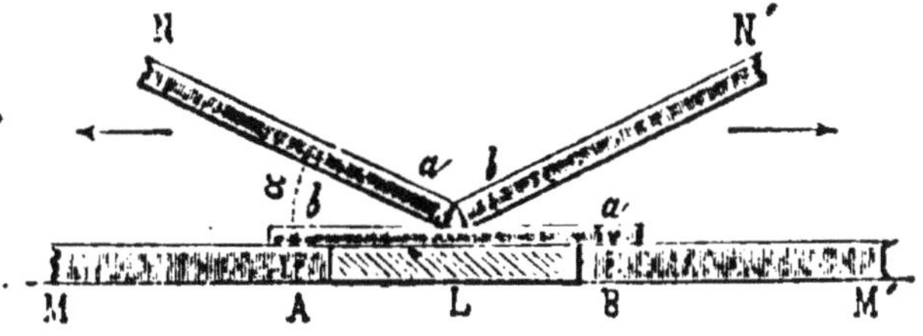

Fig. 170. — Procédé de la touche séparée.

261. Procédé de la double touche. — La pièce à aimanter étant installée sur deux aimants fixes AM, BM' (*fig.* 171), comme dans la méthode précédente, et les deux barreaux *a*N et *b*N' étant séparés par une petite cale de bois, on les fait glisser ensemble et *sans les séparer*, vers l'une des extrémités de la pièce, puis vers l'autre, et ainsi de suite : on termine l'opération par l'extrémité opposée à celle vers laquelle on s'était dirigé d'abord, et l'on s'arrête au milieu. — L'expérience prouve que ce procédé est beaucoup plus énergique que les deux précédents.

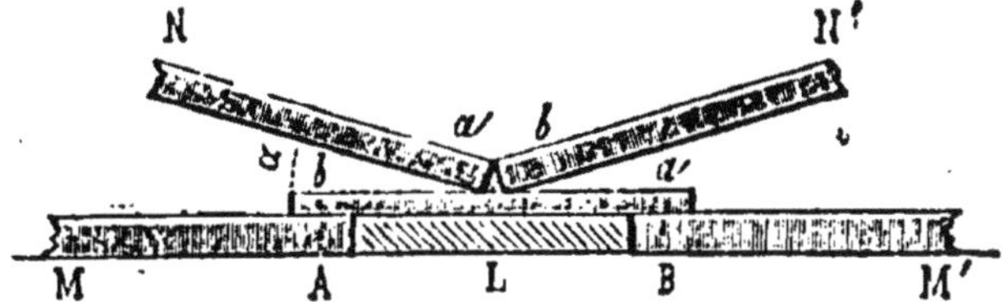

Fig. 171. — Procédé de la double touche

262. Aimantation par l'action de la Terre. — L'action magnétique de la Terre étant comparable à celle d'un aimant (252), son influence doit pouvoir développer l'aimantation. — Et en effet, si l'on place une tige d'acier dans une direction à peu près parallèle à la ligne des pôles de la Terre, et qu'on la soumette à des frottements ou à des chocs, on peut lui faire acquérir une aimantation durable.

C'est ainsi que les limes et la plupart des outils d'acier donnent presque toujours des signes d'aimantation. Ils ont acquis cette aimantation sous l'*influence de la Terre*, et pendant les ébranlements auxquels ils ont été soumis.

263. Conservation des aimants. — Il est facile de concevoir la nécessité de prendre certaines précautions pour conserver aux aimants leur intensité. Si, par exemple, un barreau aimanté était abandonné à lui-même dans une position quelconque, il pourrait arriver que, soit par l'action de la Terre, soit par l'action d'autres aimants voisins, les fluides de ce barreau tendissent à se déplacer *en sens inverse* du sens dans lequel ils avaient été séparés : l'aimantation du barreau irait alors en s'affaiblissant.

Pour empêcher ces effet. de se produire, on conserve généralement les barreaux aimantés, deux par deux, dans une même boîte, parallèlement entre eux, mais en plaçant les pôles de noms contraires en regard (*fig.* 172). On interpose entre eux des cales de bois, pour s'opposer à leur rapprochement, et on applique en travers, sur leurs extrémités, des pièces de fer doux *ab*, *ab*, qu'on appelle des *contacts*. Les deux barreaux agissent simultanément pour aimanter par influence ces deux pièces de fer doux, et elles réagissent à leur tour sur les barreaux pour leur conserver leur intensité.

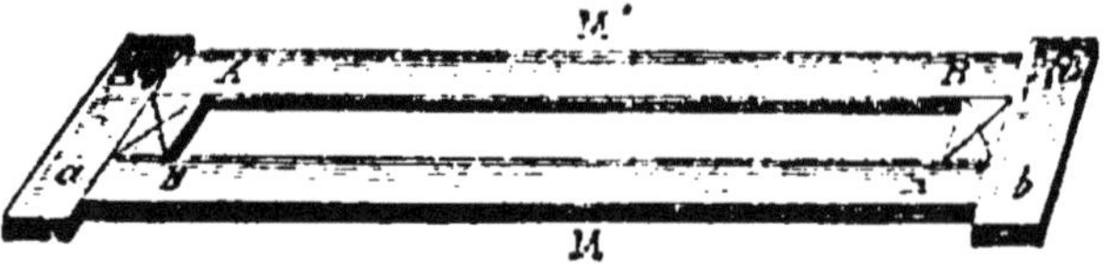

Fig. 172. — Conservation des aimants.

De même, pour les aimants qui ont la forme de fer à cheval (*fig.* 173), on a soin d'appliquer, sur les extrémités des deux branches, un *contact*, c'est-à-dire une pièce de fer doux C, qui s'aimante sous l'influence des deux pôles A et B, et qui a pour effet de conserver à l'aimant son intensité.

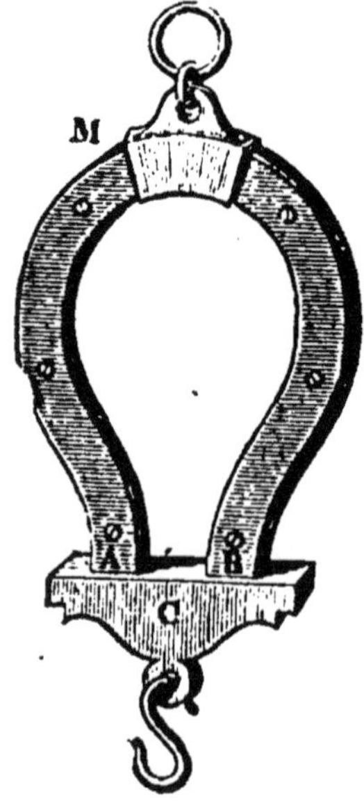

Fig. 173.

L'expérience a montré d'ailleurs que, pour conserver aux aimants leur intensité, il est avantageux de leur faire porter toujours un certain poids. C'est pourquoi on suspend ordinairement, au crochet que supporte le contact C (*fig.* 173), un petit seau métallique, dans lequel on place des balles de plomb dont on augmente le nombre de jour en jour, de manière à *nourrir* l'aimant : on arrive ainsi à lui faire soutenir une charge bien supérieure à celle qu'il portait d'abord (*).

(*) On doit avoir soin cependant de ne pas augmenter trop rapidement les poids; car, si le contact vient à se détacher sous une charge excessive, l'aimant devient tout à coup moins énergique qu'il ne l'était primitivement : il faut recommencer à le nourrir, avec une charge moindre, pour lui rendre peu à peu sa force.

III. — MAGNÉTISME TERRESTRE. — BOUSSOLES

264. Méridien magnétique. — Déclinaison. — Inclinaison. — Boussoles. — On appelle *méridien magnétique* d'un lieu, le plan vertical qui passe par la position que prend, sous l'action de la Terre, la ligne des pôles d'un aimant *mobile dans un plan horizontal, autour d'un axe vertical.* — Dans la plupart des points de la Terre, ce plan ne coïncide pas avec celui du méridien géographique, il forme avec lui un angle, qu'on nomme la *déclinaison* du lieu.

Pour déterminer la direction du méridien magnétique on se sert de la *boussole de déclinaison*, qui consiste essentiellement en une aiguille aimantée AB (*fig.* 174), taillée en forme de losange, et portant une petite chape d'agate, par laquelle elle repose sur un pivot vertical. L'aiguille peut se déplacer sur un cercle horizontal divisé CC', dont le centre est situé sur l'axe du pivot. En raison de la forme de cette aiguille, on pourra considérer la ligne des pôles comme coïncidant avec la ligne des pointes AB. — Supposons que le cercle ait été préalablement orienté de manière que le diamètre passant par le zéro de la graduation soit dirigé suivant la ligne nord-sud; la lecture de la division où s'arrêtera la pointe A fera connaître la déclinaison AON du lieu.

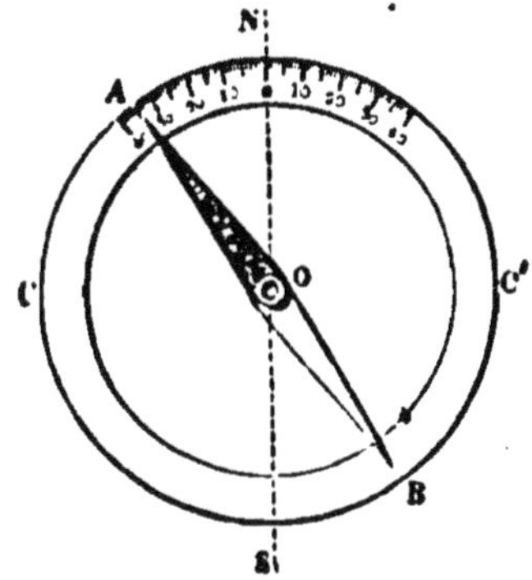

Fig. 174. — Déclinaison.

La déclinaison d'un lieu est dite *orientale*, lorsque le pôle austral de l'aiguille se porte à l'est de la ligne nord-sud; *occidentale*, lorsque le pôle austral se porte à l'ouest de la ligne nord-sud.

Soit maintenant une aiguille aimantée AB (*fig.* 175), mobile *dans un plan vertical, autour d'un axe horizontal* mn *passant par son centre de gravité.* — Si l'on oriente ce plan de manière qu'il coïncide avec le méridien magnétique du lieu, l'expérience montre que, dans la plupart des points du globe, l'aiguille prend une direction BA, inclinée par rapport au plan horizontal. — On appelle *inclinaison* d'un lieu, l'*angle aigu* AOH *que fait la moitié australe d'une aiguille aimantée, mobile dans le plan du méridien magnétique, avec*

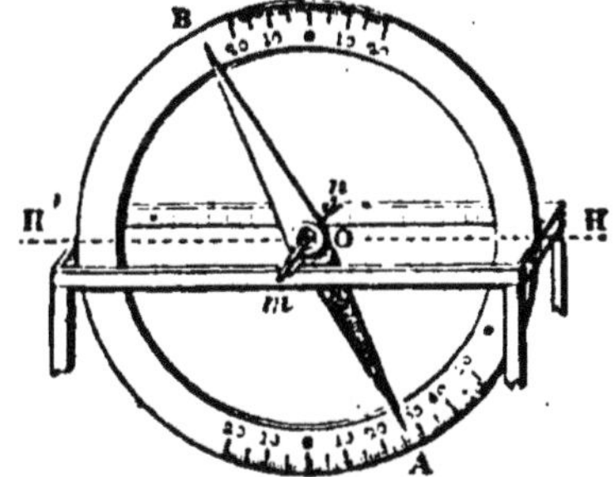

Fig. 175. — Inclinaison.

la ligne horizontale menée dans ce plan. L'inclinaison est dite *positive* ou *négative*, selon que la moitié australe de l'aiguille se place au-dessous, ou au-dessus de l'horizon. — La figure 175 représente une *boussole d'inclinaison.* Si le diamètre vertical du cercle divisé passe par le zéro de la graduation, la lecture de la division où s'arrête la pointe A fait connaître l'inclinaison HOA du lieu (*).

265. Variations de la déclinaison et de l'inclinaison en un même lieu. — La *déclinaison*, en un même lieu, éprouve des variations, dont les unes sont régulières; les autres, accidentelles.

Pendant l'intervalle d'une même journée, dans nos climats, l'extrémité australe de l'aiguille marche de quelques minutes vers l'ouest pendant la matinée, et jusqu'à l'heure du maximum de température; elle revient ensuite sur elle-même, pour reprendre une marche semblable le jour suivant, et ainsi de suite. Ce sont les variations *diurnes*; elles sont plus grandes pendant la saison chaude que pendant l'hiver.

La déclinaison moyenne *de l'année* éprouve également une variation progressive, qui a reçu le nom de *variation séculaire.* — A Paris, les observations faites depuis l'année 1580 montrent que la déclinaison moyenne annuelle, qui était orientale à cette époque, a été en diminuant jusqu'à devenir nulle, puis occidentale, l'aiguille continuant à marcher toujours dans le même sens jusqu'en 1814 : la déclinaison occidentale a alors atteint un maximum, de 22°34′. Depuis cette époque, la déclinaison occidentale diminue d'environ 7′,4 par an — En 1888, elle était de 15° 57′.

Pour l'*inclinaison*, les observations remontent à une époque moins reculée. — En 1671, l'inclinaison à Paris était de 75°. Elle a été en décroissant lentement depuis cette époque. — En 1888, elle était de 65°16′.

Enfin, on donne le nom de *variations accidentelles*, ou *orages magnétiques*, à de véritables perturbations qui surviennent brusquement dans les mouvements de l'aiguille aimantée et qui ne durent que quelques heures. — Les observations faites en des points distribués sur toute la surface de la Terre montrent que ces orages ne sont pas locaux, mais qu'ils apparaissent simultanément, avec des intensités diverses, en des points très éloignés les uns des autres. Ils ne peuvent donc être attribués qu'à des phénomènes s'accomplissant à une très grande distance de la surface du globe.

266. Boussoles usuelles. — Boussole marine. — La connaissance de la valeur moyenne de la déclinaison, dans chaque région du globe, permet d'employer l'aiguille aimantée pour s'orienter, c'est-à-dire pour

(*) Les boussoles de déclinaison et d'inclinaison présentent des détails de construction que nous n'avons pas à décrire ici, et qui sont destinés soit à assurer l'exactitude des lectures, soit à permettre de déterminer la direction du méridien géographique, que nous avons supposée connue.

retrouver la direction nord-sud. — Les instruments qui servent à cet usage portent le nom général de *boussoles*.

Tout le monde connaît les petites boussoles portatives, qui servent à retrouver la direction du nord, et qui se composent d'un cadran divisé, au centre duquel est une aiguille aimantée, mobile sur un pivot. — La *boussole d'arpenteur* présente, avec de plus grandes dimensions, une disposition semblable. Elle sert à orienter, sur un plan, les contours des terrains, les sinuosités des routes, etc.

La *boussole marine* est surtout indispensable, en mer et loin des côtes, pour maintenir à chaque instant le navire dans la direction qu'il doit suivre. Elle est installée à l'arrière du navire, sous les yeux du timonnier chargé de la manœuvre du gouvernail, de manière à lui permettre de comparer à chaque instant la direction de l'aiguille avec celle du navire lui-même. — Pour faciliter cette comparaison, la boîte de la boussole porte une ligne fixe, placée dans la direction de l'axe du navire : c'est ce qu'on appelle la *ligne de foi*. — Or, pourvu que l'on sache, au moins approximativement, la position géographique du point où l'on se trouve, on sait, par cela même, quel angle fait la ligne nord-sud avec la route que l'on doit suivre ; par suite, en tenant compte de la déclinaison du lieu, on sait quel angle doit faire l'aiguille aimantée avec la direction du navire, c'est-à-dire avec la ligne de foi. Si le navire n'est pas exactement dans la direction de la route à suivre, on en est averti par l'observation de la boussole, et on l'y ramène au moyen du gouvernail.

CHAPITRE III

ÉLECTRICITÉ DYNAMIQUE

I. — EXPÉRIENCES DE GALVANI ET DE VOLTA. — PILES VOLTAÏQUES

267. Expérience de Galvani. — L'origine de la découverte de l'électricité dynamique est une expérience de Galvani, effectuée à Bologne en 1786. Cette expérience peut être reproduite comme il suit.

On coupe en deux, vers la région lombaire, la colonne vertébrale d'une grenouille, et l'on prend la partie postérieure du corps : après l'avoir dépouillée, on distingue, de chaque côté de la colonne vertébrale, deux faisceaux blanchâtres, qui sont la réunion des nerfs lombaires se rendant aux pattes postérieures. On prend alors un arc métallique COZ (*fig.* 176), formé d'un fil de cuivre C et d'un fil de zinc Z, réunis en O, et l'on engage l'un de ces fils sous les nerfs lombaires, comme le montre la figure. Si maintenant on vient à toucher, avec l'autre fil, les muscles de l'une des cuisses, on voit la cuisse se contracter : le même phénomène se reproduit à chaque nouveau contact (*).

Fig. 176.
Expérience de Galvani.

Ces contractions rappellent celles qui se produisent quand le corps d'un animal est traversé par la décharge d'une bouteille de Leyde. Aussi, Galvani vit-il d'abord dans le muscle un véritable condensateur, chargé de l'une des électricités à l'intérieur, c'est-à-dire dans les points où pénètrent les nerfs, et d'électricité contraire à l'extérieur ; l'arc métallique jouait alors simplement le rôle d'un *excitateur*.

268. Théorie et expériences de Volta. — En reproduisant l'expérience de Galvani, Volta, professeur à Pavie, constata que, pour obtenir des contractions énergiques, il est nécessaire d'employer un arc formé de *deux métaux différents*. — Il fut alors conduit à une théorie nouvelle, d'après laquelle le *contact* de métaux différents établit entre eux une différence d'état électrique, ou de potentiel, par une *force électromotrice* spéciale. D'après Volta, au contact d'une lame de zinc et d'une lame de cuivre, il se produit une décomposition du fluide neutre, jusqu'à ce que, le zinc arrivant à un potentiel positif, et le cuivre à un potentiel négatif, l'attraction des fluides contraires séparés fasse équilibre à la force électromotrice : la différence des potentiels est d'autant plus grande que la force électromotrice est plus considérable : on prend cette différence de potentiel comme mesure de la force électromotrice elle-même.

Dans la théorie de Volta, c'est la combinaison des électricités contraires du zinc et du cuivre qui, dans l'expérience de Galvani, déter-

(*) Cette expérience se présenta à Galvani d'une manière presque fortuite. Les membres inférieurs de plusieurs grenouilles avaient été préparés comme on vient de le dire, et suspendus à un balcon de fer, par un crochet de cuivre qui traversait la moelle épinière; le but de Galvani était d'étudier l'influence que peuvent exercer, sur le système nerveux, les décharges qui s'effectuent entre des nuages orageux. Contre son attente, il vit les membres s'agiter, en l'absence de tout orage, chaque fois que le vent les amenait au contact des barreaux de fer.

mine les contractions de la grenouille, au moment où la décharge se produit au travers des muscles et des nerfs.

Parmi les expériences effectuées par Volta pour appuyer cette *théorie du contact*, nous citerons la suivante. — Une lame de zinc Z ayant été soudée bout à bout avec une lame de cuivre C, on prend à la main l'extrémité zinc (*fig.* 177), et l'on applique l'extrémité cuivre contre le plateau inférieur d'un électroscope condensateur, en touchant avec l'autre main le plateau supérieur pour le mettre en communication avec le sol. On constate, en supprimant les communications et séparant les deux plateaux, que la lame a agi sur l'instrument comme une source d'électricité négative.

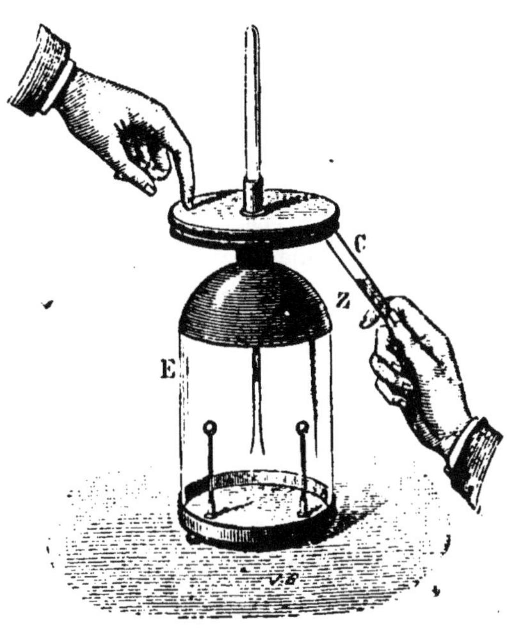

Fig. 177. — Expérience de Volta.

Si l'on répète l'expérience en prenant la lame par l'extrémité cuivre, et appliquant sur le plateau de l'instrument l'extrémité zinc, l'électroscope n'accuse pas trace d'électricité. D'après Volta, ce résultat est encore une confirmation de sa théorie. En effet, le zinc est alors en contact avec du cuivre par ses deux extrémités, savoir : la lame de cuivre que l'opérateur tient à la main, et le plateau de cuivre de l'électroscope. Les deux forces électromotrices mises en jeu doivent donc établir la même différence de potentiel entre le zinc et le plateau de cuivre, qu'entre le zinc et la lame de cuivre. En d'autres termes, le plateau doit se trouver au même potentiel que la lame de cuivre; mais la lame de cuivre, en raison de sa communication avec le sol, est à l'état *neutre* : il doit donc en être de même du plateau de l'instrument.

269. Principe des piles à liquides, ou piles hydro-électriques. — Considérons deux lames, de zinc et de cuivre, en contact au point M (*fig.* 178), et portant des fils de cuivre AB, DE. Les deux fils de cuivre DE et AB, séparés par une lame de zinc, sont *au même potentiel*. Dès lors, il ne peut se produire, quand on ferme le circuit en BE, aucun mouvement d'électricité. — Il en serait encore de même, comme l'a montré Volta, si l'on interposait, entre le zinc et le cuivre, un ou plusieurs métaux.

Mais il n'en est plus de même, si l'on sépare le zinc et le cuivre par *un liquide* capable d'exercer une action chimique sur l'un d'eux. — Plongeons, par exemple, les deux lames Z et C dans de l'eau acidulée par de l'acide sulfurique (*fig.* 179), liquide capable d'attaquer le zinc. Si l'on met en communication avec un électroscope condensateur le fil P, qui termine la lame de cuivre, on constate qu'il est électrisé *positivement;* en répétant l'expérience avec le fil N qui termine la lame de zinc, on constate qu'il est électrisé *négativement.* — On peut remarquer maintenant que, dans la première expérience, la divergence des feuilles d'or est proportionnelle au potentiel du fil P; si le fil N est mis en communication avec le sol, son potentiel est nul. Dans ces conditions, la divergence des feuilles est proportionnelle à la *différence des potentiels* des fils P et N, c'est-à-dire que la divergence observée peut servir de mesure à la *force électromotrice* du *couple électrique,* formé par les fils, les lames et le liquide interposé.

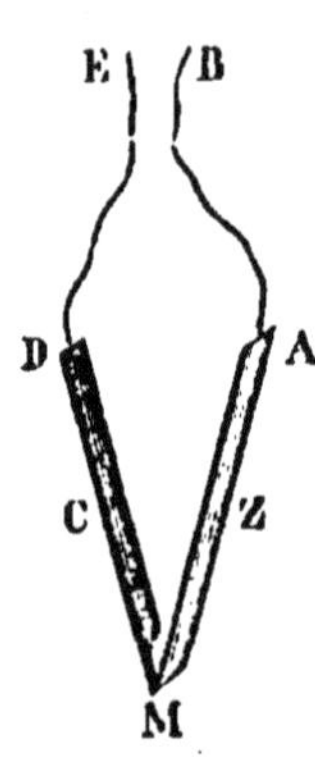

Fig. 178. Circuit entièrement métallique.

Prenons maintenant un certain nombre de couples semblables (*fig.* 180); réunissons, par un fil de cuivre, le zinc du premier couple au cuivre du second; par un autre fil, le zinc du second au cuivre du troisième; et ainsi de suite, en ne laissant libres que le cuivre du premier couple et le zinc du dernier. Enfin, à ces deux lames extrêmes adaptons des fils de cuivre, dont nous laisserons d'abord les extrémités P et N séparées. On donne le nom de *pile* à cette réunion de couples. — Or, Volta a montré

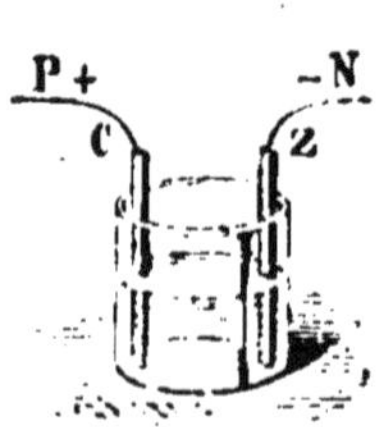

Fig. 179.

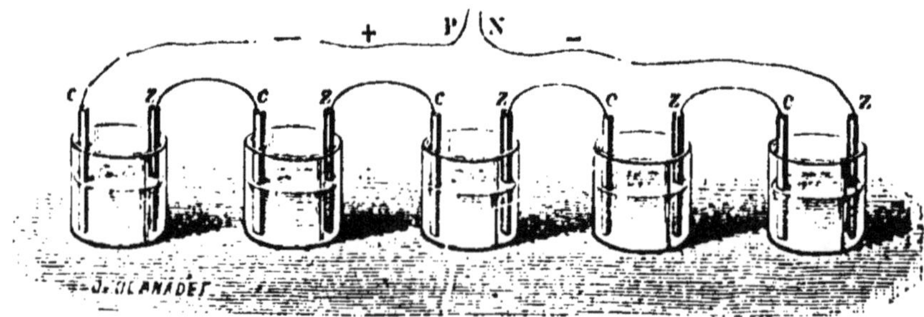

Fig. 180. — Pile à tasses.

que, dans un système de couples ainsi réunis, chaque couple conserve la même force électromotrice que s'il était seul. Par suite, la force électromotrice de la pile tout entière est *proportionnelle au nombre des couples*, ou *éléments*. C'est ce qu'on peut vérifier au moyen d'un électroscope, par une expérience semblable à celle qui vient d'être indiquée.

L'extrémité P prend le nom de *pôle positif* de la pile ; l'extrémité N est le *pôle négatif*.

270. Courant électrique. — Réunissons maintenant les extrémités P et N des deux fils qui terminent la pile : les électricités contraires vont se mettre en mouvement dans ce conducteur, pour se combiner ensemble, et comme les forces électromotrices, mises en jeu dans la pile, maintiendront toujours les mêmes différences de potentiel entre ses divers points, il se produira, soit dans la pile, soit dans le fil qui réunit les deux pôles, un *mouvement continu* d'électricité, qui a reçu le nom de *courant électrique*. — On est convenu d'appeler spécialement *sens du courant*, le sens dans lequel circule l'électricité positive. En d'autres termes, on considère le courant comme allant *du pôle positif au pôle négatif, dans la partie du circuit qui est extérieure à la pile elle-même.*

L'électricité, considérée comme se mouvant ainsi dans un circuit fermé, a reçu le nom d'électricité *dynamique.*

La production du courant électrique se manifeste soit par un échauffement des conducteurs, soit par des mouvements imprimés à des corps extérieurs, etc. : ces divers effets seront étudiés plus loin. Ce qu'il importe de remarquer dès maintenant, c'est que, en même temps, le zinc de chacun des éléments de la pile se consume, en enlevant à l'eau son oxygène, et mettant en liberté l'hydrogène. Il s'effectue donc, dans la pile, une véritable combustion, dégageant de la chaleur, comme la combustion du charbon dans le foyer d'une machine à feu. — C'est cette chaleur qui doit être considérée comme fournissant *l'énergie* nécessaire à l'accomplissement des effets produits par le courant.

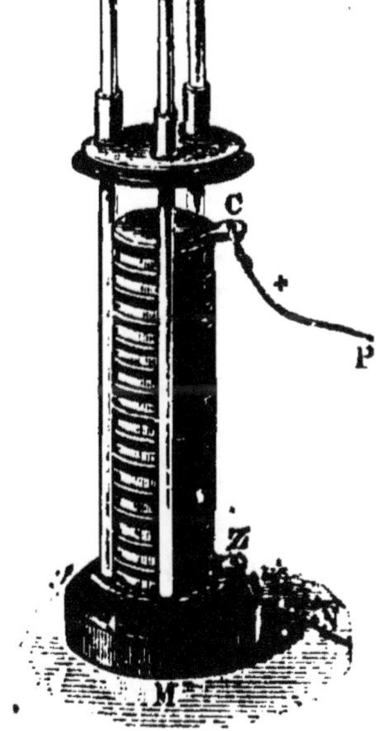

Fig. 181. — Pile de Volta.

271. Pile de Volta. — C'est Volta qui construisit le premier, à Pavie, en 1794, une pile qui devint l'origine de toutes les modifications apportées à cet appareil.

Pour construire une pile de Volta, on place sur un socle isolant un disque de zinc Z (*fig.* 181), une rondelle de drap imprégnée d'eau acidulée et un disque de cuivre ; on répète un certain nombre de fois la même succession, et on termine par un disque de cuivre. — Au premier disque de zinc est soudé un fil de cuivre N; au dernier disque de cuivre est soudé un autre fil de cuivre P.. — Il est aisé de voir que la disposition des diverses parties de la pile ainsi construite correspond exactement à celle de la

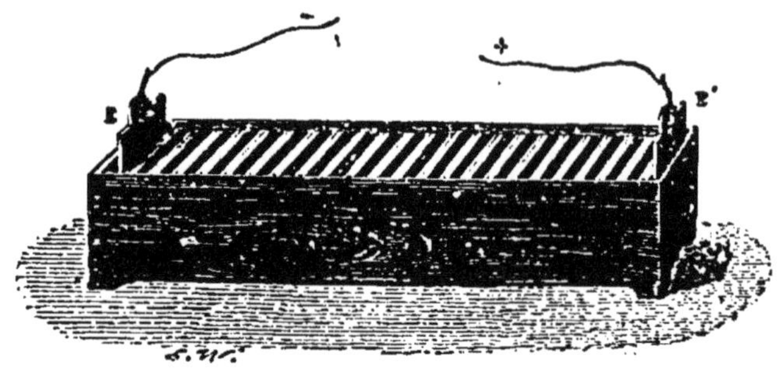

Fig. 182. — Pile à auge.

figure 180. Le pôle positif est à l'extrémité du fil adapté au dernier cuivre; le pôle négatif, à l'extrémité du fil adapté au dernier zinc. — C'est cette disposition, de disques *empilés* les uns sur les autres, qui a été l'origine de l'expression de *pile électrique* (*).

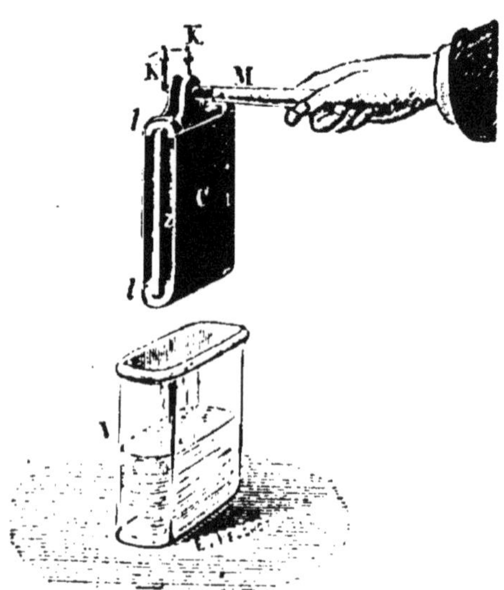

Fig. 183.
Élément de pile de Wollaston.

272. Modifications apportées à la pile de Volta. — Dans la pile de Volta, les rondelles de drap laissent échapper l'eau acidulée, sous l'action du poids qu'elles supportent, et la pile perd rapidement son énergie. — Aussi a-t-on imaginé d'assujettir verticalement les lames métalliques dans une auge (*fig.* 182), où l'on versera de l'eau acidulée. Les pièces de drap deviennent alors inutiles : il suffit de laisser, entre les doubles lames métalliques, des intervalles où le liquide pénètre. — Cette disposition est connue sous le nom de *pile à auge*.

Dans la *pile de Wollaston*, les couples successifs sont placés dans des

(*) Afin de rendre plus intimes les contacts métalliques, Volta soudait, à l'avance, les disques de cuivre aux disques de zinc : il ne restait plus, pour construire la pile, qu'à interposer les rondelles de drap entre ces doubles disques, superposés toujours dans le même sens.

vases séparés, comme dans la pile à tasses; mais, dans chaque couple, la lame de cuivre C est repliée (*fig.* 183), de manière à envelopper des deux côtés la lame de zinc Z, dont elle est séparée par de petites cales de bois *l*, *l'*.

273. Emploi du zinc amalgamé pour la construction des piles. — Pour la construction des piles, le zinc chimiquement pur présente, sur le zinc du commerce, l'avantage de n'être point attaqué par l'eau acidulée, tant que le circuit n'est pas fermé; en employant du zinc pur, on éviterait donc une usure inutile. Mais, d'autre part, le zinc pur est d'un prix trop élevé pour qu'on puisse l'employer communément. Or on a reconnu que le zinc du commerce, lorsqu'on a *amalgamé* sa surface, en le frottant avec du mercure, se comporte comme le zinc pur lui-même : dans une pile dont les lames de zinc ont été amalgamées, il n'y a aucun dégagement d'hydrogène, et par conséquent aucune usure du zinc, tant que le circuit n'est pas fermé. Enfin, dès que le circuit est fermé, l'action chimique commence, et l'hydrogène se dégage, en petites bulles, *exclusivement sur le cuivre* de chacun des couples. Nous allons trouver l'explication de cette particularité dans l'étude de la décomposition chimique de l'eau par un courant électrique.

274. Décomposition de l'eau par un courant électrique. — La décomposition de l'eau par un courant électrique a été effectuée en Angleterre par Carlisle et Nicholson, en 1800. Voici comment on répète cette expérience.

Un vase V (*fig.* 184) reçoit, par sa partie inférieure, deux fils de platine A, B, isolés dans une couche de résine : on y verse de l'eau, à laquelle on ajoute un peu d'acide sulfurique pour la rendre plus conductrice, et l'on place, au-dessus des fils A et B, de petites éprouvettes pleines d'eau, C, D. Dès qu'on fait communiquer les pôles d'une pile avec les fils de platine, au moyen des bornes métalliques P, P', on voit se produire, à la surface des fils A, B, une multitude de petites bulles gazeuses, qui s'élèvent dans les éprouvettes : du côté du pôle négatif, il se dégage *uniquement de l'hydrogène*; du côté du pôle positif, *uniquement de l'oxygène*. Le volume de l'hydrogène est double de celui de l'oxygène.

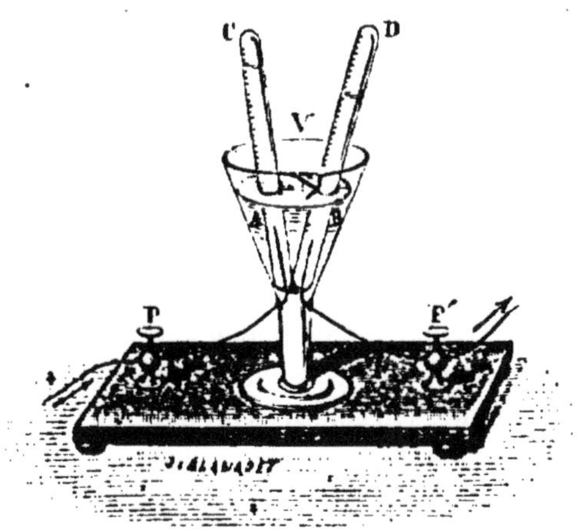

Fig. 184. — Décomposition de l'eau. — Voltamètre.

Cette expérience est une véritable analyse de l'eau. — Faraday, qui a spécialement étudié ce genre d'analyse, lui a donné le nom d'*électrolyse*. Il a nommé *électrodes*, les surfaces des deux lames A et B, qui servent au passage du courant à travers l'eau : l'électrode *positive* A est celle qui est reliée au pôle positif de la pile; l'électrode *négative* B correspond au pôle négatif.

Remarquons que, dans cette expérience, le résultat est le même que si l'*hydrogène de l'eau était transporté dans le sens du courant*. L'appareil représenté par la figure 184 peut donc servir à déterminer le sens d'un courant électrique. — On peut d'ailleurs prendre la quantité d'hydrogène dégagée par seconde, comme mesure de la quantité d'électricité qui traverse l'appareil pendant le même temps, ou de l'*intensité du courant voltaïque*. De là le nom de *voltamètre*, qui a été donné par Faraday à cet appareil.

275. Théorie de Grotthus. — Lorsqu'on décompose l'eau par un courant, l'oxygène et l'hydrogène apparaissent *exclusivement à la surface des électrodes* A et B; dans l'intervalle des lames de platine, on n'aperçoit aucune trace de décomposition de l'eau.

Voici l'explication qui en a été donnée par Grotthus, en 1806. — Supposons que les lames de platine P et N (*fig.* 185), plongées dans l'eau acidulée, soient en communication avec les deux pôles d'une pile.

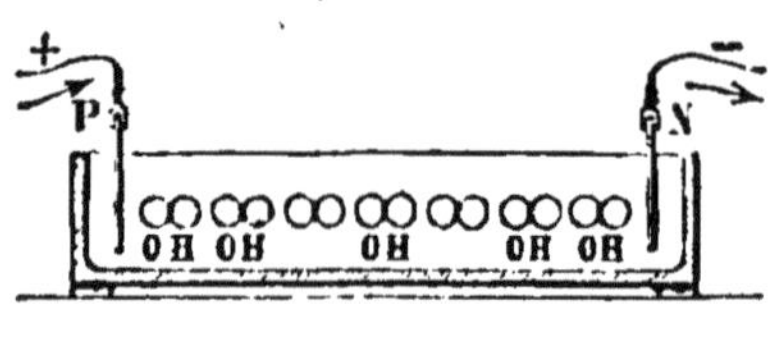

Fig. 185.

Admettons que, dans chaque molécule d'eau à l'état neutre, l'hydrogène soit chargé d'électricité *positive*, et l'oxygène d'une quantité égale d'électricité *négative* : l'hydrogène sera attiré par la lame N, tandis que l'oxygène sera attiré par P; les molécules d'eau, placées entre les deux lames de platine, s'orienteront donc comme l'indique la figure 185. Or, si la force électromotrice de la pile est suffisamment grande, l'action exercée par la lame P, sur la molécule d'eau qui est en contact avec elle, met en liberté la première molécule d'oxygène. Le départ de cette molécule d'oxygène rend momentanément libre la première molécule d'hydrogène; celle-ci, étant repoussée par la lame P, vient se combiner avec la deuxième molécule d'oxygène, qui était déjà attirée par P; et ainsi, de proche en proche (de gauche à droite, dans la figure actuelle), jusqu'à la dernière molécule d'eau, dont l'hydrogène, devenu libre, se dégage sur la lame de platine N. — Les molécules d'eau ainsi reformées s'orientent comme les molécules primitives, et les mêmes phénomènes se continuent.

276. Décomposition de l'eau à l'intérieur de la pile. — Prenons maintenant une pile à tasses (*fig.* 180) dont tous les zincs auront été amalgamés. Ainsi que nous l'avons dit (273), tant que les fils P et N sont séparés, on n'observe aucun dégagement gazeux à l'intérieur de la pile; si on réunit les fils P et N, le courant électrique s'établit, et on voit des bulles d'hydrogène se dégager à la *surface du cuivre* de chacun des éléments de la pile. Or, si nous remarquons que, dans l'expérience du voltamètre, le sens du courant est déterminé par la direction suivant laquelle l'hydrogène est transporté, nous sommes amenés à cette conclusion, que dans chacun des éléments de pile, le courant électrique va *du zinc au cuivre*. La circulation du courant est donc continue, aussi bien dans la pile que dans le conducteur extérieur. — Enfin, en même temps que l'hydrogène se dégage sur le cuivre, l'oxygène se porte sur le zinc, pour former de l'*oxyde de zinc*, qui, en se combinant avec l'acide sulfurique de la liqueur, se dissout à l'état de *sulfate de zinc*.

277. Variabilité des piles à un seul liquide. — Pile au bichromate de potasse. — Avec les piles précédentes, le courant, une fois établi, va en diminuant graduellement d'intensité. Cela tient, d'une part, à ce que les lames de cuivre de la pile se couvrent d'hydrogène gazeux, qui fait obstacle au passage du courant. D'autre part, la série des contacts n'étant plus la même, puisque l'hydrogène est interposé entre l'eau acidulée et le cuivre, la force électromotrice doit être modifiée : l'expérience prouve qu'elle diminue rapidement.

Il y a donc avantage à ajouter, dans l'eau acidulée de la pile, un corps oxydant, tel que le bichromate de potasse, capable d'absorber l'hydrogène à mesure que le courant tend à le mettre en liberté. — La disposition est plus ou moins semblable à celle de l'élément de Wollaston (*fig.* 183); mais la feuille de cuivre qui entourait la lame de zinc est remplacée par une double lame de charbon de cornue. — Dès que le circuit est fermé, le bichromate de potasse, sous l'action de l'acide sulfurique, se transforme en alun de chrome, en dégageant de l'oxygène; celui-ci se combine avec l'hydrogène mis en liberté par le courant, et reproduit de l'eau. On évite ainsi tout dégagement gazeux.

La pile au bichromate de potasse a l'inconvénient d'être coûteuse; mais elle présente une constance plus grande que la pile de Wollaston; sous ce rapport, elle est cependant inférieure aux piles à deux liquides, que nous allons maintenant étudier.

II. — PILES A DEUX LIQUIDES

278. Pile de Daniell. — L'élément de pile de Daniell a reçu diverses dispositions. La plus simple consiste à introduire, au milieu de l'eau acidulée dans laquelle plonge la lame de zinc, un vase poreux qui contiendra, avec la lame de cuivre, une solution concentrée de sulfate de cuivre. La figure 186 représente l'élément de pile ainsi disposé. Dans le vase de verre V est placée l'eau acidulée par l'acide sulfurique, et une lame de *zinc amalgamé* Z, qu'on recourbe sur elle-même pour pouvoir lui donner une plus grande surface; le fil de cuivre attaché à cette lame est le pôle négatif de l'élément de pile. Dans le vase intérieur D, qui est en terre poreuse, se trouve la solution de sulfate de cuivre ; dans ce liquide plonge une lame de cuivre, qui est ici également recourbée, et qui est le pôle positif.

Fig. 186. — Élément de pile de Daniell.

Il est aisé de voir que l'apparition de l'hydrogène est supprimée. — Quand le circuit est fermé, l'eau est électrolysée : l'oxygène se porte sur le zinc pour donner, avec lui et l'acide sulfurique, du sulfate de zinc. L'hydrogène tendrait à se dégager sur la paroi poreuse; mais, d'autre part, comme nous le verrons plus loin (285), le sulfate de cuivre est également électrolysé : le cuivre se dépose sur la lame de cuivre C, tandis que l'oxygène et l'acide sulfurique se portent sur la paroi poreuse; cet oxygène se combine, dans la paroi même, avec l'hydrogène provenant de l'eau acidulée. Quant à l'acide sulfurique mis en liberté, il remplace, dans l'eau acidulée, celui qui s'est combiné avec l'oxyde de zinc. — Il n'y a donc pas de raison pour que la pile s'affaiblisse, tant qu'il reste du sulfate de cuivre non décomposé : on a soin d'ajouter de temps en temps des cristaux de ce sel dans le vase intérieur, pour maintenir la solution saturée.

La pile de Daniell n'est pas très énergique, mais aucune pile ne lui est supérieure au point de vue de la *constance*.

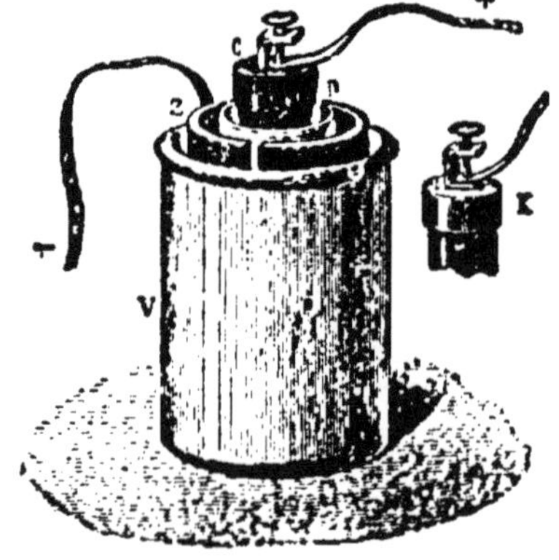

Fig. 187.— Élément de pile de Bunsen.

279. Pile de Bunsen. — La pile de Bunsen présente une disposition tout à fait semblable; seulement, le vase poreux contient, non plus une solution de sulfate de cuivre, mais de l'*acide azotique*; la lame de cuivre est remplacée par un prisme de *charbon de cornue* C (*fig.* 187).

Ici, comme dans l'élément de Daniell, l'apparition de l'hydrogène est supprimée; car l'hydrogène agit sur l'acide azotique, auquel il enlève une partie de son oxygène pour former de l'eau. L'acide azotique est transformé en combinaisons moins riches en oxygène, qui sont dissoutes ou décomposées par l'eau. — On ne prend aucune précaution contre la disparition graduelle de l'acide sulfurique libre : aussi la pile de Bunsen ne conserve-t-elle pas son intensité aussi longtemps que la pile de Daniell; mais elle lui est supérieure en puissance.

280. Pile Leclanché. — L'élément de la pile Leclanché (*fig.* 188) se compose, d'une part, d'un bâton de zinc amalgamé Z, plongeant dans un vase de verre V qui contient une solution concentrée de chlorhydrate d'ammoniaque; d'autre part, d'un prisme de charbon de cornue C, placé dans un vase poreux T, au milieu d'un mélange de fragments de coke et de bioxyde de manganèse. — Lorsque le circuit extérieur est fermé, le chlorhydrate d'ammoniaque est décomposé par le courant qui, dans la pile, va du zinc au vase poreux. Le chlore forme, avec le zinc, du chlorure de zinc qui se dissout; l'ammoniaque reste en dissolution dans l'eau. L'hydrogène se porte vers le cylindre de charbon : il agit sur le bioxyde de manganèse, auquel il enlève une partie de son oxygène pour former de l'eau.

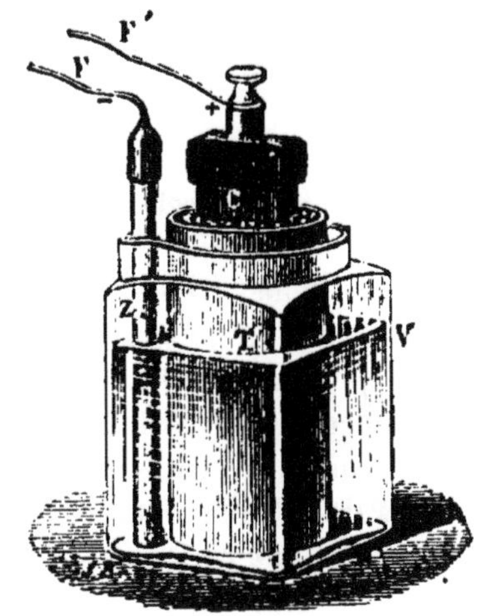

Fig. 188.
Élément de pile de Leclanché

Cette pile est surtout avantageuse pour les cas où elle ne doit être mise en action que d'une manière intermittente, avec d'assez longs intervalles de repos : c'est le cas des sonneries électriques, par exemple.

III. — PILES THERMO-ÉLECTRIQUES

281. Courants thermo-électriques. — Expérience de Seebeck. — Nous avons vu (269) que, dans un circuit fermé, entièrement métallique, si toutes les soudures sont *à la même température*, il ne peut se produire aucun courant; il n'en est plus de même si les deux soudures sont à des températures différentes. — C'est ce que montre l'expérience suivante, qui a été faite par Seebeck en 1821.

Un barreau de bismuth BB' (*fig.* 189) est soudé, à ses deux extrémités, avec une lame de cuivre recourbée CC', qui forme avec lui un rectangle. A l'intérieur du rectangle, on place une aiguille aimantée, mobile sur un pivot, et on oriente le rectangle dans la direction du méridien magnétique. Si l'on chauffe l'une des soudures B, l'aiguille est déviée : c'est là, comme on le verra plus loin (297), l'une des propriétés des courants électriques, en général. Le sens de la déviation indique que ce courant *thermo-électrique* marche *du bismuth au cuivre, à travers la soudure chauffée*.

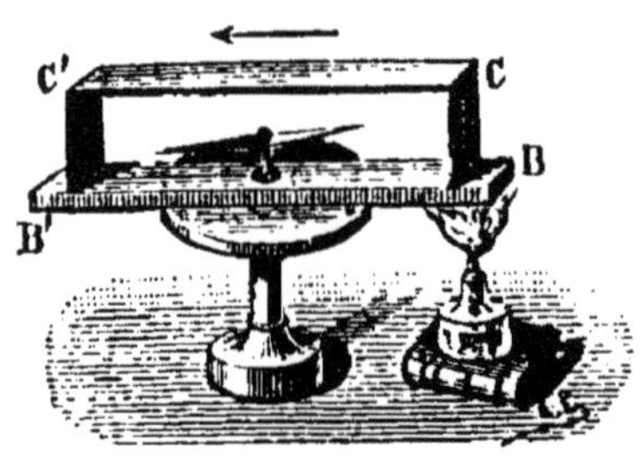

Fig. 189.
Expérience de Seebeck.

On peut obtenir un résultat semblable avec deux métaux quelconques : le sens du courant dépend de la nature des métaux employés. — Par exemple, si l'on chauffe la soudure M (*fig.* 178) des lames de zinc et de cuivre, en réunissant les fils E et B, il se produit un courant suivant CMZ. La différence de potentiel v, que nous avions observée au contact du zinc et du cuivre, acquiert donc une plus grande valeur quand la température s'élève; si l'on appelle v_0 la différence des potentiels à la soudure froide A, et v la différence des potentiels à la soudure chaude M, la force électromotrice du courant est $v - v_0$.

282. Piles thermo-électriques. — Le plus ordinairement, pour former un *couple thermo-électrique*, on prend un barreau de bismuth ABD, courbé en fer à cheval (*fig.* 190) et soudé, à chacune de ses extrémités A et D, avec des fils de cuivre C et C' : on plonge l'une des soudures A dans l'eau bouillante, l'autre soudure D étant maintenue dans la glace fondante; le fil de cuivre C, qui correspond à la soudure chaude est le pôle positif du couple.

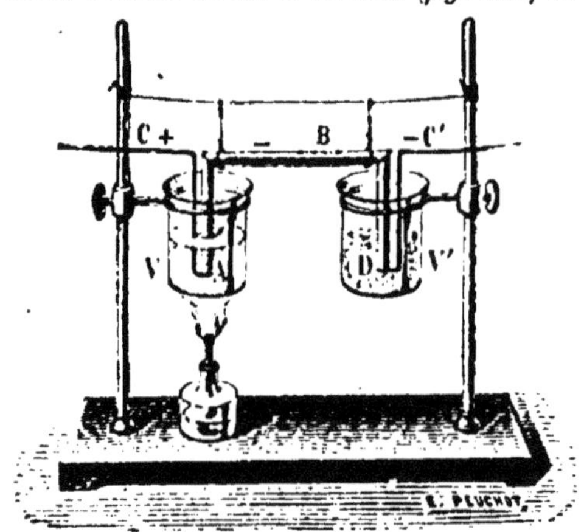

Fig. 190.
Couple thermo-électrique.

On obtient une *pile thermo-électrique*, en prenant un certain nombre de ces couples, et en faisant communiquer le pôle positif du premier avec le pôle négatif du second, etc.; la force électromotrice totale de la pile est proportionnelle au nombre des couples. — Les couples thermo-électriques se distinguent d'ailleurs par la petitesse de leur force électromotrice, en sorte qu'il faut en réunir un grand nombre, pour obtenir des effets comparables à ceux des piles hydro-électriques

283. Pile de Melloni. — Thermo-multiplicateur. — C'est d'après les mêmes principes qu'est construit l'appareil qui a été imaginé par Melloni pour l'étude de la chaleur rayonnante, et qui fonctionne comme un thermomètre d'une grande sensibilité.

On forme une pile thermo-électrique avec une série de petits barreaux de bismuth *b*, *b*.... (*fig.* 191), recourbés comme l'indique la figure et alternant avec des barreaux d'antimoine *a*, *a*...; les deux extrémités de la chaîne sont mises en communication avec un galvanomètre de Nobili, G (300).

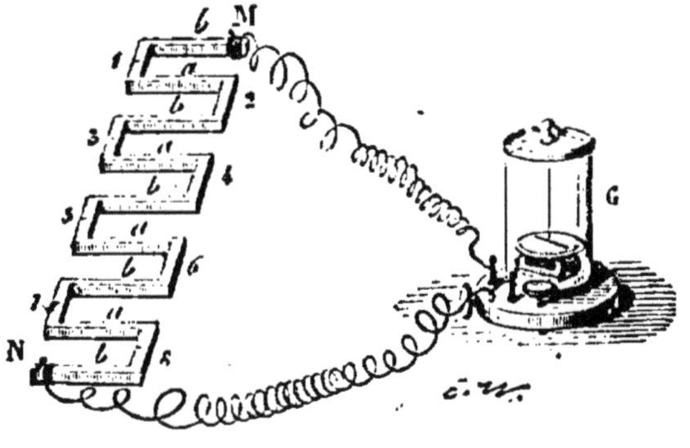

Fig. 191.

Pour faciliter l'usage de la pile, on replie la chaîne des petits barreaux, de manière à en former un faisceau prismatique, en empêchant le contact des barreaux, partout ailleurs qu'aux soudures, par l'interposition de bandes de papier verni. Toutes les soudures impaires sont ainsi placées d'un même côté; toutes les soudures paires sont de l'autre : ces deux systèmes de soudures forment ce que nous nommerons les *faces* de la pile. Enfin, la pile est assujettie dans une gaine métallique (*fig.* 192), de manière que ses deux faces dépassent l'étui de part et d'autre, en C et D; les extrémités de la chaîne sont mises en communication avec les boutons métalliques P, P', qui reçoivent les fils allant au galvanomètre (*).

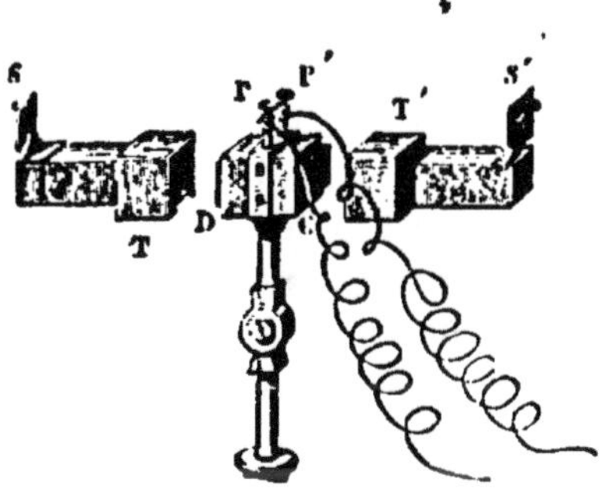

Fig. 192. — Pile de Melloni.

Si l'on place, en présence de l'une des faces, un corps à une température supérieure à celle de la pile, il se produit un courant donnant naissance à une déviation de l'aiguille du galvanomètre. — Cet appareil, d'une grande sensibilité, a reçu le nom de *thermo-multiplicateur*.

(*) Deux tubes de cuivre T, T', munis d'opercules mobiles S, S', s'adaptent à leurs extrémités, et servent à préserver les faces de la pile de la chaleur qui pourrait leur être envoyée par les corps environnants.

IV. — EFFETS CHIMIQUES DES COURANTS

284. Décomposition des composés binaires. — La décomposition de l'eau (274) peut être considérée comme le type des actions chimiques produite par les courants sur les composés *binaires*.

C'est en 1807 que Davy, en faisant agir le courant électrique sur les alcalis, isola pour la première fois les métaux alcalins. L'expérience peut s'effectuer de la manière suivante. — Une cavité creusée dans un morceau de potasse M (*fig.* 193) contient un globule de mercure N, qui communique avec le pôle négatif de la pile le morceau de potasse, un peu humecté, est placé lui-même sur une lame de platine AB, qui communique avec le pôle positif. On voit se former un amalgame de potassium en N, et il se dégage de l'oxygène au contact de la lame de platine.

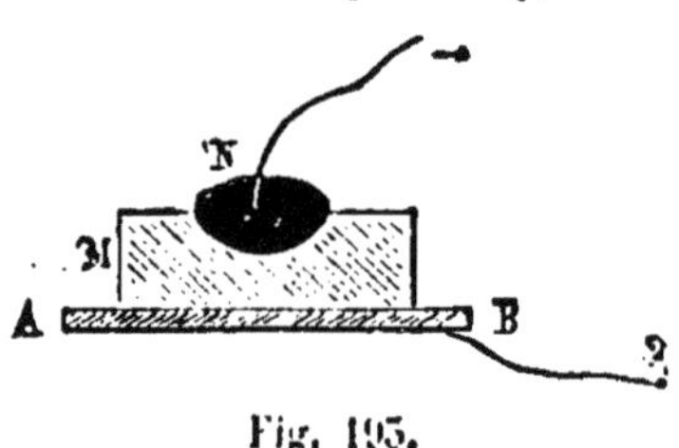

Fig. 193.

Lorsqu'on décompose par un courant un oxyde métallique quelconque, ou plus généralement une combinaison binaire, formée d'un métalloïde et d'un métal, c'est toujours le métal qui apparaît à l'électrode négative. — La théorie de Grotthus, que nous avons donnée pour la décomposition de l'eau (275), s'applique ici sans modification, le métal se comportant comme l'hydrogène (corps *électro-positif*), et le métalloïde comme l'oxygène (corps *électro-négatif*).

285. Décomposition des sels oxygénés. — Lorsqu'on fait passer un courant au travers d'une solution de sulfate de cuivre, et qu'on prend comme électrodes des lames de platine, on voit *le cuivre* se déposer sur la lame négative; les autres éléments du sel, savoir *l'oxygène de la base et l'acide tout entier*, se portent au pôle positif.

Pour interpréter le phénomène par la théorie de Grotthus (275), il suffit d'admettre que, dans chaque molécule neutre de sulfate de cuivre, l'élément électro-positif est le cuivre, tandis que les autres éléments du sel (oxygène et acide sulfurique) constituent le groupe électro-négatif. Dès que le circuit est fermé, les molécules du sulfate de cuivre s'orientent comme s'orientaient les molécules d'eau (*fig.* 185). Si la force électromotrice de la pile est suffisante, les décompositions et recompositions se succèdent comme il a été dit, et font apparaître, sur l'électrode négative, l'élément électro-positif (le cuivre); sur l'électrode positive, le groupe électro-négatif (oxygène et acide sulfurique).

Les mêmes remarques s'appliquent à un sel oxygéné quelconque, l'élément électro-positif étant toujours le métal, et le groupe électro-négatif étant formé par l'oxygène et l'acide.

Il arrive cependant, dans certains cas, que le métal n'apparaît pas à l'électrode négative. Si, par exemple, on fait l'électrolyse du sulfate de soude, le résultat semble d'abord tout autre. — Dans un tube en U (*fig.* 194) on verse une solution de sulfate de soude, colorée avec de la teinture de violettes, et l'on fait passer le courant, en se servant d'électrodes de platine. On constate, autour de l'électrode négative, un dégagement d'hydrogène, et l'apparition de la soude, qui verdit la teinture de violettes ; autour de l'électrode positive, on obtient, comme avec le sulfate de cuivre, un dégagement d'oxygène, et de l'acide sulfurique qui rougit la teinture. — Il est aisé de voir que ces résultats s'expliquent par une action chimique *secondaire*, succédant à l'action du courant lui-même sur le sel. Sous l'action du courant, le sodium s'est rendu au pôle négatif, comme s'y rendait le cuivre : mais ce métal, se trouvant en présence de l'eau, l'a décomposée, et a donné de la soude et de l'hydrogène.

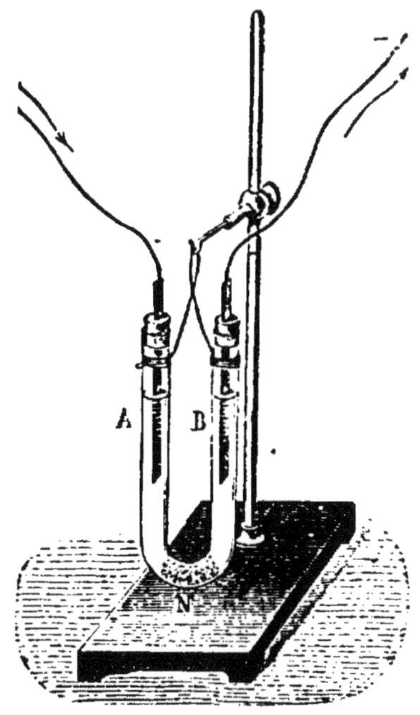

Fig. 194.

286. Emploi d'une électrode positive soluble. — Le résultat final de la décomposition d'un sel par un courant est encore modifié quand on emploie, comme électrode positive, un métal capable d'entrer en combinaison avec les produits de la décomposition. — Supposons, par exemple, que, pour décomposer une solution de sulfate de cuivre, on prenne comme électrode positive une lame de *cuivre*, l'autre électrode étant formée par un conducteur quelconque. En même temps qu'il se dépose du cuivre sur l'électrode négative, l'oxygène et l'acide sulfurique, qui se portent sur l'électrode positive, *attaquent le cuivre* de cette électrode, et reproduisent un poids de sulfate de cuivre égal à celui qui a été décomposé. La liqueur reste donc à un même état de concentration, et l'effet définitif est le même que si le cuivre, pris à l'électrode positive, était transporté sur l'électrode négative.

287. Lois de Faraday. — Équivalents électriques des divers corps. — Les expériences de Faraday ont montré que, si un ou plusieurs voltamètres à eau sont placés dans le circuit d'une pile, la quantité d'eau décomposée en un certain temps, *dans chacun de ces voltamètres*, est toujours égale à la quantité d'eau décomposée *dans chacun des éléments de la pile*. — On en conclut que l'action chimique accomplie, en un point quelconque de la partie du circuit qui est extérieure à la pile, est toujours *équivalente* à celle qui s'est produite dans l'un quelconque des éléments de la pile elle-même.

De plus, si dans le circuit d'une pile, on interpose, à la suite les uns des autres, un voltamètre à eau, puis une solution d'un sel de cuivre, une solution d'un sel d'argent, etc., le courant, en traversant ces divers composés, leur fait subir une décomposition : si l'on considère, dans chacun d'eux, le corps qui apparaît à l'électrode négative, ce corps est, dans le voltamètre à eau, de l'hydrogène; dans le vase contenant un sel de cuivre, du cuivre; dans le vase contenant un sel d'argent, de l'argent, etc. Si maintenant on détermine les quantités de ces corps qui ont été mises en liberté dans un même temps, on trouve, pour 1 gramme d'hydrogène, 32 grammes de cuivre, 108 grammes d'argent, etc. — Ces poids, 32 de cuivre, 108 d'argent, doivent donc être considérés comme les *équivalents électriques* de 1 d'hydrogène. Or, ces nombres sont aussi ceux que fournit l'étude des phénomènes chimiques, comme représentant les *équivalents chimiques* de ces mêmes corps, c'est-à-dire les poids qui peuvent se remplacer mutuellement dans les combinaisons.

On peut donc dire que, *dans tous les points d'un circuit*, aussi bien dans les éléments de la pile que dans les divers électrolytes qui peuvent être placés à la suite les uns des autres, il s'effectue des actions chimiques *équivalentes*.

288. Phénomènes de polarisation. — Courants secondaires. — Quand un voltamètre est intercalé dans le circuit d'une pile, l'intensité du courant diminue progressivement. Pour s'en convaincre, il suffit de placer dans le circuit un *galvanomètre* (300). A mesure que l'eau est décomposée, on voit la déviation de l'aiguille du galvanomètre diminuer d'une manière progressive.

Or si, après avoir laissé passer le courant pendant quelques instants, on vient à supprimer la pile, en laissant seulement dans le circuit le galvanomètre et le voltamètre, on constate que l'aiguille du galvanomètre est déviée de nouveau, mais *en sens contraire*. — Le voltamètre, qui a servi à la décomposition de l'eau, donne donc naissance à un *courant secondaire*, de sens contraire au courant primitif. Ce courant est dû à la recomposition des deux gaz, oxygène et hydrogène, qui avaient été séparés par le courant primitif, et qui étaient restés fixés sur les électrodes; aussi, dans cette expérience, le courant n'a-t-il qu'une durée assez courte; il cesse dès que ces gaz ont disparu. — Lorsque les électrodes sont amenées à cet état particulier où elles peuvent produire un courant secondaire, on dit qu'elles sont *polarisées*; le phénomène prend le nom de *polarisation des électrodes*.

On conçoit que, dans tout circuit fermé où se produisent des phénomènes d'électrolyse, il doit arriver, au bout de peu d'instants, que le courant *secondaire*, dû à la polarisation des électrodes, se superpose au courant primaire de la pile, et produise ainsi une diminution rapide d'intensité, comme nous l'avons dit en commençant.

289. Piles secondaires. — Accumulateurs. — Les phénomènes de polarisation ont été utilisés pour la construction de piles, dites *piles secondaires*, qui ont été, de la part de M. Planté, l'objet de perfectionnements permettant d'obtenir des effets remarquables.

Le principe de la construction de ces piles est le suivant. — Dans un vase contenant de l'eau acidulée (*fig.* 195), on introduit deux lames de plomb, que l'on enroule en spirale, de manière à former deux électrodes de grande surface, emboîtées l'une dans l'autre, et séparées par une toile qui s'imprègne du liquide. Les deux lames étant mises respectivement en communication avec les deux pôles d'une pile, l'hydrogène qui provient de la décomposition de l'eau se porte sur l'une d'elles, l'oxygène sur l'autre. Mais, pendant un temps assez long, la plus grande partie de ces gaz se condense sur les lames de plomb, et le dégagement de gaz est très faible. On supprime l'action de la pile extérieure, dès que la dégagement gazeux devient abondant. — L'appareil étant ainsi *chargé*, si l'on vient à réunir les deux lames par un conducteur, il se produit un courant qui conserve une constance remarquable tant que les provisions de gaz fixées sur les lames ne sont pas épuisées.

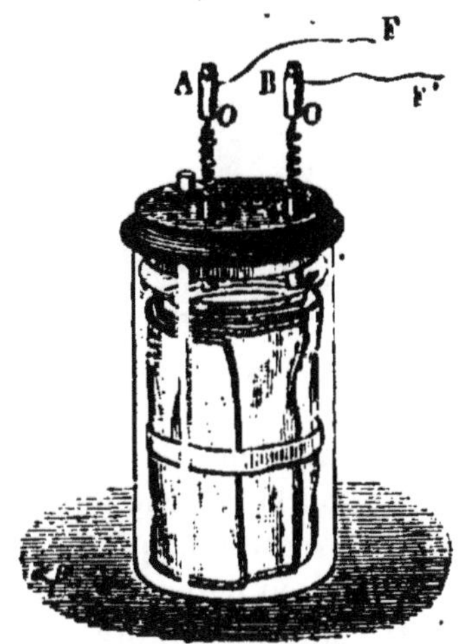

Fig. 195.
Élément de pile secondaire.

C'est d'après ce principe que l'on construit des appareils, qu'on désigne sous le nom d'*accumulateurs*, et qui sont destinés à faciliter l'emploi de l'électricité dans des locaux où il serait impossible d'installer des piles ordinaires, ou des machines comme celles que nous étudierons plus loin. On charge les accumulateurs dans des établissements industriels, où sont disposés les appareils générateurs d'électricité, et on les transporte ensuite dans le lieu où l'on doit en faire usage.

V. — GALVANOPLASTIE. — DORURE, ARGENTURE, ETC.

290. Galvanoplastie. — La *galvanoplastie* est l'art de modeler les métaux en les précipitant de leurs solutions salines par l'action d'un courant électrique.

Supposons qu'il s'agisse de reproduire, par voie galvanique, l'une des faces d'une médaille. — On commence par en prendre l'empreinte avec de la *gutta-percha*. Après avoir couvert cette empreinte d'une légère couche de plombagine, pour rendre la surface conductrice, on la plonge dans une solution saturée de sulfate de cuivre, en N (*fig.* 196), à l'extrémité d'un fil communiquant avec le pôle négatif d'une pile. L'électrode positive est formée par une lame de cuivre P : c'est une *électrode soluble*, qui doit abandonner progressivement au liquide une quantité de cuivre égale à celle qui se déposera sur l'autre électrode (286). — On arrête l'opération lorsque la couche de cuivre a acquis une épaisseur suffisante, et on la détache de l'empreinte.

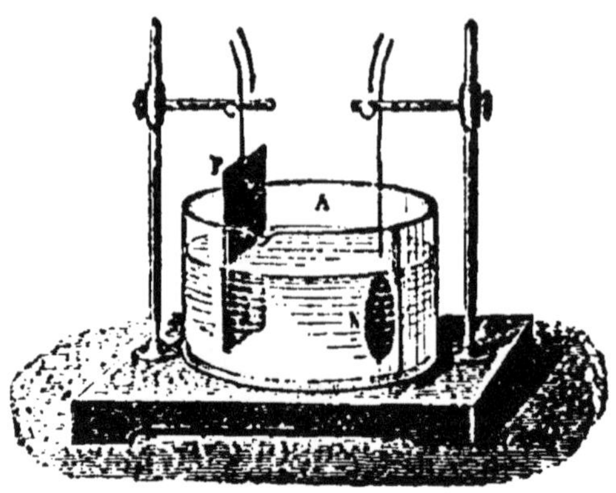

Fig. 196. — Galvanoplastie.

Cette disposition, qui exige l'emploi d'une pile extérieure à la cuve, a reçu le nom d'*appareil composé*.

291. Appareil simple. — Voici une autre disposition, qui transforme l'appareil galvanoplastique lui-même en une véritable pile.

On place, dans une cuve contenant du sulfate de cuivre, un ou plusieurs vases poreux, semblables à ceux des piles de Daniell, contenant chacun de l'eau acidulée et une lame de zinc amalgamé. Toutes les lames communiquent avec une tringle métallique; une autre tringle sert à suspendre les empreintes. — Cet ensemble représente une pile formée de plusieurs éléments de Daniell, dont les lames de zinc sont à l'intérieur des vases poreux, et dont les lames de cuivre sont remplacées par les empreintes conductrices : dès que l'on fait communiquer les deux tringles par un conducteur, le sulfate de cuivre est décomposé, et un dépôt de cuivre se produit sur chacune des empreintes (278). — L'appareil est connu sous le nom d'*appareil simple*.

292. Dorure, argenture, cuivrage, nickelage, etc. — La dorure ou l'argenture s'effectuent par des procédés semblables à celui qui a été décrit plus haut (290). — L'expérience a montré que les sels les plus convenables sont, pour la dorure, le cyanure double d'or et de potassium; pour l'argenture, le cyanure double d'argent et de potassium.

Supposons que la cuve A de la figure 196 contienne une solution de cyanure double d'argent et de potassium; que la lame P soit une lame d'argent, et que N soit une médaille de cuivre que l'on se propose d'argenter. Si P communique avec le pôle positif, N avec le pôle négatif d'une pile, le sel d'argent sera décomposé, et il se déposera de l'argent sur la médaille; en même temps, l'électrode positive, se comportant comme une *électrode soluble*, restituera progressivement à la liqueur l'argent qu'elle aura perdu. — C'est par ce procédé qu'on argente les cuillers, les fourchettes et autres objets semblables (*).

La dorure s'effectue d'une manière analogue, avec cette seule différence qu'elle exige une température d'environ 70 degrés, que l'on maintient en plaçant les bains de dorure sur un feu doux.

En modifiant un peu ces procédés, l'industrie est parvenue à déposer la plupart des métaux en couches adhérentes à la surface des objets. — C'est ainsi que, pour préserver de l'action oxydante de l'air les candélabres ou les statues de fonte qui ornent nos places publiques, on les revêt d'une couche *de cuivre*. — C'est ainsi encore que, pour préserver de la rouille les objets de fer ou d'acier, on les couvre d'une couche *de nickel*. Le nickel est absolument inoxydable, et, comme c'est en outre un métal très dur, il suffit d'une couche mince pour résister très longtemps à l'usure que tendent à déterminer les frottements.

VI. — EFFETS CALORIFIQUES ET LUMINEUX. — LUMIÈRE ÉLECTRIQUE

293. Effets calorifiques. — Il suffit de réunir les deux pôles d'une pile de Bunsen, de cinq à six éléments, par un fil de platine fin, pour voir ce fil devenir incandescent. — Ces effets calorifiques sont surtout intenses quand on opère avec une pile dont les éléments sont à *grande surface* : ainsi, un couple de Wollaston suffit pour fondre un petit fil de platine (*fig.* 183), qui serait à peine rougi par une pile à colonne, formée d'un grand nombre de couples à petite surface.

On peut d'ailleurs réaliser des éléments à très grande surface, même en employant des éléments de Bunsen de dimensions ordinaires : il suffit de réunir plusieurs de ces éléments les uns aux autres *par leurs pôles de même nom* : c'est ce qu'on appelle l'*association en batterie* (305). — On comprend en effet que, si l'on réunit ainsi dix éléments, par exemple, ils fonctionnent comme un élément unique dont la surface serait dix fois plus grande.

294. Effets lumineux. — Arc voltaïque. — Lorsqu'on rapproche les extrémités des fils qui terminent les pôles d'une pile, on n'observe

(*) Dans l'industrie, les objets qui sont destinés à être argentés ou dorés sont le plus souvent en laiton ou en maillechort. — Pour que le dépôt adhère fortement à leur surface, il faut que cette surface ait été préalablement débarrassée de toute matière étrangère : c'est à quoi l'on arrive en plongeant l'objet dans des bains successifs d'eau acidulée, d'abord par l'acide sulfurique, puis par de l'acide nitrique. C'est ce qu'on appelle le *dérochage* et le *décapage*.

généralement pas d'étincelle; la différence de potentiel des deux pôles est trop faible pour que les électricités contraires puissent se combiner au travers de l'air. — Mais si, après avoir réuni les deux fils, on les sépare, on observe toujours une *étincelle de rupture.* Nous verrons plus loin (333) que cette étincelle est due à un accroissement brusque du courant, au moment de la rupture du circuit.

Une fois la rupture produite, si l'on maintient les extrémités des conducteurs à une petite distance l'une de l'autre, et si l'on opère, par exemple, avec une pile d'une cinquantaine d'éléments de Bunsen, on peut obtenir un phénomène lumineux remarquable, qui a été observé pour la première fois par Davy, et que l'on appelle l'*arc voltaïque.* — On assujettit, dans des montures métalliques isolés (*fig.* 197), deux pointes de charbon de cornues P et N, et l'on adapte à ces

Fig. 197. — Production de la lumière électrique.

montures les fils conducteurs qui constituent les deux pôles de la pile. Lorsque, après avoir amené les deux charbons jusqu'au contact, on les sépare, ce n'est plus une étincelle instantanée qui se produit : c'est une sorte d'*arc lumineux*, qui persiste même lorsqu'on éloigne les deux pointes jusqu'à 8 ou 10 centimètres.

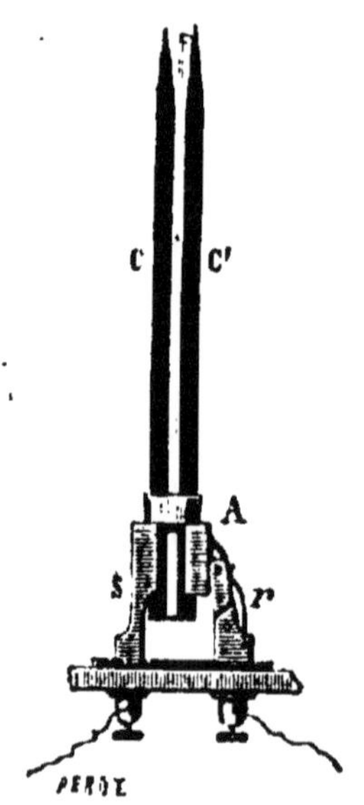

Fig. 198.
Bougie Jablochkoff.

Cependant les extrémités des charbons se consument en brûlant dans l'air : si l'on n'a pas soin de les rapprocher, il arrive bientôt que l'arc s'éteint. — Pour produire une *lumière électrique* continue, on a construit des appareils *régulateurs*, dans lesquels un mécanisme particulier effectue ce rapprochement, à mesure qu'il devient nécessaire. Le premier a été imaginé en France, par Foucault, en 1848; on en a construit ensuite un grand nombre d'autres, fonctionnant avec plus ou moins de régularité.

295. Bougie électrique de M. Jablochkoff. — A la suite de tentatives faites par divers physiciens pour supprimer l'emploi des régulateurs, un officier russe, M. Jablochkoff, a imaginé, en 1876, une disposition d'une simplicité remarquable.

Deux baguettes de charbon de cornue C, C' (*fig.* 198) sont disposées parallèlement, et séparées dans toute leur longueur, par une couche isolante de pâte à porcelaine, ou *kaolin* : cet ensemble forme ce que M. Jablochkoff appelle une *bougie électrique*. Cette bougie est assujettie dans une pince métallique, dont les branches communiquent avec des fils conducteurs. — Le courant ne peut passer, de l'une des baguettes à l'autre, qu'à l'extrémité supérieure. A mesure qu'elles se consument, la chaleur développée à l'extrémité fait fondre le kaolin, et dégage progressivement les baguettes : la lumière continue ainsi à se produire jusqu'à ce que la bougie soit consumée.

296. Éclairage par un fil incandescent. — Système Edison. — L'Exposition d'électricité, qui a eu lieu en 1881, a fait connaître en France un mode d'éclairage électrique tout différent, qui permet de multiplier beaucoup les foyers de lumière, en donnant à chacun d'eux moins d'intensité.

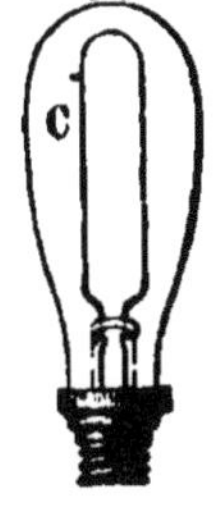

Fig. 199. Lampe Edison.

Dans la disposition imaginée par M. Edison, de New-York, le courant électrique passe par un fil de charbon C (*fig.* 199), de la grosseur d'un crin de cheval, entouré d'un petit globe de verre A dans lequel on a fait un vide parfait. Ce fil a été obtenu par la carbonisation d'un filament découpé dans une tige de bambou : il est recourbé comme l'indique la figure, et fixé par ses extrémités à deux fils de platine, isolés l'un de l'autre, qui servent de conducteurs. — Le fil de charbon porté à une vive incandescence par le passage du courant, produit une lumière d'un jaune doré, dont l'éclat est comparable à celui d'une lampe Carcel. Si le vide a été bien fait dans le globe de verre, le charbon ne brûle pas, puisqu'il ne trouve pas d'oxygène dans l'espace qui l'entoure.

CHAPITRE IV

ÉLECTRO-MAGNÉTISME

I. — EXPÉRIENCE D'ŒRSTED. — GALVANOMÈTRE

297. Expérience d'Œrsted. — Règle d'Ampère. — L'*électro-magnétisme* est l'étude des actions exercées par les courants sur les aimants, et des actions réciproques.

En plaçant un fil métallique dans une direction parallèle à une aiguille aimantée, mobile sur un pivot (*fig.* 200), Œrsted vit l'aiguille abandonner sa position d'équilibre, dès qu'on faisait passer un courant dans le fil. — Il observa que *le sens* de la déviation dépendait à la fois de la direction du courant et de la position du fil par rapport à l'aiguille.

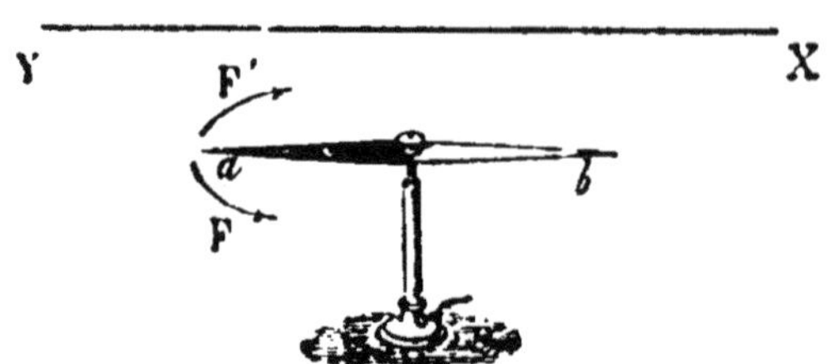

Fig. 200. — Expérience d'Œrsted.

La règle suivante, indiquée par Ampère, permet de prévoir, dans tous les cas, le sens de la déviation produite, sur une aiguille aimantée, par un courant voisin :

Un courant rectiligne, agissant sur un aimant, tend toujours à le placer dans une position perpendiculaire à la sienne, et de manière que le pôle austral soit à la gauche du courant. — Pour définir la *gauche du courant*, on supposera que l'observateur se place dans la direction même du fil, de façon que le courant entre par ses pieds et sorte par sa tête, son visage étant tourné du côté de l'aiguille : c'est la gauche de l'observateur qui définit alors la *gauche du courant*.

298. Application de l'aiguille aimantée à l'étude des courants. — Un fil étant placé dans le voisinage d'une aiguille aimantée mobile sur un pivot, si l'aiguille est déviée de la position d'équilibre, on en pourra conclure que le fil est parcouru par un courant. — Le *sens de la déviation* permettra de déterminer la *direction du courant*, en appliquant la règle d'Ampère.

Enfin, la *grandeur de la déviation* permettra de mesurer l'*intensité* du courant. En effet, l'action de la Terre tend toujours à ramener l'aiguille dans le méridien magnétique : dès lors, dans chaque cas particulier, la déviation sera d'autant plus grande que l'action du courant sur l'aiguille sera plus intense. — Mais, pour cette raison même, les déviations produites par des courants faibles, seraient à peine sensibles : on a alors recours au *multiplicateur*.

299. Principe du multiplicateur. — Replions le fil conducteur en un rectangle ABCDF (*fig.* 201), orienté dans le méridien magnétique, et au milieu duquel nous placerons l'aiguille *ab*. Si le fil est parcouru par un courant, dans le sens des flèches indiquées ci-contre, il est facile de voir, en considérant successivement chacune des quatre portions rectilignes du courant, AB, BC, CD, DF, qu'elles ont toutes leur gauche en avant du

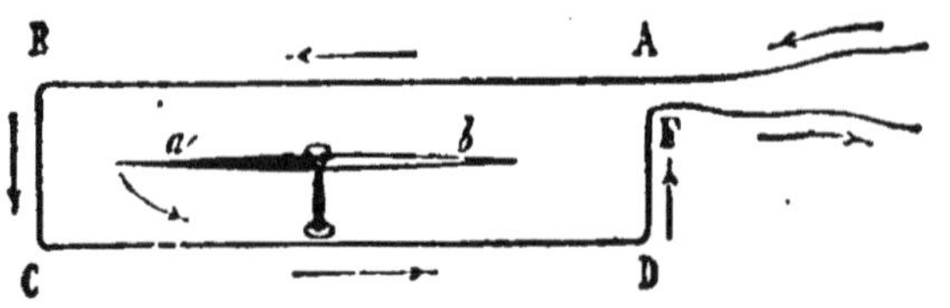

Fig. 201. — Principe du multiplicateur.

plan de la figure : donc les actions de ces quatre portions *concordent* pour amener le pôle austral de l'aiguille en avant de ce plan. — Concevons maintenant que, au lieu de former avec le fil un simple rectangle, on l'enroule un grand nombre de fois sur un cadre rectangulaire, après l'avoir couvert de soie. Tous les tours de fil étant parcourus dans le même sens par le courant, ils exerceront des actions concordantes sur l'aiguille, et l'appareil pourra accuser des courants qui seraient inappréciables par l'expérience d'Œrsted.

300. Galvanomètre à deux aiguilles. — Employons enfin, au lieu d'une seule aiguille, deux aiguilles aimantées *ab*, *a'b'* (*fig.* 202), placées parallèlement, et fixées l'une à l'autre par une tige de cuivre M. Suspendons le système par un fil de soie sans torsion G. — Si les deux aiguilles étaient identiques, les actions exercées par la Terre sur leurs pôles se neutraliseraient toujours, quelle que fût l'orientation du système qu'elles forment, et ce système resterait en équilibre dans une position quelconque : on dirait alors qu'il est complètement *astatique*. — Mais, si l'une des aiguilles possède une aimantation un peu plus énergique que l'autre, ainsi que cela a toujours lieu, la Terre conserve sur le système une action directrice égale à la *différence* des actions exercées par elle sur chacune des aiguilles.

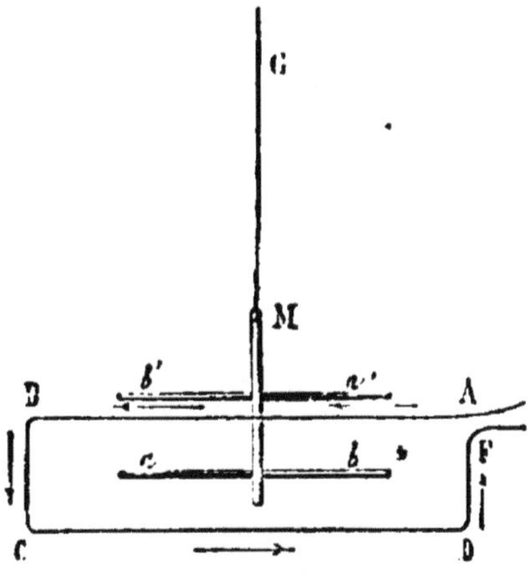

Fig. 202. — Principe du galvanomètre à deux aiguilles.

Cela posé, soit un fil conducteur replié en un rectangle ABCDF, et supposons que le plan de ce rectangle soit orienté dans le méridien magnétique ; plaçons l'aiguille inférieure *ab* au milieu du rectangle, et l'aiguille supérieure *a' b'* en dehors, à une petite distance du côté AB. — Si le courant se propage dans le sens des flèches ci-contre, nous avons déjà montré (299) que les quatre côtés du rectangle agissent sur l'aiguille *intérieure* de manière à solliciter le pôle austral *a* en avant du plan de la figure. — Considérons maintenant l'action du rectangle sur l'aiguille *extérieure* : en appliquant la règle d'Ampère, on voit que le côté le plus voisin AB tend à porter le pôle austral *a'* en arrière du plan de la figure, et par suite le pôle *b'* en avant : cette action *concorde* donc avec celles qui s'exercent sur l'aiguille intérieure. Quant aux actions exercées sur *a'b'* par les trois autres côtés du rectangle, elles seraient inverses ; mais, comme ces côtés sont beaucoup plus éloignés de cette aiguille que le côté AB, leurs actions sont beaucoup plus faibles ; l'action totale du rectangle sur l'aiguille extérieure doit donc être considérée comme s'ajoutant à l'action exercée sur l'aiguille intérieure, en sorte que *ces deux actions tendent à faire tourner le système dans le même sens.* — Si, au lieu d'un simple rectangle, on emploie un cadre portant un grand nombre de tours, chaque tour se comporte comme le courant rectangulaire qui vient d'être considéré.

Donc, en résumé, l'introduction, dans le multiplicateur, d'un système de deux aiguilles aimantées, d'une intensité presque égale, c'est-à-dire formant un système *presque astatique*, offre deux avantages : 1° de *diminuer* considérablement l'action de la Terre ; 2° d'*augmenter* l'action du courant. — Pour ces deux raisons, la sensibilité devient beaucoup plus grande.

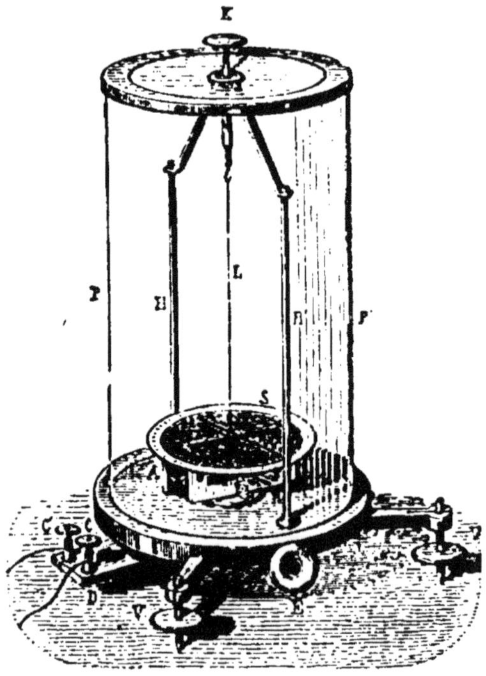

Fig. 205. — Galvanomètre.

Le *galvanomètre*, dont nous venons d'indiquer les principes essentiels, est dû à Nobili. Un fil de cuivre, couvert de soie, est enroulé sur un cadre d'ivoire AB : ses deux extrémités vont aboutir à deux bornes métalliques C, C′, fixées sur une plaque isolante D (*fig.* 205). Les deux aiguilles sont fixées l'une à l'autre par un fil de cuivre rigide ; le système est suspendu par un fil de cocon L, supporté lui-même par les colonnes H, H′. On a placé au-dessous de l'aiguille supérieure un cercle de cuivre S, divisé en degrés : le diamètre qui passe par le zéro de la graduation est dirigé parallèlement aux tours du fil métallique.

II. — INTENSITÉS DES COURANTS

301. Comparaison des intensités des courants par le voltamètre et par le galvanomètre. — On peut définir l'*intensité* d'un courant par la quantité d'électricité qui passe, en une seconde, par une section transversale, faite en un point quelconque du circuit. — Or, si le courant traverse un voltamètre, la quantité d'eau décomposée doit être considérée comme proportionnelle à la quantité d'électricité qui a passé par le voltamètre. On peut donc comparer les intensités de deux courants, dont chacun traverse un voltamètre, en mesurant les volumes d'hydrogène dégagés, pendant un même intervalle de temps : le rapport des deux volumes est le rapport des *intensités* des deux courants.

Mais l'emploi du voltamètre présente deux inconvénients : d'une part, si l'intensité d'un courant varie pendant l'intervalle de temps où l'on recueille les produits de l'électrolyse, on n'obtient que la valeur moyenne des intensités qui se sont succédé pendant cet intervalle ; d'autre part, le voltamètre ne peut pas être employé quand la force électromotrice est insuffisante pour décomposer l'eau ; ainsi, le courant produit par un seul élément Daniell, ne décomposera jamais l'eau d'un voltamètre.

Aussi, pour comparer les intensités des courants, est-il préférable d'employer des instruments fondés sur l'action que les courants exercent sur l'aiguille aimantée. — Or, quand un instrument de ce genre, soit un galvanomètre à une seule aiguille (*fig.* 201), soit un galvanomètre de Nobili (*fig.* 203), est intercalé en même temps qu'un voltamètre, dans le circuit d'un courant, si la déviation de l'aiguille aimantée ne dépasse pas quelques degrés, on constate qu'il y a toujours proportionnalité entre la *déviation observée et le volume d'hydrogène électrolysé* en une seconde. On peut donc obtenir le rapport des intensités de deux courants, traversant successivement un même galvanomètre, par le rapport des deux déviations observées.

Lorsqu'on veut mettre le galvanomètre en expérience, on oriente d'abord le cadre AB, parallèlement à la position que prennent les aiguilles sous l'action de la Terre. Pour cela, on fait tourner le cadre autour d'un axe vertical, au moyen d'un engrenage qui correspond au bouton extérieur E, jusqu'à ce que le zéro de la graduation du cercle vienne se placer sous l'une des extrémités de l'aiguille supérieure. — Pour intercaler le galvanomètre dans le circuit du courant, on interrompt le fil conducteur en un point, et on fixe les deux extrémités de ce fil dans les bornes C et C' (*fig.* 203).

302. Résistance d'un circuit. — Unité de résistance, ou ohm. — Lorsque le circuit d'une pile contient un galvanomètre, si l'on vient à allonger le circuit en y intercalant un fil métallique, le galvanomètre accuse une diminution d'intensité du courant. L'introduction d'un conducteur quelconque dans un circuit doit donc être considérée comme apportant une *résistance*, qui a pour effet de diminuer l'intensité du courant. — L'expérience montre que, pour des conducteurs de même nature, on doit considérer la résistance comme *proportionnelle à la longueur*, et *inversement proportionnelle à la section*.

Mais la résistance d'un conducteur dépend aussi de sa nature. Si l'on compare les effets produits par divers fils *de même section*, mais de métaux différents, on trouve qu'il en faut prendre des longueurs différentes pour que le courant conserve une même intensité.

Enfin, nous avons vu (270) que la circulation de l'électricité s'effectue d'une manière continue, aussi bien à l'intérieur de la pile que dans la partie extérieure du circuit; la résistance *intérieure* de la pile doit donc également intervenir dans la valeur de l'intensité acquise par le courant. On peut le vérifier sur un élément de pile (*fig.* 179), dont les fils P et N sont fixés aux deux bornes d'un galvanomètre. Si l'on vient à éloigner les deux lames C et Z l'une de l'autre, on observe que l'intensité du courant diminue; le liquide qui, dans la pile, est placé entre les deux lames, se comporte donc, au point de vue des variations d'intensité, comme se comporterait une couche liquide interposée dans le circuit extérieur.

Pour exprimer numériquement les résistances des fils conducteurs ou des éléments de pile, on est convenu de prendre, comme unité de résistance, celle d'une colonne de mercure à 0°, ayant 1 millimètre carré de section et 106 centimètres de longueur. Cette *unité de résistance*, adoptée en 1881 par le Congrès des électriciens, a été nommée *ohm*, en mémoire du savant allemand qui a établi les lois suivant lesquelles varient les intensités des courants. — On pourrait construire un *ohm-étalon*, en prenant un tube de verre de 1 millimètre carré de section, et en y introduisant une colonne de mercure de 106 centimètres de longueur. Mais cet étalon serait trop fragile : on préfère construire les étalons pratiques avec des fils de maillechort : le fil est enroulé sur la surface d'un cylindre de bois (*fig.* 204) ; ses deux extrémités sont soudées à des tiges coudées A, B, que l'on peut immerger dans deux godets contenant du mercure.

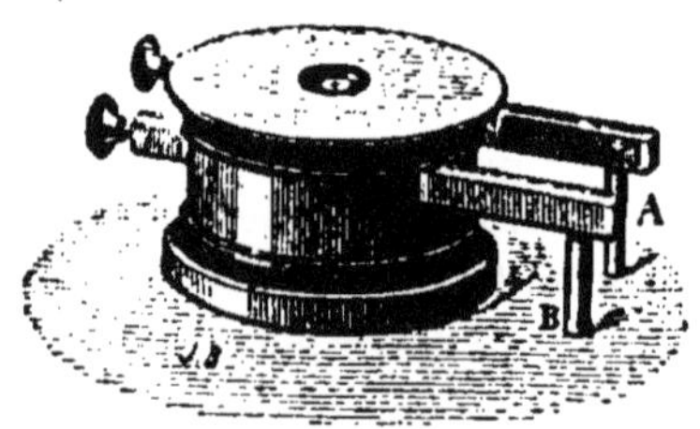

Fig. 204. — Ohm pratique.

On appelle *résistance spécifique* d'une substance, la résistance *en ohms* d'un cylindre de cette substance, ayant un mètre de longueur et un millimètre carré de section. — Le tableau suivant donne les résistances spécifiques des substances les plus employées :

	OHMS.		OHMS.
Argent.	0,017	Charbon de cornue.	705
Cuivre.	0,018	Acide azotique à 36° B. . . .	21.550
Fer.	0,107	Solution de sulfate de zinc. .	330.000
Mercure.	0,944	Solution de sulfate de cuivre.	372.000

D'après ce qui précède, si l'on connaît la longueur l d'un conducteur, sa section s et la résistance spécifique k de la substance dont il est formé, la résistance de ce conducteur sera $r = \frac{kl}{s}$ (*).

(*) La grandeur des résistances spécifiques des liquides fait comprendre pour-

303. Forces électromotrices des éléments de pile. — Unité de force électromotrice, ou volt.—On conçoit que l'intensité du courant doit être proportionnelle à la force électromotrice de la pile, c'est-à-dire à la différence des potentiels que présentent ses deux pôles, quand le circuit n'est pas fermé (269).

L'unité pratique de force électromotrice adoptée par le Congrès des électriciens a été appelée *volt*, en mémoire du savant italien auquel est due la découverte de la pile. C'est une force électromotrice peu différente de celle de l'élément Daniell (*).

Les forces électromotrices, en volts, des éléments de pile les plus employés, sont : **1,08** pour l'élément Daniell; **1,73** pour l'élément Bunsen; **1,61** pour l'élément Leclanché; etc.

304. Unité d'intensité, ou ampère. — D'après ce qui précède, l'intensité du courant, produit par une pile déterminée, dépend, à la fois de la force électromotrice de la pile et de la résistance *totale* (pile et circuit extérieur). — Ohm a établi par le raisonnement, et on vérifie par l'expérience, que les intensités des courants sont ***inversement proportionnelles aux résistances totales des circuits.***

L'unité d'intensité a reçu le nom d'*ampère*, en mémoire du savant français qui a découvert les lois des actions des courants les uns sur les autres : c'est ***l'intensité d'un courant produit par une force électromotrice de* 1 *volt, dans un circuit ayant pour résistance totale* 1 *ohm*** (**). — Une force électromotrice de E volts, dans un circuit ayant une résistance totale de 1 ohm, produira un courant de E ampères; cette même force électromotrice, dans un circuit ayant une résistance totale de R ohms, produira un courant d'intensité R fois plus petite. L'intensité, évaluée en ampères, sera donc représentée par

$$I = \frac{E}{R} \cdot$$

305. Association des éléments de pile, en séries ou en batteries. — Pour associer entre eux plusieurs éléments de pile, on les réunit le plus ordinairement les uns aux autres par leurs pôles de noms contraires (*fig.* 180). Considérons *n* éléments égaux, ainsi associés; si R est la résistance de chacun d'eux, et *r* la résistance du conduc-

quoi on donne toujours aux éléments de piles hydro-électriques une grande section transversale et une faible épaisseur.

(*) On obtient un élément de pile dont la force électromotrice est exactement *un volt*, en substituant, dans l'élément Daniell, une solution d'azotate de cuivre à la solution de sulfate de cuivre.

(**) L'expérience a montré qu'un courant, dont l'intensité est de 1 ampère, électrolyse environ 117 millimètres cubes d'hydrogène par seconde, ce gaz étant mesuré à 0° et sous la pression normale. — Au moyen de cette donnée, il sera facile d'évaluer l'intensité d'un courant qui, en traversant un voltamètre, électrolyse une quantité d'hydrogène déterminée pendant un temps connu.

teur extérieur, la résistance totale du circuit est $nR+r$; d'autre part, si E est la force électromotrice de l'un des éléments de pile, la force électromotrice de la pile est nE (269); par suite, l'intensité du courant est donnée par la formule

$$(1)\qquad I=\frac{nE}{nR+r}.$$

Ce mode d'association est connu sous le nom d'association en *série*, ou en *tension*.

On désigne sous le nom d'association en *batterie* ou en *surface* le mode d'association dans lequel tous les pôles de même nom sont réunis entre eux, de sorte que le conducteur extérieur réunit l'ensemble de tous les pôles positifs à l'ensemble de tous les pôles négatifs. — Un système de n éléments égaux, ainsi associés, se comporte comme *un seul élément*, de surface n fois plus grande, et par conséquent de résistance n fois plus petite que celle d'un élément isolé : la résistance de cet élément multiple est donc $\frac{R}{n}$. — La force électromotrice, étant indépendante des dimensions de l'élément, est toujours E. — Si donc on désigne par J l'intensité du courant produit, on aura :

$$(2)\qquad J=\frac{E}{\frac{R}{n}+r}.$$

Le mode d'association en *série* convient au cas où le conducteur extérieur présente *une résistance très grande* par rapport à celle de chacun des éléments de la pile. — En effet, en considérant R comme négligeable vis-à-vis de r, les formules (1) et (2) deviennent

$$I=\frac{nE}{r}.\qquad\qquad J=\frac{E}{r}.$$

ce qui montre que l'intensité I est *proportionnelle au nombre des éléments*, tandis que l'intensité J serait simplement égale à celle qui serait produite par un seul élément.

Au contraire, le mode d'association *en batterie* convient au cas où le conducteur extérieur présente *une résistance très petite* par rapport à celle de chacun des éléments de la pile ; par exemple, quand on veut porter à l'incandescence une petite longueur de fil métallique. — En effet, en considérant maintenant r comme négligeable vis-à-vis de R, les formules (1) et (2) deviennent

$$I=\frac{E}{R}.\qquad\qquad J=\frac{nE}{R},$$

ce qui montre que, dans ce cas, l'intensité I serait simplement égale à celle que donnerait un seul élément, tandis que l'intensité J est *proportionnelle au nombre des éléments.*

III. — ACTIONS DES AIMANTS SUR LES COURANTS

306. Action d'un aimant sur un courant mobile. — L'expérience d'Œrsted (297) nous a montré qu'un courant rectiligne exerce, sur un aimant mobile sur un pivot, une action qui tend à mettre l'aimant en croix avec le courant. — *Réciproquement*, un aimant fixe doit exercer une action semblable sur un conducteur mobile parcouru par un courant.

L'un des moyens les plus simples, pour obtenir des conducteurs pouvant obéir aux actions qui tendent à les déplacer, consiste dans l'emploi des *piles flottantes*, qui sont dues à M. de la Rive. — Sur un vase contenant de l'eau aiguisée d'acide sulfurique, on fait flotter une lame de zinc Z et une lame de cuivre C (*fig.* 205), assujetties dans une rondelle de liège : un fil métallique L, réunissant extérieurement les deux lames, sera parcouru par un courant allant du cuivre au zinc.

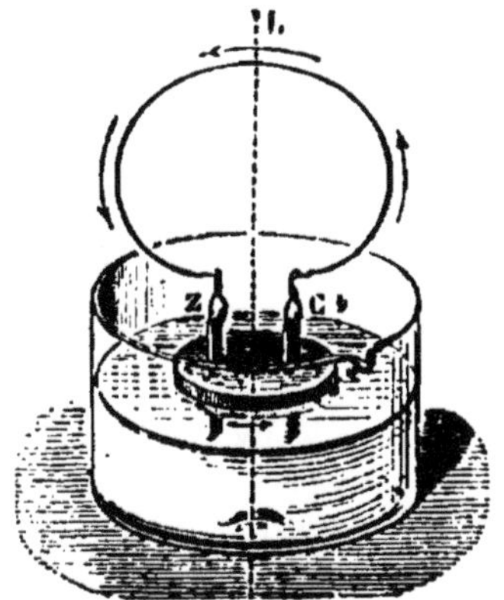

Fig. 205. — Pile flottante.

Or, si l'on place horizontalement un barreau aimanté au-dessus de la partie supérieure L de ce fil et dans le même plan vertical que lui, on voit le fil CLZ tourner sur lui-même, et se mettre à peu près en croix avec l'aimant : c'est, comme on voit, l'expérience inverse de celle d'Œrsted. — Le sens de cette action est d'accord avec la règle d'Ampère, c'est-à-dire que la partie supérieure L du fil s'oriente de manière à laisser le pôle austral de l'aimant à sa gauche.

Nous indiquerons plus loin une autre disposition (*fig.* 206), imaginée par Ampère, pour obtenir des *courants mobiles*, obéissant aux actions qui les sollicitent.

CHAPITRE V

ÉLECTRODYNAMIQUE

I. — ACTIONS DES COURANTS SUR LES COURANTS

307. Électrodynamique. — On donne le nom d'*électrodynamique* à l'étude des actions que peuvent éprouver les courants, soit de la part d'autres courants voisins, soit de la part de la Terre.

Ces actions ont été découvertes par Ampère. — Tous les phénomènes dans lesquelles elles se manifestent peuvent se rattacher à trois principes fondamentaux : 1° le principe des *courants parallèles;* 2° le principe des *courants angulaires;* 3° le principe des *courants sinueux.*

308. Principe des courants parallèles. —*Deux courants parallèles et de même sens s'attirent; deux courants parallèles et de sens contraires se repoussent.*

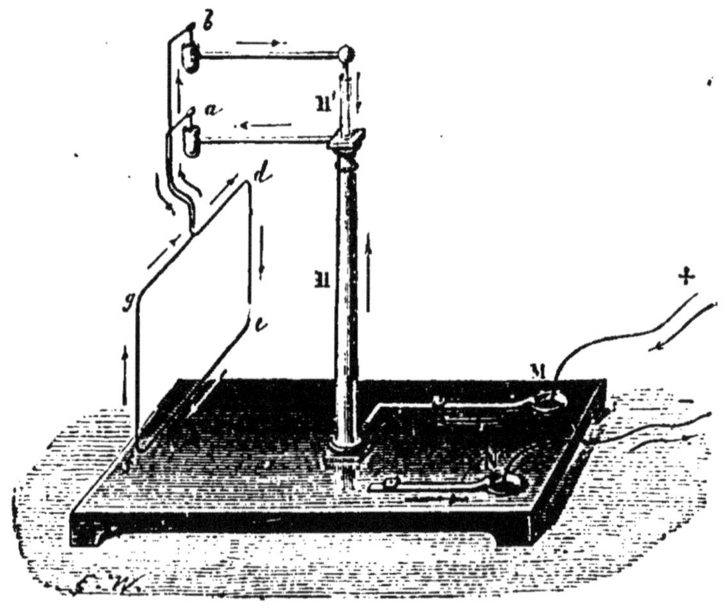

Fig. 206. — Appareil d'Ampère. — Courant mobile.

Pour vérifier ce principe, l'une des dispositions les plus simples est la suivante, qui a été imaginée par Ampère :

Un fil métallique *adefgb* (*fig.* 206) replié comme l'indique la figure, est terminé à ses deux extrémités *a* et *b* par des pointes d'acier qu'on plonge dans des godets pleins de mercure. Ces godets communiquent, l'un, *a*, avec une colonne métallique creuse H, dans laquelle on peut amener un courant, au moyen d'un fil plongeant dans le godet M: l'autre, *b*, avec une tige métallique H' située à l'intérieur de H, isolée dans un tube de verre, et par laquelle le courant, après avoir parcouru l'équipage mobile, revient au godet N et à la pile. Le conducteur *defg* peut ainsi, sans cesser d'être parcouru par le courant, tourner autour d'un axe vertical passant par *a* et *b*.

Pour avoir une autre portion de courant *fixe*, dont nous puissions étudier l'action sur les diverses parties du conducteur mobile précédent, nous intercalerons, dans le circuit de la pile, un fil métallique couvert de soie et enroulé plusieurs fois sur un cadre de bois rectangulaire MNPQ (*fig* 207).

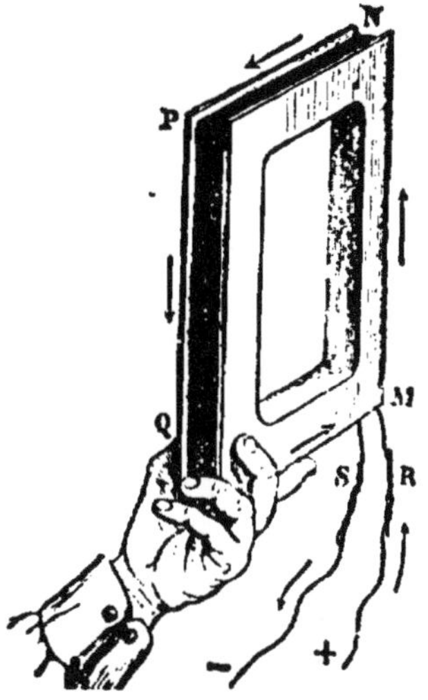

Fig. 207. — Courant fixe.

Si, tenant à la main le cadre MNPQ, on approche le côté vertical MN du côté vertical *fg*, on observe *une attraction :* or les portions du fil qui couvrent le côté MN du cadre sont parallèles à *fg* (*fig.* 208), et le courant s'y propage dans le même sens que dans *fg*. — Donc, ***deux courants parallèles et de même sens s'attirent.***

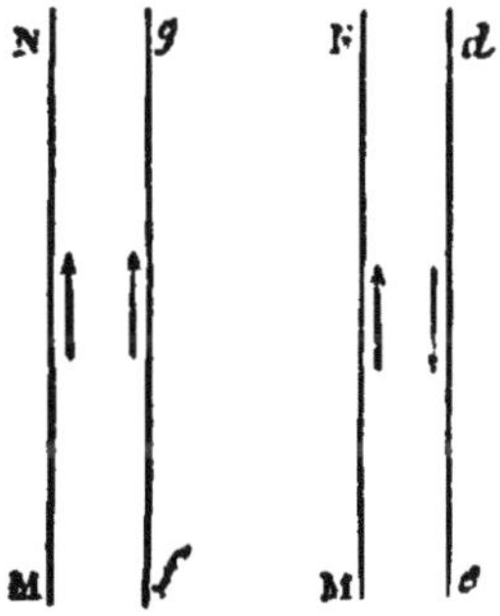

Au contraire, si l'on approche ce même côté MN du côté *de* du fil mobile, il se produit *une répulsion :* or les portions du fil qui sont appliquées sur MN sont encore parallèles à *de* (*fig.* 209), mais elles sont parcourues par le courant en sens contraire. — Donc, ***deux courants parallèles et de sens contraires se repoussent.***

Fig. 208. Fig. 209.
Actions des courants parallèles.

309. Principe des courants angulaires. — ***Deux courants non parallèles s'attirent, quand ils s'approchent ou s'éloignent ensemble de leur point de croisement; ils se repoussent, quand l'un s'en approche tandis que l'autre s'en éloigne.***

Reprenons le cadre MNPQ (*fig.* 207), et plaçons le côté PN au-dessous de *fe* (*fig.* 206), de manière qu'il fasse avec lui un certain angle. Les courants se propageant dans le sens indiqué par les flèches de la figure 210. On voit le côté mobile *ef* tourner sur lui-même, et ses deux moitiés O*e*, O*f*, se porter respectivement vers ON et OP. Donc il y a attraction entre les deux côtés qui forment l'angle eON, et dans lesquels les deux courants s'approchent du sommet de l'angle; il y a aussi attraction entre les côtés qui forment l'angle POf, et dans lesquels les deux courants s'éloignent du sommet de l'angle.— Donc *deux courants angulaires s'attirent, quand ils s'approchent ou s'éloignent ensemble de leur point de croisement.*

Fig. 210. Fig. 211.
Actions des courants angulaires.

Au contraire, si l'on intervertit le sens du courant dans l'un des conducteurs, par exemple dans les fils qui ont la direction NP, de sorte que le courant prenne la direction PN (*fig.* 211), on voit les deux moitiés Oe et Of s'éloigner respectivement de ON et OP, pour se porter vers OP et ON. Donc il y a répulsion entre les deux côtés de l'angle eON, dans lesquels l'un des courants s'approche du sommet de l'angle, tandis que l'autre s'en éloigne : il en est de même pour les côtés de l'angle POf. — Donc *deux courants angulaires se repoussent, quand l'un s'approche du point de croisement, tandis que l'autre s'en éloigne* (¹).

310. Principe des courants sinueux. — *Un courant sinueux a la même action qu'un courant rectiligne, de même intensité et terminé*

(¹) Puisque deux courants angulaires tels que eO, OP (*fig.* 210), faisant un angle obtus, se repoussent, on peut se demander si la répulsion n'aura pas encore lieu quand l'angle des deux courants sera égal à 180°; s'il en est ainsi, *deux portions consécutives d'un même courant doivent se repousser.*

Deux rigoles parallèles M et N (*fig.* 212) ménagées dans une petite auge de bois contiennent du mercure, à la surface duquel sont placées les deux branches d'un fil métallique couvert de soie, et replié comme l'indique la figure; les extrémités du fil, mises à nu et recourbées, plongent dans le liquide; le courant, arrivant en X et sortant en Y traverse le mercure et le conducteur mobile dans le sens des flèches. Aussitôt que les communications sont établies, on voit ce conducteur vivement repoussé (vers la droite, dans la figure actuelle).

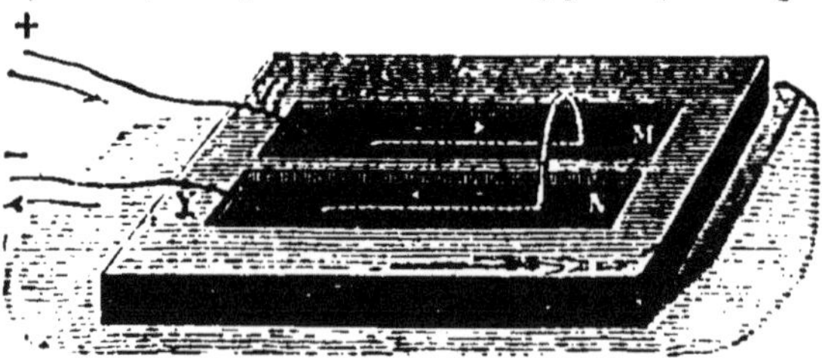

Fig. 212.

Il faut remarquer que la portion mobile du courant n'est pas seulement soumise à l'action de la portion du courant qui lui est consécutive, elle est soumise à l'action *du courant tout entier.* Cette expérience ne peut donc pas être considérée comme une démonstration du principe énoncé plus haut.

aux mêmes extrémités, pourvu que la distance à laquelle s'exerce cette action soit très grande par rapport à l'amplitude des sinuosités.

Pour vérifier ce principe, on prend un fil de cuivre *ihl* (*fig.* 213), dont l'une des branches *ih* est rectiligne, l'autre *hl* sinueuse, et dont les extrémités communiquent avec les pôles de la pile ; si le principe précédent est exact, l'action du système de ces deux fils sur un conducteur quelconque doit être nulle, puisque l'action de *hl* doit être équivalente à celle d'un courant rectiligne de même longueur et de même intensité que *ih*, mais de sens contraire. On constate, en effet, en approchant le système *ihl* de l'un quelconque des côtés du courant mobile de la figure 206, qu'il n'imprime aucun mouvement à ce courant, pourvu que la distance qui l'en sépare soit suffisamment grande par rapport à l'amplitude des sinuosités.

Fig. 213.
Courant sinueux.

II. — ACTION DE LA TERRE SUR LES COURANTS.

311. Action de la Terre sur un courant fermé, mobile autour d'un axe vertical. — Lorsqu'on abandonne à lui-même, *sous l'action de la Terre seule*, un courant fermé, mobile autour d'un axe vertical, comme le courant rectangulaire de la figure 206, on le voit se placer *perpendiculairement au méridien magnétique*, de telle manière que, dans la partie horizontale inférieure, le courant soit dirigé *de l'est à l'ouest*.

Nous remarquerons d'abord que ce résultat peut s'expliquer en assimilant, comme nous l'avons fait dans l'étude du magnétisme (252), l'action de la Terre à celle d'*un aimant*, dont la ligne des pôles serait sensiblement dirigée du nord au sud. — En effet, les deux portions horizontales, *ef*, *gd* (*fig.* 206) étant parcourues par des courants de sens contraires, et leurs distances aux pôles de l'aimant terrestre étant sensiblement les mêmes, les actions de la terre sur ces deux parties s'annulent. Mais si l'on considère les actions exercées par l'aimant terrestre sur les deux courants verticaux *de*, *fg*, dont l'un est descendant et l'autre ascendant, la règle d'Ampère indique que *de* doit tendre à se porter vers l'est, et que *fg* doit se porter vers l'ouest

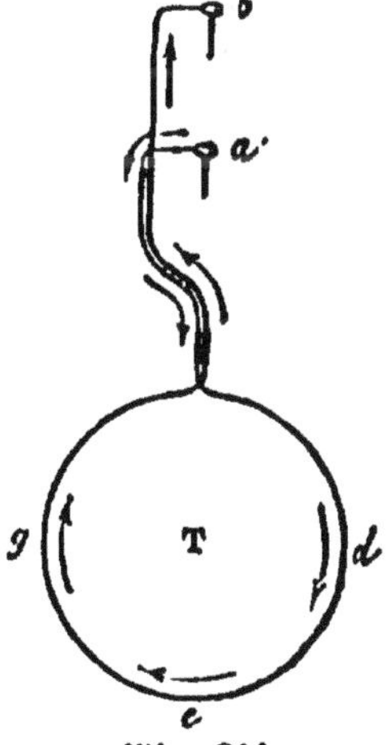

Fig. 214.
Courant circulaire.

C'est donc bien quand la partie *cf* est dirigée de l'est à l'ouest, qu'il doit y avoir équilibre. — L'expérience donne un résultat semblable, lorsqu'on emploie, au lieu d'un rectangle, un conducteur circulaire *dcg* (*fig.* 214). L'équilibre est encore établi lorsque le courant est dirigé de l'est à l'ouest dans la partie inférieure *c* du cercle.

Mais nous allons montrer que ces résultats peuvent également s'expliquer, en assimilant l'action de la Terre à celle d'un *courant.*

312. L'action de la Terre est assimilable à celle d'un courant dirigé de l'est à l'ouest. — Considérons le courant rectangulaire *defg* (*fig.* 215), mobile autour de l'axe vertical *bacL*, et cherchons quelle serait l'action exercée sur ce courant par un courant horizontal indéfini XY, que nous supposerons placé au dessous de lui de façon qu'il soit rencontré en L par le prolongement de l'axe de rotation.

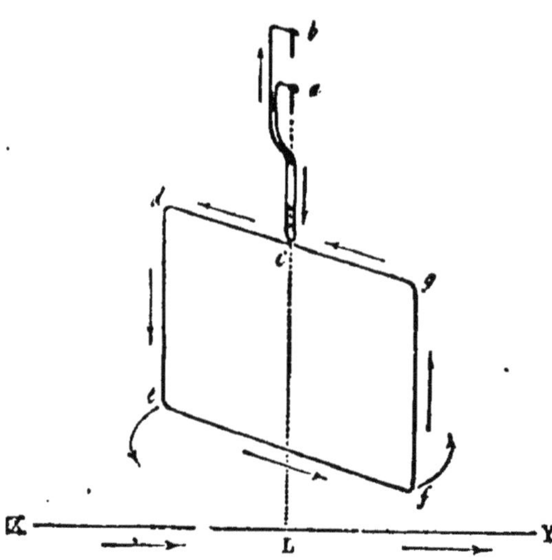

Fig. 215. — Assimilation de l'action de la terre à celle d'un courant.

D'après le principe des courants angulaires (309), et en supposant aux courants la direction qu'indiquent les flèches, il y a attraction entre le courant *de* et la partie de XY qui est à gauche; il y a répulsion entre *de* et la partie de XY qui est à sa droite : donc, puisque *de* peut tourner autour de l'axe *aL*, il doit tendre à se placer dans le plan vertical *aLX*, et à gauche de *aL*. On verra de même que *fg* doit tendre à se placer dans le même plan, et à droite de *aL*. — Nous négligeons ici les actions exercées par XY sur les deux portions horizontales *cf, dg:* en effet, dans le cas où XY est très éloigné (et c'est ce que nous allons supposer en assimilant l'action de la Terre à celle de ce courant), les actions exercées sur ces deux portions horizontales sont sensiblement égales et contraires. — Donc, comme résultat définitif, sous l'action du courant XY, il y aura équilibre stable, lorsque le courant qui parcourt *la partie horizontale inférieure* sera *parallèle au courant indéfini et de même sens que lui.*

Or, sous l'action de la Terre seule, le courant *defg* de la figure 206 se place, comme nous l'avons dit (311), de façon que le courant aille, en *cf*, de l'est à l'ouest. Cet effet est donc bien celui auquel on est conduit, en assimilant l'action de la Terre à celle d'un courant perpendiculaire au méridien magnétique et dirigé *de l'est à l'ouest.*

Nous remarquerons enfin que cette assimilation de l'action de la Terre à celle d'un *courant* peut aussi rendre compte de l'orientation que la Terre imprime à une aiguille aimantée mobile sur un pivot. — En effet, d'après la règle d'Ampère (297), une aiguille aimantée, soumise à l'action d'un courant rectiligne, tend à se placer perpendiculairement à la direction du courant, le pôle austral à gauche : donc, si la Terre agit comme un courant dirigé *de l'est à l'ouest*, et placé *au-dessous de l'aiguille*, le pôle austral de l'aiguille doit se diriger vers la gauche de ce courant, c'est-à-dire *vers le nord*.

313. Conducteurs astatiques. — D'après ce qu'on vient de voir, lorsqu'un conducteur mobile est parcouru par un courant, ses diverses parties sont soumises à l'action de la Terre : il pourrait donc se faire que, dans certaines expériences, cette action vînt à masquer celles des aimants ou des courants que l'on se proposerait de faire agir sur lui. — C'est pourquoi on construit des conducteurs dont la disposition est telle, que les actions de la Terre sur leurs diverses parties se neutralisent : ces conducteurs prennent le nom de *conducteurs astatiques*.

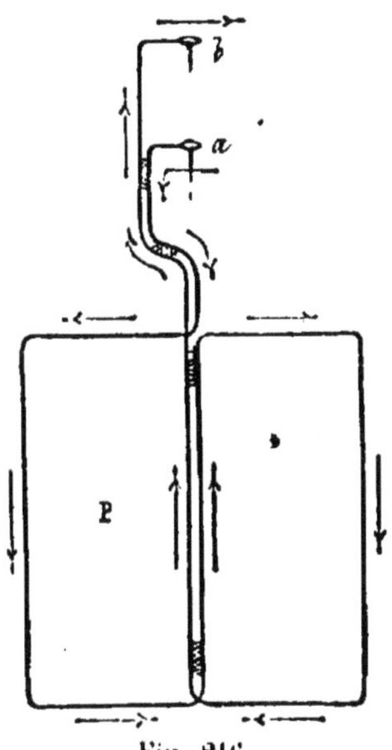

Fig. 216.
Conducteur astatique.

La figure 216 représente un conducteur de cette espèce. — Les deux fils verticaux les plus éloignés de l'axe de rotation, étant parcourus par des courants de même sens, tendraient à se porter tous deux d'un même côté du méridien magnétique : les actions de la Terre sur ces deux fils se font donc équilibre. Quant aux portions horizontales, chacune d'elles tend, d'après le principe des courants angulaires (309), à se placer parallèlement au courant terrestre et dans le même sens que lui : par suite, les actions exercées sur les deux moitiés du côté inférieur se neutralisent, de même que les actions exercées sur les deux moitiés du côté supérieur.

III. — SOLÉNOÏDES. — THÉORIE DU MAGNÉTISME, D'AMPÈRE.

314. Solénoïdes. — On appelle *solénoïde*, un système de courants circulaires égaux, de même sens, et dont les plans sont perpendiculaires à la ligne qui passe par leurs centres.

Pour réaliser un solénoïde, on prend un fil de cuivre que l'on contourne sur lui-même comme l'indique la figure 217; si un courant pénètre par la pointe *a* et sort par la pointe *b*, il parcourt dans le même sens toutes les portions circulaires du fil; quant aux portions rectilignes, leur ensemble constitue deux courants de même longueur totale et de sens contraires, dont les actions se neutralisent : le système se comporte donc comme s'il se réduisait aux courants *circulaires*.

315. Les solénoïdes jouissent de toutes les propriétés des aimants. — Cette proposition peut se démontrer par un grand nombre d'expériences; nous décrirons les plus frappantes.

1° *Action de la Terre sur un solénoïde.* — Suspendons le solénoïde de la figure 217 au support représenté par la figure 206. On sait que la Terre tend à orienter le plan de chaque cercle perpendiculairement au méridien magnétique, de manière que le courant marche de l'est à l'ouest dans la partie inférieure de la circonférence (311) : le solénoïde doit donc s'orienter de manière que son *axe*, c'est-à-dire la droite qui passe par les centres de tous les cercles, se place, comme une aiguille aimantée, dans le méridien magnétique. C'est ce que vérifie l'expérience. — Par analogie avec les aimants, on appellera *pôle austral*, l'extrémité qui se tourne vers le nord; *pôle boréal*, l'extrémité qui se tourne vers le sud.

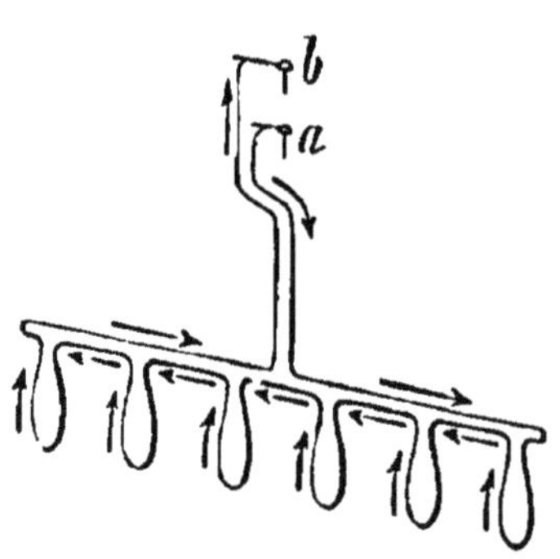

Fig. 217. — Solénoïde.

On peut d'ailleurs définir les deux pôles du solénoïde par le sens même du courant. — Il est aisé de voir, en effet, que le *pôle austral* d'un solénoïde est *l'extrémité qui est à la gauche d'un observateur couché dans l'un des courants circulaires, le courant entrant par les pieds, sortant par la tête, et l'observateur regardant l'axe du solénoïde.* Cette règle rappelle la règle d'Ampère (297). — On peut dire aussi que le *pôle austral* d'un solénoïde est l'extrémité en face de laquelle il faut se placer, pour que *le sens des courants circulaires paraisse inverse de celui du mouvement des aiguilles d'une montre.*

2° *Action d'un courant rectiligne sur un solénoïde.* — Si l'on soumet le même solénoïde à l'action d'un courant rectiligne, on constate qu'il tend à se mettre en croix avec le courant, son pôle austral se portant à gauche. Il se comporte donc, dans ce cas encore, comme un aimant.

C'est ce qu'on peut encore s'expliquer, au moyen des actions des courants sur les courants, en remarquant que le plan de chacun des cercles tend à se placer parallèlement au courant fixe.

3° *Actions mutuelles de deux solénoïdes.* — Soit un premier solénoïde, comme celui de la figure 217, suspendu à l'appareil de la figure 206, et un second solénoïde que l'on tiendra à la main. On constatera, comme pour les aimants, que *deux pôles de même nom se repoussent*, et que *deux pôles de noms contraires s'attirent.*

Ce résultat peut encore s'expliquer au moyen des actions des courants sur les courants : en effet, quand deux pôles de même nom sont placés en regard l'un de l'autre, les éléments correspondants des deux solénoïdes ont des directions parallèles, mais les courants qui parcourent ces éléments sont de sens contraires : il doit donc y avoir *répulsion.* — Quand ce sont des pôles de noms contraires qu'on met en regard, leurs éléments correspondants sont encore parallèles, et les courants sont de même sens : il doit donc y avoir *attraction.*

4° *Action d'un aimant sur un solénoïde.* — En opérant d'une manière semblable, on constate que le pôle austral d'un *aimant* repousse le pôle austral d'un *solénoïde;* que le pôle boréal repousse le pôle boréal; enfin, que le pôle austral de l'un attire le pôle boréal de l'autre. — Ces résultats peuvent encore être interprétés, en se reportant à la direction du courant dans les cercles qui forment le solénoïde, et en appliquant la règle d'Ampère (297).

316. Théorie du magnétisme, d'Ampère. — Cette analogie, entre les solénoïdes et les aimants, a conduit Ampère à une théorie dans laquelle on considère les aimants comme devant leurs propriétés à des courants qui circuleraient autour de leurs particules.

Ces courants, qui existeraient dans le fer doux ou dans l'acier *avant l'aimantation*, présenteraient alors des orientations variables d'une particule à l'autre, et ne pourraient révéler leur présence par aucun effet extérieur. — Le phénomène de l'*aimantation* consisterait dans une orientation de ces courants particulaires, les amenant tous à circuler dans des plans parallèles et dans le même sens : cette orientation, temporaire dans le fer doux aimanté par influence, serait durable dans l'acier trempé, qui est doué de force coercitive. Dans un barreau aimanté, chacune des files de molécules parallèles à l'axe représenterait un petit solénoïde.

Cette théorie, qui établit une liaison intime entre le magnétisme et l'électricité, permet d'expliquer très simplement les divers phénomènes de l'électro-magnétisme. — Elle acquiert un intérêt nouveau par les phénomènes de l'aimantation par les courants, que nous allons maintenant étudier.

CHAPITRE VI

I. — AIMANTATION PAR LES COURANTS. — ÉLECTRO-AIMANTS.

317. Développement du magnétisme par les courants. — Arago a constaté que, lorsqu'on place une aiguille de fer doux en croix avec un courant, cette aiguille s'aimante; l'aimantation cesse dès que le courant est interrompu. — Une aiguille d'acier s'aimante plus lentement, mais l'aimantation persiste après qu'on a interrompu le courant.

Donc, soit qu'on regarde l'aimantation comme due à la séparation des fluides répandus dans les éléments magnétiques (254), soit qu'on l'attribue à l'orientation des courants particulaires (316), on doit admettre qu'un courant, en agissant sur un corps magnétique non aimanté, le convertit en un aimant. — L'acier trempé diffère du fer doux, en ce que sa force coercitive rend permanente la séparation des fluides, ou l'orientation des courants particulaires.

318. Procédé d'aimantation de l'acier par les courants. — Ampère eut l'idée d'accroître le magnétisme développé par un courant dans une aiguille d'acier, en enroulant autour d'elle le conducteur. — Si l'on place une aiguille d'acier dans un tube de verre (*fig.* 218), autour duquel on aura enroulé en hélice un fil métallique, et si l'on

Fig. 218. — Aimantation par les courants.

fait passer dans ce fil, pendant quelques instants, un courant suffisamment intense, on constate que l'aiguille est fortement aimantée. — Le sens de l'aimantation dépend à la fois du sens dans lequel l'hélice est enroulée, et du sens dans lequel on y fait passer le courant; dans tous les cas, la règle d'Ampère (297) suffit pour faire prévoir de quel côté doit se former le pôle austral *a*.

319. Electro-aimants. — On conçoit, d'après ce qui précède, qu'un barreau de *fer doux*, environné d'une bobine portant un fil conducteur enroulé en spirale, doit se comporter comme un aimant, au moment où le fil est parcouru par un courant : le fer doux doit retomber à l'état neutre, dès que le courant est interrompu. — Tel est le principe de la construction des *électro-aimants*.

Lorsqu'on se propose d'employer un électro-aimant à attirer une pièce de fer doux, il y a avantage à courber, en forme de fer à cheval, le barreau qui doit acquérir l'aimantation. On place alors les deux branches du fer à cheval dans deux bobines A, B (*fig.* 219), sur lesquelles s'enroule un même fil de cuivre, couvert de soie. Les actions des deux bobines devant concorder pour développer des pôles contraires aux deux extrémités du barreau, les sens de l'enroulement du fil doivent être inverses sur les deux bobines. — L'attraction exercée sur le contact K cesse, dès que le courant est interrompu dans le fil.

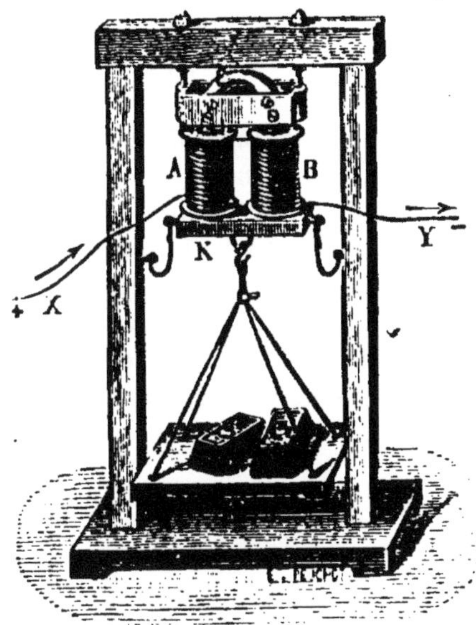

Fig. 219. — Électro-aimant en fer à cheval.

Au lieu de courber un barreau en fer à cheval, on préfère souvent réunir, par une traverse de

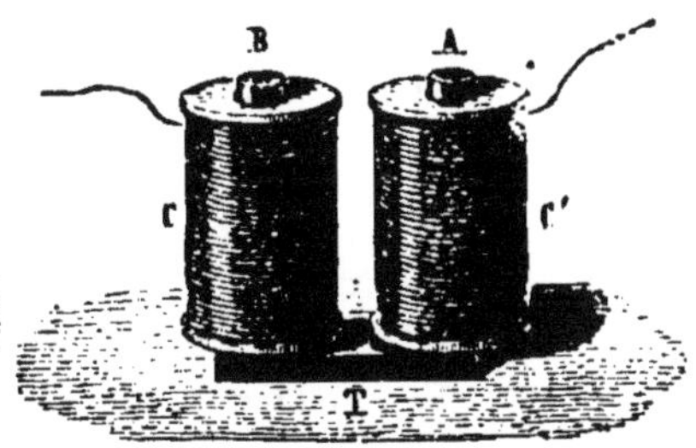

Fig. 220.

fer doux T (*fig.* 220), deux barreaux A et B placés parallèlement. On parvient ainsi plus facilement à obtenir ces trois pièces sans force coercitive.

320. Sonneries électriques. — Les sonneries électriques fournissent un exemple simple des propriétés des électro-aimants.

Un électro-aimant en fer à cheval est fixé sur une planche verticale (*fig.* 221) : en face des extrémités de ses branches, se trouve une pièce de fer doux L, supportée par une lame d'acier élastique fixée inférieurement en C : cette pièce de fer porte, à son autre extrémité, une tige munie d'un marteau M destiné à frapper sur un timbre fixe T. A l'état de repos,

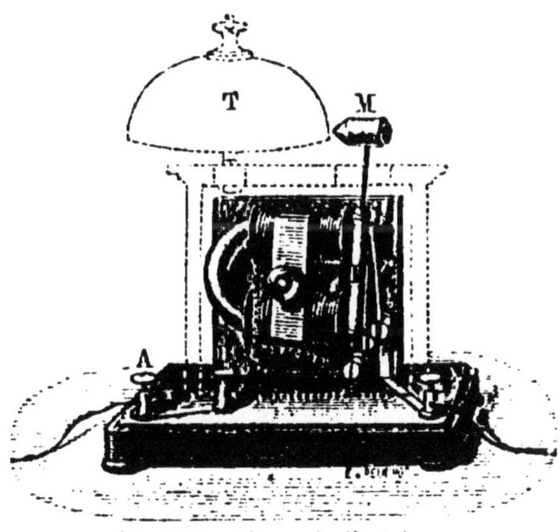

Fig. 221. — Sonnerie électrique.

cette pièce L, écartée de l'électro-aimant, appuie contre le ressort r qui communique, par le bouton D, avec le fil conducteur qui se rend à l'un des pôles d'une pile, au pôle positif, par exemple. — La partie inférieure C de la lame métallique qui supporte la pièce L communique avec l'une des extrémités du fil de l'électro-aimant; l'autre extrémité de ce même fil est mise en communication, par la borne A, avec le fil conducteur qui se rend au pôle négatif de la pile.

Dès lors, quand le circuit de la pile est fermé, le courant passe par le ressort r, par la palette L, et par le fil de l'électro-aimant. Mais, le passage même du courant ayant pour effet d'aimanter l'électro-aimant, la palette L est attirée et s'éloigne du ressort r: le circuit est alors interrompu, et l'électro-aimant cesse d'attirer la palette. La lame élastique qui supporte la palette la ramène alors au contact du ressort r: le circuit est fermé de nouveau; la palette est attirée de nouveau par l'électro-aimant, et ainsi de suite, tant que dure le passage du courant. A chacun des mouvements de la palette vers l'électro-aimant, le marteau frappe un coup sur le timbre (*).

II. — TÉLÉGRAPHIE ÉLECTRIQUE.

321. Parties essentielles d'un télégraphe électrique. — Les parties essentielles d'un système quelconque de télégraphie électrique sont :

1° Une *pile*, placée au point d'où doit partir la dépêche;

2° Une *ligne télégraphique*, c'est-à-dire un conducteur établissant la communication entre les points qui sont en correspondance;

3° Un appareil *manipulateur*, placé au point de départ de la dépêche, et qui permet d'interrompre ou de rétablir à volonté le courant;

4° Un appareil *récepteur*, placé au point d'arrivée : il comprend, le plus souvent, un électro-aimant qui entre en action dès que le courant lui est transmis, et attire une pièce de fer doux placé en face de ses pôles; la pièce de fer doux est abandonnée dès que le courant est interrompu. — Les mouvements de cette pièce produiront tels ou tels effets, selon qu'il s'agira de tel ou tel système.

On fait généralement usage de piles qui ne sont que des modifications de la pile de Daniell (278). — Nous parlerons d'abord de l'établissement de la ligne, et nous décrirons ensuite le manipulateur et le récepteur de quelques-uns des systèmes les plus employés.

322. Lignes télégraphiques. — Suppression du fil de retour. — La communication entre les postes d'une ligne télégraphique s'établit

(*) Pour faire fonctionner la sonnerie à distance, on ménage, dans l'un des points du circuit conducteur, une interruption; en ce point, est placé un petit bouton, sur lequel on appuie avec le doigt pour rétablir le circuit.

au moyen de fils de fer *galvanisés*, c'est-à-dire couverts d'une couche de zinc qui les préserve de l'oxydation. — Ceux de ces fils qui sont placés à ciel ouvert sont soutenus par des poteaux, et reposent sur des crochets métalliques, fixés à des supports de porcelaine isolants (*fig.* 222). — Quand les fils doivent traverser une grande ville, on peut les faire passer sous terre : on les isole alors par une enveloppe de gutta-percha, et on les applique le long des voûtes des égouts.

Fig. 222. — Poteau télégraphique.

Du pôle positif de la pile placée à l'une des stations, part un fil qui se rend au récepteur de l'autre station, et qui constitue la ligne télégraphique; dans l'origine, on employait un second fil, dit *fil de retour*, pour ramener le courant au pôle négatif de la pile. — On supprime aujourd'hui ce second fil, et l'on fait communiquer avec le sol, d'une part, le pôle négatif de la pile; d'autre part, le récepteur. La Terre joue alors le rôle d'un conducteur de surface infinie, dans lequel l'électricité s'écoule successivement : il se produit ainsi un véritable courant, allant de la pile au récepteur, par l'affluence incessante d'une nouvelle quantité d'électricité. — On n'a pas seulement l'avantage d'employer moitié moins de fil : l'expérience a montré qu'on obtient, avec la même pile, un courant d'une intensité presque double.

323. Télégraphe Morse. — Le système télégraphique de Morse, inventé en Amérique, est aujourd'hui l'un des plus employés.

Manipulateur. — Le manipulateur se compose d'un levier métallique K (*fig.* 223), qui est mobile autour d'un axe S communiquant avec la ligne. Lorsqu'on appuie avec la main sur la poignée P, la pointe métallique *t* vient porter sur la pièce métallique *b*, qui communique avec le pôle positif de la pile : tant que dure cette pression, le courant de la pile passe sur la ligne; dès que cette pression cesse, un ressort *r* relève le levier, et le courant est interrompu. — On peut envoyer ainsi sur la ligne une série de courants, dont on règle à volonté le rythme et la durée.

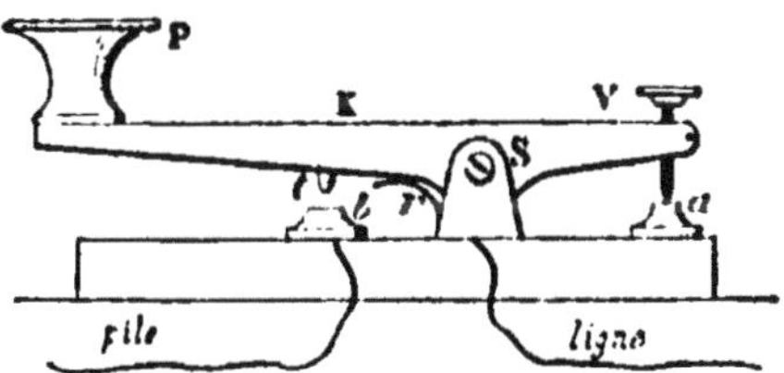

Fig. 223.
Manipulateur du télégraphe Morse.

Récepteur. — Les mouvements du levier du manipulateur sont fidèlement reproduits par un levier AOD (*fig.* 224), qui est la pièce principale du récepteur. — Ce levier est mobile autour d'un axe O : sa branche OA porte une plaque de fer doux A, placée au-dessus d'un électro-aimant E, dont le fil communique d'une part avec la ligne, d'autre part avec la terre. Au-dessus de l'extrémité de l'autre bras de levier, passe une bande de papier XY, qui est entraînée d'un mouvement uniforme entre deux cylindres horizontaux *b*, *a*, mobiles autour de leurs axes, et mis en mouvement par un mécanisme d'horlogerie

Fig. 221. — Récepteur du télégraphe Morse.

contenu dans la boîte qui supporte toutes ces pièces. — Tant qu'il n'y a pas de courant transmis au fil de l'électro-aimant, le ressort à boudin *r* maintient relevé le bras OA du levier. Au contraire, dès que le courant passe, et tant qu'il continue à passer, l'électro-aimant abaisse le bras OA ; par suite, l'extrémité D du levier soulève la bande de papier et vient l'appuyer sur une molette *m*, qui est couverte d'encre d'imprimerie : cette molette imprime ainsi, sur le papier, un trait dont la longueur dépend de la durée du courant (¹).

On n'emploie que deux traces différentes : le *point* (-), qui correspond à un courant presque instantané, et le *trait* (—), qui correspond à un courant d'une durée un peu plus grande. C'est en combinant de diverses façons ces deux traces, qu'on représente les lettres de l'alphabet ; il suffit

(¹) Pour que les oscillations du levier n'aient qu'une petite amplitude, on place, au-dessus et au-dessous du prolongement de OA, deux vis fixes *f* et *g*; la première, *f*, est réglée de manière que la pièce de fer A s'éloigne peu de l'électro-aimant pendant les interruptions du courant ; la seconde, *g*, empêche la pièce A de venir toucher l'électro-aimant, ce qui aurait l'inconvénient de développer dans le fer doux une aimantation persistante, et de troubler ainsi la marche de l'appareil.

de quatre signes au plus (traits ou points) pour représenter toutes les lettres. On laisse, entre les lettres successives, un intervalle un peu plus grand que celui qui sépare les signes d'une même lettre.

324. Télégraphe à cadran. — Le télégraphe à cadran, de Bréguet, est celui que les administrations des chemins de fer emploient pour la correspondance des employés des stations.

Manipulateur. — Un disque de cuivre horizontal E (*fig.* 225), que l'on peut faire tourner autour de son centre à l'aide de la manivelle M, porte sur sa face inférieure une rainure sinueuse, indiquée sur la figure par des traits ponctués; cette rainure offre treize sinuosités, s'éloignant et se rapprochant alternativement du centre du disque, en tout vingt-six alternatives. Dans la rainure s'engage, en *a*, une goupille métallique, fixée à l'extrémité du levier GO, qui est mobile autour du point O. Lorsqu'on imprime au disque un mouvement de rotation, la goupille *a* suit les sinuosités de la rainure, qui l'éloignent et la rapprochent alternativement du centre du disque; par suite, la lame métallique qui termine l'extrémité G du levier vient toucher alternativement les deux vis *p* et *p'*. Or, la vis *p'* communique avec le pôle positif de la pile; le centre du disque communique avec la ligne; toutes les fois que la lame vient toucher *p*, le courant est interrompu. — L'extrémité de la manivelle M est placée au-dessus d'un cadran circulaire, portant vingt-six compartiments, dans lesquels sont gravées les lettres de l'alphabet et une *croix* conventionnelle (*). Une fenêtre, pratiquée dans la manivelle, permet d'apercevoir la lettre sur laquelle elle se trouve (dans la figure, la manivelle est placée sur la *croix*).

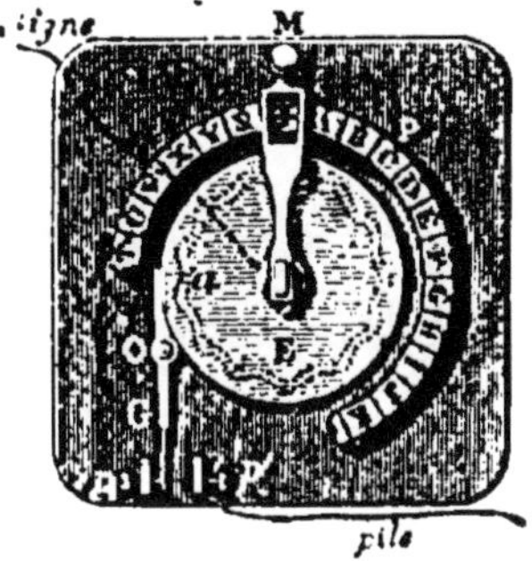

Fig. 225. — Manipulateur du télégraphe à cadran.

Pour concevoir le mécanisme de l'envoi d'une dépêche, supposons la manivelle placée sur la croix : le levier F est en contact avec *p*, et le courant est interrompu. Si l'on transporte la manivelle sur une lettre de rang déterminé, le nombre total des établissements et des interruptions du courant sera égal au rang même de cette lettre. On passera ensuite aux lettres suivantes, en faisant mouvoir toujours la manivelle dans le même sens.

Récepteur. — La partie essentielle du récepteur est un système de deux roues dentées R, R' (*fig.* 226), fixées sur un même axe : chacune des deux roues porte treize dents, et les dents de l'une *alternent avec*

(*) Ce cadran est ordinairement une plaque métallique pleine, qui cache le disque E. Dans la figure ci-dessus, on a réduit cette plaque à son contour, pour montrer le disque E, et on en a encore enlevé une portion sur la gauche pour rendre bien visible le levier GO*a*.

celles de l'autre, en sorte que l'intervalle de deux dents consécutives de ce système, qui constitue l'*échappement*, est d'un vingt-sixième de circonférence. L'axe de l'échappement est sollicité à se mouvoir d'une manière continue, par un mouvement d'horlogerie; mais un arrêt G, qui, par des mouvements en avant et en arrière autour de l'axe *aa*, peut venir buter alternativement contre la roue antérieure et contre la roue postérieure, ne laisse avancer l'échappement que par intermittences : ces intermittences sont déterminées, comme on va le voir, par les courants qui arrivent de la ligne.

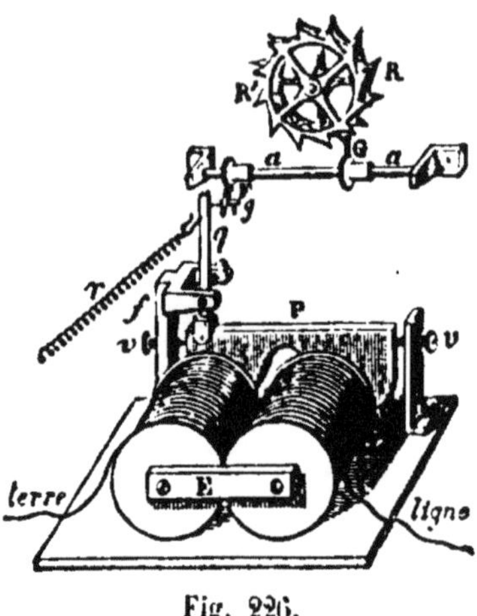

Fig. 226.

L'axe *aa*, qui porte l'arrêt G, est muni, à l'une de ses extrémités, d'une fourchette F, à cheval sur une goupille *g*, qui est fixée à la tige *q*; cette tige est portée par une palette de fer doux P, mobile autour d'un axe passant par les pointes de vis *v*, *v*, et placée en présence des pôles d'un électro-aimant E. Le fil de l'électro-aimant communique, d'une part, avec la ligne; d'autre part, avec le sol. — Lorsque le courant n'arrive pas à l'électro-aimant, la palette P, maintenue verticale par le ressort *r*, met en prise l'arrêt G avec une dent de la roue postérieure de l'échappement. Dès que le courant arrive à l'électro-aimant, la palette P est attirée, la tige *q* est portée en arrière, et, par suite, l'arrêt G vient en avant, abandonnant la dent de la roue postérieure, pour venir arrêter au passage la dent suivante de la roue antérieure : le système des roues a fait un vingt-sixième de tour. De même, dès que le courant est interrompu, la palette P est ramenée à sa position primitive par le ressort *r*, et l'arrêt G vient heurter la dent suivante

Fig. 227. — Récepteur du télégraphe à cadran

de la roue postérieure : le système des roues a donc fait encore un vingt-sixième de tour, et ainsi de suite.

Ces mouvements sont traduits par une aiguille, mobile sur un cadran (*fig.* 227) semblable à celui du manipulateur. Une fois la concordance établie entre les deux appareils, tous les mouvements de la manivelle du manipulateur sont reproduits par l'aiguille du récepteur.

325. Télégraphie sous-marine. — Câbles sous-marins. — Les conditions particulières dans lesquelles doit être établie une ligne sous-marine exigent des dispositions spéciales.

Un *câble sous-marin* contient dans son axe un conducteur métallique, formé par un faisceau de fils de cuivre C juxtaposés (*fig.* 228) (*). Ce conducteur est isolé de l'eau de mer, par une enveloppe de gutta-percha G. L'ensemble du conducteur et de son enveloppe isolante constitue ce qu'on appelle l'*âme* du câble. — L'âme est entourée d'une *armature*, formée par une couche de fils de fer, F, F, environnés de chanvre, et juxtaposés en spirale autour de l'âme. L'armature est destinée à protéger l'âme, à la garantir des frottements contre les rochers, et enfin à donner de la résistance au câble, s'il vient à être accroché par les ancres de navires.

Fig. 228. — Câble sous-marin.

326. Récepteur de M. Thomson, ou Siphon recorder. — Les récepteurs précédemment décrits, quand on les place à l'extrémité d'un câble sous-marin, n'obéissent que d'une manière très défectueuse aux alternatives d'établissement et d'interruption du courant.

Le récepteur qui a été imaginé par M. William Thomson, et qui porte en anglais le nom de *siphon recorder*, a le double avantage d'être extrêmement sensible, et de laisser une trace écrite des signaux : en voici le principe. — Un siphon *cd* est mobile autour d'un axe horizontal *oo'* (*fig.* 229) ; la petite branche *c* plonge dans une cuvette M contenant de l'encre, qui est constamment électrisée par une petite machine électrique ; cette encre s'écoule par l'extrémité *d* de la grande branche, vis-à-vis d'une feuille de papier RP, qui se déroule régulièrement sous l'action d'un mouvement d'horlogerie, et qui est en communication permanente avec le sol. Chaque gouttelette d'encre électrisée est donc attirée par la feuille de papier, et, si le siphon est immobile, l'encre

(*) La multiplicité des fils présente cet avantage, que, s'il vient à se produire quelques ruptures, il y a des chances pour qu'elles ne portent pas au même endroit sur tous les fils, et alors le passage du courant dans la longueur du faisceau pourra encore s'effectuer.

trace une ligne droite sur le papier. Le siphon est maintenu dans une position un peu inclinée vers la droite de la figure, par la tension d'un fil *ab* dont l'extrémité *b* est attachée à l'aiguille d'un galvanomètre-récepteur, mis en communication avec la ligne. — Or, le manipulateur de ce système consiste en une sorte de clef, qui permet d'établir la communication de la ligne, soit avec le pôle positif, soit avec le pôle négatif de la pile, c'est-à-dire d'intervertir à volonté le sens du courant sur la ligne. L'aiguille du galvanomètre-récepteur étant ainsi déviée, soit dans un sens, soit en sens contraire, et ce mouvement étant transmis au siphon *cd*, l'extrémité *d* décrira un petit arc de cercle à droite ou à gauche; l'encre tracera donc, sur la feuille de papier RP, une ligne dont les saillies vers la droite ou vers la gauche constitueront deux signaux différents. — Ces deux signaux, combinés ensemble comme on a combiné le trait et le point dans le télégraphe de Morse, suffisent pour représenter les diverses lettres de l'alphabet.

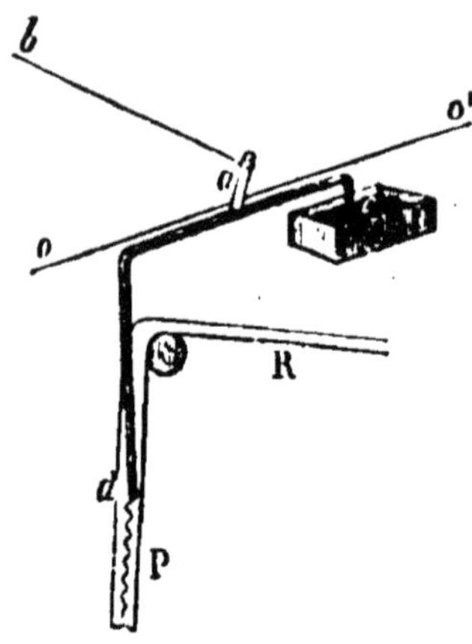

Fig. 220. — Siphon recorder.

CHAPITRE V

COURANTS D'INDUCTION

I. — PHÉNOMÈNES FONDAMENTAUX.

327. Courants d'induction. — On appelle *courants d'induction*, des courants qui prennent naissance dans un circuit conducteur fermé, placé au voisinage d'un autre circuit parcouru par un courant, ou au voisinage d'un aimant, lorsqu'on imprime, aux uns ou aux autres, des déplacements modifiant leurs distances relatives. — L'énergie correspondante à l'accomplissement des divers effets produits par ces courants est alors empruntée au *travail* que l'on doit dépenser pour produire les déplacements eux-mêmes.

La production des courants par induction a été découverte par Faraday, en 1831. — Nous diviserons cette étude en trois parties : 1° induction produite *par un courant*; 2° induction produite *par un aimant*; 3° induction produite *par la Terre*.

328. Induction produite par un courant. — Soient deux bobines A et B (*fig.* 230), composées chacune d'un fil de cuivre couvert de soie, enroulé sur un cylindre de bois creux. La bobine A est intercalée dans le circuit d'une pile V; les bornes de la bobine B sont reliées aux bornes du galvanomètre G, de manière à constituer un *circuit fermé*. — On peut alors effectuer les trois expériences suivantes :

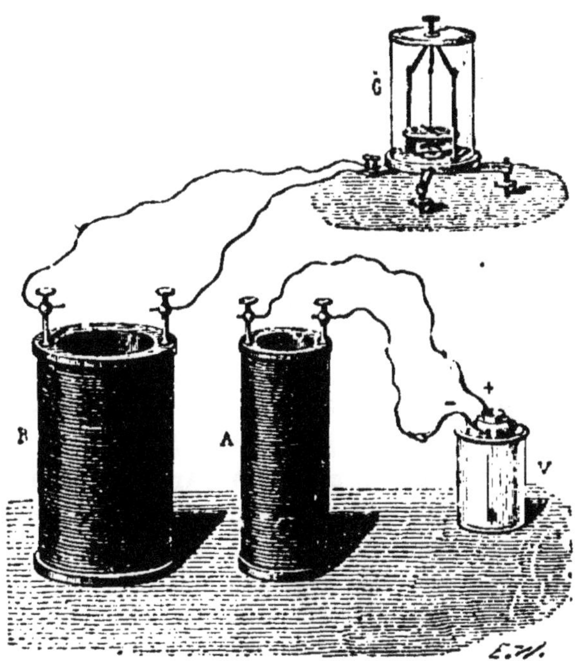

Fig. 230. — Induction produite par un courant.

1° Avant de fermer le circuit de la pile et de la bobine A, on place la bobine A dans la bobine B. Au moment où l'on ferme le circuit VA, on constate qu'il se développe, dans le circuit voisin BG, un courant accusé par une déviation de l'aiguille du galvanomètre. Le courant VA prend le nom de courant *inducteur*; le courant BG, le nom de courant *induit*. Le sens dans lequel se produit la déviation de l'aiguille montre que ce courant induit est *de sens contraire au courant inducteur*. — Mais le courant induit n'a *qu'une durée extrêmement courte*: car l'aiguille, qui avait été brusquement écartée du zéro de la graduation, revient immédiatement sur elle-même; elle oscille régulièrement de part et d'autre du zéro, et finit par s'arrêter dans cette position, qu'elle conserve tant que le circuit inducteur reste fermé.

Si maintenant, une fois l'aiguille revenue au zéro, on vient à rompre le circuit de la pile, on observe une nouvelle déviation de l'aiguille, en sens opposé à la première. Donc, au moment de la *rupture* du courant inducteur, il se développe encore un courant induit; mais ce courant est *de même sens que le courant inducteur*.

Nous appellerons *courant induit inverse*, celui qui se produit en sens inverse du courant inducteur; *courant induit direct*, celui qui se produit dans le même sens que le courant inducteur.

2° Les deux bobines étant séparées, comme l'indique la figure 230, et le circuit VA étant maintenu fermé, si l'on vient à introduire brusquement la bobine A dans la bobine B, l'aiguille du galvanomètre accuse un courant induit *inverse*. — Une fois l'aiguille revenue au zéro, si l'on éloigne brusquement la bobine B, on constate un courant induit *direct*.

3° Enfin, supposons la bobine A placée dans la bobine B, et le circuit VA fermé : l'aiguille du galvanomètre étant au zéro, si l'on vient à augmenter l'intensité du courant inducteur, par exemple en diminuant la résistance sans interrompre le circuit, on observe un courant induit *inverse*. — Si l'on diminue l'intensité du courant inducteur, on observe un courant induit *direct*.

Les résultats de la première expérience pouvant évidemment être compris dans ceux de la troisième, on est ainsi conduit à l'énoncé général suivant : *Étant donnés deux circuits fermés* A *et* B, *et l'un de ces circuits* A *étant parcouru par un courant, dit* courant inducteur, *toutes les fois qu'on diminue la distance des deux circuits, ou qu'on augmente l'intensité du courant inducteur, il se produit, dans l'autre circuit* B *un courant induit* inverse — *Toutes les fois qu'on augmente la distance des deux circuits, ou qu'on diminue l'intensité du courant inducteur, il se produit un courant induit* direct.

329. Induction produite par un aimant. — Dans une bobine semblable à la bobine B de la figure précédente, et mise en communication avec un galvanomètre, plaçons un barreau de fer doux et approchons vivement de ce barreau l'un des pôles d'un aimant. A ce moment, le barreau s'aimante par influence, et on constate que l'aiguille du galvanomètre reçoit une impulsion : quant au sens du courant induit qui produit cette déviation, il est *inverse* du sens dans lequel circulent les courants particulaires, orientés par l'aimantation dans le fer doux (316). Mais ici encore, l'aiguille du galvanomètre revient aussitôt vers sa position primitive ; lorsqu'elle a repris cette position, elle la conserve tant que le fer doux reste aimanté. — Si l'on retire l'aimant, le magnétisme du fer doux disparaît, et l'aiguille accuse un courant induit *direct*, c'est-à-dire de même sens que les courants particulaires.

De même, si, après avoir enlevé de la bobine le barreau de fer doux, on y introduit brusquement l'aimant, il se produit un courant *inverse*. — Si l'on retire brusquement l'aimant, il se produit un courant *direct*.

De là, la conclusion suivante : *Si l'on fait naître l'aimantation dans un corps magnétique placé au voisinage d'un circuit fermé, ou si l'on approche un aimant de ce circuit, il se produit un courant d'induction, dont le sens est* inverse *de celui des courants particulaires de l'aimant. — Si l'aimant inducteur perd son magnétisme, ou si l'on éloigne cet aimant, il se produit un courant d'induction* direct.

330. Emploi du fer doux comme moyen d'augmenter l'induction produite par les courants. — Supposons que, dans la bobine B (*fig.* 230), on place la bobine A, et, à l'intérieur de celle-ci, un barreau de fer doux : d'après ce qu'on vient de voir, à l'instant où l'on établit la communication entre la bobine A et la pile V, il se produit dans le fil B un courant d'induction, inverse du courant inducteur (328,1°). Mais, en même temps, le fer doux s'aimante, comme le noyau d'un électro-aimant, et ses courants particulaires sont de même sens que ceux de la bobine A ; ce magnétisme naissant développe, dans le fil B, un courant d'induction dont le sens est inverse de celui des courants particulaires (329). — Ces deux courants induits sont donc de même sens, et, comme ils se produisent au même instant, leurs intensités s'ajoutent : on constate, en effet, que la déviation de l'aiguille du galvanomètre est beaucoup plus grande.

L'expérience montre qu'un *faisceau de fils* de fer renforce le courant induit plus énergiquement encore que ne fait un barreau unique de même diamètre.

331. Induction produite par la Terre. — On sait que l'action de la Terre, en général, est assimilable à celle d'un *aimant* dirigé du nord au sud (252), ou à celle d'un *courant* dirigé de l'est à l'ouest (312). Dès lors, si l'on prend un circuit fermé, et si on lui imprime une série de déplacements rapides par rapport à la ligne des pôles terrestres, il doit y avoir, dans ce circuit, production de courants induits. — C'est ce qu'on vérifie de la manière suivante.

Un cadre circulaire MN (*fig.* 231), mobile autour d'un axe horizontal AB, porte un fil conducteur, enroulé un grand nombre de fois. L'axe AB étant placé perpendiculairement au méridien magnétique, on imprime au cadre un mouvement de rotation rapide, au moyen de la manivelle fixée sur son axe. Ce mouvement donne naissance, dans le fil, à un courant d'induction. — Supposons que l'ouest soit à gauche, et que la partie N du cadre se porte en arrière de la figure, vers le nord. Elle s'éloigne du courant terrestre, dirigé de l'est à l'ouest : il se produit donc en N un courant induit *direct*, dans le sens BNA. En même temps, la partie M se rapproche du courant terrestre, le courant induit en M est un courant *inverse*, dans le sens AMC ; ces deux courants induits concordent, suivant BNAMC. — Mais, au bout d'une demi-révolution, N vient prendre la place de M, et le courant induit se produit

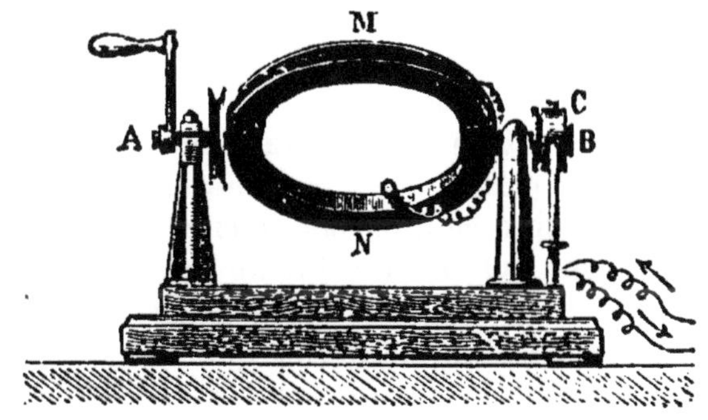

Fig. 231. — Induction produite par la Terre.

dans le sens BMANC: il change donc de sens dans le fil du cadre, et il en est ainsi, alternativement, à chaque demi-révolution. — Les deux extrémités de ce fil aboutissent à un *commutateur* C, placé sur l'axe de rotation, et sur lequel s'appuient deux ressorts, communiquant respectivement avec les deux bornes d'un galvanomètre : le commutateur a pour effet de donner au courant d'induction une direction *constante* dans le galvanomètre. L'aiguille est déviée d'un angle d'autant plus grand, que le mouvement de rotation est plus rapide.

332. Loi de Lenz. — Tous les phénomènes d'induction peuvent être compris dans la loi générale suivante, qui a été énoncée par le physicien russe Lenz :

Étant donné un circuit fermé, si l'on vient à déplacer, d'une manière quelconque, ce circuit par rapport à un courant voisin, ou par rapport à un aimant, *le sens du courant induit est tel, que ce courant tend à s'opposer au mouvement qui le produit.* — Si l'on se reporte, en effet, aux divers résultats des expériences que nous venons de décrire, il est facile de s'assurer que chacun d'eux satisfait à cet énoncé.

La loi de Lenz n'a pas seulement l'avantage de réunir dans un même énoncé tous les phénomènes d'induction. Elle rend manifeste la nécessité d'une *dépense d'énergie*, pour la production de ces courants. — Considérons, par exemple, un circuit fermé, que l'on mettra en mouvement de manière à le rapprocher d'un courant voisin ou d'un aimant. Tant que durera ce rapprochement, le courant induit sera repoussé par le courant fixe ou par l'aimant fixe; dès lors, le travail nécessaire à l'accomplissement de ce mouvement sera *plus grand* que si le même circuit avait subi le même déplacement sans éprouver aucune influence électrique ou magnétique.

333. Induction d'un courant sur lui-même. — Extra-courants. — On a vu (328,1°) que lorsqu'un courant parcourt un circuit, et qu'on vient à rompre ou à rétablir ce circuit, il y a production d'un courant induit dans tout circuit *voisin du premier*. Il est naturel de penser que chacun des éléments d'un courant doit aussi exercer une action inductrice sur les éléments voisins qui font partie *de son propre circuit :* cette action doit être surtout sensible, si le circuit est enroulé sur lui-même, de manière que chacun de ses éléments ait dans son voisinage un grand nombre d'autres éléments. — Faraday a démontré, par des expériences directes, la production de ces courants induits, qui ont reçu le nom d'*extra-courants*, ou de courants de *self-induction*.

Nous nous contenterons de remarquer que l'*extra-courant de fermeture*, se produisant au moment où l'on complète le circuit d'une pile, et étant de sens contraire au courant principal, doit avoir pour effet d'en *diminuer* l'intensité, dans les premiers instants : par suite, le courant de la pile ne doit acquérir que graduellement son régime régulier. — Au contraire, l'*extra-courant de rupture*, étant de même sens que le courant principal, doit en *augmenter* brusquement l'intensité. — C'est ce que prouvent les expériences suivantes :

La rupture du circuit d'une pile formée d'une dizaine d'éléments de Bunsen, lorsque le conducteur interpolaire n'est pas replié sur lui-même, donne naissance à une faible étincelle. Au contraire, si l'on interpose dans ce même circuit une bobine portant un fil enroulé un grand nombre de fois, l'expérience montre que l'étincelle de rupture éclate avec un bruit comparable à celui d'une capsule fulminante. Or, la résistance introduite par la bobine ne peut que diminuer l'intensité du courant de la pile à l'état permanent : l'effet qui se produit ici doit donc être attribué à la superposition d'un extra-courant très intense, au moment de la rupture.

Lorsque le circuit d'une pile contient une bobine, et que, prenant dans les mains les deux extrémités du fil de cette bobine, on les détache vivement de la pile, de manière que l'hélice forme alors avec le corps de l'opérateur un circuit fermé, on ressent une commotion violente. — L'intensité de cette commotion est beaucoup augmentée, si l'on introduit dans la bobine un faisceau de fils de fer doux.

334. Bobine de Ruhmkorff. — L'une des premières applications qui aient été faites des courants induits est la construction de la *bobine de Ruhmkorff*.

Sur un cylindre de bois, on a enroulé d'abord un fil *inducteur*, dans

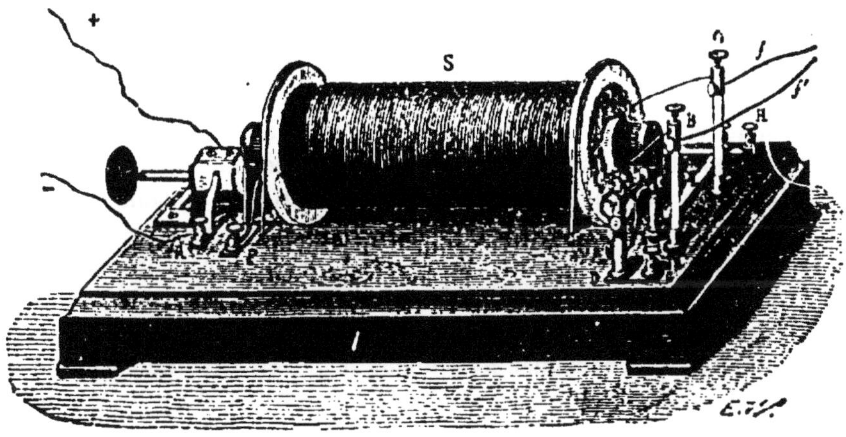

Fig. 232. — Bobine de Ruhmkorff.

lequel devra passer le courant d'une pile : par-dessus, on a enroulé un fil beaucoup plus long et plus fin, qui constituera le circuit *induit;* le tout forme une grosse bobine S (*fig.* 232), comprise entre deux disques de verre. — Dans l'intérieur de cette bobine, est placé un faisceau de fils de fer doux, qui s'aimantera sous l'action du courant inducteur chaque fois que ce courant sera établi, et qui perdra son aimantation

14.

chaque fois que ce courant sera interrompu. Ce faisceau de fils de fer doux aura donc pour effet d'augmenter les effets d'induction produits par le courant de la pile, comme il a été dit (330). — On a représenté, sur la gauche de la figure, marqués des signes + et —, les conducteurs qui mettent la pile en communication avec le fil *inducteur*. — Les extrémités du fil *induit* traversent le disque de verre de droite, et viennent aboutir aux montures métalliques B et C, qui sont portées par des colonnes de verre isolantes : c'est dans ces montures que l'on fixera les fils *f* et *f'* qui serviront à recueillir les courants induits.

Dans la plupart de ces appareils, les alternatives de rupture et de fermeture du courant inducteur sont produites par un *interrupteur*, représenté à droite de la bobine dans la figure 232; la figure 233 représente ce même interrupteur, vu de face. — Il se compose d'un petit marteau dont la tête O, qui est en fer doux, est placée à une petite distance au-dessous de l'extrémité du faisceau de fils de fer, qui forme le noyau de la bobine et qui dépasse le disque de verre, comme le montre la figure 233; le manche du marteau, qui est en cuivre, est articulé à la partie supérieure de la colonne métallique D; au-dessous de la tête du marteau, est une sorte de petite enclume *e*, formée par un cylindre de cuivre vertical, fixé à l'extrémité de la lame métallique *a*. — Les communications sont disposées de façon que le courant de la pile, avant d'arriver au fil inducteur, passe par l'enclume *e* et par le marteau OD qui est appliqué sur elle. Dès lors, dès que ce courant est établi, le faisceau de fils de fer s'aimante, attire la tête O du marteau, lui fait abandonner l'enclume, et le circuit inducteur est interrompu : cette rupture déterminant la cessation du magnétisme dans le faisceau de fils de fer, le marteau retombe par son poids, et le courant est rétabli. Ces alternatives se reproduisent indéfiniment (*).

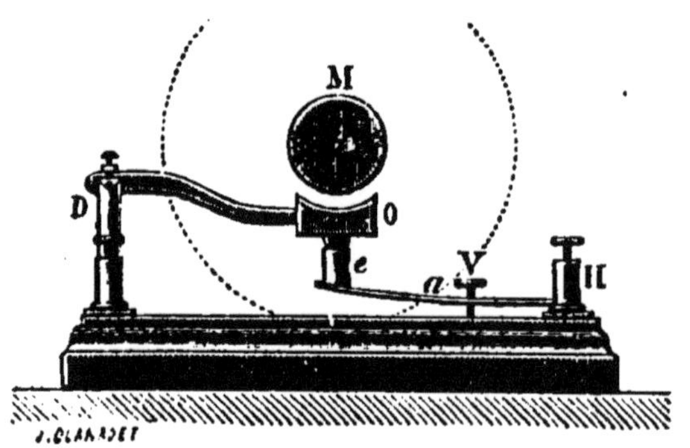

Fig. 233. — Interrupteur de la bobine de Ruhmkorff.

(*) L'interrupteur à marteau ne peut être employé avec les bobines de grandes dimensions. Au moment où le marteau abandonne l'enclume, la rupture du courant inducteur donnant naissance à un extra-courant, il se produit une forte étincelle (333), avec arrachement de particules métalliques, en sorte que les surfaces de l'enclume et du marteau seraient rapidement détériorées. — On emploie alors l'*interrupteur de Foucault*, dont la disposition est un peu différente, et dans lequel la rupture du courant inducteur se produit à la surface d'un petit godet de mercure.

A chaque *rupture* du courant inducteur, il se développe dans le fil induit un courant *direct*; à chaque *rétablissement* du courant inducteur, un courant induit *inverse* : si donc on réunit les extrémités *f* et *f'* du fil induit (*fig.* 232), on obtiendra, dans ce circuit, une série de courants dirigés alternativement dans un sens et dans l'autre. — Lorsqu'on laisse un petit intervalle entre les extrémités libres des fils *f* et *f'*, on peut faire éclater des étincelles à plusieurs centimètres de distance. Poggendorff a montré que ces étincelles sont dues exclusivement au courant *direct*, produit au moment de la *rupture* du courant inducteur : le courant *inverse* n'a pas une intensité suffisante pour franchir une épaisseur d'air appréciable.

335. Tubes de Geissler. — Lorsque les extrémités du fil induit d'une bobine de Ruhmkorff sont placées dans un espace contenant un gaz raréfié, on obtient, non plus des étincelles, mais des lueurs qui remplissent une partie de cet espace. Si la raréfaction est poussée suffisamment loin, il se produit, entre les extrémités des fils, une succession de couches alternativement brillantes et obscures, qui ont reçu le nom de *stratifications*.

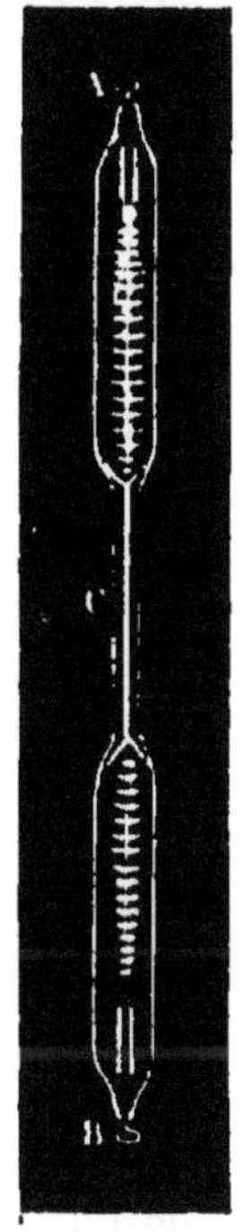

Fig. 234. Tube de Geissler.

Pour obtenir ces effets, on emploie généralement des tubes de verre, qui sont désignés sous le nom de *tubes de Geissler*. On leur donne les formes les plus diverses : la figure 234 représente l'une des plus simples. — Aux deux extrémités A et B du tube, sont soudés des fils métalliques, auxquels on attachera les extrémités du fil induit de la bobine. Après avoir poussé très loin la raréfaction du gaz, on a fermé le tube à la lampe : on peut alors le faire servir à un nombre indéfini d'expériences. — Le fil A, qui communique avec celui des conducteurs qui est *positif* pour les courants induits *directs*, présente, à son extrémité, un point très brillant; on observe des stratifications dans toute l'étendue du tube large qui le contient. Le fil B, qui communique avec le conducteur négatif, est entouré d'une gaine lumineuse, et les stratifications s'arrêtent à une certaine distance de son extrémité. La partie étroite C n'offre pas de stratifications, mais une lumière vive, dont la couleur dépend de la nature du gaz contenu dans l'appareil.

Certains tubes de Geissler présentent des parties formées de différents verres, qui acquièrent, par *fluorescence*, des teintes diverses, au moment du passage du courant. — On obtient ainsi des effets lumineux d'une grande beauté.

II. — TÉLÉPHONES.

336. Téléphone de Bell. — L'une des applications les plus remarquables des courants électriques est celle qui sert à transmettre les sons ou la parole à de grandes distances.

Le téléphone, imaginé en Amérique par M. Bell, se compose d'une petite plaque mince de fer M (*fig.* 235), placée au fond d'une embouchure E, et derrière laquelle est fixée, à une petite distance, une tige d'acier aimantée A. Sur cette tige est assujettie une petite bobine B, sur laquelle est enroulé un fil métallique couvert de soie : les deux bouts de ce fil, F, F′, viennent aboutir à deux bornes métalliques V, V′, fixées à l'étui de bois qui contient tout l'instrument. — Dans ces bornes, on assujettit des fils conducteurs, qui mettent l'appareil en communication avec un autre appareil identique, placé au point où se trouve la personne avec laquelle on doit entrer en conversation. Nous supposerons que toutes les pièces de ce second appareil soient désignées par les mêmes lettres, affectées de l'indice 1.

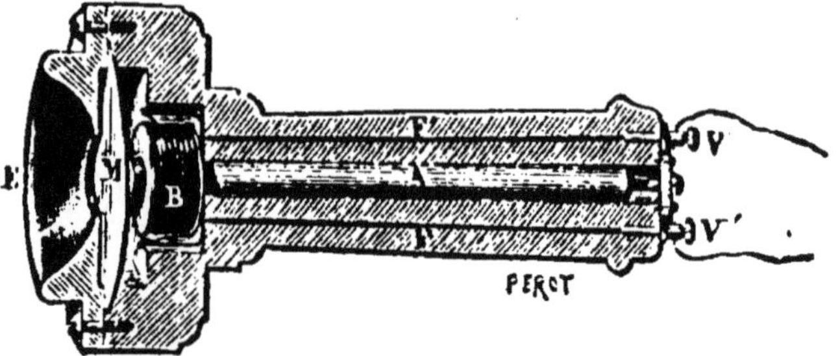

Fig. 235. — Téléphone de Bell.

Celui des deux interlocuteurs qui prend le premier la parole approche de sa bouche l'embouchure E de l'appareil qu'il tient à la main, et qui va jouer le rôle de *transmetteur* de la voix. L'autre personne applique contre son oreille l'embouchure E_1 de l'autre appareil, qui va jouer le rôle de *récepteur*. — Les impulsions communiquées par la voix à la petite plaque de fer M du *transmetteur*, déterminent une succession de rapprochements et d'éloignements alternatifs de cette plaque par rapport à l'aimant. A chaque rapprochement, il y a accroissement du magnétisme développé par influence dans la plaque, et, par réaction, accroissement du magnétisme de l'aimant lui-même : par suite, production d'un *courant induit* dans le fil de la bobine B (329). A chaque éloignement, il se produit encore un courant induit, de sens contraire au premier, et ainsi de suite. — Ces courants, en traversant la bobine B_1 du *récepteur*, augmentent ou diminuent le magnétisme de son aimant A_1 ; ils ont donc pour effet de détermiher des raprochements ou des éloignements alternatifs de la plaque de fer M_1 par rapport à cet aimant, en sorte que les mouvements de cette plaque reproduisent ceux de la plaque du transmetteur. L'air de l'embouchure E_1 est ainsi mis en vibration, et communique le son à l'oreille de celui qui écoute. — Chacun des deux appareils peut fonctionner alternativement comme *transmetteur* ou comme *récepteur*.

337. Combinaison du téléphone et du microphone. — Dans la disposition précédente, le son est toujours peu intense au point d'arrivée. — L'invention du *microphone*, qui est due encore à un physicien américain, M. Hughes, a fait faire à la question un progrès considérable. Voici la disposition qu'il a d'abord imaginée.

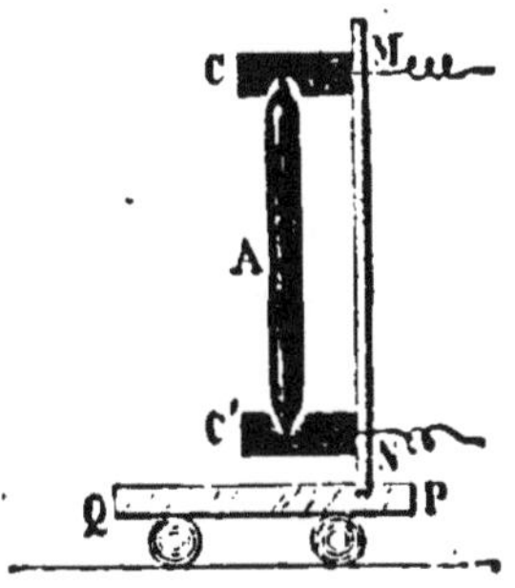

Fig. 236. — Microphone de Hughes.

Deux petites pièces de charbon de cornue sont fixées en C et C' sur une planche de bois MN (*fig.* 236) ; entre elles est placée une sorte de crayon du même charbon A, dont les deux pointes sont reçues dans de petites cavités, de manière qu'il appuie légèrement sur chacune d'elles. On fait passer dans l'appareil le *courant d'une pile*, dont le circuit est mis en communication avec la bobine d'un téléphone placé à distance. — C'est la succession des pièces de charbon qui constitue le *microphone*. Dès qu'on produit un son dans le voisinage, les vibrations suffisent pour modifier les contacts du crayon A avec ses supports, et pour faire subir au courant de la pile des variations qui modifient le magnétisme de l'aimant du téléphone, et qui mettent ainsi sa plaque de fer en mouvement. — Le microphone fonctionne donc comme *transmetteur*; le téléphone comme *récepteur*.

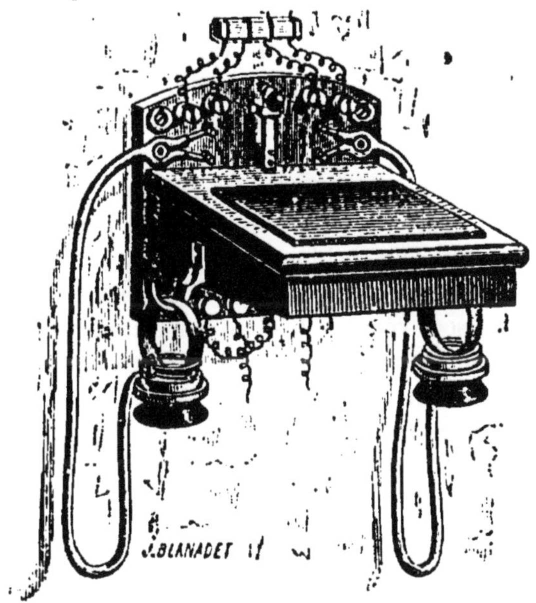

Fig. 237. — Système Ader.

338. Système Ader. — Un grand nombre de modifications ont été apportées, soit au microphone, soit au téléphone.

Dans le système qui a été imaginé en France par M. Ader, et qui est aujourd'hui l'un des plus répandus, le microphone transmetteur est fixé sous une plaque de bois mince, disposée comme la table d'un petit pupitre (*fig.* 237), et devant laquelle on se place pour émettre la voix. — Il se compose d'une série de petites baguettes de charbon de cornue, assujetties à peu près comme dans le microphone de Hughes, de manière que les contacts de ces baguettes avec leurs supports soient modifiés par les vibrations imprimées à la plaque de bois. Il se produit ainsi, dans le courant de la pile qui est mise en communication avec le système, des variations d'intensité qui, comme il a été dit (337), mettent en jeu le téléphone au poste d'arrivée.

Chaque poste se compose d'un transmetteur, et d'un ou deux téléphones récepteurs.

III. — MACHINES MAGNÉTO-ÉLECTRIQUES ET DYNAMO-ÉLECTRIQUES

339. Machine de Clarke. — La machine de Clarke est un appareil d'induction *magnéto-électrique*, c'est-à-dire que les courants d'induction qui s'y produisent sont dus aux changements de positions relatives d'un circuit et d'un aimant (329).

Un système de deux bobines H (*fig.* 238), sur lesquelles est enroulé un fil métallique, est assujetti sur un axe horizontal A, qui traverse la planche P : cet axe peut recevoir un mouvement de rotation rapide, à l'aide d'une chaîne sans fin qui passe sur la roue R : dans l'axe de chacune des bobines, est placé un noyau de fer doux, qui renforcera les courants induits (330). Un aimant puissant B, formé de plusieurs fers à cheval superposés, est fixé à la planche P ; pendant la rotation, les noyaux des deux bobines viennent passer successivement devant les deux pôles de cet aimant. — Les extrémités du fil de chacune des bobines, sont réunies par un conducteur extérieur xVy, de manière à constituer un circuit *fermé;* nous verrons un peu plus loin comment cette condition est réalisée.

Pendant la rotation, quand l'une des bobines s'approche de l'un des pôles de l'aimant fixe, l'autre bobine s'approche de l'autre pôle ; comme ce pôle est contraire au premier, les courants induits par ces deux actions simultanées seraient de sens opposés, si le fil était enroulé dans le même sens sur les deux bobines. C'est pourquoi on a eu soin de l'enrouler *en sens contraire*, de façon que les deux courants produits au même instant aient, dans le conducteur extérieur, la même direction. — Cette remarque faite, nous allons pouvoir, pour étudier la machine, considérer seulement l'une des bobines.

Pendant toute la durée du mouvement, les courants induits transforment chacune des bobines en un solénoïde. — Au moment où la bobine considérée *s'approche* du pôle austral de l'aimant fixe, d'après la loi de Lenz, le pôle situé à l'extrémité postérieure de la bobine doit être *repoussé* par le pôle austral de l'aimant B; c'est donc un pôle austral; c'est-à-dire que le courant induit a sa gauche vers l'extrémité postérieure de la bobine. En d'autres termes, si l'on regarde la bobine

Fig. 238. — Machine de Clarke.

par l'extrémité antérieure, le courant va *dans le sens du mouvement des aiguilles d'une montre*. — Quand cette même bobine, après avoir franchi le pôle austral, *s'éloigne* de ce pôle, le pôle du solénoïde, situé à l'extrémité postérieure de la bobine, doit être *attiré* par ce pôle austral; l'extrémité postérieure de la bobine est donc alors un pôle boréal, et par conséquent l'extrémité antérieure est un pôle austral; le courant induit va en *sens inverse des aiguilles d'une montre*. — La même bobine, continuant son mouvement, va *s'approcher* du pôle boréal de l'aimant fixe; en raisonnant toujours de la même manière, on verra que le courant induit doit aller *en sens inverse des aiguilles d'une montre*, etc. — En résumé, le *courant change de sens à chaque demi-révolution des bobines*, à l'instant où leurs noyaux franchissent les pôles de l'aimant fixe.

Il est des circonstances où ce changement de sens des courants induits successifs n'a aucun inconvénient ; par exemple, lorsqu'on veut employer la machine à produire des étincelles, ou à faire rougir un fil, ou bien encore à obtenir des commotions, en prenant dans les mains des poignées métalliques, assujetties aux extrémités des conducteurs. — Mais lorsqu'on se propose de décomposer l'eau (*fig.* 238), si les courants induits qui traversent le voltamètre changeaient de sens à chaque demi-révolution, on obtiendrait, dans chacune des éprouvettes, à la fois de l'hydrogène et de l'oxygène. Pour obtenir les gaz séparés, il est nécessaire d'adapter, sur l'axe de rotation, un *commutateur*, formé de deux plaques métalliques qui sont isolées l'une de l'autre, et qui viennent toucher successivement les deux ressorts x, y, auxquels aboutissent les fils du voltamètre. Ces plaques sont disposées de façon que les communications soient interverties chaque fois que le sens des courants induits change, et que, par suite, ces courants traversent toujours le voltamètre dans le même sens.

On a construit des machines puissantes, fondées sur le même principe que la machine de Clarke. Telle est la machine de la Compagnie *l'Alliance*, employée pour l'éclairage électrique des phares

340. Machine de Gramme. — Parmi les machines magnéto-électriques, la machine de Gramme est une de celles qui paraissent présenter le plus d'avenir, particulièrement au point de vue industriel. Nous nous contenterons d'en indiquer le principe, qui est sensiblement différent de celui de la machine de Clarke.

Entre les deux pôles A et B d'un aimant en fer à cheval, est placé un anneau de fer doux nn' (*fig.* 239), mobile autour d'un axe O passant par son centre et perpendiculaire au plan de la figure. Sur cet anneau sont enroulées plusieurs hélices, s, s', s'',... dont chacune est formée par un fil métallique isolé, et qui sont reliées entre elles comme il sera dit plus loin. — A chaque instant de la rotation de l'anneau, l'influence des pôles A et B détermine, en face de A, la production d'un *double pôle boréal b;* en face de B, la production d'un *double pôle austral a;* enfin, en n et n', on a deux *régions neutres.* Pendant la rotation, ces pôles et ces régions neutres se produisent toujours dans les mêmes points de l'espace, mais chacune des hélices, s par exemple,

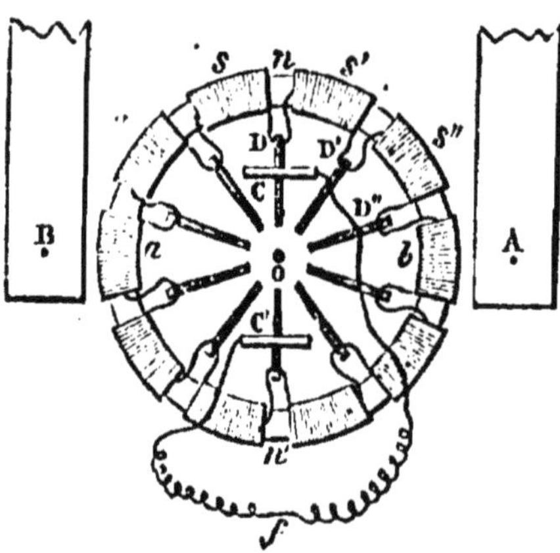

Fig. 239. — Machine de Gramme.

vient successivement occuper, par rapport à ces points de l'espace, les mêmes positions que si l'anneau était fixe et que l'hélice glissât sur l'anneau.

Or, si la rotation a lieu dans le sens *nbn'a*, il se produit, dans chaque hélice, des courants induits qui transforment les hélices en solénoïdes. Dans l'hélice qui passe en *s*, le pôle situé à l'extrémité inférieure gauche, qui *s'éloigne* du pôle austral *a*, doit être, d'après la loi de Lenz, *attiré* par *a;* c'est donc un pôle boréal; c'est-à-dire que, suivant la règle d'Ampère, en avant du plan de la figure, le courant va *de l'extérieur à l'intérieur* de l'anneau. — Quand l'hélice passe en *s''*, le pôle situé à l'extrémité inférieure droite, qui *s'approche* de *b*, doit être, d'après la loi de Lenz, *repoussé* par le pôle *b;* c'est donc un pôle boréal; d'après la règle d'Ampère, en avant de la figure, le courant va *de l'intérieur à l'extérieur* de l'anneau. — On verrait que c'est encore là le sens du courant induit, dans l'hélice qui occupe la position symétrique de *s''* par rapport à *b*. — Enfin, dans l'hélice qui occupe la position symétrique de *s* par rapport à *a*, le courant induit va de l'extérieur à l'intérieur de l'anneau. — En résumé, dans chaque hélice, les courants induits conservent *un même sens* pendant la demi-révolution *nbn'*, puis *un sens contraire* pendant la demi-révolution *n'an;* c'est aux instants où l'hélice franchit la ligne neutre, en *n'* ou en *n*, que les courants changent de sens.

Les extrémités des hélices successives *s,s's''*,... sont soudées, deux à deux, à des pièces de cuivre D,D',D'',... disposées suivant les rayons de l'anneau, et fixées à l'anneau lui-même de façon à tourner avec lui autour de l'axe O. Enfin, deux lames métalliques C,C' sont installées *dans une position fixe*, de manière que, pendant la rotation, elles se trouvent toujours respectivement en contact avec les deux pièces rayonnantes qui arrivent dans la ligne neutre *nn'*. — Ces deux lames étant réunies par un conducteur *f*, on voit que, à chaque période de la rotation, les deux systèmes d'hélices qui se trouvent, l'un à droite, l'autre à gauche de *nn'*, peuvent être assimilés à deux séries d'éléments de piles, dont chacune aurait son pôle positif à l'une des lames et son pôle négatif à l'autre. Dès lors, le conducteur *f* est parcouru par un courant qui conserve toujours, pendant la rotation, la même intensité et le même sens.

On construit, pour les expériences de cours, de petites machines avec lesquelles on peut amener à l'incandescence un fil métallique de plusieurs décimètres de long, et réaliser la plupart des expériences qui exigeraient l'emploi d'une dizaine d'éléments de Bunsen.

341. Machines dynamo-électriques. — Dans les machines industrielles, on substitue, aux aimants en fer à cheval, des électro-aimants qui peuvent acquérir une puissance beaucoup plus considérable.

Ce qui constitue le caractère particulièrement remarquable des machines ainsi modifiées, c'est qu'il n'est nullement nécessaire, pour développer le magnétisme dans l'électro-aimant inducteur, d'employer une source d'électrité distincte. Il suffit d'introduire, d'une manière permanente, le fil qui entoure les branches de l'électro-aimant dans le circuit que doit parcourir le courant induit lui-même : une fois les bobines mises en mouvement par une machine à vapeur, la machine acquiert, d'une manière presque instantanée, une puissance qui va ensuite en croissant avec la vitesse de rotation.— Pour se rendre compte de ce résultat, on peut considérer le noyau de l'électro-aimant comme possédant toujours, avant que le mouvement se produise, une aimantation faible, que le magnétisme terrestre suffirait d'ailleurs pour déterminer. Au moment où la rotation commence, cette aimantation donne naissance à un courant induit, qui développe lui-même dans l'électro-aimant une aimantation de plus en plus grande, jusqu'au moment où la machine atteint son régime régulier.

Dans ces machines, c'est donc, à proprement parler, le *travail* successivement développé par la machine à vapeur, qui se transforme en une succession de courants électriques. De là, le nom de machines *dynamo-électriques*, qui leur a été donné.— C'est à des machines de ce genre que l'on a recours aujourd'hui, soit pour la production de la lumière électrique, soit pour les opérations de la galvanoplastie, etc.

LIVRE IV

ACOUSTIQUE

CHAPITRE PREMIER

PRODUCTION ET PROPAGATION DU SON

I. — PRODUCTION DU SON

342. Production du son. — Mouvement vibratoire. — Un son quelconque est toujours produit par un mouvement vibratoire, imprimé à un corps matériel.

Pour nous faire une idée de ce qu'on doit entendre par un mouvement vibratoire, fixons dans un étau une lame d'acier AC (*fig.* 240) et laissons d'abord une assez grande longueur à la partie située au-dessus de l'étau. Si nous l'écartons avec le doigt, de manière à l'amener dans la position *Ca*, et si nous l'abandonnons, nous la voyons exécuter une série de mouvements, de part et d'autre de sa position d'équilibre; elle va de la position *Ca* à la position symétrique *Ca'*, revient en *Ca*, et ainsi de suite. La succession d'une allée et d'une venue de la lame est ce que nous appellerons *une vibration*. — Or, si nous répétons plusieurs fois l'expérience, en raccourcissant, à chaque fois, la partie vibrante, nous voyons les vibrations devenir *de plus en plus rapides :* nous cessons même bientôt de distinguer les allées et venues; mais l'extrémité libre de la lame nous paraît éprouver une sorte de gonflement, qui est dû à ce que notre œil l'aperçoit à la fois dans toutes les positions qu'elle occupe successivement entre *Ca* et *Ca'*. — Enfin, lorsque les vibrations deviennent suffisamment rapides, nous entendons un son, et la lame continue à présenter la même apparence, tant que le son continue à se produire.

Fig. 240. Mouvement vibratoire d'une lame d'acier.

On peut faire la même observation sur une corde tendue entre deux chevalets : si on l'écarte avec le doigt, on observe une sorte de gonflement apparent, sensible surtout vers le milieu de la corde. Il se produit un son, lorsque la tension de la corde est assez grande pour que ses vibrations soient suffisamment rapides.

343. Caractères distinctifs des sons.— Intensité, hauteur, timbre. — Nous pouvons dès maintenant, au moyen de ces expériences, préciser les conditions du mouvement qui correspondent à chacun des caractères qui distinguent entre eux les divers sons.

Reprenons l'expérience de la lame vibrante (*fig.* 240), et après avoir donné à la lame une longueur telle qu'elle puisse rendre un son, laissons cette longueur invariable. Suivant que l'on écarte plus ou moins la lame de sa position d'équilibre, le son rendu est plus ou moins fort; mais la note musicale obtenue est toujours la même : elle présente seulement plus ou moins d'intensité. — On peut donc dire que l'*intensité* du son dépend de l'*amplitude des vibrations*, c'est-à-dire de la grandeur des allées et venues de la lame.

D'autre part, nous avons constaté que la lame vibrante, lorsqu'on la raccourcit, produit des vibrations de plus en plus *rapides*, et qu'en même temps les sons deviennent de plus en plus aigus. — Donc la *hauteur musicale* du son est d'autant plus grande, qu'il se produit *un plus grand nombre de vibrations*, en un même temps (*).

Enfin, deux sons de même hauteur et de même intensité peuvent différer par une troisième qualité, qu'on nomme le *timbre*. C'est par la différence des timbres qu'on distinguera toujours, par exemple, les sons d'une trompette, de ceux d'un violon. — Les causes de ces différences sont assez complexes. Une étude attentive a montré qu'une même note, rendue par divers instruments, est accompagnée d'un *système de notes accessoires*, qui est déterminé pour chacun d'eux, mais *variable d'un instrument à un autre* : c'est à cette cause qu'on doit attribuer les différences que présentent ces instruments, quant à leur timbre. — Il en est de même des différences qu'offre la voix humaine, chez les individus ayant différents *timbres de voix*.

344. Bruits. — Le choc d'un marteau, sur une planche ou sur une pierre, ne nous fait éprouver qu'une sensation vague, de courte durée, que nous désignons sous le nom de *bruit*, et qu'il semble d'abord difficile de comparer à telle ou telle note musicale.

Il n'en est plus de même, quand on compare entre eux des bruits *de même nature*. — Ainsi, en laissant tomber sur le sol de petites planchettes de bois, dont les dimensions auront été convenablement choisies, on peut obtenir une série de bruits produisant soit la sensation d'une gamme, soit celle d'un accord parfait.

(*) Il en est de même avec une corde vibrante; en augmentant la tension, on rend les vibrations plus rapides, et on obtient des sons plus aigus.

Les bruits se distinguent donc entre eux, comme les sons, par leur intensité, qui dépend de l'amplitude du mouvement vibratoire; par la *hauteur*, qui dépend de la rapidité des vibrations; enfin par un *timbre* spécial, qui varie avec la nature du corps qui le produit.

II. — PROPAGATION DU SON.

345. Mode de propagation du son dans l'air. — Ondes sonores. — Quand un corps sonore est mis en vibration dans l'atmosphère, les mouvements qu'il exécute se communiquent à l'air qui l'environne, et parviennent ainsi jusqu'à notre oreille.

Pour se faire une idée de ce mode de transmission, il suffit de se reporter à ce qu'on observe à la surface d'une eau tranquille, quand on y produit une série d'ébranlements, à intervalles réguliers, avec l'extrémité d'un bâton. La succession de ces ébranlements donne naissance à une succession de petites vagues, de forme circulaire, qui s'éloignent progressivement du point où elles se sont produites. Cependant, si l'on regarde avec attention un petit corps flottant à la surface de l'eau, comme un bouchon ou un brin de paille, on voit qu'il est soulevé chaque fois qu'il est rencontré par une vague, mais qu'il reste toujours sensiblement à la même place. Cette observation montre que les ébranlements communiqués à l'eau ont pour effet d'imprimer à chacun de ses points un mouvement de *va et vient*, semblable à celui du point d'où partent les ébranlements eux-mêmes, mais qu'il n'y a pas transport de l'eau, d'un bord vers l'autre.

On donne, par analogie, le nom d'*ondes sonores* aux couches d'air ébranlées à la suite les unes des autres, autour du point où se produisent les vibrations. Dans la production de ces ondes, il n'y a pas transport de la masse d'air: chacun des points ébranlés exécute simplement de petits mouvements de *va et vient*, semblables à ceux qui constituent le mouvement vibratoire du corps sonore lui-même. Enfin, notre oreille perçoit le son, par le mouvement vibratoire transmis à la couche d'air qui est en contact avec la membrane du tympan.

346. Le son ne se propage pas dans le vide. — Lorsqu'un corps est mis en vibration dans le vide, ses vibrations ne peuvent plus se transmettre à notre oreille. — On le démontre en prenant un ballon de verre (*fig.* 241), dans lequel se trouve une clochette suspendue par un fil. Quand le ballon contient de l'air à la pression ordinaire, il suffit de l'agiter, pour entendre le son de la clochette : les vibrations sont transmises, par l'air du ballon, à la paroi de verre, à l'air environnant, et enfin à notre oreille. — Si l'on fait le vide dans le ballon, on n'entend plus le son de la clochette. — Si l'on ouvre progressivement le robinet du ballon, de manière à y laisser rentrer lentement l'air, on constate que le son, d'abord très faible, reprend son intensité primitive lorsque la pression de l'air dans le ballon a repris sa première valeur.

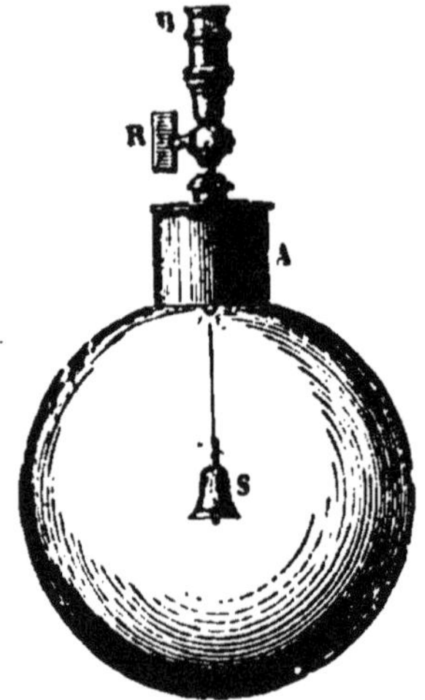

Fig. 241.

Cette dernière remarque montre que l'air, lorsqu'il est *raréfié*, transmet le son avec *moins d'intensité* que lorsqu'il est à la pression ordinaire. Dans les ascensions en ballon, les aéronautes placés dans une même nacelle ont parfois de la peine à se faire entendre les uns des autres, quand ils sont parvenus à des hauteurs où la pression de l'air est très faible.

347. Propagation du son par les liquides et par les solides. — Les *liquides* peuvent transmettre les vibrations sonores. Un ouvrier placé au fond de l'eau, dans une cloche à plongeur, entend les bruits qui se produisent sur le rivage.

Les corps *solides* transmettent aussi les sons : ils les transmettent même, en général, beaucoup mieux que l'air. — En appliquant l'oreille à l'extrémité d'une longue poutre, on entend distinctement les chocs produits, à l'autre extrémité, par une pointe d'épingle. — En appliquant l'oreille sur le sol, on peut entendre, à plusieurs kilomètres de distance, le roulement d'une voiture.

Cependant les corps mous, comme l'étoupe, le coton cardé, transmettent si imparfaitement les mouvements vibratoires, qu'on peut les employer pour amortir les sons. — C'est ce qui explique l'usage que l'on fait des portes rembourrées, pour empêcher d'entendre, dans une pièce, ce qui se dit dans la pièce voisine.

III. — VITESSE DU SON.

348. Vitesse du son dans l'air. — Quand on regarde, à quelque distance, un bûcheron frappant sur une pièce de bois, on voit la cognée arriver sur le bois, et c'est seulement au bout d'un certain temps que l'on entend le bruit du coup. — La propagation du son n'est donc pas instantanée.

Mais, d'autre part, quand nous écoutons, de loin, un morceau exécuté par un orchestre, il conserve pour l'oreille le même caractère que si nous l'entendions de près. Les notes qui se succèdent, suivant une certaine mesure, nous arrivent avec la même mesure. Donc tous les sons, quelle que soit leur hauteur ou leur intensité, se propagent dans l'air *avec la même vitesse.* Pour mesurer cette vitesse, on a choisi un son qui pût être entendu à une grande distance, afin que la durée de la propagation fût assez longue pour être mesurable.

Dès l'année 1738, une Commission de l'Académie des sciences effectua une série d'expériences pour étudier la propagation, dans l'air, du son produit par un coup de canon. — Dans ces expériences, on avait négligé quelques causes d'erreurs, dont on reconnut plus tard l'influence. Mais elles servirent au moins à établir que le son met un temps double, triple, quadruple, pour parcourir une distance double, triple, quadruple, c'est-à-dire que le mouvement de propagation est un *mouvement uniforme.* Dès lors, on peut appeler *vitesse du son,* l'espace que parcourt le son en une seconde.

En 1822, les membres du Bureau des longitudes reprirent la détermination numérique de la vitesse du son dans l'air, en cherchant à introduire dans les expériences toute la précision possible. — Les observateurs s'étaient partagés en deux groupes, placés, l'un sur les hauteurs de Villejuif, l'autre sur les hauteurs de Montlhéry; une pièce de canon était disposée à chacune de ces deux stations. Les observations furent faites pendant la nuit, de la manière suivante. — Un coup de canon étant tiré à Villejuif, les observateurs placés à Montlhéry déterminaient, avec une montre à secondes, l'intervalle de temps écoulé entre le moment où ils avaient aperçu la lumière et le moment où ils entendaient la détonation : la lumière pouvant être considérée comme franchissant une distance de quelques kilomètres en un temps tout à fait négligeable, l'intervalle qui séparait ces deux instants mesurait le temps nécessaire à la transmission du son. — Mais, comme la direction du vent pouvait avoir une influence sur le phénomène, on recommençait l'expérience en sens inverse, c'est-à-dire qu'on tirait ensuite un coup de canon à Montlhéry, et les observateurs de Villejuif effectuaient une détermination semblable. Pour plus de sûreté, on répéta plusieurs fois l'expérience, les deux stations alternant toujours entre elles. Enfin, on prit la moyenne des résultats obtenus — En tenant compte de la distance qui séparait les deux stations, on trouva que l'espace parcouru en *une seconde* était sensiblement 340 mètres (*).

349. Vitesse du son dans les liquides et dans les solides. — En 1827, Sturm et Colladon, par une méthode semblable à la précédente, mesurèrent la vitesse de propagation du son dans l'eau. — Les expé-

(*) Cette vitesse, de 340 mètres par seconde, se rapporte à une température d'environ 15°. Les expériences de Regnault ont montré que la vitesse du son varie, dans le même sens que la température, d'environ $0^m,6$ pour 1 degré. Il en résulte que, à la température de 0°, la vitesse du son est de $340^m - 0^m,6 \times 15$, c'est-à-dire 331 mètres. — Enfin, la vitesse du son est indépendante de la pression atmosphérique.

riences furent faites sur le lac de Genève. Une cloche, suspendue à un bateau et plongée dans l'eau du lac, était frappée par un marteau; au moment même où le choc avait lieu, le mouvement du marteau produisait l'inflammation d'une certaine quantité de poudre, placée sur le bord du bateau. Au rivage opposé, on notait l'instant où l'on apercevait la lumière, et le moment où arrivait le son transmis par l'eau; ce son était perçu à l'aide d'une sorte de *cornet acoustique* plongeant dans l'eau, et à l'extrémité duquel on appliquait l'oreille. — On trouva, pour la vitesse du son dans l'eau, 1435 mètres par seconde, résultat environ 4 fois plus grand que la vitesse dans l'air.

La vitesse du son dans les corps solides est plus grande encore. — Des expériences de Biot, faites sur des tuyaux de fonte destinés à la conduite des eaux, ont montré que la vitesse du son dans la fonte est environ 10 fois et demie égale à la vitesse dans l'air.

350. Réflexion du son. — Échos. — Lorsque les vibrations sonores viennent rencontrer un obstacle fixe, elles sont renvoyées par lui. C'est un phénomène tout à fait semblable à celui de la réflexion de la lumière, qui sera étudié plus loin.

C'est à la réflexion du son qu'est due la production de l'*écho*. Un cri étant poussé à une certaine distance d'un mur élevé, ou d'une colline, les vibrations sonores, renvoyées par cet obstacle, reviennent à l'oreille au bout d'un temps plus ou moins long.

Pour nous rendre compte des conditions dans lesquelles l'écho peut s'entendre distinctement, supposons, par exemple, que l'obstacle soit placé à 170 mètres; le son doit alors parcourir, dans l'aller et le retour, une distance de 2 fois 170 mètres, ou 340 mètres : c'est précisément l'espace que le son parcourt en une seconde. Donc, dans ce cas, c'est au bout *d'une seconde* que l'on entend l'écho. — Selon que la distance de l'obstacle est plus ou moins considérable, le temps qui s'écoule, avant le retour de l'écho, augmente ou diminue proportionnellement. Or, en général, notre oreille ne peut distinguer l'un de l'autre deux sons successifs que s'ils sont séparés par un intervalle de temps au moins égal à $\frac{1}{10}$ de seconde. En $\frac{1}{10}$ de seconde, le son parcourt environ 34 mètres. Dès lors, le son direct ne pourra se distinguer du son dû à la réflexion que si la distance de l'obstacle est plus grande que la moitié de 34 mètres, ou 17 mètres (*).

(*) Dans certaines circonstances, il arrive que des obstacles se trouvent disposés de part et d'autre, de façon à renvoyer un même son plusieurs fois à l'oreille, après plusieurs réflexions successives. Les échos qui se succèdent présentent alors une intensité décroissante, à cause de l'accroissement des distances parcourues par le son.

CHAPITRE II

HAUTEUR DES SONS

I. — DÉTERMINATION DES NOMBRES DE VIBRATIONS.

351. Sirène. — La *hauteur musicale* d'un son est d'autant plus grande qu'il se produit un plus grand nombre de vibrations dans un même temps. C'est ce que nous avons constaté, d'une manière générale, pour les sons rendus par une lame élastique, ou par une corde (343). — Pour comparer entre eux, d'une manière plus précise, les sons de diverses hauteurs, on fait usage d'appareils permettant de *compter* les vibrations effectuées en un temps déterminé. — L'un des premiers appareils qui aient été imaginés dans ce but est la *sirène*, dont l'invention est due à Cagniard de Latour.

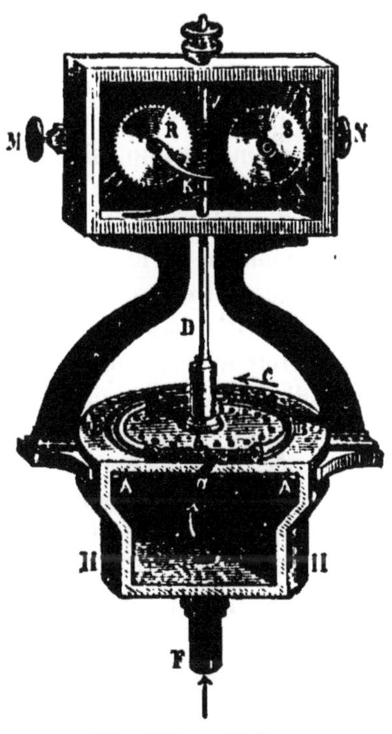

Fig. 242. — Sirène.

La sirène (*fig.* 242) se compose d'une petite caisse cylindrique HH, dont le fond porte un tube F qui permet de l'adapter sur une soufflerie. La face supérieure de cette caisse est formée par une plaque AA qui est percée d'un certain nombre de trous tels que *a*, distribués sur une circonférence, à égale distance les uns des autres : c'est par ces trous que s'échappera l'air amené dans la caisse par la soufflerie. Au-dessus, et à une très petite distance, se trouve un plateau BB, mobile autour d'un axe vertical D; il est également percé de trous tels que *b*, en nombre égal à ceux de la caisse, et distribués exactement de la même manière, en sorte que, lorsqu'un trou du plateau mobile se trouvera en face de l'un des trous de la plaque fixe, tous les autres trous se correspondront en même temps. — Les trous *a* de la plaque fixe sont inclinés dans un certain sens, et les trous *b* du plateau mobile sont inclinés en sens contraire, comme le montre la figure. Dès lors, quand les trous se correspondent, l'air qui sort par les trous inférieurs vient frapper contre les parois des trous supérieurs, et, en s'échappant dans l'atmosphère, il communique une impulsion au plateau mobile, dans le sens indiqué par la flèche *c*. Ce mouvement du plateau B détruit la coïncidence des deux systèmes de trous, et fait cesser l'échappement de l'air; mais une nouvelle coïncidence se produit, dès que le plateau B a tourné d'un angle égal à celui qui correspond à l'intervalle de deux trous consécutifs : l'air, en s'échappant de nouveau, communique une nouvelle impulsion au plateau mobile, en sorte que le mouvement de rotation devient de plus en plus rapide, et les périodes d'échappement de l'air deviennent de plus en plus fréquentes.

Lorsque le plateau B a acquis une vitesse suffisante, l'oreille commence à percevoir un son, dont la hauteur musicale s'élève à mesure que la vitesse augmente. — Pour nous rendre compte des caractères de ce son, considérons, par exemple, une sirène dont la plaque fixe présente 12 trous, et examinons d'abord quel serait l'effet produit *si le plateau mobile n'en n'avait qu'un seul*. A chaque tour du plateau, ce trou unique viendrait se mettre successivement en coïncidence avec les 12 trous de la plaque fixe : la sortie de l'air serait donc 12 fois établie et interrompue, mais ne s'effectuerait toujours que par une seule ouverture. La succession des impulsions communiquées à l'air extérieur donnerait naissance à un son, dont la *hauteur* dépendrait de la vitesse de rotation. — Si maintenant le plateau mobile porte 11 autres trous, on voit que, au moment où le trou primitivement considéré établira une coïncidence, les autres trous correspondront aussi à des ouvertures de la plaque fixe. Dès lors, la sortie s'effectuant par les 12 ouvertures à la fois, les impulsions communiquées à l'air extérieur seront plus fortes, c'est-à-dire que l'*intensité* du son sera augmentée; mais il n'y aura encore que 12 vibrations pour chaque tour du plateau mobile.

Pour permettre de compter les vibrations, on a pratiqué, à la partie supérieure de l'axe de rotation D, un filet de vis V (*fig.* 212), qui engrène avec une roue dentée R dont la circonférence porte 100 dents. A chaque tour du plateau, cette roue avance d'une dent : ce mouvement est indiqué par une aiguille fixée à la roue, et mobile sur un cadran placé à l'extérieur (ce cadran n'est pas visible sur la figure actuelle, il est tracé sur la plaque verticale qui forme le fond de l'appareil) : chaque division de ce cadran correspond donc à *un tour du plateau*. Une seconde roue S, portant également sur son axe une aiguille qui se meut sur un second cadran extérieur, est destinée à compter les *centaines de tours de plateau :* pour cela, l'axe de la roue R porte un appendice K, dont l'extrémité arrive en contact avec une dent de la roue S chaque fois que la roue R a fait un tour entier; la roue S avance alors d'une dent, et l'aiguille qu'elle porte marche d'une division. — Enfin, il est utile de pouvoir, à volonté, établir ou interrompre l'engrenage de la roue R avec la vis V : pour cela, la plaque qui porte les deux roues reçoit un petit mouvement vers la droite ou vers la gauche, selon qu'on presse avec le doigt sur le bouton M ou sur le bouton N; on rapproche ou l'on éloigne ainsi les dents de la roue R du filet de la vis V.

Lorsqu'on veut déterminer le nombre de vibrations d'un son, on place la sirène sur la soufflerie, les deux aiguilles étant aux zéros de leurs cadrans, et l'engrenage n'étant pas établi. On donne le vent, et on amène progressivement le son de la sirène à la même hauteur que celui qu'on se propose d'étudier; on presse alors sur le bouton M, pour établir l'engrenage, et l'on note cet instant sur une montre à secondes. On maintient l'unisson aussi longtemps que possible, en réglant convenablement le vent de la soufflerie; enfin, on termine l'expérience en poussant le bouton N, et notant encore cet instant. On connaît ainsi par les positions des aiguilles sur leurs cadrans, le nombre de tours effectués par le plateau, en un temps déterminé. — Or, supposons que l'expérience ait duré 45 secondes; que l'aiguille des centaines de tours soit arrivée à la 22e division et l'aiguille des tours à la 35e division. Le plateau aura fait 2235 tours; si ce plateau porte 12 trous, il se sera produit un nombre de vibrations égal à 2235×12, ou 26 820. Le nombre de vibrations *en une seconde* sera le quotient de 26 820 par 45, c'est-à-dire 596.

352. Compteurs graphiques. — Détermination du rapport des nombres de vibrations de deux sons. — Les compteurs graphiques servent à déterminer le *rapport* des nombres de vibrations effectuées, dans un même temps, par deux sons de hauteurs différentes.

L'un des plus simples est le suivant. Un cylindre EF (*fig.* 215), dont la surface a été couverte de noir de fumée, est porté sur un axe DV, dont la partie supérieure V, travaillée en filet de vis, s'engage dans un écrou pratiqué dans l'une des branches du support. Lorsqu'on fait tourner le cylindre, il s'abaisse, à chaque tour, d'une quantité égale au pas de la vis. — La figure représente en T une tige métallique, assujettie par l'une de ses extrémités B; l'autre extrémité porte une pointe fine A, qui vient toucher légèrement la surface du cylindre. — Si, pendant qu'on fait mouvoir le cylindre, la tige restait immobile, la pointe tracerait une hélice sur le noir de fumée, si l'on fait vibrer la tige au moyen d'un archet, l'hélice paraît dentelée : chacune des sinuosités correspond à une vibration de la tige.

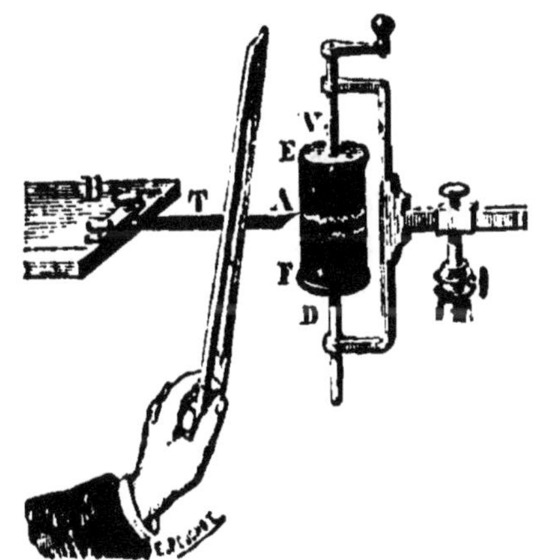

Fig. 215.
Compteur graphique des vibrations.

Disposons maintenant, l'un au-dessous de l'autre, deux corps sonores, deux diapasons par exemple, de manière qu'ils inscrivent en même temps leurs vibrations sur la surface du cylindre, et supposons d'abord qu'ils donnent des sons *de même hauteur.* Si, une fois l'expérience faite, on trace sur le noir de fumée deux lignes verticales, à une certaine distance l'une de l'autre, on trouve que les deux courbes présentent un même nombre de sinuosités dans l'intervalle de ces deux lignes : on en conclut que les deux corps ont effectué un même nombre de vibrations dans un même temps. — Si les deux corps rendent des sons *de hauteurs différentes*, il suffira de compter les sinuosités tracées, par l'une et par l'autre, entre deux lignes verticales déterminées : le quotient de l'un de ces deux nombres par l'autre exprimera le rapport des nombres de vibrations effectuées, dans un même temps, par les deux corps. — Ce sont ces rapports numériques qui caractérisent, comme on va le voir, les intervalles musicaux des sons considérés.

II. — INTERVALLES MUSICAUX. — GAMME.

353. Intervalles musicaux. — On appelle *intervalle musical* de deux sons *le rapport des nombres de vibrations qui leur correspondent dans des temps égaux.*

Deux sons qui correspondent à un même nombre de vibrations, dans le même temps, sont dits à l'*unisson* ; leur intervalle est égal à 1.

On dit qu'un son est à l'*octave aiguë* d'un autre, lorsqu'il correspond à un nombre de vibration *double*, dans le même temps. L'intervalle de ces deux sons est alors égal à 2.

Le plus ordinairement, l'intervalle de deux sons musicaux n'est pas représenté par un nombre entier ; mais, si l'on ramène la valeur numérique de cet intervalle à une expression fractionnaire irréductible, les deux termes de cette expression sont des nombres d'autant plus simples que la consonance formée par la production *simultanée* des deux sons est plus agréable à l'oreille. — C'est ce que nous allons constater par l'étude des principaux intervalles usités en musique.

354. Gamme. — On donne le nom de *gamme* à une série de huit sons ou *notes*, dont les deux extrêmes sont à un intervalle d'une octave, et dont les notes intermédiaires sont à des intervalles particuliers, toujours les mêmes pour les diverses gammes. — Les notes de la *gamme d'ut* sont désignées par ut_1, *ré*, *mi*, *fa*, *sol*, *la*, *si*, ut_2. — La première note de la gamme est ce qu'on nomme la *tonique.*

Supposons que l'on ait déterminé, au moyen de la sirène, par exemple, les nombres de vibrations effectuées en une seconde par chacune des notes, et que l'on calcule ensuite l'intervalle musical qui existe *entre chacune des notes et la tonique*, c'est-à-dire le rapport du nombre de vibrations de chaque note, au nombre de vibrations de la tonique. — On trouve, pour ces rapports, réduits à leur plus simple expression, les résultats suivants :

ut_1	*ré*	*mi*	*fa*	*sol*	*la*	*si*	ut_2
1	$\frac{9}{8}$	$\frac{5}{4}$	$\frac{4}{3}$	$\frac{3}{2}$	$\frac{5}{3}$	$\frac{15}{8}$	2

Le plus simple de ces rapports est le rapport $\frac{3}{2}$, qui exprime l'intervalle entre la tonique et la cinquième note de la gamme (*ut* à *sol*) : on l'appelle *intervalle de quinte*. La production *simultanée* de la tonique *ut* et de la quinte *sol* produit une sensation particulièrement agréable. — Il en est de même du rapport $\frac{5}{4}$, qui exprime l'intervalle entre la tonique et la troisième note de la gamme (*ut* à *mi*), ou *intervalle de tierce*. — Enfin la série formée par la tonique, la tierce et la quinte (*ut*, *mi*, *sol*) constitue ce qu'on appelle un *accord parfait*.

Servons-nous maintenant des résultats précédents, pour calculer les intervalles successifs que présentent entre elles *deux notes consécutives* de la gamme d'*ut*. Il suffira, pour cela, de diviser chacune des expressions obtenues par celle qui la précède immédiatement. — Ce calcul est indiqué dans le tableau suivant, avec les noms que les musiciens ont donnés à ces intervalles :

Ut_1 à *ré*.	$\frac{9}{8} : 1 = \frac{9}{8}$	ton majeur.
Ré à *mi*.	$\frac{5}{4} : \frac{9}{8} = \frac{10}{9}$. . . .	ton mineur.
Mi à *fa*	$\frac{4}{3} : \frac{5}{4} = \frac{16}{15}$. . . .	demi-ton.
Fa à *sol*.	$\frac{3}{2} : \frac{4}{3} = \frac{9}{8}$	ton majeur.
Sol à *la*.	$\frac{5}{3} : \frac{3}{2} = \frac{10}{9}$. . . .	ton mineur.
La à *si*	$\frac{15}{8} : \frac{5}{3} = \frac{9}{8}$	ton majeur.
Si à ut_2.	$2 : \frac{15}{8} = \frac{16}{15}$. . . .	demi-ton.

Sans nous arrêter à la distinction entre les tons majeurs et les tons mineurs, nous dirons que les intervalles offerts par les notes consécutives de la gamme d'*ut* forment une série comprenant *deux tons*, *suivis d'un demi-ton*, et *trois tons*, *suivis d'un demi-ton* (*).

Après avoir formé une première gamme d'*ut*, commençant par ut_1 et finissant par ut_2, on peut en former une seconde, commençant par ut_2 et finissant par ut_3 : chacune des notes de cette seconde gamme sera l'octave aiguë de la note correspondante de la première. On formera de même une troisième gamme, et ainsi de suite, ce qui donnera une

(*) L'expression $\frac{10}{9}$, qui représente le ton mineur, est très peu différente de l'expression $\frac{9}{8}$, qui représente le ton majeur, car le rapport de ces deux expressions est $\frac{80}{81}$; il ne diffère donc de l'unité que de $\frac{1}{81}$, intervalle qui est difficilement appréciable à l'oreille, et qui a reçu le nom de *comma*.

échelle musicale, formée par une série de *gammes d'ut*, où les notes deviendront de plus en plus aiguës.

Mais on peut aussi se proposer de former d'autres gammes, ayant pour toniques des notes autres que *ut*. — Nous allons voir que, pour conserver, dans ces nouvelles gammes, *les mêmes intervalles* que dans la gamme d'*ut*, il est nécessaire de substituer, à certaines notes de l'échelle précédente, des notes un peu différentes, qui prendront le nom de *dièses* ou de *bémols*.

355. Dièses. — Proposons-nous, par exemple, de former une gamme ayant pour tonique la quinte d'*ut*, c'est-à-dire une *gamme de sol*. — Si l'on conservait, dans cette nouvelle gamme, les notes précédemment obtenues, *sol*, *la*, *si*, *ut*, *ré*, *mi*, *fa*, sol_2, le sixième intervalle (*mi* à *fa*), qui doit être d'un ton ($\frac{9}{8}$), ne serait que d'un demi-ton ($\frac{16}{15}$) : il est donc nécessaire de substituer, à la note *fa*, une note plus élevée. On emploie alors une note dont le nombre de vibrations s'obtient en multipliant celui de *fa* par $\frac{25}{24}$; cette nouvelle note prend le nom de *fa dièse*, et s'indique par *fa* ♯. — En même temps, cette substitution rend le septième intervalle (*fa* à sol_2) égal à un demi-ton, comme il doit être.

Cherchons de même à former une gamme ayant pour tonique la quinte de *sol*, c'est-à-dire une *gamme de ré*. — Si l'on conservait les notes telles qu'on vient de les obtenir, *ré*, *mi*, *fa* ♯, *sol*, *la*, *si*, *ut*, $ré_2$, le sixième intervalle ne serait encore que d'un demi-ton. En substituant à la note *ut* la note *ut* ♯, on rend au sixième et au septième intervalle les valeurs qu'ils doivent avoir. — La gamme de *ré* comprend alors deux notes *diésées*; et ainsi de suite.

356. Bémols. — Des considérations analogues aux précédentes conduisent à l'introduction des *bémols*. — Partons encore des notes de la gamme d'*ut*, et proposons-nous de former une gamme ayant sa tonique à une quinte *au-dessous* d'*ut*, c'est-à-dire une *gamme de fa*. Avec les notes *fa*, *sol*, *la*, *si*, *ut*, *ré*, *mi*, fa_2, le troisième intervalle (*la* à *si*), qui devrait être d'un demi-ton, est d'un ton; le quatrième intervalle, qui devrait être d'un ton, n'est que d'un demi-ton. On rendra à ces deux intervalles les valeurs qu'ils doivent avoir, en substituant, à la note *si*, une note plus basse, dont on obtiendra le nombre de vibrations en multipliant celui de *si* par $\frac{24}{25}$: cette nouvelle note prend le nom de *si bémol*, et s'indique par *si* ♭.

En partant de même de cette gamme de *fa*, pour former une gamme ayant sa tonique à une quinte au-dessous de *fa*, c'est-à-dire une *gamme de si* ♭, on sera conduit à substituer, à la note *mi*, une note plus basse, c'est-à-dire *mi* ♭. Cette nouvelle gamme contiendra alors deux notes *bémolisées*; et ainsi de suite.

357. Nombres absolus de vibrations des notes employées en musique. — Diapason normal. — Nous n'avons considéré jusqu'ici que les *intervalles* des sons de l'échelle musicale. Dans la pratique, il est nécessaire, pour accorder entre eux les divers instruments, de fixer le nombre *absolu* des vibrations, au moins pour l'un de ces sons.

D'après les conventions adoptées en France, l'*ut* le plus grave du violoncelle correspond à 65,25 vibrations par seconde; on le désigne par ut_1, et l'on affecte de l'indice 1 toutes les notes comprises entre ut_1 et son octave aiguë. Les notes de l'octave suivante sont désignées par l'indice 2; et ainsi de suite. — Les notes comprises dans les octaves inférieures à ut_1 sont désignées par les indices — 1, — 2, etc.

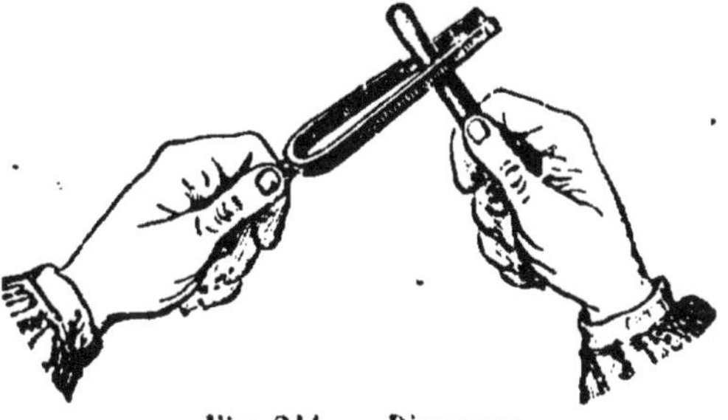

Fig. 244. — Diapason.

Pour accorder les instruments, on se sert d'un diapason formé de deux branches d'acier (*fig.* 244), que l'on met en vibration, soit au moyen d'un archet, soit à l'aide d'un petit cylindre de bois qu'on fait passer de force dans l'intervalle de ses branches. — Le diapason *normal* donne la note la_3, dont la valeur a été fixée à 435 vibrations doubles par seconde.

CHAPITRE III

VIBRATIONS DES CORDES

358. Vibrations transversales des cordes. — Pour étudier les lois des vibrations transversales des cordes, on emploie le *sonomètre*. —

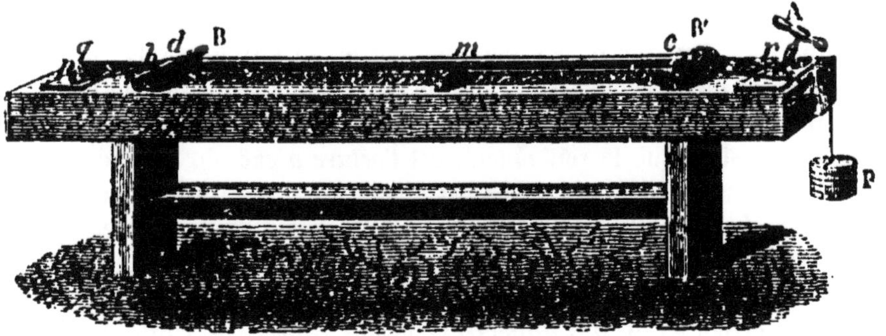

Fig. 245. — Sonomètre.

Une caisse en bois de sapin porte des chevalets fixes B, B' (*fig.* 245), séparés par une distance d'un mètre. Sur ces chevalets s'appuie une première corde métallique *dc*, tendue entre les chevilles q et r, et dont on règle à volonté la tension, au moyen de la clef A. — Une seconde corde métallique *ba*, assujettie à la cheville p, vient passer sur une poulie, et est tendue par un poids P. On place un petit chevalet mobile m sous cette corde, pour limiter à volonté la partie vibrante, dont on mesure la longueur sur une règle divisée en millimètres. — Pour produire les vibrations transversales, on ébranle les cordes, soit en les frottant avec un archet, soit en les pinçant, c'est-à-dire en les écartant de leur position d'équilibre et les abandonnant ensuite à elles-mêmes.

Pour retrouver les lois des vibrations transversales, il est commode de se souvenir que ces lois sont comprises dans la formule

$$n = \frac{1}{2rl}\sqrt{\frac{gP}{\pi d}},$$

dans laquelle n désigne le nombre des vibrations effectuées en une seconde; π est le rapport de la circonférence au diamètre; d est la densité de la corde; r, l, g désignent le rayon de la corde, la longueur de la corde et l'accélération de la chute des corps, ces trois quantités étant évaluées au moyen d'une même unité linéaire; P désigne le poids tenseur, évalué en prenant comme unité le poids du cube d'eau dont le côté est égal à l'unité de longueur.

Il résulte de cette formule, que les nombres des vibrations, pour des cordes différentes, varient:

1° *En raison inverse des longueurs;*

2° *En raison inverse des diamètres;*

3° *Proportionnellement aux racines carrées des poids tenseurs;*

4° *En raison inverse des racines carrées des densités.*

1° Pour vérifier la *loi des longueurs*, on tend la corde antérieure *ba* par un poids déterminé, et, à l'aide de la clef A, on règle la tension de la corde postérieure *dc*, de manière à la mettre à l'unisson avec la première. Si l'on place alors le chevalet m au *milieu* de la corde antérieure, et qu'on compare le son qu'elle rend à celui qu'elle rendait précédemment, c'est-à-dire à celui que rend toujours l'autre corde, on constate que le son obtenu est l'*octave aiguë* du précédent: par suite, le nombre de vibrations est double (353). — On vérifiera de même que, si l'on prend une longueur égale aux $\frac{2}{3}$ de la corde, on obtient la *quinte* du premier son; or, le nombre de vibrations est alors les $\frac{3}{2}$ du premier, ce qui vérifie encore la loi; et ainsi de suite.

2° Pour vérifier la loi des *diamètres*, on fait vibrer la corde antérieure *ab*, tendue par un poids déterminé, et, à l'aide de la clef A, on met la corde *dc* à l'unisson avec la première. — On remplace alors la la corde *ba* par une autre, de *diamètre moitié moindre*, que l'on charge du même poids tenseur; on constate que le son obtenu est l'*octave aiguë* du premier, c'est-à-dire qu'il correspond à un nombre de vibrations *double*.

3° Pour vérifier la *loi des tensions*, on tend la corde *ba* par un poids P, et l'on met l'autre corde *dc* à l'unisson avec elle. Cela fait, on remplace le poids P par un poids *quatre fois plus grand* : on obtient un son qui est l'*octave aiguë* du premier, c'est-à-dire dont le nombre de vibrations est *double*. — Ainsi de suite, avec diverses charges.

4° Enfin, pour vérifier la *loi des densités*, on prend deux cordes de même diamètre, mais de natures différentes, de cuivre et d'argent par exemple. On les charge de poids égaux, et l'on détermine, avec la sirène (351), les nombres des vibrations qui leur correspondent. On constate que ces nombres sont en raison inverse des racines carrées des densités du cuivre et de l'argent.

359. Sons harmoniques d'une même corde. — Nœuds et ventres. — Lorsqu'on attaque une corde AB (*fig.* 246), au moyen d'un archet, dans le voisinage de son milieu M, le gonflement apparent que cette corde éprouve montre que *tous ses points* entrent en vibration ; d'ailleurs, si l'on a placé en divers points de petits chevrons de papier, on voit qu'ils sont tous renversés dès que la corde est ébranlée. — Le son obtenu dans ces conditions, est ce qu'on nomme le *son fondamental* de la corde.

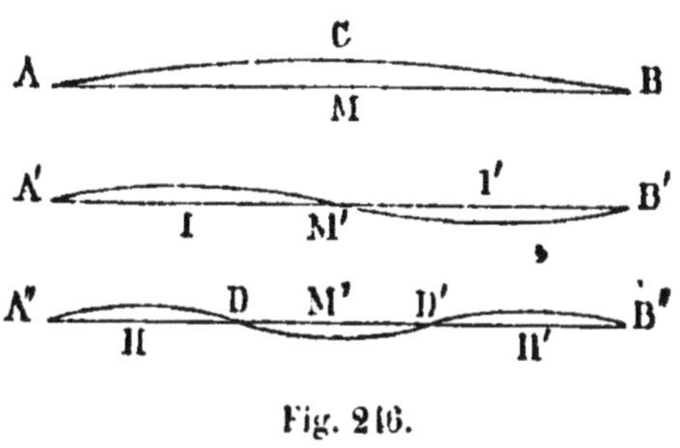

Fig. 246.

Si maintenant on presse légèrement avec le doigt sur le *milieu* M' de la corde (*fig.* 246), et si l'on attaque avec l'archet l'une des deux moitiés, par exemple la moitié A'M', on obtient un son que l'on reconnaît pour l'*octave aiguë* du son fondamental, et qui, par suite, correspond à un nombre *double* de vibrations (353). Or, dans ce cas, le milieu M' de la corde, maintenu par la pression du doigt, ne peut entrer en vibration ; mais on constate que la seconde moitié M'B' vibre en même temps que la première, car l'œil y constate le même gonflement apparent, et les petits chevrons de papier qu'on aura placés aux différents points de la moitié M'B' seront renversés dès qu'on fera vibrer la moitié A'M'. — La corde se partage donc en deux moitiés, qui vibrent séparément comme deux cordes de longueur moitié moindre.

De même, si l'on presse avec le doigt sur le point D (*fig.* 246), qui partage la corde au *tiers*, et si l'on attaque avec l'archet un point de A''D, on obtient un son qui est la *quinte de l'octave* du son fondamental, et qui, par suite, correspond à un nombre de vibrations *triple* dans le même temps (354). On constate alors que le point D', qui limite le second tiers de la corde, reste immobile comme le point D, et qu'un chevron placé en ce point y demeure sans être ébranlé : au contraire, les points compris dans l'intervalle de D à D', et dans l'intervalle de D' à B'', entrent en vibration. — La corde se partage donc en trois parties égales, vibrant séparément comme trois cordes de longueur trois fois moindre.

On obtient des résultats analogues en partageant la corde en parties aliquotes quelconques de sa longueur. — Les points qui limitent les parties vibrantes, et qui restent immobiles, sont appelés *nœuds* de vibration. — Les milieux des parties vibrantes, où l'amplitude des vibrations est maximum, sont appelés *ventres* de vibration (*).

Les divers sons qu'on peut ainsi faire rendre à une même corde, sans modifier sa tension, prennent le nom de *sons harmoniques* de la corde — Il résulte, de leur mode même de production, que les nombres de vibrations, du son fondamental et des harmoniques d'une même corde, varient *comme la suite des nombres entiers*, 1, 2, 3, 4, 5....

Remarque. — Lorsqu'on fait vibrer une corde un peu longue, sans exercer aucune pression dans l'intervalle de ses deux extrémités, une oreille un peu exercée perçoit toujours, en même temps que le son fondamental, un ou plusieurs des harmoniques de la corde. — Pour expliquer ce phénomène, il suffit d'admettre que la corde en même temps qu'elle vibre en totalité, se subdivise en un certain nombre de parties, dont chacune vibre entre ses deux extrémités propres comme si elles étaient fixes.

360. Vibrations longitudinales des cordes. — On peut faire vibrer les cordes dans le sens de leur longueur, en les frottant longitudinalement avec un morceau de drap saupoudré de colophane.

Dans ce mode de vibration, le son fondamental est toujours, pour une même corde, beaucoup *plus aigu* que dans les vibrations transversales. — Il varie avec la longueur et la densité de la corde, suivant les mêmes lois que pour les vibrations transversales (358, 1° et 4°) ; mais il est *indépendant du diamètre et de la tension.*

Les nombres de vibrations du *son fondamental* et des *harmoniques* d'une même corde peuvent être représentés, comme pour les vibrations transversales (359), par la suite des nombres entiers.

(*) Dans toutes ces expériences, des déterminations précises ont montré que les subdivisions contiguës de la corde, telles que A'M' et M'B' (*fig.* 246), ou bien A''MD et DM''D', vibrent, à chaque instant, en sens contraire, c'est-à-dire que, tandis que A'M', par exemple, s'infléchit d'un côté de sa position d'équilibre, M'B' s'infléchit de l'autre côté, et réciproquement.

LIVRE V

OPTIQUE

CHAPITRE PREMIER

I. — PROPAGATION DE LA LUMIÈRE

361. Corps lumineux. — Corps transparents et corps opaques. — Certains corps, comme le soleil, les étoiles, les corps incandescents, émettent une lumière qui émane d'eux-mêmes, car ils sont visibles pour notre œil sans l'intervention d'une lumière étrangère: ce sont des *sources lumineuses*. — Au contraire, la plupart des corps qui nous entourent ne deviennent visibles qu'à la condition d'être *éclairés*, c'est-à-dire de recevoir d'une source la lumière qu'ils renvoient à notre œil. — Dans les phénomènes que nous devons étudier, il n'existe aucune différence entre la lumière émise directement par les sources lumineuses et la lumière renvoyée par les corps éclairés. Nous pourrons donc comprendre tous les corps visibles à notre œil sous le nom de *corps lumineux*.

Nous appellerons *corps transparents* les corps, comme l'air, l'eau, le verre, au travers desquels la lumière peut se transmettre; *corps opaques*, les corps qui interceptent le passage de la lumière; tels sont le bois, les métaux, sous une épaisseur suffisante, etc.

362. Propagation rectiligne de la lumière, dans un milieu homogène. — Dans un milieu transparent et homogène, la lumière se transmet, d'un point à un autre, en suivant la *ligne droite* qui joint ces deux points. — En effet, un point lumineux étant placé en un point A, et l'œil en un point B, si l'on dispose un petit écran opaque en un point quelconque de la droite AB, l'œil cesse d'apercevoir le point A. Pour toute autre position de l'écran, le point lumineux continue d'être visible comme si l'écran n'existait pas.

On appelle *rayon lumineux* la direction rectiligne suivant laquelle la lumière se propage. — Toute ligne droite, menée d'un point quelconque d'un corps lumineux à un autre point de l'espace, représente la direction d'un rayon lumineux.

363. Ombre. — Pénombre. — Un corps opaque arrête les rayons lumineux qui le rencontrent : il y a donc, derrière un corps opaque, un espace où ne pénètre aucune lumière, et qu'on appelle *ombre portée*. — Les limites de l'ombre portée peuvent être déterminées géométriquement, d'après le principe de la propagation rectiligne.

Soit une source lumineuse S (*fig.* 247), que nous supposerons réduite à *un point*, et un corps opaque C, de forme quelconque. Menons par le point S une droite tangente au corps opaque, et supposons qu'elle se meuve de manière à occuper toutes les positions possibles, en passant toujours par S et restant tangente à C : elle décrira une surface conique ayant pour sommet S et comprenant C dans son intérieur. Si l'on prend un point quelconque *m* à l'intérieur de cette surface et au delà de C, le rayon émis dans la direction S*m* sera intercepté par le corps opaque. Au contraire, un point *m'* situé en dehors de cette surface recevra un rayon lumineux S*m'*. La surface du cône forme donc une limite nette entre l'ombre portée et la lumière.

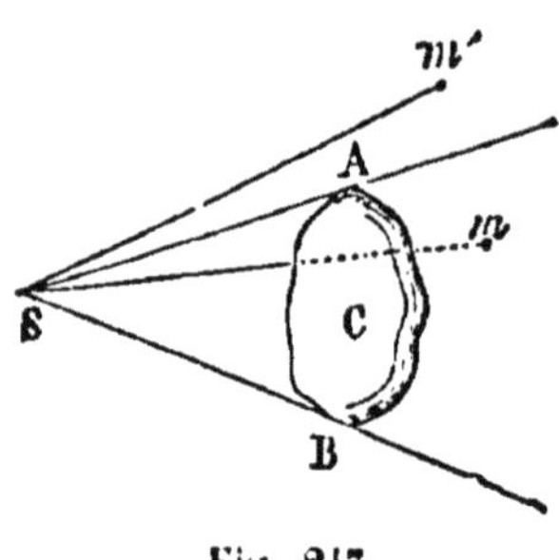

Fig. 247.

Supposons maintenant que la source lumineuse ait des dimensions sensibles, et considérons, pour plus de simplicité, le cas où le corps opaque et le corps lumineux sont tous deux *sphériques*. — Soit S (*fig.* 248) la sphère lumineuse, O la sphère opaque. Construisons le cône ARB tangent extérieurement aux deux sphères : un point *m*, situé dans ce cône et derrière la sphère opaque, ne peut recevoir aucun rayon lumineux ; un point situé en dehors de ce cône peut toujours recevoir certains rayons lumineux. La surface du cône ARB limite donc la région de l'*ombre absolue*. — Mais il est facile de voir que, en dehors du cône ARB, la distribution de la lumière n'est pas partout uniforme. Construisons le cône A'TB' tangent intérieurement aux deux sphères, et considérons

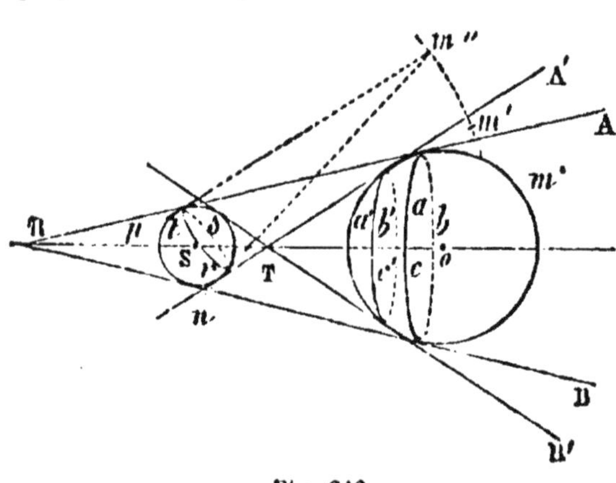

Fig. 248.

deux points m', m'', également distants de S, mais situés, l'un dans l'intervalle des deux cônes, l'autre en dehors du cône A'TB'. Si, du point m'' comme sommet, on décrit un cône $pm''n$, qui touche la sphère S suivant une circonférence rst, on voit que le point m'' reçoit de la lumière de tous les points de la zone sphérique située en avant de cette circonférence. La même construction, faite en prenant le point m' pour sommet, fournit sur la sphère S une zone égale à la précédente, mais la sphère opaque intercepte une portion des rayons lumineux que cette zone émet vers m', et la portion interceptée est d'autant plus considérable que m' est plus voisin de la surface du cône ARB. On voit donc que, dans l'espace compris entre les deux cônes ARB, A'TB', la lumière reçue par des points également distants de S *va en diminuant à mesure qu'on s'approche de la limite de l'ombre absolue.* — C'est cet espace qu'on appelle la *pénombre*.

364. Vitesse de la lumière. — La vitesse de la lumière a été d'abord mesurée à l'aide des phénomènes astronomiques : l'observation des éclipses des satellites de Jupiter a conduit l'astronome danois Rœmer à lui assigner une valeur d'environ 77 000 lieues par seconde, ou 308 000 kilomètres.

On doit à M. Fizeau un procédé qui permet de déterminer la vitesse de la lumière, en opérant sur des distances de quelques kilomètres. Un autre procédé, dû à Foucault, permet d'effectuer cette détermination sur une distance de quelques mètres. La valeur la plus probable qui résulte de ces diverses expériences est environ 300 000 kilomètres par seconde.

II. — PHOTOMÉTRIE

365. Intensités des éclairements produits par une même source à diverses distances. — *Les quantités de lumière reçues normalement par une même surface, à différentes distances d'une même source lumineuse, sont en raison inverse des carrés des distances.*

C'est ce dont on peut se rendre compte par le raisonnement suivant — Soit S (*fig.* 249) la source lumineuse : décrivons, du point S comme centre, avec un rayon SB égal à 1 mètre, une surface sphérique : elle reçoit toute la lumière émise par la source; chaque centimètre carré reçoit une certaine quantité de lumière, qui peut être considérée comme servant de mesure à l'éclairement que produit la source à cette distance. — Supprimons maintenant cette surface, et décrivons autour du point S une autre surface sphérique avec un rayon SB' égal à 2 mètres : elle recevra encore toute la lu-

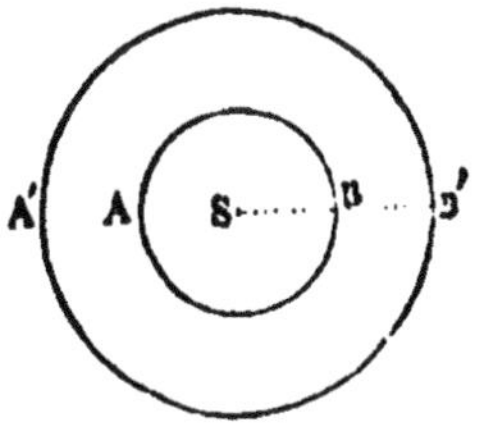

Fig. 249.

mière émise par la source; mais, comme la surface de cette sphère est égale à 4 fois celle de la première, chaque centimètre carré recevra 4 fois moins de lumière. — De même, sur une surface sphérique ayant un rayon de 3 mètres, chaque centimètre carré recevrait 9 fois moins de lumière, et ainsi de suite.

366. Comparaison des intensités propres des sources lumineuses. — On dit que les *intensités propres* de deux sources sont *égales*, lorsqu'elles éclairent également une même surface, placée *à l'unité de distance*. — L'intensité d'une source lumineuse B est dite *double*, *triple* de celle d'une source A, quand la source B produit, sur une surface donnée, à l'unité de distance, le même éclairement que deux, trois sources égales à A, agissant simultanément et dans des conditions identiques.

Les méthodes *photométriques* qui servent à comparer les intensités propres de diverses sources, reposent sur le théorème suivant :

Si deux sources lumineuses, placées à des distances D *et* D' *d'une même surface, produisent un même éclairement, les intensités propres* I *et* I' *de ces deux sources sont proportionnelles aux carrés de leurs distances à cette surface.* — En effet, l'intensité propre I de la première source étant définie par l'éclairement qu'elle produit sur une surface donnée, placée à l'unité de distance, il résulte de ce que nous avons vu (365) que la quantité de lumière reçue par cette même surface, *à la distance* D, sera $\frac{I}{D^2}$. De même, si l'on représente par I' l'intensité propre de la seconde source, la quantité de lumière reçue de cette source par la même surface, *à la distance* D', sera $\frac{I'}{D'^2}$. Dès lors, si les distances D et D' sont réglées de manière que ces deux éclairements soient égaux, on pourra poser :

$$\frac{I}{D^2} = \frac{I'}{D'^2}, \text{ d'où l'on tire : } \frac{I}{I'} = \frac{D^2}{D'^2};$$

c'est-à-dire que les intensités propres des deux sources sont proportionnelles aux carrés des distances auxquelles il faut placer un écran, pour qu'il soit également éclairé par ces deux sources.

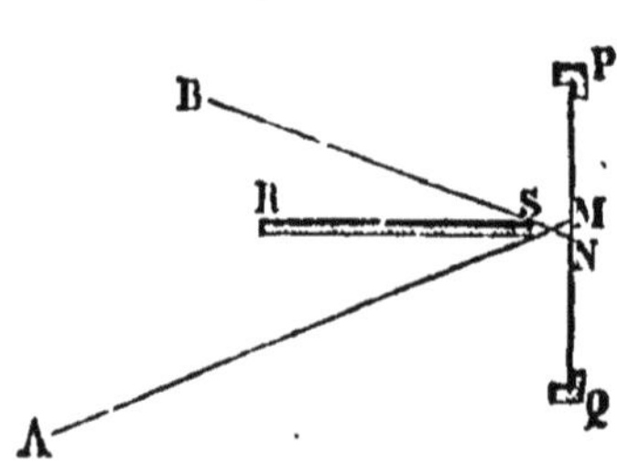

Fig. 250.
Photomètre de Foucault.

367. Photomètre de Foucault. — Le photomètre de Foucault n'est qu'un perfectionnement d'une disposition imaginée par *Bouguer*. — Les deux sources lumineuses A et B (*fig.* 250) sont placées d'un même côté d'une lame de porcelaine translucide PQ, mais de part et d'autre d'une cloison RS perpendiculaire à PQ, de manière que les deux portions éclairées, PN, QM, empiètent un peu l'une sur l'autre; on déplace l'une des sources jusqu'à ce que les éclairements paraissent égaux. On obtient le rapport des intensités propres des deux sources, en prenant le rapport des *carrés des distances* de chacune d'elles à la portion de lame qu'elle éclaire (366).

Ainsi, en opérant avec une bougie et une lampe, si l'on obtient l'égalité d'éclairement en plaçant la lampe à $1^m,20$ et la bougie à $0^m,60$, on en conclura que le rapport des intensités propres de ces deux sources est égal à $\frac{(1,20)^2}{(0,60)^2}$, ou 4. — C'est ce qu'on exprime en disant que la lampe vaut quatre bougies.

368. Photomètre de Rumford. — Dans le *photomètre de Rumford*, on dispose les deux sources lumineuses de manière à obtenir, sur un écran blanc EE, deux ombres d'une tige verticale C (*fig.* 251), L'ombre *b*, portée par la source B, ne reçoit de lumière que de la source A; l'ombre *a*, portée par la source A, ne reçoit de lumière que de la source B. Donc, si l'on fait varier la distance de l'une des deux sources jusqu'à ce que les deux ombres paraissent identiques, et si l'on mesure alors la distance de chacune des sources à l'ombre *qu'elle éclaire*, on obtiendra le rapport des intensités propres en prenant le rapport des carrés de ces deux distances.

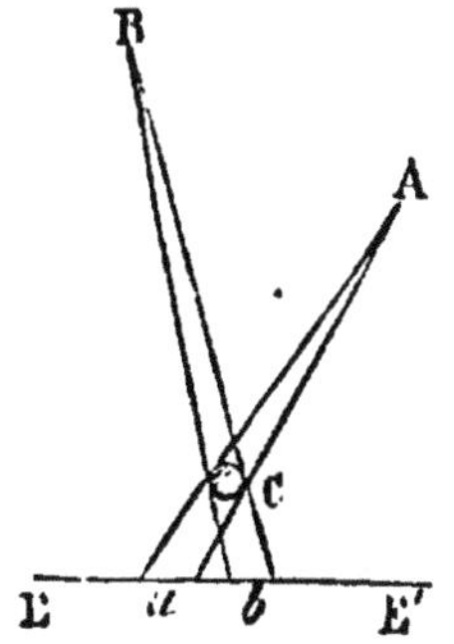

Fig. 251. — Photomètre de Rumford.

CHAPITRE II

RÉFLEXION DE LA LUMIÈRE

I. — RÉFLEXION PAR LES SURFACES PLANES

369. Réflexion régulière. — Lorsqu'un rayon lumineux tombe sur la surface d'un corps opaque parfaitement poli, il n'y a de lumière renvoyée que dans une direction unique. C'est le phénomène de la *réflexion régulière*.

On appelle *plan d'incidence*, le plan déterminé par le rayon incident SI (*fig.* 252) et la normale IN menée à la surface réfléchissante PQ par le point d'incidence; *angle d'incidence*, l'angle SIN, formé par le rayon incident et la normale; *angle de réflexion*, l'angle RIN formé par le rayon réfléchi et la normale. — Les lois de la réflexion sont les suivantes :

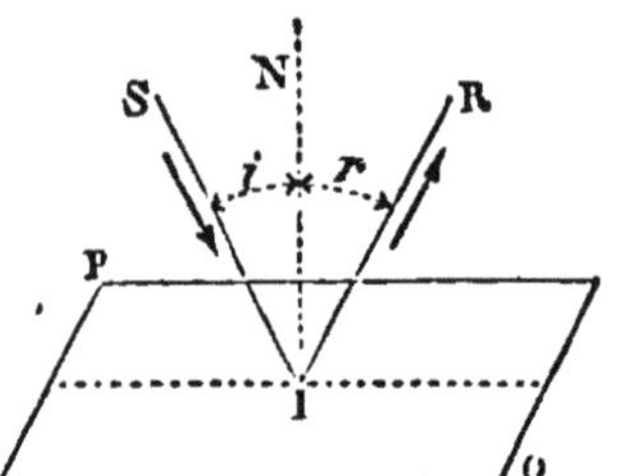

Fig. 252. — Réflexion.

1° *Le rayon réfléchi reste dans le plan d'incidence.*

2° *L'angle de réflexion est égal à l'angle d'incidence.*

370. Vérification expérimentale. — Appareil de Silbermann. — On obtient une vérification de ces lois au moyen de l'appareil de Silbermann (*fig.* 253). Un limbe divisé MN présente deux alidades, S, R, mobiles autour de son centre : chacune d'elles porte un diaphragme *i*,*i'*, percé d'une ouverture; un petit miroir plan A est fixé au centre du limbe, perpendiculairement au diamètre vertical BB' du cercle. — On dirige un faisceau de rayons solaires *ab*, au moyen du miroir auxiliaire *m*, de manière que la lumière passe dans l'ouverture du diaphragme *i* et vienne rencontrer le miroir A, vers le centre *c* du limbe. On constate alors que, pour recevoir la lumière réfléchie dans l'ouverture du diaphragme *i'*, il faut placer l'alidade R dans une position *symétrique de* S par rapport à BB'.

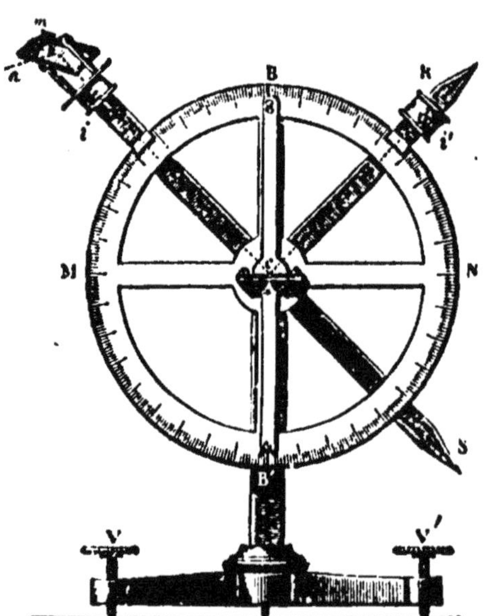

Fig. 253. — Vérification des lois de la réflexion.

Or, la normale au point d'incidence *c* étant parallèle au diamètre BB', on voit : 1° que le faisceau incident et le faisceau réfléchi déterminent un plan qui contient la normale; 2° que l'angle de réflexion est égal à l'angle d'incidence.

371. Image d'un point, par réflexion sur un miroir plan. — Quand on regarde dans un miroir plan, on croit voir, *derrière le miroir*, les objets lumineux qui sont placés en avant. — Les lois de la réflexion permettent de se rendre compte de cette illusion.

Considérons d'abord *un point lumineux unique* A (*fig.* 254) placé devant un miroir plan. Concevons un plan mené par A perpendiculairement au miroir, et prenons ce plan pour plan de la figure : soient MN la section du miroir par ce plan, et AB un rayon lumineux qui y soit contenu. Le rayon réfléchi BC restera dans le plan de la figure, et il fera avec la normale un angle PBC égal à PBA. Or, abaissons du point A sur le miroir une perpendiculaire AI, et prolongeons-la jusqu'à sa rencontre en A' avec le prolongement du rayon réfléchi ; les triangles rectangles AIB et A'IB sont égaux comme ayant le côté BI commun, et les angles IBA et IBA' égaux comme compléments, l'un de l'angle d'incidence, l'autre de l'angle de réflexion : donc AI = A'I. — Le même raisonnement s'applique à un rayon quelconque émané du point A ; donc *les prolongements de tous les rayons réfléchis passent au point A', symétrique de A par rapport au plan réfléchissant.* — Or, quand un rayon lumineux arrive à l'œil après avoir subi un ou plusieurs changements de direction, l'impression reçue est toujours celle que produirait un point lumineux, situé quelque part sur le prolongement de la dernière direction de ce rayon. Dès lors, dans le cas actuel, si l'œil est placé de manière à recevoir un certain nombre de rayons réfléchis, tous ces rayons *lui paraîtront émaner du point A'*, qui appartient à la fois à tous leurs prolongements, et qu'on appelle l'*image* du point A.

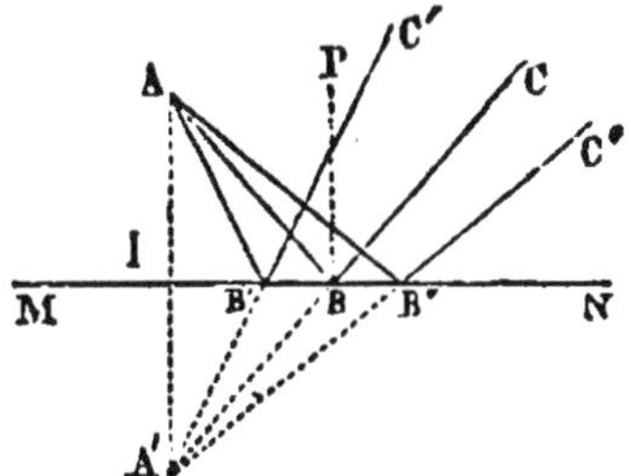

Fig. 254. — Image d'un point, produite par un miroir plan.

372. Image d'un objet. — En appliquant la construction précédente aux divers points d'une ligne lumineuse AD (*fig.* 255), placée devant un miroir plan MN, on obtient une image linéaire A'D', qui est symétrique de AD par rapport à MN.

L'image d'un *objet*, de figure quelconque, est la figure *symétrique* par rapport au miroir : le plus généralement, elle n'est point superposable à l'objet. — C'est ainsi que l'image d'une personne placée devant un miroir plan n'est pas la reproduction exacte de cette personne elle-même : le côté droit de l'image est l'image du côté gauche de la personne, et réciproquement.

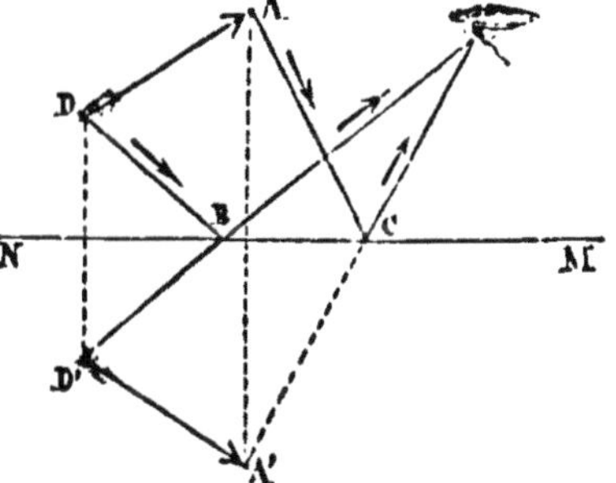

Fig. 255. — Image d'une ligne.

373. Réflexion à la surface des corps transparents. — La réflexion peut aussi se produire à la surface de corps *transparents*, comme l'eau, le verre, etc. Mais ces corps ne réfléchissent, en général, qu'une portion de la lumière incidente ; l'autre portion pénètre dans le nouveau milieu, en prenant une direction différente de la direction primitive ; c'est le phénomène de la *réfraction*, que nous étudierons plus loin.

Le caractère essentiel de la réflexion à la surface des corps transparents, c'est que *la proportion de lumière réfléchie augmente avec l'angle d'incidence*. — On peut le vérifier, en recevant un faisceau de rayons solaires sur une lame de verre. Si la lame est presque perpendiculaire aux rayons incidents, le faisceau réfléchi est très peu intense, et le faisceau transmis contient presque toute la lumière incidente. Au contraire, si l'angle d'incidence est voisin de 90 degrés, le faisceau transmis a une intensité presque nulle, tandis que le faisceau réfléchi a une intensité presque égale à celle du faisceau incident.

374. Réflexion irrégulière, ou diffusion. — Si, dans une chambre obscure, on introduit un faisceau de rayons solaires, et qu'on le fasse tomber sur un miroir plan, un observateur placé dans la chambre ne reçoit de lumière que s'il se trouve dans la direction même des rayons réfléchis suivant les lois indiquées. Au contraire, si un faisceau de rayons solaires est reçu sur un mur blanc, la surface éclairée devient visible de tous les points de la chambre : la surface du mur renvoie donc des rayons lumineux *dans toutes les directions*. C'est ce qu'on nomme la *réflexion irrégulière*, ou *diffusion*. — On peut se rendre compte de ce phénomène, en remarquant que les aspérités d'un corps non poli doivent être considérées comme formant de petites surfaces planes, diversement orientées, et, par suite, réfléchissant la lumière dans des directions diverses.

C'est la réflexion diffuse qui nous fait distinguer, pendant le jour, les objets qui nous environnent, et même ceux qui ne reçoivent pas directement la lumière solaire.

II. — MIROIRS SPHÉRIQUES

375. Miroirs sphériques. — Définitions. — On nomme *miroirs sphériques*, ceux dont la surface peut être considérée comme faisant partie de celle d'une sphère. — Ils sont dits *concaves* ou *convexes*, selon que la surface réfléchissante est intérieure ou extérieure à la sphère.

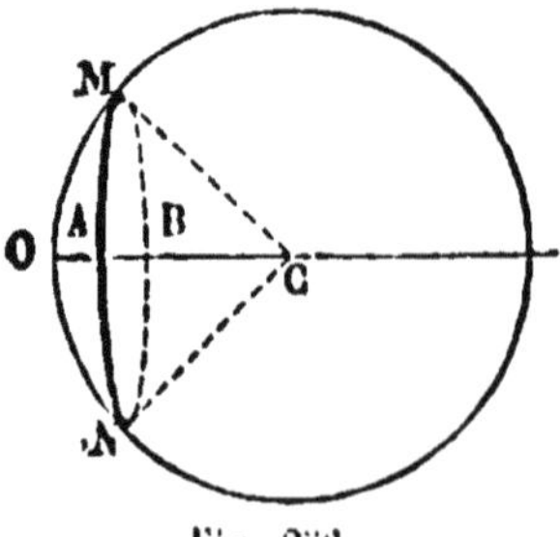

Fig. 256.

La *base* MANB du miroir est le plan du petit cercle qui en forme le bord (*fig.* 256). — On appelle *axe principal*, la perpendiculaire CO, menée du centre C de la sphère sur le plan de la base. — Le *sommet* du miroir est le point O, où cette perpendiculaire vient rencontrer la surface réfléchissante.

Les lois de la réflexion sur les surfaces planes (369) suffisent pour déterminer les propriétés de tous les miroirs courbes : tout rayon lumineux, qui tombe sur une surface courbe, *se réfléchit comme il le ferait sur le plan tangent mené au point d'incidence.*

376. Foyer principal d'un miroir sphérique concave. — Soit MON (*fig.* 257) la section d'un miroir *concave* par un plan mené suivant l'axe principal, et RI un rayon parallèle à l'axe et situé dans ce plan. La normale menée au point d'incidence I n'est autre que le rayon IC de la sphère; par suite, le rayon réfléchi doit rester dans le plan de la figure. Soit F le point où ce rayon coupe l'axe principal : l'angle ICF, égal à l'angle d'incidence *i* comme alterne-interne, es aussi égal, par cela même, à l'angle de réflexion *r*; donc le triangle IFC est isocèle, et l'on a FC = FI. D'ailleurs, si l'on suppose, comme nous le ferons toujours, que le miroir soit une très petite portion de la sphère, et que, par suite, le point I soit très voisin du point O, on pourra, dans l'égalité précédente, considérer FI comme sensiblement égal à FO, ce qui donne définitivement :

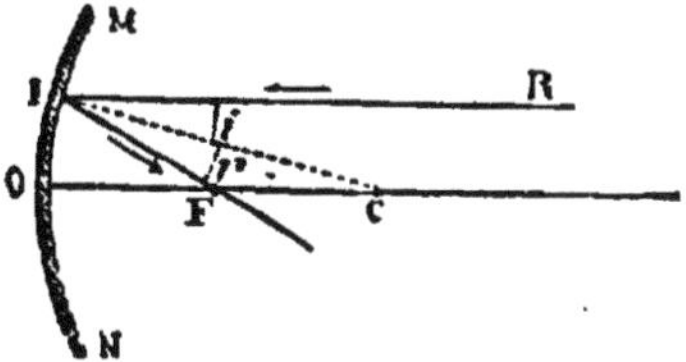

Fig. 257. — Foyer principal.

$$FC = FO.$$

Ce résultat étant indépendant de la position du rayon incident RI, on voit que *tous les rayons parallèles à l'axe principal du miroir doivent concourir en un même point* F, qu'on appelle le *foyer principal*, et qui est *à égale distance du centre* C *et du sommet* O *du miroir.*

Remarquons enfin que ce résultat fournit un moyen simple de mesurer le *rayon de courbure* d'un miroir sphérique déterminé. Il suffit de diriger le miroir de façon que les rayons du soleil tombent parallèlement à son axe principal, et de déplacer un petit écran, jusqu'à ce qu'on obtienne un éclairement très intense, dans une étendue très petite de l'écran : en prenant le double de la distance de l'écran au miroir, on obtient le rayon de courbure.

377. Foyer d'un point situé sur l'axe principal. — Soit MON la section du miroir concave par un plan mené suivant l'axe principal, P un point lumineux situé sur l'axe, au delà du centre, et PI un rayon émis par P (*fig.* 258). La normale au point I étant le rayon CI de la sphère, il suffit, pour construire le rayon réfléchi IP′ (*), de mener la droite IP′ faisant avec IC un angle P′IC = CIP : soit P′ le point où

(*) Si le point P est au delà du centre C (*fig.* 258), le point P′ doit être placé entre le centre et le foyer principal F : en effet, si le miroir recevait en I un rayon RI parallèle à l'axe, ce rayon se réfléchirait suivant IF; or, l'angle d'incidence actuel étant plus petit que RIC, l'angle de réflexion doit être plus petit que CIF, et, par suite, le point P′ doit être placé entre F et C.

cette droite rencontre l'axe principal. La ligne IC étant bissectrice de l'angle au sommet du triangle P'IP, on a $\frac{P'I}{PI} = \frac{P'C}{PC}$. Mais, en supposant toujours que le miroir soit une portion très petite de la sphère, on peut remplacer le rapport $\frac{P'I}{PI}$ par $\frac{P'O}{PO}$, ce qui donne $\frac{P'O}{PO} = \frac{P'C}{PC}$, ou bien

$$\frac{P'O}{P'C} = \frac{PO}{PC}.$$

Cette relation montre que le rapport des deux parties dans lesquelles le point P' divise la distance CO ne dépend que des distances PC et PO. Donc tous les rayons émanés d'un même point lumineux P doivent, après réflexion, passer sensiblement par *un même point* P', qui prend le nom de *foyer* du point P. — Inversement, si le point lumineux était en P', les rayons réfléchis iraient tous passer sensiblement par P. Les deux points P et P' sont donc *réciproques* l'un de l'autre ; on les nomme *foyers conjugués*.

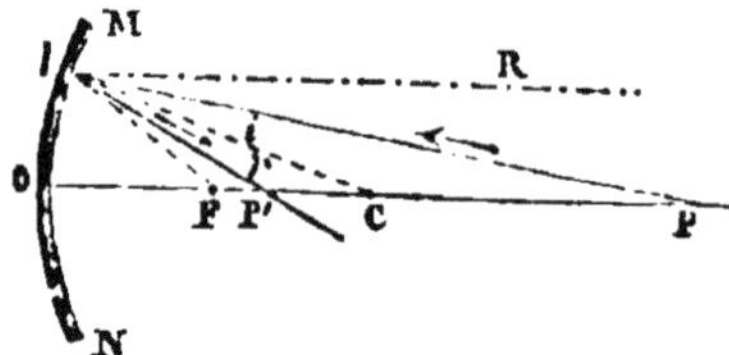

Fig. 258. — Foyer d'un point situé sur l'axe principal.

La même construction montre :

1° Que si le point lumineux P se rapproche du centre C, son foyer P' s'en rapproche également, en s'éloignant du foyer principal F; car, le rayon incident PI se rapprochant alors de CI, le rayon réfléchi IP' doit s'en rapprocher également ;

2° Que si le point lumineux est situé entre le centre C et le foyer principal F, son foyer est au delà du centre, et s'en éloigne d'autant plus que le point lumineux s'approche davantage de F. — Si le point lumineux arrive en F, les rayons réfléchis deviennent parallèles à l'axe : il n'y a plus, à proprement parler, de foyer.

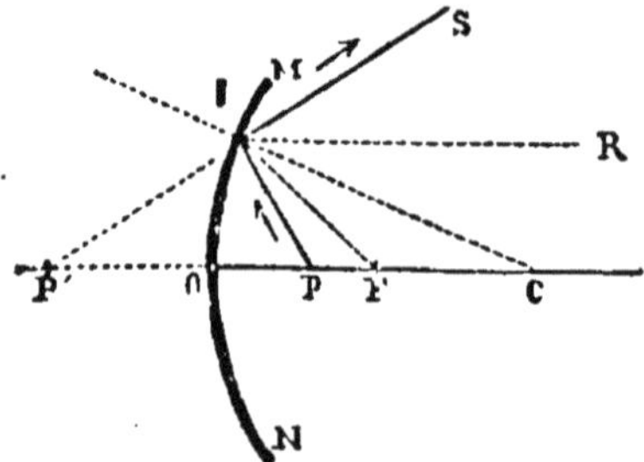

Fig. 259. — Foyer virtuel.

3° Il reste enfin à examiner le cas où le point lumineux est placé *entre le foyer principal et le miroir*. — Si l'on considère alors un rayon incident quelconque PI (*fig.* 259), on voit que, si le miroir recevait en I un rayon FI émané du foyer principal F, ce rayon serait réfléchi parallèlement à l'axe, suivant IR : donc le rayon réfléchi actuel IS, qui doit s'écarter davantage de la normale CI, ne peut rencontrer l'axe en avant du miroir; mais le prolongement géométrique IP' de ce rayon doit venir couper l'axe en P', derrière la surface réfléchissante. — Une démonstration semblable à la précédente montre que la position du point P′ est la même pour *tous les rayons* émanés d'un même point P. — Le point P′ étant déterminé par les *prolongements géométriques* des rayons lumineux, il est impossible d'en vérifier la position au moyen d'un écran. Mais, si l'œil est placé dans le faisceau des rayons réfléchis, il perçoit ces divers rayons comme s'ils émanaient du point P′, c'est-à-dire qu'il *voit* un point lumineux en P′. Ce point P′ prend alors le nom de *foyer virtuel* du point P.

Par opposition, on appelle *foyers réels*, les points par lesquels passent effectivement les rayons réfléchis, comme dans les cas précédents.

378. Image d'un objet. — L'image d'un objet est l'ensemble des foyers conjugués de ses divers points. Il suffira évidemment de considérer l'image d'une droite perpendiculaire à l'axe principal.

1° Soit un objet rectiligne AB (*fig.* 260), perpendiculaire à l'axe principal, et situé *au delà du centre.* — Joignons A au centre C du miroir : la direction AC est ce qu'on nomme l'*axe secondaire* du point A. Or, on voit immédiatement que les rayons émanés de A doivent se comporter, par rapport à cet axe secondaire, comme les rayons émanés du point P (*fig.* 258) par rapport à l'axe principal, c'est-à-dire que tous les rayons émanés du point A doivent passer, après réflexion, *par un point de cette droite* AC. — Dès lors, pour déterminer ce foyer, il suffit de construire un seul rayon réfléchi. Considérons, par exemple, le rayon AI qui émane du point A parallèlement à l'axe principal : il vient, après réflexion, passer par le foyer principal F ; donc le point A′, où la direction IF vient rencontrer l'axe secondaire AC, est le foyer conjugué de A. — On construira de même le foyer conjugué du point B. — Les divers points de la droite AB auront leurs foyers sur la droite A′B′.

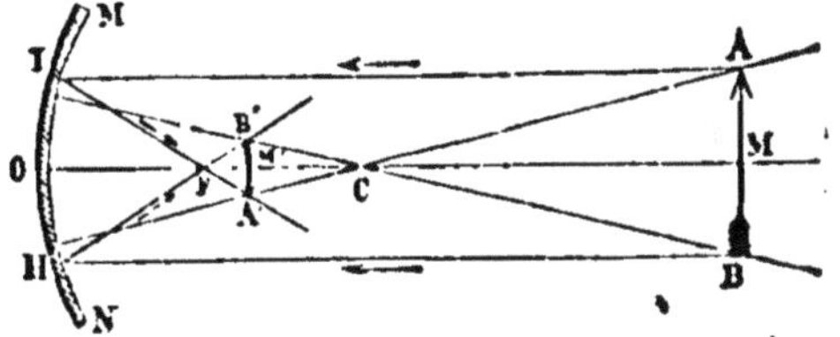

Fig. 260. — Image d'un objet.

On voit, par la construction même, que cette image est *réelle.* — De plus, elle est *renversée* par rapport à l'objet. — Enfin, dans le cas actuel, l'image est *plus petite* que l'objet : car, dans les triangles semblables ACB, A′CB′, on a $\frac{A'B'}{AB}=\frac{CM'}{CM}$, et comme, d'autre part, les points M et M′ sont conjugués, on a (377) $\frac{CM'}{CM}=\frac{OM'}{OM}$. Il en résulte que $\frac{AB'}{AB}=\frac{OM'}{OM}$; et comme la distance OM′ est plus petite que la distance OM, l'image A′B′ est plus petite que AB.

Si l'on suppose que l'objet AB se rapproche du centre, la construction montre que l'image A′B′ s'en rapproche également, et que sa grandeur augmente. — Si l'objet arrive dans le plan mené par le centre même du miroir, perpendiculairement à l'axe principal, l'image, toujours réelle et renversée, devient *égale* à l'objet.

2° Si l'objet est placé *entre le centre et le foyer principal*, on trouvera, en répétant la construction, que l'image passe *au delà du centre ;* elle est encore réelle, et devient *plus grande* que l'objet.

3° Enfin, si l'objet lumineux est situé *entre le foyer principal et le miroir* (*fig.* 261), le rayon AI, mené du point A parallèlement à l'axe principal, ne rencontre plus l'axe secondaire AC en avant du miroir : mais les prolongements géométriques de ces deux directions se rencontrent derrière le miroir en un point A', qui est le foyer *virtuel* de A. — On déterminera de même le foyer virtuel du point B, et l'on obtiendra ainsi une image A'B' de AB, image qui sera *virtuelle, droite*, et *plus grande que l'objet.* Un observateur, placé devant le miroir et recevant dans l'œil les rayons réfléchis, percevra ces rayons comme s'ils émanaient de l'image A'B'.

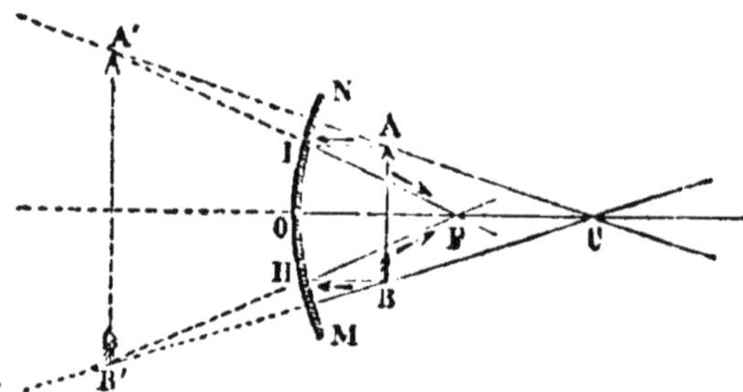

Fig. 261. — Image virtuelle.

379. Vérifications expérimentales. — Devant un miroir sphérique concave, on dispose une bougie (*fig.* 262), de manière que le milieu de la flamme P se trouve à peu près sur l'axe principal du miroir. Puis, avec un petit écran de papier, on cherche le lieu où l'image se forme avec le plus de netteté.

1° Si la bougie est placée, comme l'indique la figure, au delà du centre du miroir, on constate que l'image, *réelle, renversée* et *plus petite que l'objet*, se forme entre le centre et le miroir (378, 1°). — Si l'on rapproche la bougie du centre, l'image s'en rapproche aussi, en marchant en sens inverse ; elle grandit, mais reste toujours plus petite que l'objet. — Quand on atteint le centre, en abaissant un peu la flamme au-dessous de l'axe, on constate que l'image, toujours renversée, est à la même distance du miroir, et qu'elle est égale à l'objet.

2° Quand la bougie arrive entre le centre et le foyer principal, l'image dépasse le centre ; elle est toujours *renversée*, mais *plus grande que l'objet* (378, 2°). — Elle continue à s'éloigner du miroir, en grandissant indéfiniment, à mesure que la flamme se rapproche du foyer principal.

3° Enfin, quand la flamme arrive entre le foyer principal et le miroir, un observateur placé en face du miroir voit apparaître, derrière le miroir, une image *virtuelle, droite* et *plus grande que l'objet* (378, 3°). — Cette expérience explique l'usage que l'on fait quelquefois des miroirs concaves, comme *miroirs grossissants.*

Remarque. — Pour constater la production de l'image, dans les cas où cette image est *réelle* (1° et 2°), nous l'avons reçue sur un écran ; elle devenait alors *visible de tous les points de l'espace*, parce que les points de l'écran qui étaient éclairés diffusaient de la lumière dans toutes les directions — Mais on peut encore percevoir la formation d'une image

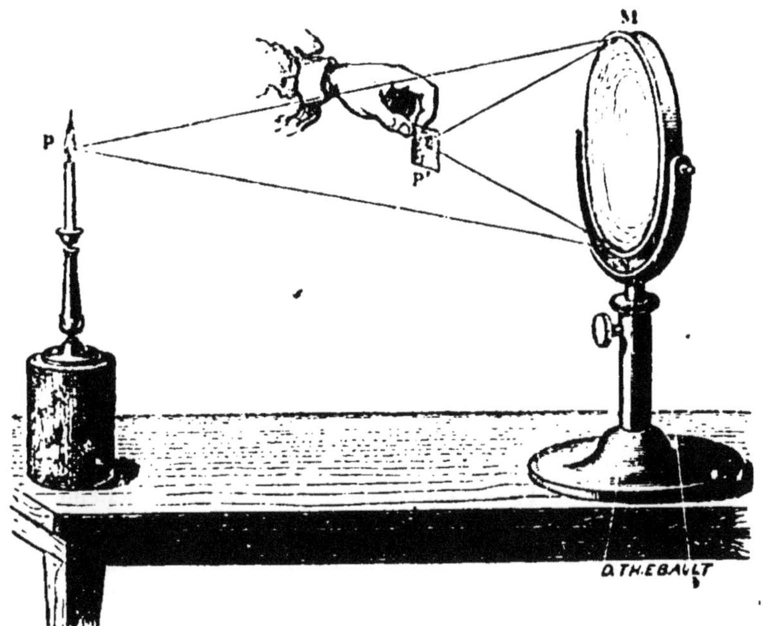

Fig. 262. — Image produite par un miroir sphérique concave.

réelle sans employer d'écran. En effet, les rayons émis par un point A de l'objet (*fig* 260) donnent naissance, après réflexion, à un cône de rayons qui viennent converger en A'; dès lors, si l'on supprime l'écran, ces rayons continuent leur marche au delà de A', et forment alors un cône de rayons *divergents*. Par suite, *si l'œil d'un observateur est placé à l'intérieur de ce dernier cône*, il recevra de la lumière dans les mêmes conditions que si le point A' appartenait à un objet lumineux ; l'observateur verra de même les autres points de l'image, pourvu que son œil soit placé dans la région commune aux divers cônes ayant ces points pour sommets. — Il est intéressant d'observer directement, sans écran, ces *images aériennes*. Nous verrons d'ailleurs qu'elles jouent un rôle essentiel dans divers instruments d'optique.

380. Miroirs sphériques convexes. — Lorsqu'on oriente un miroir sphérique *convexe*, de manière que son axe principal soit dirigé vers le soleil, l'expérience montre que les rayons solaires, tombant parallèlement à l'axe, forment, après réflexion, un cône *divergent*, dont le sommet serait derrière le miroir. Ce sommet est ce qu'on peut appeler le *foyer principal virtuel* du miroir. — Il est facile de se rendre compte de ce résultat. Soit un rayon lumineux RI, parallèle à l'axe principal du miroir MN (*fig.* 263) : il se réfléchit suivant IS, en faisant un angle de réflexion SIN' égal à l'angle d'incidence RIN'. Le prolongement géométrique du rayon réfléchi rencontre le prolongement de l'axe, en un point F situé derrière le miroir. Un raisonnement semblable à celui qui a été fait pour les miroirs concaves (376) montrera que le point F est *à égale distance du centre et du sommet* du miroir. Tous les rayons incidents parallèles à l'axe seront donc réfléchis de façon que leurs prolongements passent *par ce même point* F.

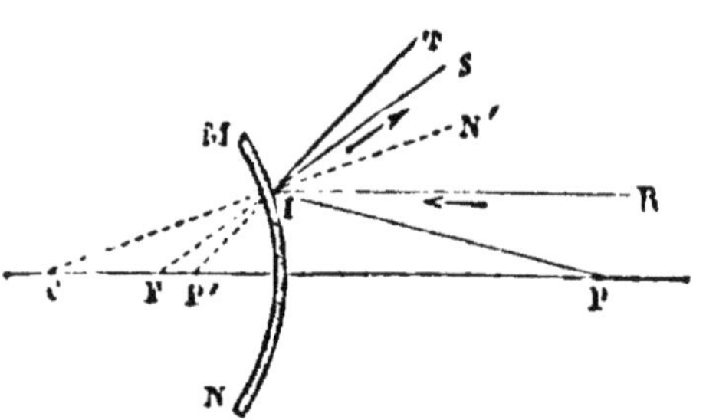

Fig. 263. — Miroir convexe.

De même, en considérant un rayon PI (*fig.* 263), émanant d'un point P situé sur l'axe principal, on voit que le rayon réfléchi IT doit s'écarter de l'axe principal encore plus que le rayon IS, et l'on démontre, en raisonnant comme plus haut (377), que la position du point P', où le prolongement de TI rencontre l'axe principal, ne dépend que de la position du point P. Donc tous les rayons émanés de P seront réfléchis comme s'ils émanaient du point P', *foyer virtuel* du point P. — Le point P' est évidemment toujours placé entre le foyer principal F et le sommet du miroir.

La construction des images s'effectue également comme dans les miroirs concaves. — Soit un point A d'un objet AB (*fig.* 264), et menons l'axe secondaire AC. Considérons le rayon incident AI parallèle à l'axe principal : il se réfléchit de manière que son prolongement aille passer par le foyer principal virtuel F ; il rencontre l'axe secondaire AC en un point A', qui est le foyer virtuel de A. — On construira de même le foyer B' de B ; tous les points de AB auront leurs foyers situés sur A'B'.

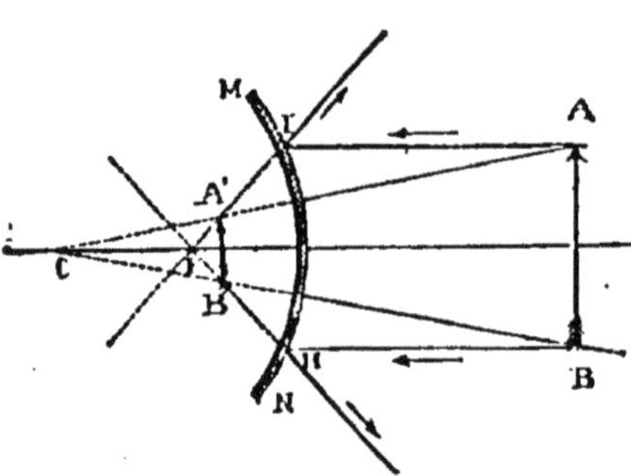

Fig. 264. — Image d'un objet dans un miroir convexe.

On voit que, dans un miroir sphérique convexe, l'image est toujours *droite, plus petite que l'objet* et *virtuelle.* — C'est ce qu'on vérifie en plaçant un objet devant un miroir convexe, à une distance quelconque.

CHAPITRE III

RÉFRACTION DE LA LUMIÈRE

I. — RÉFRACTION PAR UNE SURFACE PLANE

381. Lois de la réfraction. — On appelle *réfraction* la déviation que subissent les rayons lumineux, lorsque, rencontrant obliquement la surface de séparation de deux milieux transparents, ils passent de l'un de ces milieux dans l'autre. — Ainsi, lorsqu'un rayon lumineux SI (*fig.* 265) rencontre obliquement la surface d'une nappe d'eau AB, ce rayon, au lieu de suivre sa direction primitive IS', prend une direction différente IR.

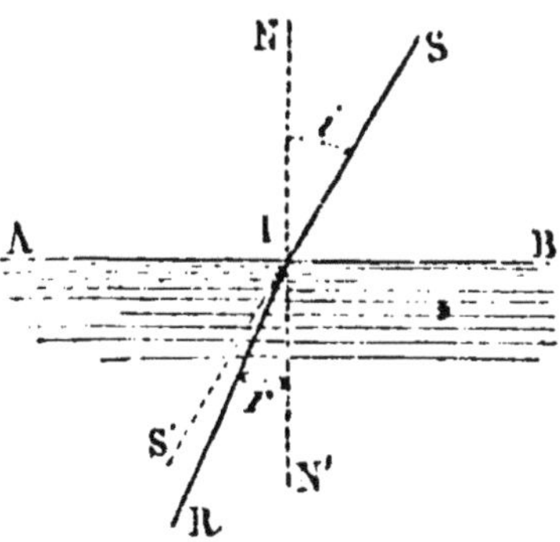

Fig. 265. — Réfraction.

On nomme *plan d'incidence*, le plan déterminé par le rayon incident SI et la normale IN, à la surface de séparation AB; *angle d'incidence*, l'angle SIN du rayon incident et de la normale; *angle de réfraction*, l'angle RIN' du rayon réfracté et de la normale.

Lorsque l'angle de réfraction est plus petit que l'angle d'incidence, on dit que le second milieu est *plus réfringent* que le premier; dans le cas contraire, on dit qu'il est *moins réfringent*. — En général, de deux corps transparents, le plus dense est aussi le plus réfringent.

La réfraction est soumise aux deux lois suivantes, connues sous le nom de *lois de Descartes* :

1° *Le rayon réfracté reste dans le plan d'incidence.*

2° *Le rapport du sinus de l'angle d'incidence au sinus de l'angle de réfraction est constant pour les mêmes milieux*, quelle que soit la valeur de l'angle d'incidence.

382. Vérification expérimentale. — On peut vérifier ces lois au moyen de l'appareil de Silbermann déjà décrit (370), en y adaptant, au lieu du miroir A, une auge cylindrique limitée par deux plans de verre (*fig.* 266) : on verse de l'eau jusqu'à la hauteur du centre C du cercle, et, au moyen du miroir auxiliaire *m*, on fait arriver un faisceau lumineux qui, passant par l'ouverture *i*, vienne tomber à la surface de l'eau en C. — Nous ferons remarquer que ce faisceau, après s'être réfracté en pénétrant de l'air dans l'eau, se propage dans l'eau suivant un rayon du cercle : dès lors, pour sortir de l'eau, il se présente sous un angle d'incidence nul : il ne subit donc pas de nouvelle déviation à l'émergence. L'appareil permet donc d'étudier la déviation produite uniquement par le passage *de l'air dans l'eau.*

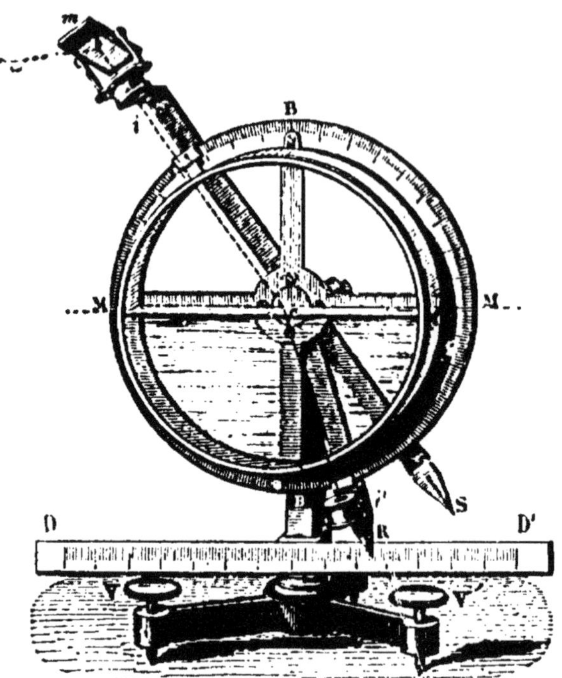

Fig. 266. — Vérification des lois de la réfraction.

On constate d'abord qu'il est toujours possible de donner à l'alidade R une position telle, que le faisceau réfracté vienne passer par l'ouverture *i'*; ce faisceau reste donc *dans le plan d'incidence*, qui est parallèle au plan du cercle. — Pour mesurer les sinus des angles d'incidence et de réfraction, on fait d'abord mouvoir la règle horizontale DD' le long du support vertical de l'appareil, de façon qu'elle vienne toucher l'extrémité S de l'alidade qui porte l'ouverture *i* ; la longueur comptée sur cette règle, entre S et le diamètre vertical BB', mesure le sinus de l'angle SCB, dans le cercle de rayon CS; c'est le *sinus de l'angle d'incidence*, puisque l'angle SCB est égal à *i*CB', comme opposé par le sommet. On amène ensuite la règle DD' en contact avec l'extrémité R de l'autre alidade, dont la longueur CR est égale à CS, et on mesure ainsi le *sinus de l'angle de réfraction.* — On trouve que, quelle que soit la valeur de l'angle d'incidence, *le rapport des deux sinus est toujours égal à* $\frac{4}{3}$.

383. Indices de réfraction. — On appelle *indice de réfraction* d'une substance par rapport à une autre, le rapport constant *n* du sinus d'incidence *i* au sinus de réfraction *r*, pour un rayon lumineux passant de la seconde substance dans la première. La quantité *n* est donc définie par la relation

$$\frac{\sin i}{\sin r} = n.$$

On vient de voir que l'indice de l'eau par rapport à l'air est $\frac{4}{3}$. — Pour le verre ordinaire, l'indice par rapport à l'air est $\frac{3}{2}$, etc. — Des méthodes de détermination plus précises ont donné pour les substances les plus usuelles, les résultats suivants :

	Indices de réfraction
Eau.	1,333
Éther.	1,358
Alcool.	1,363
Verre sans plomb (crown-glass). . .	1,529
Verre plombeux (cristal, flint-glass).	1,635
Sulfure de carbone.	1,678
Diamant.	2,420

384. Cas où la lumière passe dans un milieu plus réfringent que le premier. — Lorsque la lumière se présente pour passer d'un milieu dans un autre milieu *plus réfringent*, l'expérience montre *qu'il y a toujours des rayons transmis*, quel que soit l'angle d'incidence.

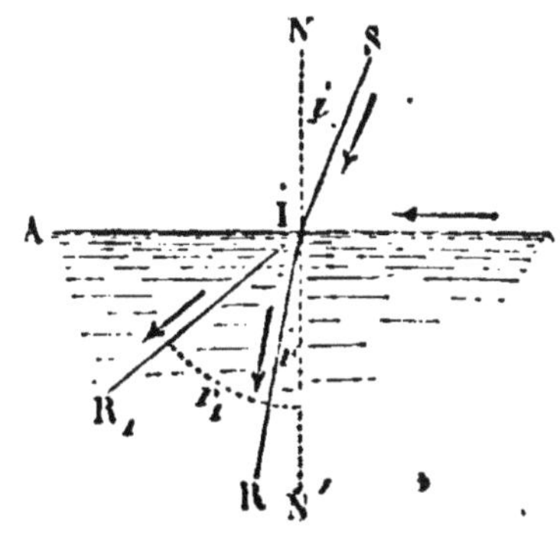

Fig. 267.
Passage de l'air dans l'eau.

La théorie donne toujours la direction de ces rayons réfractés. Soit un rayon SI (*fig.* 267) tombant, par exemple, sur la surface de l'eau, sous une incidence quelconque *i*. La relation $\frac{\sin i}{\sin r} = \frac{4}{3}$ donne : $\sin r = \frac{3}{4} \sin i$; comme $\sin i$ ne peut pas être plus grand que l'unité, le second membre est toujours moindre que 1 ; il existe donc toujours un angle *r*, dont le sinus satisfait à cette équation, et dont la valeur fournit la direction IR du rayon réfracté. — En particulier, pour un rayon *rasant*, c'est-à-dire dirigé suivant BI, on aura $i_1 = 90°$, $\sin i_1 = 1$, et, par suite, $\sin r_1 = \frac{3}{4}$. Cet angle est *le plus grand* que puissent faire avec la normale les rayons passant de l'air dans l'eau. — Pour une substance quelconque, cet angle est *celui dont le sinus est égal à l'inverse de l'indice de réfraction.*

Mais il est essentiel de remarquer que les divers rayons réfractés ne conservent pas, en égale proportion, l'*intensité lumineuse* des rayons incidents. — En effet, nous avons vu (373) que, quand un rayon lumineux tombe sur la surface d'un corps transparent, la proportion de lumière qui est *réfléchie* augmente avec l'angle d'incidence. Par suite, la proportion de lumière qui est *réfractée* diminue à mesure que l'angle d'incidence augmente. En d'autres termes, l'intensité lumineuse des rayons réfractés dans le voisinage de la normale IN' est presque égale à celle des rayons incidents, tandis que l'intensité des rayons réfractés dans le voisinage de IR_1 est presque nulle.

385. Cas inverse. — Angle limite. — Réflexion totale. — Considérons maintenant le cas inverse, c'est-à-dire le cas où la lumière se présente pour passer d'un milieu dans un autre milieu *moins réfringent.*

Soit un point lumineux O (*fig.* 268), situé dans l'eau, et émettant des rayons vers sa surface. — Le rayon OP, qui tombe normalement à la surface, sort sans déviation, suivant PQ, et son intensité lumineuse reste sensiblement égale à celle du rayon incident. — Un rayon OR, qui tombe sur la surface en faisant un angle d'incidence assez petit, sort de l'eau en s'écartant de la normale, suivant RS. L'intensité lumineuse de ce rayon RS est moindre que celle du rayon incident, une partie de la lumière incidente étant réfléchie vers la partie inférieure. — Mais, pour des rayons s'écartant de plus en plus de la direction OP, la déviation devient de plus en plus grande, jusqu'à ce qu'on arrive à un rayon incident OR_1, qui sort de l'eau *en rasant la surface*, suivant R_1B. L'intensité lumineuse de ce rayon réfracté R_1B est d'ailleurs presque nulle, la plus grande partie de la lumière incidente étant réfléchie. — Enfin, si l'on considère un rayon incident OT, pour lequel l'angle d'incidence soit encore plus grand, ce rayon devrait éprouver une déviation plus grande que celle de OR_1, ce qui revient à dire qu'il ne peut pas sortir de l'eau. Il éprouve alors la *réflexion totale*, c'est-à-dire que toute la lumière incidente se retrouve dans le rayon *réfléchi* TV, et aucune partie de cette lumière ne sort du liquide. — Il en est de même pour tous les rayons émis en dehors de l'angle POR_1. Cet angle est égal à l'angle d'incidence l du rayon OR_1, puisque ces deux angles sont alternes-internes (*).

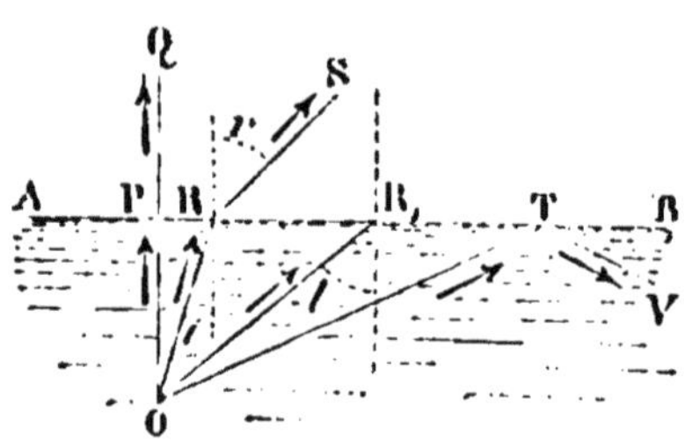

Fig. 268. — Passage de la lumière de l'eau dans l'air. — Angle limite. — Réflexion totale.

On donne le nom d'*angle limite* à cet angle l, c'est-à-dire à la plus grande valeur que puisse avoir l'angle d'incidence, pour que le passage dans le milieu moins réfringent puisse s'effectuer. — Pour le passage de l'eau dans l'air, la valeur de l'angle limite est d'environ 48 degrés. — Pour le passage du verre dans l'air, elle est de 41 degrés.

386. Déplacement apparent des objets vus dans l'eau. — Lorsque l'œil est placé au-dessus de la surface d'une eau tranquille, dans une position qui lui permette de recevoir des rayons lumineux émis par des

(*) Cet angle l est, comme on voit, celui qui avait été désigné par r_1 dans le paragraphe précédent (384) et qui est défini par la condition que *son sinus soit égal à l'inverse de l'indice de réfraction* du milieu le plus réfringent.

points placés dans l'eau, il voit en général ces points, non pas dans leur position réelle, mais dans une position plus voisine de la surface libre du liquide.

Mettons, par exemple, une pièce de monnaie *m* sur le fond d'un vase à parois opaques V (*fig.* 269); le vase étant d'abord vide, plaçons notre œil en un point O, tel qu'il aperçoive la pièce à moitié cachée par le bord du vase. Lorsqu'on viendra à verser de l'eau dans le vase, la pièce de monnaie deviendra visible tout entière : elle paraîtra relevée, ainsi que le fond du vase qui la supporte. — Dans cette expérience, en effet, les rayons qui parviennent à l'œil ne lui arrivent plus en ligne droite, suivant *m*O. L'œil reçoit des rayons, tels que *mi*, qui ont éprouvé en *i* une réfraction les écartant de la normale : il voit alors la pièce en un point *m'* du prolongement de O*i*, c'est-à-dire qu'il la voit relevée vers la surface de l'eau (*).

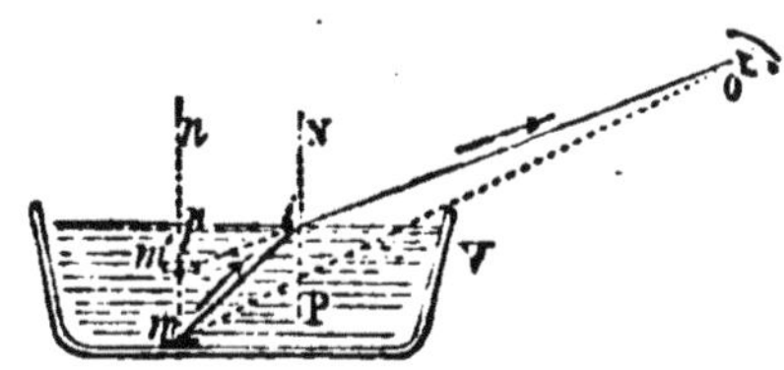

Fig. 269. — Déplacement apparent des objets vus dans l'eau.

De même, un bâton *mn* (*fig.* 270), en partie plongé dans l'eau, paraît brisé au point *p* où il pénètre dans le liquide : la partie plongée *pm* apparaît en *pm'*, c'est-à-dire relevée vers la surface.

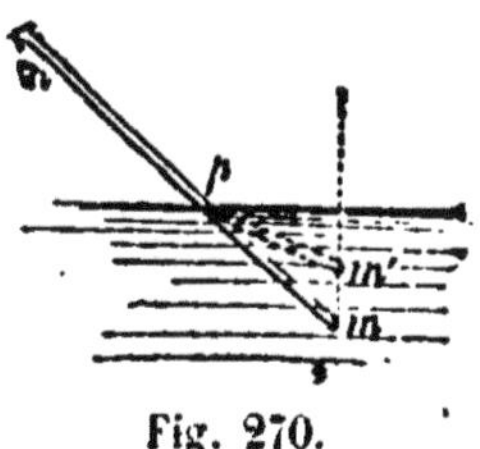

Fig. 270.

387. Réfractions atmosphériques. — Réfraction latérale. — Mirage. — Un rayon tel que E*a*, émis par un astre, éprouve, en traversant les couches d'air atmosphérique, dont les densités sont progressivement croissantes, des réfractions en *a*, *b*, *c*, qui ont pour effet de le rapprocher des normales O*a*, O*b*... (*fig.* 271). Un observateur placé en A voit l'astre dans la direction AE'; il paraît plus voisin du zénith qu'il ne l'est en réalité. — Des *tables de réfraction* donnent les corrections à effectuer dans les observations astronomiques, pour passer de la distance zénithale apparente à la *distance zénithale réelle*.

Ces tables ne s'appliquent pas aux cas des astres très voisins de l'horizon. Les rayons traversant alors des couches d'air dont les densités sont influencées, de manières très diverses, par le voisinage du sol, on ne peut exprimer la déviation par une loi. Il arrive même que la trajectoire du rayon lumineux ne reste pas dans un même plan ver-

(*) Si les rayons émergents qui parviennent à l'œil ne sont pas trop inclinés sur la surface du liquide, ce point *m'* est celui où le prolongement de O*i* rencontre le rayon lumineux *mp* qui tombe normalement à la surface, rayon qui sort *sans déviation*.

tical. — Le phénomène connu sous le nom de *mirage latéral* n'est qu'un cas particulier de ce genre d'effets, quand on observe des objets terrestres *voisins de l'horizon.*

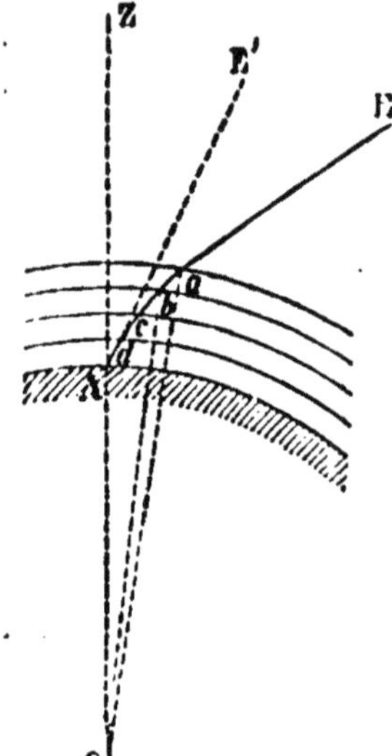

Fig. 271. — Réfraction atmosphérique.

Enfin le phénomène célèbre du *mirage* des plaines sablonneuses d'Égypte est encore un phénomène qui se rattache à ces réfractions anormales, mais dont l'interprétation exacte, donnée par Bravais, repose sur les théories de l'Optique supérieure.

388. Réfraction par une lame à faces parallèles. — Lorsqu'un rayon lumineux tombe sur une lame à faces parallèles, comme une lame de verre, et que les deux faces de cette lame sont en contact avec un même milieu, comme l'air, ce rayon sort toujours de la lame *parallèlement à sa direction primitive.* — En effet, un rayon incident AI (*fig.* 272) fournit toujours un rayon réfracté, qui pénètre dans le verre en se rapprochant de la normale, suivant II'. Or les angles intérieurs PII' et N'I'I, que forme II' avec les deux normales, sont égaux comme alternes-internes; il doit donc en être de même des angles extérieurs AIN et BI'P'. Par suite, le rayon I'B sort parallèlement à la direction primitive AI. — C'est ce que vérifie l'expérience.

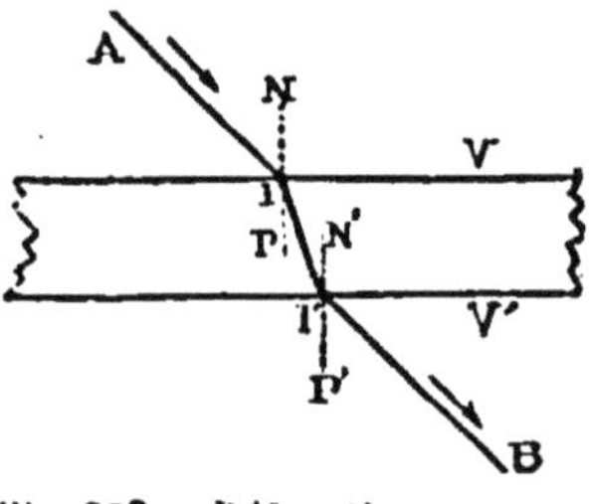

Fig. 272.— Réfraction par une lame à faces parallèles.

II. — PRISMES

389. Définitions. — On désigne, en optique, sous le nom de *prisme*, un milieu transparent terminé par deux faces planes, faisant entre elles un certain angle. — On appelle *angle réfringent*, l'angle dièdre formé par ces deux faces. — On comprend sous le nom de *base du prisme* la région opposée à l'arête. — Dans les prismes de verre qui servent aux expériences (*fig.* 273), la base est limitée par un plan parallèle à l'arête. La masse de verre présente alors la forme du solide que l'on désigne, en géométrie, sous le nom de prisme triangulaire. — On appelle *section*

Fig. 273. — Prisme.

principale d'un prisme, tout plan perpendiculaire à l'arête réfringente : c'est ce qu'on appelle, en géométrie, une *section droite*. — Dans l'étude des propriétés des prismes, nous considérerons uniquement le cas où les rayons incidents sont *dans une section principale*.

390. Action d'un prisme sur un faisceau de lumière parallèle. — Lorsqu'on introduit dans une chambre obscure un faisceau de rayons solaires, et qu'on le reçoit sur un prisme orienté de manière que l'axe du faisceau soit dans une section principale, on observe que les rayons émergents sont *déviés* vers la base du prisme. — En outre, si l'on reçoit le faisceau émergent sur un écran, on obtient une image *allongée*, et *colorée* des couleurs de l'arc-en-ciel.

De ces divers effets, nous allons étudier d'abord exclusivement le premier, la *déviation* : les autres seront étudiés plus loin (chap. IV).

391. Déviation. — Déviation minimum. — Soit BAC (*fig.* 271) une *section principale* d'un prisme. Soit RI un rayon incident, contenu dans le plan de cette section : ce rayon pénétrera dans le prisme, en restant dans ce même plan, et en se rapprochant de la normale NP, suivant II'. En arrivant en I', le rayon subira, en général, une nouvelle réfraction, sans sortir du plan de la section principale ; il s'écartera de la normale P'N', et sortira suivant une direction I'S. Les deux réfractions, en I et I', ont donc, l'une et l'autre, pour effet de dévier le rayon lumineux *vers la base du prisme*. — Si l'œil d'un observateur reçoit le rayon I'S, le point lumineux lui paraîtra situé sur le prolongement I'M de SI', c'est-à-dire déplacé vers l'arête du prisme (*).

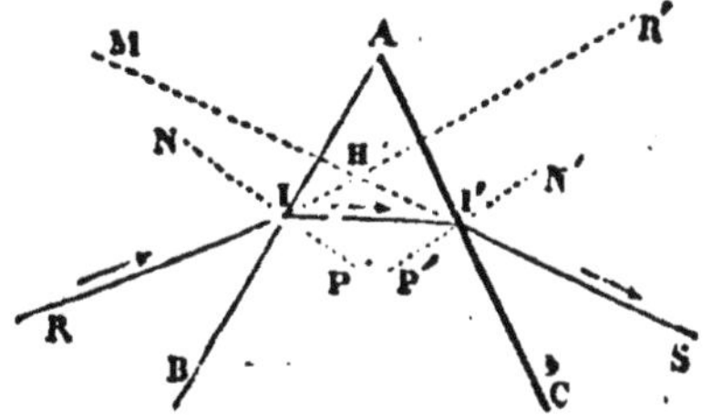

Fig. 271. — Déviation produite par un prisme.

On nomme *angle de déviation* l'angle R'HS que forme le rayon émergent I'S avec le prolongement du rayon incident RI. — Cet angle varie, non seulement avec la valeur de l'angle du prisme et avec la substance dont il est formé, mais aussi avec l'angle d'incidence. — La théorie et l'expérience montrent que, pour un même prisme, on obtient

(*) Si l'angle d'incidence sur la seconde face, en I', était plus grand que l'angle limite, le rayon ne pourrait pas émerger par cette face ; il éprouverait la *réflexion totale* (385). — On construit, par exemple, des prismes de verre dont la section droite est un triangle *rectangle et isocèle*. Si des rayons pénètrent normalement à l'une des faces de l'angle droit, ils arrivent sur la face hypoténuse sous un angle de 45°, et comme l'angle limite du verre est d'environ 41°, ces rayons se réfléchissent totalement. Ils arrivent ensuite normalement sur l'autre face de l'angle droit, et sortent du prisme sans autre changement de direction. — Ces *prismes à réflexion totale* se comportent donc, dans ces conditions, comme des miroirs. — On en trouvera un exemple dans la *chambre claire*, qui sera décrite plus loin (416).

une *déviation minimum*, lorsque l'incidence est telle, que le rayon *intérieur* II' fasse un même angle avec les deux faces.

III. — LENTILLES

392. Définitions. — On nomme *lentilles sphériques*, des masses transparentes, généralement en verre, et limitées par deux surfaces sphériques, ou par une surface sphérique et une surface plane. Nous les distinguerons en deux groupes :

1° Les lentilles à *bords minces*, dont l'épaisseur est croissante depuis les bords jusqu'au milieu. On les désigne encore sous le nom de lentilles *convergentes*, qui indique leur propriété essentielle (393). — Elles comprennent trois variétés : la lentille *biconvexe* A (*fig.* 275), la lentille *plan-convexe* A', et le *ménisque convergent* A''.

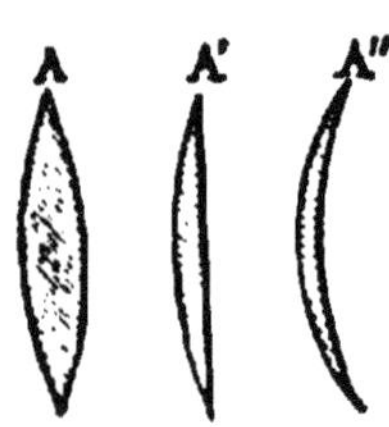

Fig. 275. Lentilles convergentes.

2° Les lentilles *à bords épais*, dont l'épaisseur diminue depuis les bords jusqu'au milieu : on les désigne aussi sous le nom de lentilles *divergentes*. — Ces lentilles comprennent encore trois variétés : la lentille *biconcave* B (*fig.* 276), la lentille *plan-concave* B', et le *ménisque divergent* B''.

On appelle *axe principal* d'une lentille, la droite qui passe par les centres des deux faces sphériques. Si l'une des deux faces est plane, l'*axe principal* est la perpendiculaire menée du centre de la face sphérique sur la face plane.

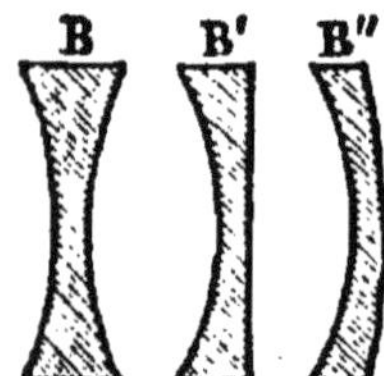

Fig. 276. Lentilles divergentes.

393. Lentilles convergentes. — Foyer principal. — Lorsqu'on oriente une lentille *à bords minces*, de façon que son axe principal soit dirigé vers le soleil, l'expérience montre que les rayons lumineux, tombant alors sur la lentille parallèlement à son axe principal, sont réfractés de manière à venir *converger* tous sensiblement en un même point, qu'on appelle le *foyer principal* de la lentille.

Il est facile de se rendre compte de cette action. Soit LL' (*fig.* 277) la section d'une lentille biconvexe par un plan passant par son axe principal OO', et soit RI un rayon lumineux incident, parallèle à l'axe principal; ce rayon éprouve, en pénétrant dans le verre, une première réfraction, suivant II', qui le rapproche de la normale menée au point d'incidence, c'est-à-dire du rayon de courbure OI. En sortant de la lentille, il subit une seconde réfraction, et s'écarte de la normale en I', c'est-à-dire du rayon de courbure O'I'N. Ces deux réfractions ont pour effet, l'une et l'autre, de *ramener le rayon lumineux vers l'axe principal*, et comme le rayon incident était parallèle à l'axe, le rayon réfracté viendra nécessairement rencontrer cet axe en un certain point F, situé *au delà de la lentille*. — Il resterait à montrer qu'un autre rayon incident quelconque, parallèle à l'axe principal, doit venir, après réfraction, passer *par le même point* F : nous nous contenterons d'avoir constaté ce résultat par l'expérience. — La distance du point F à la lentille est ce qu'on appelle la *distance focale principale*.

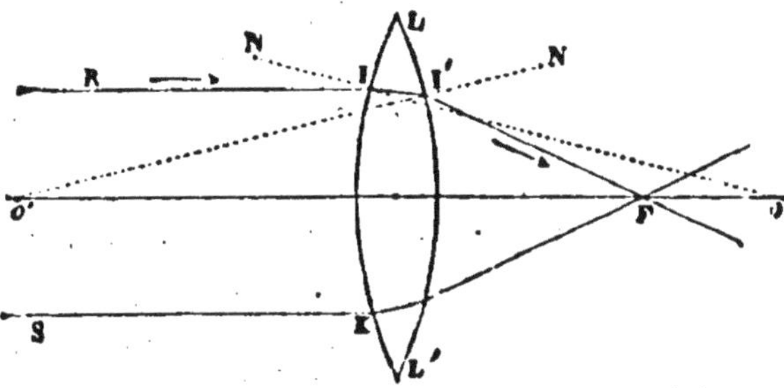

Fig. 277. — Convergence des rayons, produite par une lentille à bords minces.

394. Foyers des divers points d'un objet. — Plaçons maintenant, sur l'axe principal d'une lentille convergente, et à une distance plus grande que sa distance focale principale, une source lumineuse de petite dimension, comme la flamme d'une bougie P (*fig.* 278); puis, cherchons, comme nous l'avons fait pour les miroirs sphériques, quel est le point où il faut placer un écran, au delà de la lentille, pour

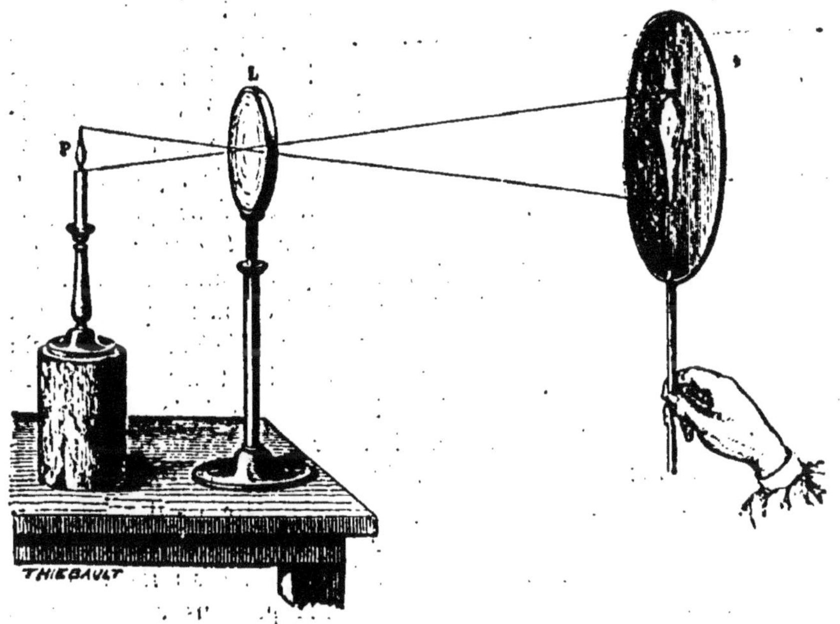

Fig. 278. — Image produite par une lentille convergente.

obtenir la plus grande concentration possible de lumière. — Nous trouverons que la région éclairée sur l'écran P' présente la forme d'une image renversée de la bougie. On peut donc considérer comme un résultat d'expérience que, *à chaque point* de l'objet lumineux correspond un *foyer*, où viennent passer les rayons émanés de ce point.

395. Centre optique. — Axes secondaires. — Dans toute lentille phérique, il existe un point, appelé *centre optique*, qui jouit de la propriété suivante :

Tout rayon lumineux qui vient passer *par le centre optique* sort de la lentille *sans déviation*. — Lorsqu'il s'agit, par exemple, d'une lentille dont les deux faces ont la même courbure, le centre optique C (*fig.* 279) est à égale distance des deux faces.

La propriété du centre optique que nous venons d'énoncer peut se démontrer rigoureusement : nous nous contenterons de montrer comment elle permet de construire le foyer d'un *point lumineux quelconque* A (*fig.* 279). — Joignons le point A au point C, et prolongeons la droite ACA' : cette droite est ce qu'on appelle *l'axe secondaire du point* A. Le rayon lumineux qui est émis par le point A dans la direction AC doit être considéré comme continuant sa route en ligne droite : le foyer du point A sera donc quelque part *sur cet axe secondaire.*

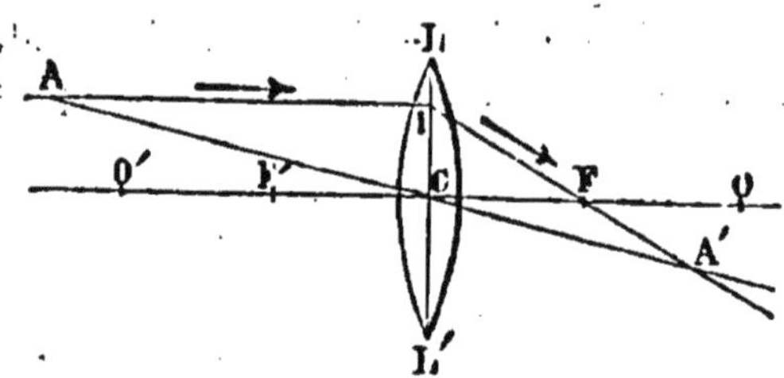

Fig. 279. — Construction du foyer d'un point quelconque.

Pour achever de déterminer la position de ce foyer, il suffira de construire la marche d'un second rayon lumineux, émané du même point A. Or, menons, par exemple, un rayon lumineux AI parallèle à l'axe principal : nous avons vu (393) que ce rayon se réfracte suivant une direction IF qui passe par le foyer principal F (*) ; l'intersection de la direction IF avec l'axe secondaire détermine donc le foyer A' du point A.

396. Variations de position et de grandeur de l'image d'un objet, suivant la distance de l'objet à la lentille. — Il suffit d'appliquer la construction précédente, pour déterminer la position et la grandeur de l'image d'un objet, dans les divers cas : les résultats présentent une analogie remarquable avec ceux que nous avons obtenus pour les miroirs sphériques concaves (378). — Dans les figures qui

(*) Dans la figure ci-dessus, pour simplifier le tracé, on a supposé que le rayon lumineux, au lieu d'éprouver deux réfractions successives, l'une à la face d'entrée et l'autre à la face de sortie, n'en éprouve qu'une seule, au point où il rencontre le plan perpendiculaire à l'axe, mené par le centre optique de la lentille. — C'est ce que nous ferons dans toutes les constructions du même genre.

vont suivre, F et F′ sont les positions du foyer principal, d'un côté et de l'autre de la lentille; H et H′ sont les points situés, sur l'axe principal, à une distance *double* de la distance focale principale.

1° Considérons d'abord un objet AB (*fig.* 280), placé *à une distance plus grande que le double de la distance focale principale*, c'est-à-dire à une distance plus grande que CH′. — Pour construire géométriquement l'image du point A, menons *l'axe secondaire*, ou *rayon sans déviation* ACA′; puis, le rayon AI parallèle à l'axe principal, qui prend, après réfraction, une direction IF passant par le foyer principal F : l'intersection de ces deux droites détermine le point A′, qui est l'image du point A. — On déterminera de même l'image B′ du point B. — Les autres points de l'objet AB auront leurs images situées entre A′ et B′.

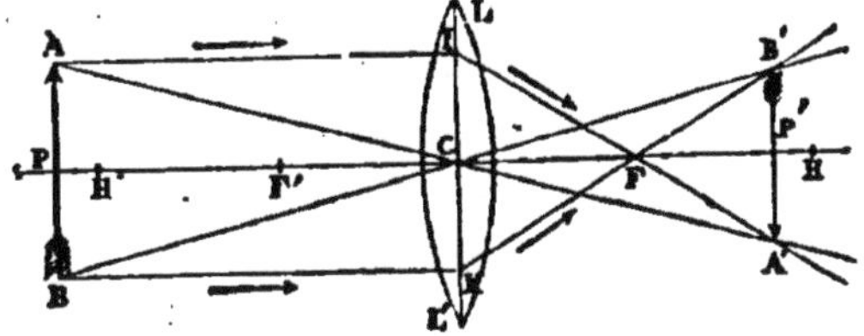

Fig. 280. — Construction de l'image d'un objet.

On voit que l'image est *renversée*. — Dans le cas actuel, où la distance CP est plus grande que CH′, la distance CP′ est plus petite que CH. Par suite, *l'image est plus petite que l'objet*. C'est ce que vérifie l'expérience. — Si l'objet, se déplaçant vers la droite, arrive à une distance CH′ *égale au double de la distance focale principale*, l'image se forme à une distance égale CH, et devient *égale à l'objet*.

2° Si l'objet est placé à une distance *inférieure au double de la distance focale principale*, mais *supérieure à la distance focale* CF′, l'image, toujours réelle et renversée, se forme au delà du point H, et devient *plus grande que l'objet*. Ce sont les conditions réciproques des précédentes : c'est dans ces conditions qu'est faite l'expérience représentée par la figure 278. — Si l'objet arrive *à la distance focale principale* CF′, il ne se forme plus d'image.

3° Il reste enfin à examiner le cas où l'objet AB est placé à une distance *moindre que la distance focale principale* CF (*fig.* 281). — La même construction géométrique montre que le rayon AI, parallèle à l'axe principal, donne un rayon réfracté IF, qui ne peut plus rencontrer l'axe secondaire AC au delà de la lentille; mais les prolongements géométriques de ces deux droites se rencontrent en A′, du même

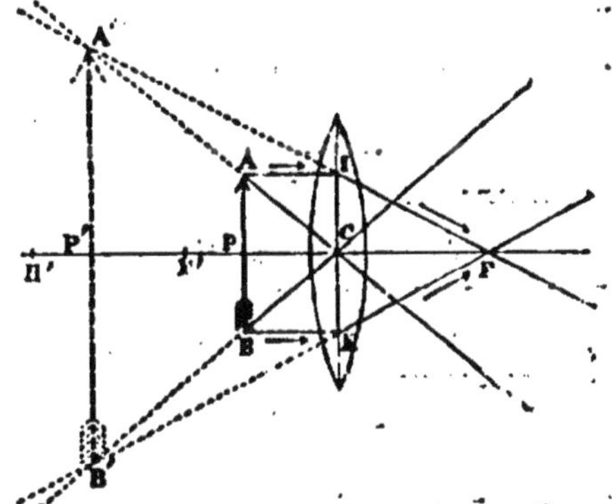

Fig. 281. — Construction de l'image virtuelle.

côté que l'objet, et au delà de A. Les rayons émanés de A forment donc, au sortir de la lentille, un faisceau *divergent :* si ce faisceau vient rencontrer l'œil, il paraît émané du *foyer virtuel* A'. — On trouvera de même l'image virtuelle B' du point B, et l'on obtiendra définitivement une image A'B', qui sera *droite, virtuelle* et *plus grande que l'objet.* — Une pareille image ne peut venir se peindre sur un écran ; elle ne peut être perçue que par un observateur placé de manière à recevoir les faisceaux divergents. La lentille fonctionne alors comme une *loupe :* nous reviendrons plus loin sur ce sujet (414).

397. Lentilles divergentes. — Quand on prend une lentille *à bords épais*, telle que B, B' ou B'' (*fig.* 276), et qu'on reçoit sur cette lentille les rayons du soleil dans une direction *parallèle à son axe principal*, l'expérience montre qu'elle donne naissance à un faisceau *divergent*. L'œil d'un observateur, placé dans ce faisceau, voit un point lumineux, situé *du côté où la lentille reçoit la lumière.* Ce point est le *foyer principal virtuel* de la lentille. — Voici comment on peut se rendre compte de ce résultat. Soit un rayon RI, tombant par exemple sur une lentille biconcave LL' (*fig.* 282), dans une direction parallèle à son axe principal OO'. Ce rayon éprouve deux réfractions, en I et en I', qui ont, l'une et l'autre, pour effet *d'écarter le rayon lumineux de l'axe principal.* Dès lors, le prolongement I'F du rayon émergent vient rencontrer l'axe principal en un point F, situé *du même côté de la lentille que le rayon incident.* L'expérience montre, comme nous venons de voir, que le point F est *le même pour tous les rayons incidents* RI, SK, etc., parallèles à l'axe principal.

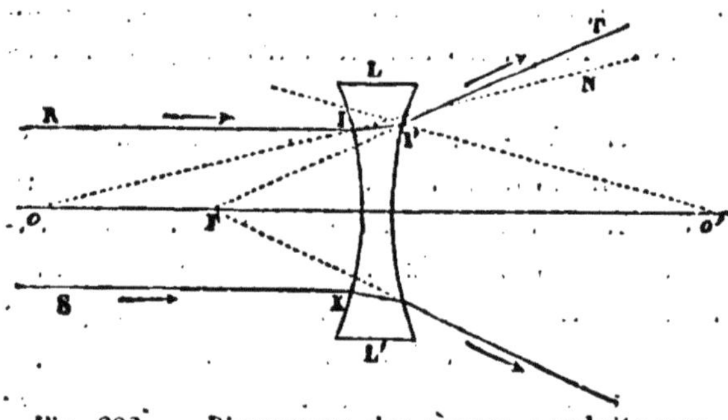

Fig. 282. — Divergence des rayons, produite par une lentille biconcave.

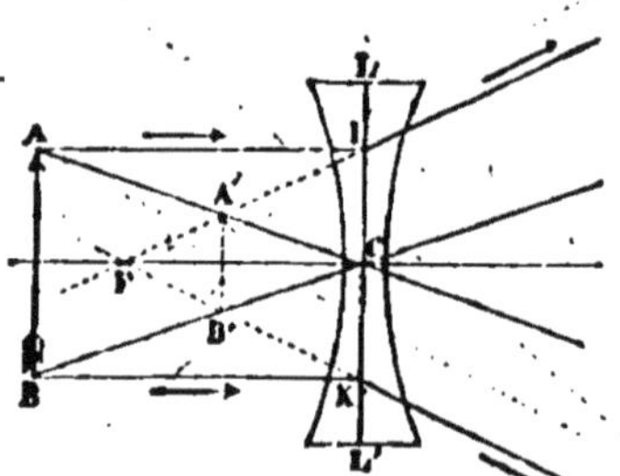

Fig. 283. — Image virtuelle, produite par une lentille divergente.

Quelle que soit la distance d'un objet à une lentille de ce genre, il ne se produit jamais qu'une image *virtuelle.* — La construction géométrique de cette image s'effectue comme pour les lentilles convergentes. Étant donné un objet AB (*fig.* 283), pour avoir l'image du point A, on mènera d'abord l'axe secondaire AC ; puis le rayon AI parallèle à l'axe principal ; le prolongement du rayon émergent devra passer par le foyer principal F; dès lors, le point de rencontre des deux droites IF et AC déterminera le point A', qui est l'image virtuelle du point A. On construira de même l'image B' du point B. — La figure montre que l'image A'B' est toujours *virtuelle*, *droite* et *plus petite que l'objet* AB.

CHAPITRE IV

COMPOSITION DE LA LUMIÈRE. — SPECTRE

I. — DÉCOMPOSITION ET RECOMPOSITION DE LA LUMIÈRE

398. Décomposition de la lumière blanche du soleil. — Couleurs du spectre. — Lorsqu'on fait tomber un faisceau de rayons solaires sur un prisme, il éprouve, outre la déviation que nous avons étudiée (391), un *épanouissement* et une *coloration :* si l'on reçoit le faisceau émergent sur un écran MN (*fig.* 284), on observe que la région éclairée est allongée dans le sens perpendiculaire à l'arête du prisme, et qu'elle présente des teintes variables d'une extrémité à l'autre (*). Ces teintes se fondent les unes dans les autres, en sorte qu'il est difficile de distinguer où finit l'une d'elles et où commence l'autre: on peut cependant les rapporter à sept couleurs principales, qui sont :

Violet, indigo, bleu, vert, jaune, orangé, rouge.

C'est le violet qui est *le plus dévié;* c'est le rouge qui l'est le moins. — L'épanouissement qu'éprouve le faisceau lumineux, en sortant du prisme, a reçu le nom de *dispersion*. — L'image colorée est ce qu'on nomme le *spectre solaire*.

Pour expliquer la formation du spectre, Newton a admis que la lumière blanche, telle qu'elle nous arrive du Soleil, n'est pas une lumière *simple*, mais qu'elle est formée de diverses couleurs, *inégalement réfrangibles* par un même milieu transparent, comme le verre. — Cette hypothèse suffit pour expliquer le phénomène; car, si les diverses couleurs sont réunies dans le faisceau incident RI (*fig.* 284), et si elles sont inégalement réfrangibles, elles ne peuvent plus rester réunies en traversant le prisme A; il se produit, à la sortie, autant de faisceaux

(*) Dans la figure 284, on a représenté l'écran rabattu, à droite, autour de la ligne MN; en S, est l'image *blanche* que produisait le faisceau de rayons solaires, avant qu'on eût placé le prisme; en *rv*, la succession des images *colorées* produites par le prisme, depuis le rouge *r* jusqu'au violet *v*.

de directions différentes qu'il y a de couleurs. Ces faisceaux, rencontrant l'écran en des points différents, ne peuvent plus produire de la lumière blanche.

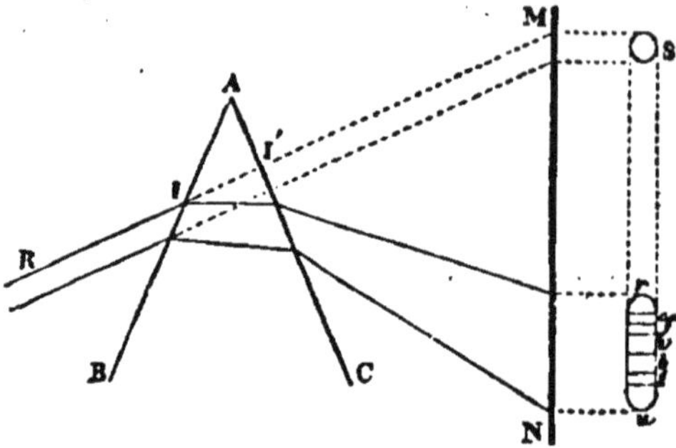

Fig. 284. — Production du spectre.

Pour justifier complètement cette explication, Newton s'est proposé de démontrer par l'expérience : 1° *l'inégale réfrangibilité* des diverses couleurs ; 2° la possibilité d'effectuer une *recomposition de la lumière blanche*, en réunissant les couleurs qui la constituent.

399. Inégale réfrangibilité des diverses couleurs. — En pratiquant une petite ouverture *m* dans l'écran MN, qui reçoit le spectre *ru* formé par un prisme A (*fig.* 285), on peut isoler un faisceau de rayons, appartenant à une certaine nuance de rouge, par exemple. Si l'on reçoit ce faisceau rouge *r* sur un second prisme A', on constate d'abord qu'on n'obtient en *r'*, sur un second écran M' N', aucune autre couleur que la couleur rouge primitive. En général, les expériences de

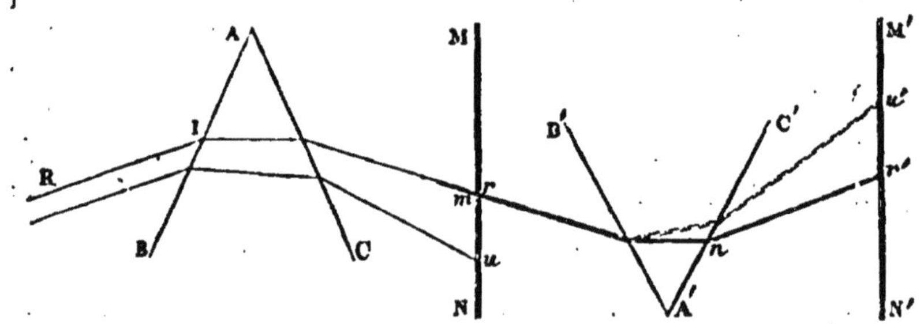

Fig. 285. — Inégale réfrangibilité des diverses couleurs.

ce genre montrent que chaque nuance du spectre est *simple*, c'est-à-dire qu'elle n'est plus décomposable en couleurs différentes. — En outre, si l'on fait tourner le prisme A de manière à faire passer par l'ouverture *m* des rayons d'une autre couleur, des rayons violets par exemple, on constate qu'ils éprouvent, en traversant le second prisme A', une déviation plus grande que les rayons rouges, et que l'image vient se former en *u'* sur le second écran. Les diverses couleurs présentent donc, à travers une même substance, des réfrangibilités qui vont en croissant depuis le rouge jusqu'au violet.

400. Recomposition de la lumière blanche. — En superposant les diverses couleurs que le prisme a séparées, on reconstitue la lumière blanche.

En effet, soit RI un faisceau de lumière blanche, traversant un premier prisme A (*fig.* 286) ; au lieu de recevoir le faisceau réfracté sur un écran, où il formerait un spectre, faisons-le tomber sur un second prisme identique A', placé très près du premier, et de manière que ses faces soient parallèles à celle de A, mais dirigées en sens contraire. En recevant les rayons sur un écran, à leur sortie du prisme A', on obtient une image *blanche*. — La figure montre en effet que, à la sortie du second prisme, le faisceau de lumière rouge (représenté en traits pleins) est redevenu parallèle au faisceau de lumière violette (représenté en traits discontinus) ; ces faisceaux se confondent alors dans la plus grande partie de leur largeur, et il en est de même des faisceaux formés par les couleurs intermédiaires; c'est la superposition de tous ces faisceaux, de diverses couleurs, qui produit l'image blanche. Cette image présente seulement quelques irisations sur son bord supérieur et sur son bord inférieur, où les faisceaux extrêmes débordent un peu les faisceaux voisins.

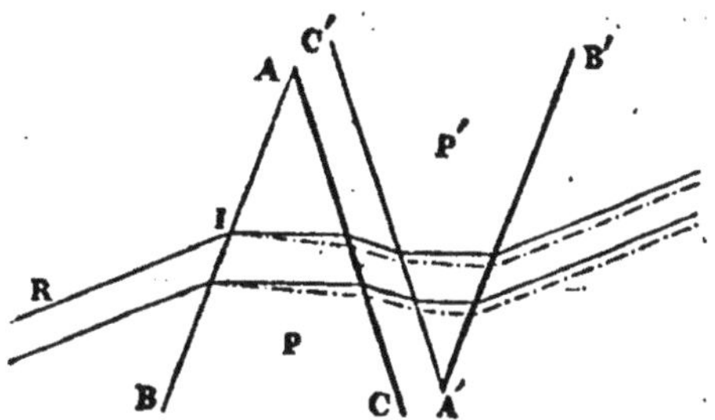

Fig. 286. — Recomposition de la lumière blanche par un second prisme.

De même, si l'on fait tomber sur une lentille convergente les rayons réfractés par un prisme, et si l'on reçoit les rayons émergents sur un écran, on trouve une position où les foyers correspondants aux diverses couleurs sont sensiblement superposés, et où l'image obtenue est sensiblement blanche.

401. Disque de Newton. — Pour montrer que la sensation simultanée de toutes les couleurs produit sur notre œil l'impression de la lumière blanche, on peut encore faire usage du *disque de Newton*.

Pour comprendre le principe sur lequel est fondée cette expérience, prenons un disque de carton noir C (*fig.* 287), sur lequel on aura collé une bande de papier rouge *c*, en forme de secteur circulaire. Faisons passer au travers du carton, par son centre, une tige de bois ou de métal, de manière à pouvoir faire tourner rapidement le disque autour de ce point. Pendant la rotation, *toute la surface* du disque nous paraîtra colorée en rouge. — Cela tient à ce que la sensation produite sur notre œil, par la bande rouge, dans chacune de ses positions, dure un certain temps, en sorte que, pendant la rotation, nous la voyons *à la fois* dans toutes ses positions successives.

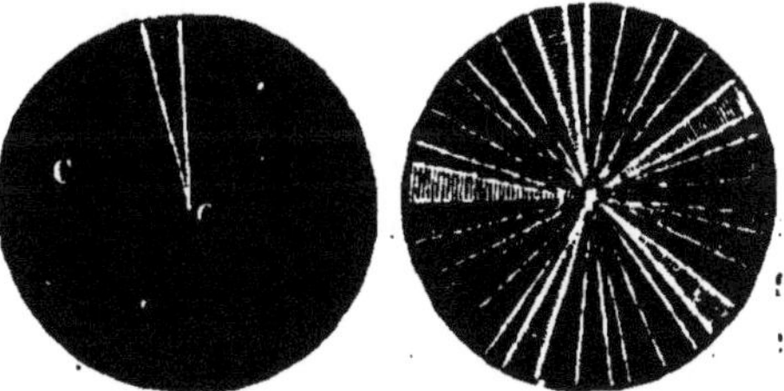

Fig. 287. Fig. 288.
Disque de Newton.

Or, le *disque de Newton* (*fig.* 288) porte, à la suite les uns des autres, des secteurs de papier, de toutes les couleurs du spectre. Si on le fait tourner rapidement, sa surface doit présenter *toutes ces colorations* à la fois, *en chacun de ses points*. — On constate que la surface du disque paraît *blanche*.

402. Couleurs complémentaires. — Couleurs des corps éclairés par la lumière blanche. — On dit que deux couleurs sont *complémentaires*, lorsque, par leur superposition, elles peuvent produire du blanc. — Si, par exemple, on fait tomber un spectre solaire sur un écran percé d'ouvertures qui laissent passer seulement certaines couleurs, et si, à l'aide d'une lentille, on fait converger ces couleurs en un même point, on obtient une teinte complémentaire de celle qu'on obtiendrait en superposant les autres couleurs.

Les couleurs que nous présentent les divers corps, quand ils sont éclairés par la lumière blanche, résultent de la manière inégale dont ils agissent sur les diverses couleurs qui constituent cette lumière. — Ainsi, quand une étoffe, éclairée par la lumière du jour, nous apparaît avec la couleur *rouge*, c'est que les rayons rouges sont les seuls qu'elle diffuse dans toutes les directions: elle absorbe toutes les autres couleurs, dont le mélange formerait la teinte complémentaire du rouge. — Les corps *blancs*, comme le papier, sont des corps qui diffusent en égale proportion les rayons de toutes les couleurs. — Les corps *noirs* sont ceux qui absorbent toutes les couleurs, sans en diffuser aucune.

Des remarques semblables sont applicables aux *corps transparents*. — Un *verre rouge* est un verre qui, recevant la lumière blanche du soleil, ne laisse passer que les rayons rouges, et absorbe toutes les autres couleurs. — Le *verre à vitre ordinaire* est un verre qui laisse passer également toutes les couleurs, en sorte que la lumière transmise présente la même composition qu'avant son passage au travers du verre (*).

II. — ÉTUDE DES SPECTRES

403. Raies du spectre solaire. — Lorsqu'on prend des dispositions spéciales, indiquées par Newton, pour obtenir, avec la lumière solaire, un spectre *pur*, c'est-à-dire dans lequel les teintes voisines empiètent aussi peu que possible les unes sur les autres, on

(*) D'après cela, il est facile d'expliquer, par exemple, l'aspect que nous présente un paysage, quand nous le regardons au travers d'un *verre rouge*. Dans ce paysage, les corps blancs nous paraissent rouges, parce que, des diverses couleurs qu'ils émettent, le verre rouge ne laisse passer que la couleur rouge. Pour la même raison, les corps rouges nous apparaissent avec leur couleur réelle. Mais les corps bleus, verts ou jaunes nous paraissent noirs, parce que le verre rouge ne laisse passer aucune de ces couleurs.

observe, dans ce spectre, un grand nombre de raies obscures, parallèles à l'arête du prisme. Fraunhofer parvint à compter environ six cents de ces lignes; elles sont ordinairement désignées sous le nom de *raies de Fraunhofer*. — On a distingué d'abord sept groupes principaux, qui ont été désignés par les lettres B, C, D, E, F, G, H, et dont

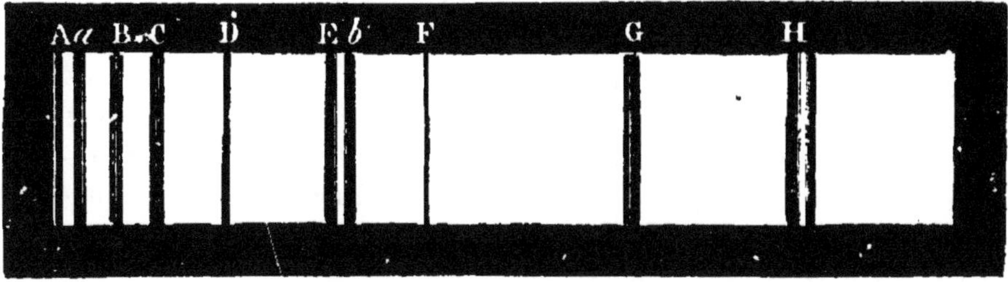

Fig. 289. — Raies du spectre solaire.

la figure 289 indique la position (avec celle de quelques autres groupes A, *a*, *b*). En employant un appareil spécialement construit pour ces recherches, et connu aujourd'hui sous le nom de *spectroscope*, on découvre une multitude de raies obscures, plus fines, distribuées irrégulièrement dans l'étendue du spectre.

Nous allons voir comment l'étude des spectres fournis par les sources artificielles a conduit à expliquer la formation des raies obscures dans le spectre solaire.

404. Spectres des sources lumineuses artificielles. — Les corps *solides* ou *liquides*, amenés à l'incandescence, donnent toujours un spectre *continu*, sans intervalles obscurs. — Les corps *gazeux* incandescents émettent une lumière qui est caractérisée par un spectre *discontinu*, formé de lignes brillantes, séparées par de larges intervalles obscurs. Ces lignes brillantes ont une couleur et une position *caractéristiques* pour chaque gaz en particulier. — Pour observer ces spectres discontinus, il est indispensable d'opérer avec des corps *complètement gazeux;* les flammes tenant en suspension des particules solides, comme les flammes de nos bougies ou du gaz d'éclairage, fournissent des spectres continus, parce que l'éclat des particules solides incandescentes l'emporte sur l'éclat du gaz lui-même.

Si l'on veut étudier au spectroscope le spectre d'une vapeur métallique incandescente, on se sert d'un *brûleur de Bunsen*, dans lequel la combustion du charbon est assez complète pour que la flamme soit à peine visible : en introduisant dans cette flamme un fragment d'un sel métallique, on observe un spectre dont les lignes brillantes caractérisent le métal du sel. — Cette méthode d'*analyse spectrale*, indiquée par MM. Kirchhoff et Bunsen, est l'une des plus délicates que la science possède aujourd'hui.

405. Renversement des raies. — Voici maintenant une expérience qui est devenue, pour M. Kirchhoff, le point de départ de l'interprétation des raies obscures du spectre solaire.

On savait depuis longtemps que la flamme de l'alcool salé, et en général toute flamme qui contient un sel de sodium, donne un spectre qui se réduit à une bande jaune *brillante*, occupant exactement la place de la raie *obscure* du spectre solaire que Fraunhofer avait désignée par la lettre D. D'autre part, on savait, ainsi qu'il a été dit (401), qu'un faisceau de lumière émis par un corps solide porté à une haute température, comme le bâton de chaux de la lumière de Drummond, donne un spectre très brillant et absolument *continu*. — Or, M. Kirchhoff a montré que, si l'on place, sur le trajet de ce faisceau lumineux, la flamme de l'alcool salé, on voit apparaître dans le spectre une bande *obscure*, occupant exactement la place D.

Ce résultat a été rattaché par Kirchhoff au principe de *l'égalité des pouvoirs émissifs et absorbants* d'une même substance, pour des rayons d'une espèce déterminée, principe que l'on établit par l'expérience dans le cas particulier de la chaleur rayonnante (431), et dont nous admettrons la généralité. — L'expérience de Kirchhoff s'explique alors facilement. Puisque le spectre de la flamme de l'alcool salé se réduit à une bande jaune, le pouvoir émissif de cette flamme est considérable pour les rayons jaunes; il est nul pour les autres couleurs. Cette flamme doit donc avoir un pouvoir absorbant considérable pour les rayons jaunes, et nul pour les autres couleurs. Dès lors, quand le faisceau émis par la lumière Drummond traverse cette flamme, ce sont exclusivement les rayons jaunes qui sont absorbés; d'autre part, les rayons jaunes émis par la flamme elle-même n'ont pas une intensité suffisante pour compenser la perte d'éclat du faisceau transmis. On doit donc bien obtenir, dans la région du spectre qui correspond au jaune, une bande obscure, tranchant sur les autres couleurs dont l'éclat n'est pas amoindri. — Ce phénomène a été désigné sous le nom de *renversement des raies*.

406. Interprétation des raies obscures du spectre solaire. — D'après ce qu'on vient de voir, il suffit, pour expliquer la production des raies obscures dans le spectre solaire, d'admettre que le noyau solide ou liquide de l'astre est enveloppé d'une *photosphère* gazeuse, dont l'éclat est inférieur au sien. Sans la présence de cette photosphère, le noyau nous enverrait une lumière qui produirait un spectre continu; mais la photosphère absorbe, dans cette lumière, les rayons qui correspondent à ceux qu'elle émet elle-même avec moins d'intensité.

On voit, dès lors, que si l'on constate une coïncidence exacte, entre certaines raies *obscures* du spectre solaire et les lignes *brillantes* fournies par un corps à l'état gazeux, on en pourra conclure la présence de ce corps dans la photosphère du soleil. De là, la possibilité d'une véritable *analyse de l'atmosphère solaire*, analyse qui a déjà fourni les résultats les plus remarquables. — C'est ainsi qu'on a pu constater que l'hydrogène, le sodium, le calcium, le magnésium, le fer, le chrome, le zinc, font partie de l'atmosphère du soleil.

III. — PROPRIÉTÉS CHIMIQUES DE LA LUMIÈRE. — PHOTOGRAPHIE

407. Propriétés chimiques des diverses régions du spectre. — Un certain nombre de composés chimiques, et particulièrement le chlorure, l'iodure et le bromure d'argent qui sont en usage dans la photographie, éprouvent, sous l'action de la lumière, une décomposition plus ou moins complète.

Les radiations diverses qui composent la lumière blanche présentent, à cet égard, des activités très différentes. Si l'on reçoit le spectre solaire sur une plaque couverte d'une substance impressionnable à la lumière, on constate que l'action chimique, à peu près nulle depuis le rouge jusqu'au vert, devient très sensible dans le bleu, acquiert son maximum d'intensité dans le violet, et se continue encore au delà du violet, dans une étendue assez considérable. On a donné le nom de rayons *ultra-violets*, aux rayons qui sont doués de propriétés chimiques, sans être lumineux, et qui sont plus réfrangibles que les rayons violets extrêmes.

408. Photographie. — Daguerréotype. — La *photographie* est l'art de fixer les images lumineuses sur l'écran qui les reçoit.

La *chambre noire* qui sert à produire l'image est une caisse rectangulaire (*fig.* 290), formée de deux parties D, E, qui peuvent glisser l'une dans l'autre. A la face antérieure est l'objectif LL'; dans la face

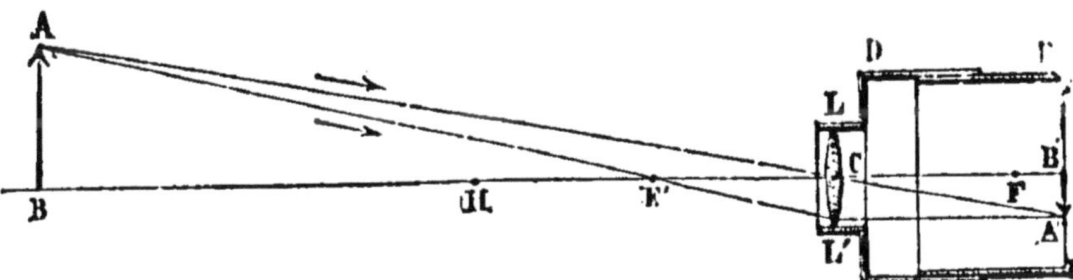

Fig. 290. — Formation de l'image dans la chambre noire pour la photographie.

postérieure est enchâssée une glace dépolie, sur laquelle viennent se peindre les images renversées des objets placés en face de l'objectif. Le photographe se place derrière cette glace, et la fait avancer ou reculer jusqu'à ce que l'image paraisse nette; il achève de *mettre au point*, en imprimant au tube qui porte l'objectif de petits déplacements, à l'aide d'une vis de rappel. — La figure 290 indique la marche des rayons lumineux.

Nicéphore Niepce est le premier qui soit parvenu à obtenir une image persistante, en employant une surface recouverte soit de bitume de Judée, soit d'iodure d'argent. Daguerre découvrit l'influence des vapeurs de mercure pour faire apparaître, sur l'iodure d'argent, l'image encore peu apparente : il trouva, en outre, le moyen de rendre cette image inaltérable à la lumière du jour. — Le procédé de Daguerre, connu sous le nom de *daguerréotype*, est aujourd'hui rarement employé. — Nous nous contenterons d'indiquer le principe du procédé le plus répandu, qui a été imaginé par Fox Talbot, en Angleterre. Ce qui caractérise ce procédé, c'est que l'image lumineuse de la chambre noire sert uniquement à faire un *cliché*, ordinairement *sur verre*, au moyen duquel on obtiendra ensuite des épreuves, en nombre aussi grand qu'on voudra.

409. Préparation du cliché. — Pour les opérations qui peuvent se faire à proximité du laboratoire, on emploie le *collodion humide* (solution de coton-poudre dans un mélange d'alcool et d'éther). — On verse, sur une plaque de verre, du collodion contenant des bromures et iodures solubles; le liquide, en s'écoulant, laisse une mince couche adhérente, qui se prend très vite, en raison de la grande volatilité de l'éther. On plonge ensuite la plaque, pendant quelques instants, dans une solution d'azotate d'argent; cette opération, qui doit être faite dans un laboratoire obscur, transforme en iodure et en bromure d'argent les iodures et bromures employés; enfin, on transporte la plaque dans la chambre noire, à la place de la glace dépolie (*fig.* 290). — Lorsque la plaque a reçu l'impression de la lumière, on la reporte dans le laboratoire obscur, et on fait *apparaître* l'image, en plongeant la plaque dans une solution de sulfate de protoxyde de fer, ou dans une solution d'acide pyrogallique, substances qui ont la propriété de continuer la réduction des sels d'argent, aux points qui ont été impressionnés par la lumière. — Enfin, on *fixe* l'image, c'est-à-dire qu'on enlève l'iodure et le bromure d'argent non altérés, au moyen d'une solution d'hyposulfite de soude.

Pour la reproduction des objets situés loin du laboratoire, on emploie l'un des procédés dits *au collodion sec*, qui permettent de préparer les plaques de verre longtemps avant de s'en servir, et de ne développer les images que plusieurs jours après que ces plaques ont reçu l'impression lumineuse dans la chambre noire. — Les procédés dits *au gélatino-bromure* ont l'avantage de n'exiger qu'un temps de pose très réduit.

Le cliché constitue une image inverse ou *négative*, puisque, sur les parties de la plaque qui ont été éclairées, la réduction des sels d'argent a donné naissance à un dépôt noir d'argent pulvérulent, tandis que les parties non éclairées ont repris, après le fixage, la transparence du verre. — Il nous reste à indiquer comment ce *cliché négatif* peut servir à tirer des épreuves positives.

410. Tirage des épreuves positives. — Le procédé le plus fréquemment employé consiste à exposer à la lumière, derrière le cliché et en contact avec lui, une feuille de papier *sensibilisée* au chlorure d'argent. Les rayons lumineux, passant à travers les parties transparentes du cliché, noircissent la couche sensible du papier, dans les parties correspondantes : les parties noires du cliché, en arrêtant la lumière, conservent au papier sa blancheur, dans les points qui leur correspondent. On obtient donc ainsi une image *positive*, dont on fait *virer* la teinte dans une solution de chlorure d'or, et que l'on *fixe* à l'hyposulfite de soude.

Nous ne pouvons entrer dans le détail des nombreuses modifications qu'a subies ce procédé, et qui permettent, soit de tirer, avec le cliché, des épreuves *au charbon*, bien plus inaltérables que les épreuves aux sels d'argent, soit même d'obtenir des plaques métalliques, servant ensuite à un tirage *aux encres grasses*, comme pour les lithographies ou les gravures.

CHAPITRE V

VISION. — INSTRUMENTS D'OPTIQUE

—

I. — VISION

411. Formation des images dans l'œil. — Les rayons lumineux, après avoir traversé la *cornée transparente* C (*fig.* 291), qui forme la partie antérieure du globe de l'œil, pénètrent dans l'*humeur aqueuse* H ;

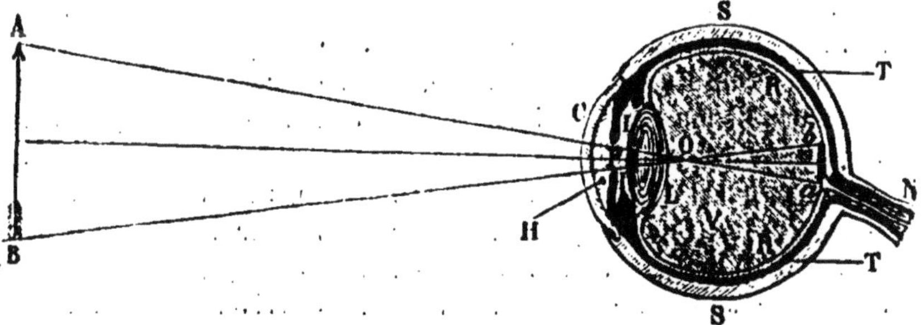

Fig. 291. — Formation des images dans l'œil.

en raison de la convexité de la surface qui limite ce milieu plus réfringent que l'air, les rayons éprouvent déjà une déviation vers l'axe de l'œil. Ils tombent ensuite sur une lentille biconvexe, le *cristallin* L, qui les dévie encore dans le même sens, en sorte que, après avoir traversé l'*humeur vitrée* V qui occupe toute la partie du globe située en arrière du cristallin, ils viennent converger sur la *rétine* RR qui tapisse intérieurement le fond de œil. — La rétine est une membrane d'une extrême ténuité, dans laquelle s'épanouit le nerf optique N qui pénètre par la partie postérieure du globe et qui transmet la sensation lumineuse.

En résumé, l'ensemble des milieux transparents de l'œil se comporte comme un *système convergent*, dont le centre optique O serait à une petite distance de la face postérieure du cristallin. Si l'on considère un objet lumineux AB placé à une distance suffisante, il se forme, sur la rétine, une image *ab*, qui est *renversée et plus petite que l'objet.* — Il faut remarquer seulement que les rayons trop écartés de l'axe, et qui nuiraient à la netteté de l'image, sont arrêtés, avant de tomber sur le cristallin, par l'*iris* I. L'iris joue le rôle d'un diaphragme percé d'une ouverture circulaire, la *pupille* P, qui ne laisse arriver sur le cristallin que les rayons suffisamment voisins de l'axe (*).

Malgré le *renversement de l'image*, nous voyons les objets dans leur situation véritable. — Les éléments nerveux de la rétine et du nerf optique ont donc des propriétés physiologiques telles, que si un point *a* de la rétine est impressionné par un faisceau lumineux convergent, nous rapportons la position du point extérieur, d'où émane le faisceau divergent qui lui a donné naissance, en l'un des points de l'axe secondaire *a*OA; il en est de même du point *b* et de tous les autres.

412. Vision à différentes distances. — Distance minimum de la vision distincte. — Pour les vues ordinaires, l'œil est constitué de manière à donner, pour une distance très grande de l'objet, une image nette sur la rétine : ainsi, quand l'atmosphère est bien transparente, la lune nous apparaît avec des contours bien arrêtés : c'est ce qu'on appelle la vision *à l'infini.* — Dans ce cas, les détails de l'objet ne sont pas perceptibles, parce que l'image rétinienne est très petite par rapport à l'objet. — A mesure que les objets se rapprochent, la vision peut encore conserver sa netteté, grâce à une *accommodation* de l'œil, dont le mécanisme réside principalement dans une augmentation des courbures du cristallin, sous l'influence des contractions des parties musculaires qui l'assujettissent sur son contour : l'œil devenant ainsi plus convergent, l'image peut encore se former sur la rétine, malgré la diminution de distance de l'objet. — En même temps, l'image formée sur la rétine augmente de grandeur, et nous arrivons ainsi à distinguer dans les objets des détails de plus en plus petits.

(*) L'iris présente, chez les divers individus, une coloration variable du bleu au brun foncé. Le cercle noir qui nous apparaît en son centre n'est autre chose que l'ouverture de la pupille, à travers laquelle nous distinguons la *choroïde* T, membrane noire qui tapisse le fond de l'œil, en arrière de la rétine.

Mais la faculté d'accommodation de l'œil n'est pas indéfinie : si l'on continue à rapprocher l'objet, il arrive un moment où l'image perd sa netteté, les courbures du cristallin ne pouvant pas augmenter davantage. — En d'autres termes, il existe, pour chaque individu, une *distance minimum* de la vision distincte : cette distance est de 15 à 20 centimètres pour les vues ordinaires (*).

II. — INSTRUMENTS D'OPTIQUE

413. Microscope solaire. — Le microscope solaire donne des images réelles, et considérablement agrandies, d'objets très petits.

La partie essentielle de l'appareil est une lentille convergente LL' (*fig.* 292) ayant une très petite distance focale principale ; *f* et *f'* sont ses deux foyers. L'objet AB est placé à une distance CP un peu supé-

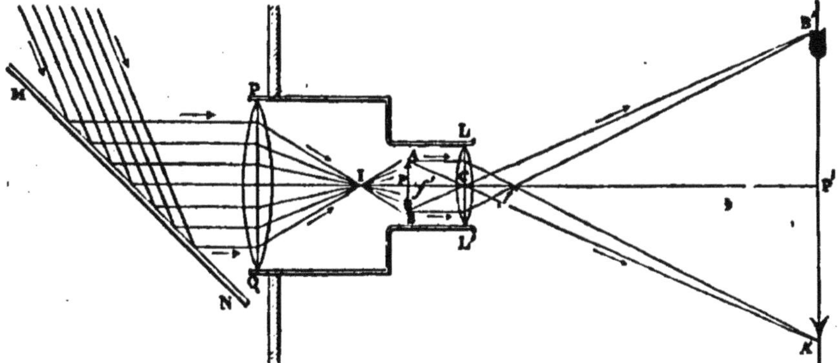

Fig. 292. — Microscope solaire.

rieure à la distance focale principale C*f'* : il se forme une image réelle et renversée A'B', beaucoup plus grande que l'objet ; on la reçoit sur un écran, dans la chambre obscure où sont placés les spectateurs. La figure 292 indique la construction géométrique des images A' et B' des extrémités de l'objet AB.

La lentille PQ et le miroir MN constituent un *système éclairant*. En effet, l'image A'B' étant beaucoup plus grande que l'objet et n'étant for-

(*) Les vues *myopes*, ou vues *courtes*, sont celles qui ne distinguent nettement que les objets placés suffisamment près, mais qui distinguent encore nettement, par accommodation, les objets placés à des distances bien inférieures à 15 centimètres. — Les vues *presbytes*, ou vues *longues*, sont celles qui distinguent les objets placés très loin, mais dont la faculté d'accommodation est limitée à une distance bien supérieure à 15 centimètres.

On corrige, au moins en partie, ces défauts de la vue, par l'emploi de *besicles* ou *lunettes*. — Les lunettes de myopes sont formées par des lentilles *divergentes ;* les lunettes de presbytes, par des lentilles *convergentes*.

mée que par le concours des rayons émis par l'objet sur la lentille LL', il est indispensable d'éclairer fortement l'objet, pour que l'image ait un éclat suffisant. — Les rayons du soleil, reçus sur le miroir plan MN qui est placé à l'extérieur de la pièce où se fait l'observation, sont réfléchis sur la lentille PQ, qui les concentre dans une très petite région I. On place l'objet AB un peu au delà de cette région; les rayons transmis ou diffusés par l'objet viennent alors tomber sur la lentille LL' (*). — L'objet est fixé entre deux lames de verre, maintenues par un *porte-objet* dont on fait varier la distance à la lentille LL' de manière à *mettre au point*, c'est-à-dire à obtenir, sur l'écran placé dans une position déterminée, une image aussi nette que possible.

On appelle *grossissement linéaire*, le rapport de deux dimensions homologues de l'image et de l'objet. — Pour le mesurer, on introduit dans l'appareil, à la place de l'objet AB, un *micromètre*, consistant en une petite lame de verre sur laquelle le constructeur a tracé, à l'aide d'une machine spéciale, des traits distants entre eux d'un centième de millimètre. Si l'on trouve que la distance des images de deux traits consécutifs, sur l'écran, est de 2 millimètres, on en conclura que le grossissement linéaire est représenté par 200. — Si l'on veut en déduire le *grossissement superficiel*, c'est-à-dire le rapport entre la surface de l'image et celle de l'objet, on remarquera que, l'image et l'objet étant des figures semblables, le rapport de leurs surfaces est égal au rapport des carrés de leurs dimensions homologues: en d'autres termes, le grossissement superficiel est exprimé par *le carré du grossissement linéaire*. Ainsi, dans l'exemple précédent, le grossissement superficiel serait représenté par 40 000 (**).

414. Loupe. — La loupe est une lentille convergente, que l'on place devant l'œil pour mieux distinguer les détails des objets.

Soient LL' (*fig.* 293) une lentille convergente, F et F' ses foyers principaux; soit AB un objet, placé *à une distance moindre que la distance focale principale*. Nous avons vu (396, 3°) que l'image A'B' est *virtuelle, droite* et *agrandie*. La figure indique la construction géométrique des images A' et B' des extrémités A et B de l'objet. — Pour observer cette image, on doit placer l'œil très près de la lentille, afin de recevoir la plus grande partie des faisceaux divergents qu'elle transmet. — On règle ensuite, par tâtonnements, la distance de l'objet à la loupe, de

(*) A défaut de la lumière solaire, on peut employer la lumière de Drummond ou la lumière électrique. On installe alors ces sources lumineuses dans une lanterne, dans l'une des faces de laquelle est assujetti le système PQLL'.

(**) Le principe de la *lanterne magique* est semblable à celui du microscope solaire. — La lentille objective est beaucoup moins convergente, et donne un grossissement beaucoup moindre. On éclaire les objets au moyen d'une lampe placée dans la lanterne, devant un miroir concave. — Les objets sont des dessins sur verre : ils doivent être placés dans une position *renversée*, afin que l'image soit *droite* pour les spectateurs.

manière que l'image virtuelle A'B' se produise *à la distance minimum de la vision distincte.* C'est ce que l'on appelle *mettre l'image au point.* — Nous supposerons cette condition réalisée.

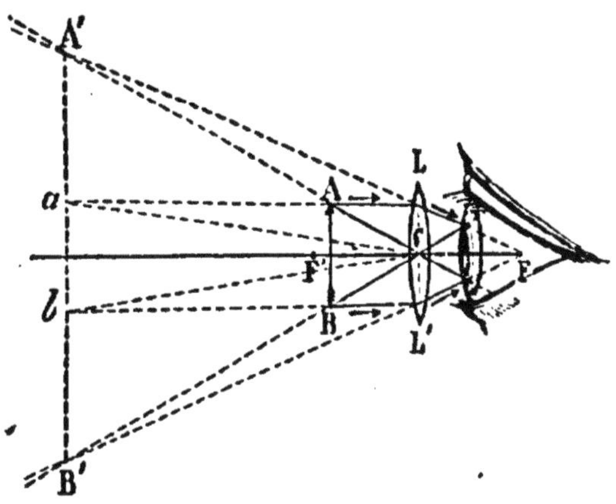

Fig. 293. — Observation d'un objet à la loupe.

Si l'on considère le centre optique de l'œil comme se confondant avec celui de la lentille, l'image est vue sous l'angle A'CB'; pour voir l'objet sans l'intermédiaire de la loupe, il faudrait le reporter en *ab*, à la distance minimum de la vision distincte. — Or, on appelle *grossissement linéaire* de la loupe, le rapport des angles A'CB' et *aCb*, sous lesquels on voit une dimension linéaire de l'objet, successivement à travers la loupe et à l'œil nu. Le rapport de ces deux angles est égal au rapport des longueurs A'B' et *ab*; c'est-à-dire au rapport des dimensions homologues A'B' et AB de l'image et de l'objet. En raison de la similitude des triangles A'CB', ACB, le rapport des longueurs A'B' et AB est égal à celui des distances de la loupe à l'image A'B' et à l'objet AB; et comme cette dernière distance diffère peu de CF', on voit que, pour un même œil, le grossissement est d'autant plus grand que CF' est plus petit, c'est-à-dire que la lentille est plus convergente.

Pour les observations d'histoire naturelle, on fixe ordinairement la loupe à un pied métallique, au-dessus d'un *porte-objet* dont la distance à la loupe peut se régler à l'aide d'une vis. L'appareil, ainsi construit, reçoit quelquefois le nom de *microscope simple.*

415. Microscope composé. — Le microscope composé est formé par la réunion d'un *objectif* convergent, qui donne une image réelle, plus grande que l'objet, et d'un *oculaire* qui fonctionne par rapport à cette image comme une loupe.

La figure 294 indique la marche des rayons : *ll'* est l'objectif, dont les foyers sont en *f* et en *f'* ; LL' est l'oculaire, dont les foyers sont en F et en F'. — L'objet AB, placé à une distance P*c* de l'objectif *un peu supérieure à la distance focale f'c*, donne une image réelle A_1B_1 renversée et agrandie (396, 2°). L'oculaire LL' est placé à une distance P_1C de l'image A_1B_1 *inférieure à sa distance focale principale* F'C ; les rayons qui se sont croisés aux différents points de cette image aérienne se comportent, par rapport à l'oculaire, comme s'ils émanaient d'un objet placé en A_1B_1 ; il se forme une image virtuelle A'B', visible pour l'œil placé au delà de l'oculaire. — En réglant convenablement la distance de l'objet, on amène cette image virtuelle à se former, pour chaque observateur, *à la distance minimum de la vision distincte.*

L'oculaire et l'objectif sont assujettis dans un tube métallique AB (*fig.* 295), supporté par un collier C. Les objets, assujettis entre deux

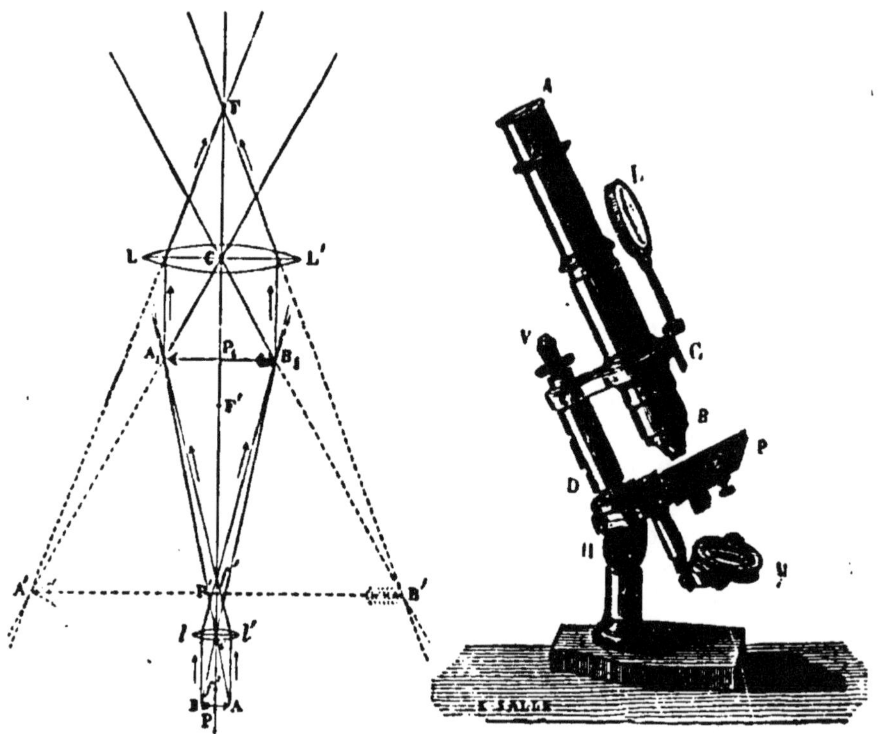

Fig. 294. — Formation des images dans le microscope composé.

Fig. 295. — Microscope composé.

lames de verre mince, sont placés sur la plaque P ou *porte-objet*, au-dessus de l'ouverture pratiquée en son milieu. Quand les objets sont transparents, comme c'est le cas le plus ordinaire, on les éclaire en dessous, au moyen du miroir concave M, sur lequel on reçoit la lumière des nuages ou celle d'une lampe, et qui renvoie cette lumière dans l'ouverture du porte-objet. Quand les objets sont opaques, on les éclaire en dessus, au moyen d'une lentille convergente L, que l'on abaisse de manière à concentrer sur eux la lumière. — Le collier C, qui soutient le microscope, est fixé à la colonne creuse D ; une vis V, placée dans l'axe de la colonne, permet de la faire monter ou descendre, de manière à éloigner ou à rapprocher l'instrument du porte-objet, pour *mettre au point.*

L'objectif B est, en général, formé de deux ou trois lentilles à très court foyer, assujetties dans des montures qui s'adaptent les unes aux autres. L'oculaire A est également formé de deux lentilles convergentes, formant une *loupe composée*. — On a, pour un même instrument, plusieurs systèmes d'objectifs et d'oculaires, que l'on peut substituer les uns aux autres, pour obtenir des grossissements variables.

416. Chambre claire. — Détermination du grossissement d'un microscope. — Le *grossissement linéaire* d'un microscope s'exprime, comme celui de la loupe, par le rapport de deux dimensions homologues de l'image et de l'objet. On peut le mesurer au moyen d'une *chambre claire*, disposée comme l'indique la figure 296.

Un petit miroir métallique *mn*, percé d'une ouverture, est fixé au-dessus de l'oculaire L, et incliné à 45 degrés sur l'axe du tube; un prisme à réflexion totale *abcf* fonctionnant comme un miroir (391, *note*), est disposé latéralement, de manière que sa face hypoténuse *ac* soit sensiblement parallèle à *mn*. — L'œil, placé en O, reçoit, au travers de l'ouverture du miroir *mn*, les rayons émis par l'objet AB et transmis par l'instrument, en sorte qu'il voit l'image virtuelle de cet objet. D'autre part, on dispose, à côté de l'instrument et au-dessous du prisme, une feuille de papier P: les rayons émis par cette feuille, se réfléchissant sur la face hypoténuse *ac*, puis sur le miroir *mn*, arrivent à l'œil dans les mêmes directions que les rayons qui viennent de l'objet. Pour l'observateur, l'image virtuelle de l'objet semble donc se peindre sur la feuille de papier elle-même (*).

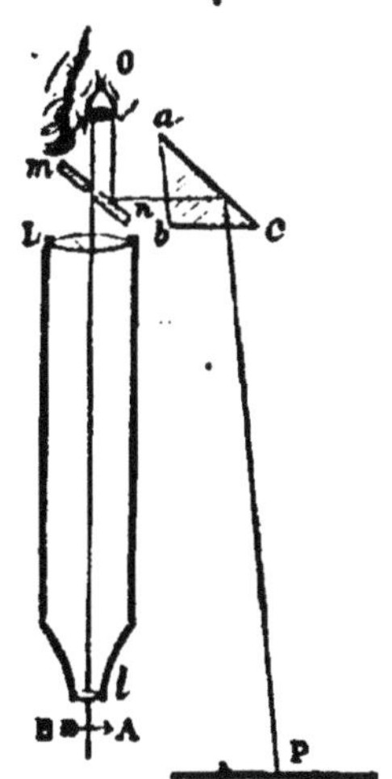

Fig. 296. — Chambre claire adaptée au microscope.

Pour mesurer le grossissement linéaire, on place sur le porte-objet un micromètre tracé sur verre, comme celui qui nous a servi à mesurer le grossissement du microscope solaire (413), et l'on dispose sur la feuille de papier une règle divisée en millimètres, de manière que l'image des divisions du micromètre apparaisse projetée sur la règle. Supposons, par exemple, que 3 divisions de la règle soient couvertes par 1 division de l'image grossie du micromètre : chacune des divisions du micromètre étant égale à un centième de millimètre, le grossissement linéaire sera exprimé par $\frac{3}{0,01} = 300$.

417. Lunette astronomique. — La lunette astronomique comprend, comme le microscope composé, un *objectif* donnant une image réelle de l'objet, et un *oculaire*, fonctionnant par rapport à cette image comme

(*) Cette illusion est assez complète pour qu'on puisse suivre avec la pointe d'un crayon, sur le papier, les contours des images, et obtenir ainsi un dessin d'une fidélité absolue.

une loupe. — Mais, la lunette astronomique étant destinée à l'observation d'objets très éloignés, l'image réelle, fournie par l'objectif, se forme toujours très près du foyer principal de l'objectif; elle est d'autant plus grande que la *distance focale* principale de l'objectif est plus grande. La puissance de la lunette augmente donc en raison de la longueur du tube.

La figure 297 indique la marche des rayons lumineux. Soient L l'objectif et L' l'oculaire; l'objet lumineux est supposé à gauche de L, et très éloigné. Il se forme d'abord une image réelle A_1B_1, un peu au delà du foyer principal F de l'objectif L, mais très près de ce foyer :

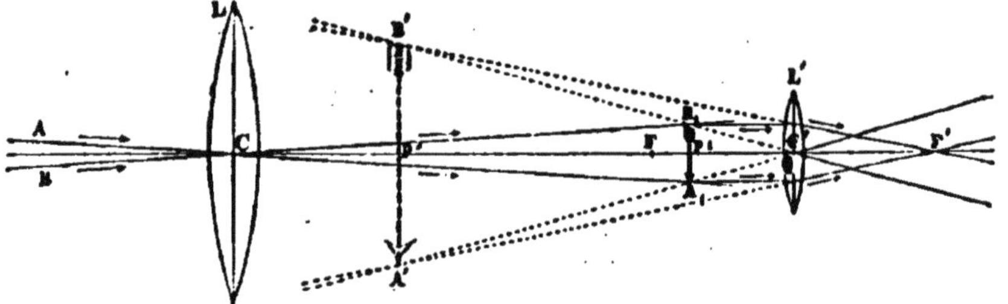

Fig. 297. — Formation des images dans la lunette astronomique.

les extrémités A_1 et B_1 de cette image sont situées sur les axes secondaires ACA_1 et BCB_1, que l'on suppose menés par les extrémités de l'objet. C'est une image renversée et très petite. — L'oculaire L a son foyer principal un peu en deçà de cette image, dans le voisinage de F : l'oculaire fonctionne donc, par rapport à l'image aérienne A_1B_1 comme une loupe, et lui substitue une image virtuelle A'B', droite par rapport à A_1B_1, mais *renversée* par rapport à l'objet.

L'impossibilité où l'on est de changer la distance de l'instrument à l'objet, comme on le faisait pour le microscope, oblige ici à faire mouvoir l'oculaire, pour *mettre au point*. — L'objectif est assujetti à l'extrémité d'un gros tube de métal : dans l'autre extrémité de ce tube, s'engage un *tube à tirage*, qu'on enfonce plus ou moins, jusqu'à ce que l'image ait acquis sa plus grande netteté.

Remarquons que l'objet AB, supposé très éloigné (*fig.* 297), serait vu à l'œil nu sous un angle ACB, en supposant l'œil placé au point C; tandis que l'image de cet objet est vue dans la lunette sous un angle A'C'B', en supposant l'œil placé derrière l'oculaire. On appelle *grossissement linéaire* d'une lunette le rapport des angles A'C'B' et ACB, sous lesquels on voit une même dimension de l'objet successivement à travers la lunette et à l'œil nu. Ce rapport $\frac{A'C'B'}{ACB}$ ou $\frac{A_1C'B_1}{A_1CB_1}$ est égal au rapport $\frac{CP_1}{C'P_1}$. Or $C'P_1$ est sensiblement la distance focale de l'oculaire, et si l'objet est très éloigné, CP_1 est la distance focale de l'objectif. Le grossissement est donc sensiblement égal au rapport des distances focales principales de l'objectif et de l'oculaire.

418. Réticule de la lunette. — Fixation de l'axe optique. — Dans les recherches astronomiques, les lunettes servent surtout à déterminer exactement les directions dans lesquelles se trouvent les astres, par rapport à l'observateur. Il est donc indispensable de fixer, dans l'instrument lui-même, une *ligne de visée.*

Pour arriver à ce résultat, on place à l'intérieur du tube, dans le plan même où se forme l'image *réelle* fournie par l'objectif, un *réticule* (*fig.* 298), c'est-à-dire un diaphragme présentant une ouverture circulaire dans laquelle sont tendus deux fils très fins, perpendiculaires entre eux : ce sont ordinairement des fils d'araignée. — Pour viser un astre, on dirige la lunette de façon que l'œil, placé derrière l'oculaire, voie l'image de cet astre coïncider avec le point de croisement des fils. Il ne peut en être ainsi que si l'astre lui-même est situé dans le prolongement de la droite qui passe par le point de croisement des fils et par le centre optique de l'objectif (395). Dès lors, le point de croisement des fils détermine, avec le centre optique de l'objectif, une droite qui doit être considérée comme liée à la lunette, et qui sert à définir la ligne de visée. — C'est cette droite qu'on nomme l'*axe optique* de la lunette.

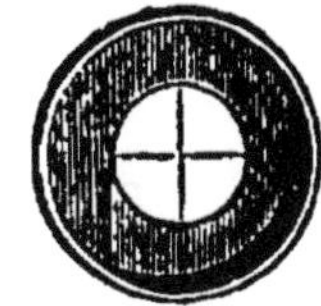
Fig. 298. Réticule.

Les cercles gradués, sur lesquels se meuvent les lunettes, servent à mesurer les angles dont on déplace leur axe optique pour passer d'un astre à un autre.

419. Lunette terrestre. — Le renversement des images, qui n'a aucun inconvénient dans les observations astronomiques, serait peu commode pour l'observation des objets terrestres. — On appelle *lunettes terrestres*, ou *longues-vues*, des lunettes qui diffèrent de la lunette astronomique par l'interposition, entre l'objectif et l'oculaire, d'un système de deux lentilles ayant pour but de substituer, à l'image renversée qui est fournie par l'objectif, une autre image *redressée*, par rapport à laquelle l'oculaire fonctionne toujours comme une loupe.

Le système de ces deux lentilles intermédiaires est ce qu'on nomme le *véhicule;* on appelle ordinairement *oculaire terrestre* l'ensemble formé par le véhicule et par l'oculaire proprement dit. Tout cet ensemble est porté par le tube à tirage, qui sert à la mise au point.

420. Lunette de Galilée. — Lorgnettes-jumelles. — La lunette de Galilée permet d'obtenir une image droite, sans l'interposition de verres supplémentaires, en employant simplement comme oculaire une lentille *divergente.* — Cette disposition a l'avantage de donner à l'instrument une longueur bien moindre.

La figure 299 indique la marche des rayons lumineux. — Soit A_1B_1 l'image réelle et renversée que donnerait, d'un objet supposé très éloigné, l'objectif L, un peu au delà de son foyer principal F. Plaçons l'oculaire divergent L' *entre cette image et l'objectif*, de manière que sa distance $C'P_1$ à l'image A_1B_1 soit un peu supérieure à sa distance focale principale $C'f'$, et cherchons ce que deviennent alors les rayons qui seraient venus concourir au point A_1. Parmi ces rayons, nous considérerons celui qui se propageait parallèlement à l'axe principal :

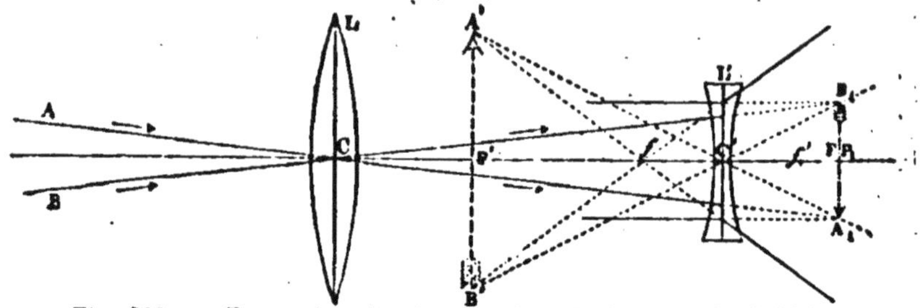

Fig. 299. — Formation des images dans la lunette de Galilée.

en traversant l'oculaire divergent, ce rayon est réfracté de manière que son prolongement géométrique passe par le foyer principal virtuel situé en *f*, à gauche de la lentille (397) ; il rencontre en A' l'axe secondaire $A_1C'A'$: c'est donc en A' que passent les prolongements de tous les rayons qui, sans l'interposition de l'oculaire, seraient venus se croiser en A_1. On détermine le point B' par une construction semblable. — L'œil, placé au delà de l'oculaire, voit en A'B' une image virtuelle, agrandie et renversée par rapport à l'image A_1B_1, c'est-à-dire *droite* par rapport à l'objet lui-même.

La lorgnette de spectacle, ou *jumelle*, se compose de deux lunettes de Galilée, assujetties parallèlement. Les tubes qui portent les objectifs AB, A'B' (*fig.* 300), sont réunis par des traverses, à leurs deux extrémités. Les tubes à tirage qui portent les oculaires CD, C'D', sont réunis également par une traverse DC', de manière qu'on puisse faire mouvoir ensemble ces deux tubes à tirage, et les mettre simultanément *au point* pour les deux yeux. Il suffit, pour cela, de faire tourner sur lui-même le tube EE', au moyen de la molette saillante VV' que l'on tient entre les doigts : le pas de vis pratiqué intérieurement sur la paroi de ce tube fait alors monter ou descendre la tige T, qui est fixée à la traverse DC'.

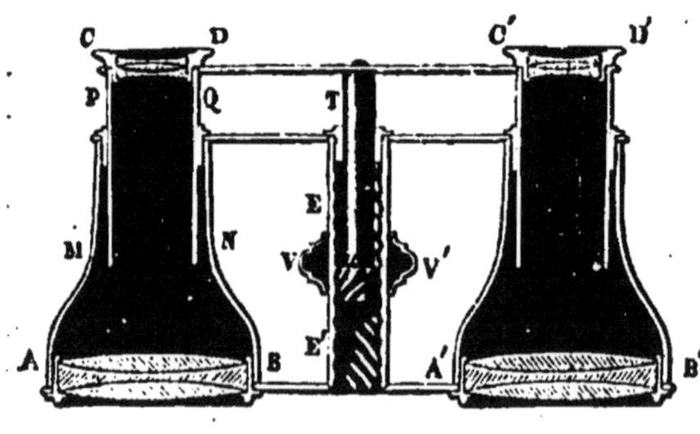

Fig. 300. — Lorgnettes-jumelles.

421. Télescope de Newton. — Dans les *télescopes*, au lieu d'employer, comme dans les lunettes, une lentille objective pour recevoir la lumière des objets, on emploie un miroir sphérique concave. — Nous décrirons, en particulier, le *télescope de Newton*.

Un miroir sphérique concave MN (*fig.* 301) est fixé au fond d'un tube, de manière que son centre C soit sur l'axe du tube. — L'axe du tube étant dirigé vers un objet lumineux situé à droite du point C, et

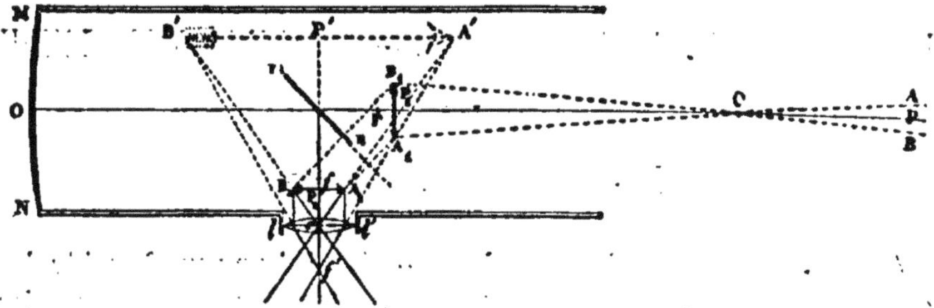

Fig. 301. — Formation des images dans le télescope de Newton.

très éloigné, les faisceaux de rayons réfléchis par ce miroir tendent à former, un peu au delà de son foyer principal F, une image A_1B_1 réelle et renversée. Mais ces faisceaux, avant d'atteindre leurs points de concours, sont reçus sur un petit miroir plan *mn*, incliné à 45 degrés sur l'axe du tube ; ils sont réfléchis de nouveau par ce miroir, en sorte que l'image se trouve rejetée dans une position A_2B_2 symétrique de A_1B_1 par rapport à *mn*. C'est cette image réelle A_2B_2 qu'on observe à travers l'oculaire *ll'*, placé sur le côté du tube et fonctionnant comme loupe. L'œil, placé au delà de cet oculaire, aperçoit donc l'image agrandie et virtuelle A'B'. — Pour *mettre au point*, on fait mouvoir l'oculaire, dans un tube à tirage, comme pour la lunette astronomique.

Le télescope de Newton a été perfectionné, dans sa construction, par Foucault. — Les miroirs sphériques de bronze, qu'on employait depuis Newton, offrent cet inconvénient que, s'ils viennent à s'oxyder, il faut recommencer un travail de polissage très long et très dispendieux. A ces miroirs de bronze Foucault a substitué des miroirs de verre, dont la surface *concave* est couverte d'une couche mince d'argent, déposée chimiquement. — Lorsque la couche d'argent vient à se ternir, on peut l'enlever au moyen d'un liquide qui le dissout, et déposer sur le verre une nouvelle couche d'argent, qui rend au miroir son éclat primitif.

COMPLÉMENT AU LIVRE II

PROPAGATION DE LA CHALEUR. — CHALEUR TERRESTRE

I. — CHALEUR RAYONNANTE

422. Rayonnement de la chaleur. — La chaleur peut franchir des espaces plus ou moins considérables, sans échauffer sensiblement les corps qu'elle traverse. — Ce mode de propagation de la chaleur, tout à fait analogue à celui de la lumière, a reçu le nom de *rayonnement*, ou de *chaleur rayonnante*.

La chaleur qui nous arrive du soleil, avec sa lumière, ne nous parvient qu'après avoir franchi les espaces célestes, où n'existe aucune matière pondérable : elle a donc traversé *le vide*. — La chaleur émise par des corps qui ne sont pas lumineux traverse également le vide. Pour le démontrer, il suffit de répéter l'expérience suivante, qui est due à Rumford. Un thermomètre *t* (*fig.* 302) est soudé dans la paroi d'un ballon de verre, de manière que son réservoir B soit à peu près au centre du ballon. On a préalablement fait le vide dans le ballon : pour cela, on l'a soudé à l'extrémité d'un tube d'environ 1 mètre de longueur, on a rempli tout l'appareil de mercure, et on l'a renversé sur une cuve à mercure; on a ensuite fermé à la lampe le col A du ballon, et on l'a détaché du tube. Quand on plonge le ballon ainsi préparé dans une cuve contenant de l'eau chaude (*fig.* 302), on voit le thermomètre accuser *instantanément* une élévation de température.

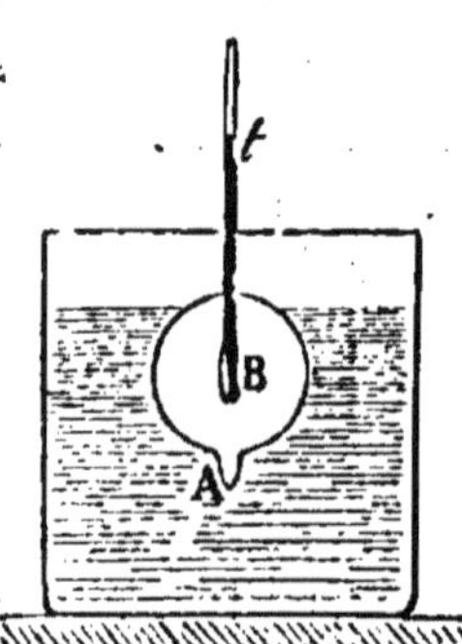

Fig. 302. — La chaleur traverse le vide.

Enfin, la chaleur traverse également certains corps sans les échauffer. Le physicien Prévost, de Genève, a montré que la chaleur émise par un boulet rouge peut impressionner un thermomètre, placé de l'autre côté d'une nappe d'eau tombant d'un réservoir. — Avec les rayons solaires, rendus convergents par une lentille taillée dans un bloc de glace, on a pu enflammer de la poudre.

423. Propagation rectiligne de la chaleur. — Rayons calorifiques. — Un thermomètre étant placé en présence d'une source calorifique de petite dimension, si l'on interpose un petit écran de carton sur la droite qui joint la source au réservoir du thermomètre, on n'observe plus aucune élévation de température. La chaleur se propage donc en ligne droite.

Un corps chaud émettant de la chaleur dans *toutes les directions*, toute droite, partant d'un point quelconque de ce corps, doit être considérée comme représentant la direction d'un *rayon calorifique.*

424. Intensités calorifiques d'une même source à différentes distances. — Lorsque l'on considère des rayons calorifiques émanant d'un même point, on démontre, comme pour la lumière (365), qu'une même surface, placée successivement à diverses distances de la source, reçoit des quantités de chaleur *inversement proportionnelles aux carrés des distances.*

Nous appellerons *intensité propre* d'une source calorifique, la quantité de chaleur que reçoit de cette source, dans un temps déterminé, une surface égale à l'unité, placée à l'unité de distance.

Soit I l'intensité propre d'une source, ainsi définie. Si l'on considère une surface égale à l'unité, placée à une distance D de cette même source, elle recevra, dans le même temps, une quantité de chaleur représentée par $\frac{I}{D^2}$; cette quantité est ce qu'on nomme l'*intensité de la source à la distance* D.

425. Appareil de Melloni. — Pour faire l'étude de la chaleur rayonnante, la méthode la plus précise est celle de Melloni.

Les *sources de chaleur* que Melloni employait étaient au nombre de quatre, savoir : — 1° Deux sources de *chaleur obscure :* un cube rempli

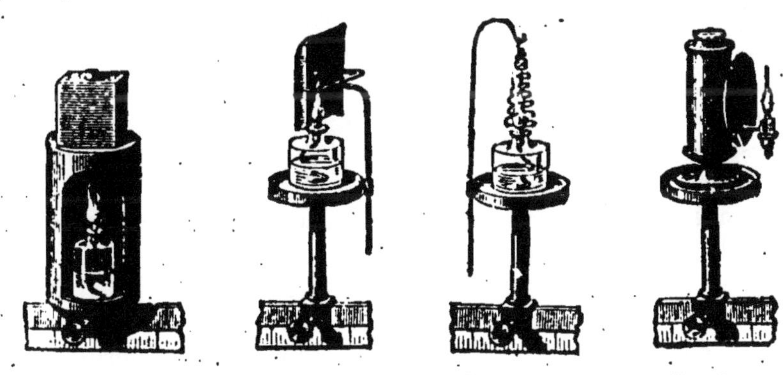

Fig. 303. Fig. 304. Fig. 305. Fig. 306.

d'eau qu'on maintenait en ébullition au moyen d'une lampe à alcool (*fig.* 303) ; une plaque de cuivre, chauffée également par une flamme d'alcool (*fig.* 304), et dont la température pouvait atteindre 400 degrés.

— 2° deux sources de *chaleur lumineuse :* une spirale de platine, rendue incandescente par la flamme d'une lampe à alcool (*fig.* 305) ; la flamme d'une petite lampe à huile, dite *lampe de Locatelli* (*fig.* 306), à mèche pleine, et sans cheminée de verre.

L'appareil de mesure pour les quantités de chaleur est le thermo-multiplicateur précédemment décrit (283). La pile thermo-électrique est installée sur un support placé sur une règle divisée AB (*fig.* 307).

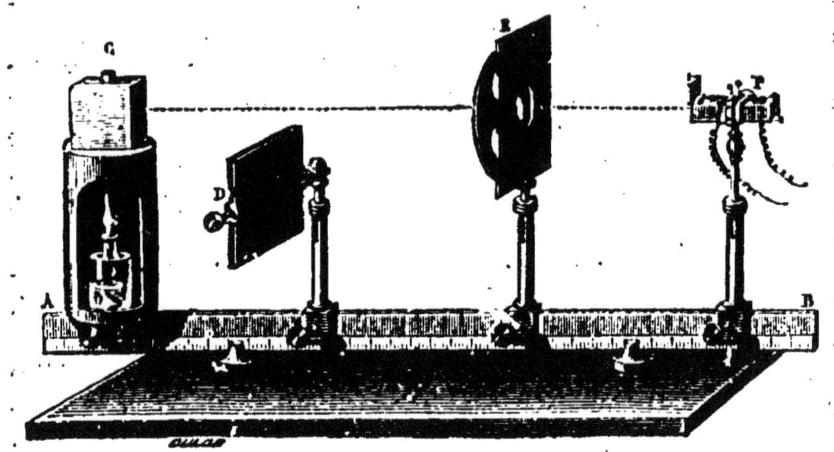

Fig. 307. — Appareil de Melloni.

D'autres supports servent à placer, soit les sources de chaleur, ou les écrans destinés à intercepter les rayons calorifiques. — Le galvanomètre est supposé placé à droite de la figure.

426. Émission. — Pouvoirs émissifs. — La quantité de chaleur émise par un même corps augmente, en général, quand la *température* de ce corps s'élève. — Ainsi, un poêle nous envoie, à distance, d'autant plus de chaleur qu'il est plus chaud lui-même.

Mais la quantité de chaleur rayonnée par un corps dépend, en outre, de la *nature* de sa surface. C'est ce que montrent les expériences suivantes. — Plaçons sur la règle AB de l'appareil de Melloni (*fig.* 307 le cube métallique C, dont les faces verticales auront été couverte chacune d'une substance particulière : l'une, de noir de fumée ; un autre de blanc de céruse ; une troisième sera métallique et brillante, etc. Un écran E, percé d'une ouverture, servira à limiter le faisceau de rayons qui doit arriver du cube à la pile. Un autre écran D servira, quand il sera relevé, à arrêter ces rayons. — Supposons que, l'eau du cube étant en ébullition, on tourne d'abord vers la pile la face qui est enduite de noir de fumée. Dès que l'écran D est abaissé, on observe que l'aiguille du galvanomètre est déviée ; on mesure l'angle de déviation sur le cercle gradué. On relève alors l'écran D, et on laisse l'aiguille revenir à sa position primitive. — On tourne ensuite vers la pile une autre face du cube, une face métallique, par exemple, et on recommence l'expérience; on observe une nouvelle déviation de l'aiguille, beaucoup moindre que la première. — Avec une troisième face, on trouve encore une déviation différente, et ainsi de suite.

En répétant ces expériences avec divers corps, on trouve que c'est le *noir de fumée* qui, à une même température, émet la plus grande quantité de chaleur. — On est convenu d'appeler *pouvoir émissif* d'un corps quelconque, *le rapport de la quantité de chaleur qu'émet ce corps à celle qu'émet le noir de fumée, à la même température.*

Le blanc de céruse paraît être à peu près le seul corps qui émette la même quantité de chaleur que le noir de fumée, à la même température; c'est-à-dire que c'est le seul corps qui ait un pouvoir émissif égal à l'unité. — Pour tous les autres corps, les pouvoirs émissifs sont exprimés par des fractions que l'expérience détermine.

Les métaux ont, en général, un pouvoir émissif très faible, et d'autant plus faible que leur surface est mieux polie : ainsi, le pouvoir émissif de l'argent poli est seulement 0,025. — Ainsi s'explique l'usage que l'on fait de vases d'argent poli, pour conserver les liquides qu'on veut maintenir chauds, comme le thé, le café, etc.

427. Réflexion. — Pouvoirs réflecteurs. — Les lois de la réflexion de la chaleur, sur les surfaces polies, sont les mêmes que celles de la réflexion de la lumière (369). — Ainsi, en recevant les rayons du soleil sur un miroir sphérique concave, parallèlement à son axe principal, on obtient, au foyer principal des rayons lumineux, une *concentration de chaleur* qui permet d'allumer les corps combustibles. — Les anciens désignaient ces miroirs sous le nom de *miroirs ardents.*

On peut faire encore l'expérience d'une autre manière : c'est l'expérience des *miroirs conjugués.* — On place deux miroirs sphériques

Fig. 308. — Miroirs conjugués, pour la réflexion de la chaleur.

concaves en face l'un de l'autre, de manière que leurs axes coïncident. Au foyer principal de l'un F on place d'abord la flamme d'une bougie : on constate, au moyen d'un petit écran de papier, que les rayons lumineux viennent converger au foyer principal de l'autre F'. — On remplace alors, en F, la flamme de la bougie par une corbeille métallique remplie de charbons ardents (*fig.* 308); en F', on place de l'amadou ou du coton-poudre. On a eu soin de masquer l'un des miroirs pendant qu'on disposait les charbons : à l'instant où l'on enlève l'écran, l'amadou prend feu, même à plusieurs mètres de distance.

Mais, quelque polie que soit une surface, elle ne réfléchit jamais intégralement toute la chaleur qu'elle reçoit. — On appelle *pouvoir réflecteur* d'une surface déterminée, *le rapport de la quantité de chaleur réfléchie à la quantité de chaleur incidente.*

En plaçant sur l'appareil de Melloni des plaques polies de diverses natures, et disposant la pile sur un support latéral, on peut mesurer les pouvoirs réflecteurs de ces plaques. On peut aussi, pour chaque plaque, mesurer les quantités de chaleur réfléchies sous diverses incidences. — On trouve ainsi que, pour les corps *opaques* et parfaitement polis, les pouvoirs réflecteurs varient peu avec l'angle d'incidence. Au contraire, les corps *transparents*, comme le verre, le cristal de roche, etc., réfléchissent une proportion d'autant plus grande de la chaleur incidente, que l'angle d'incidence est plus grand. — Ce résultat est analogue à celui que présente la réflexion de la lumière à la surface des corps transparents (373).

Enfin les substances mates, telles que le papier, les métaux dépolis, recevant de la chaleur dans une direction déterminée, ne la réfléchissent pas dans une direction unique : elles en renvoient une partie *dans toutes les directions*. Ce résultat, qui est encore analogue à celui que nous avons constaté pour la lumière (374), constitue la *réflexion irrégulière* ou la *diffusion* de la chaleur.

428. Transmission. — Pouvoirs diathermanes. — Nous avons vu (422) que la chaleur traverse certains corps, comme la lumière traverse les corps transparents. On désigne ces corps sous le nom de *corps diathermanes*, c'est-à-dire transparents pour la chaleur. — Par opposition, on appelle *corps athermanes*, ceux qui arrêtent la chaleur incidente, c'est-à-dire qui sont opaques pour la chaleur.

Fig. 309. — Plaques pour l'étude des pouvoirs diathermanes.

Pour étudier le degré de transparence des diverses substances pour la chaleur, ou leur *diathermanéité*, on les façonne en petites plaques, que l'on place sur un support (*fig.* 309), entre la source de chaleur et la pile thermo-électrique : la déviation de l'aiguille du galvanomètre fait connaître la quantité de chaleur transmise. On enlève ensuite la plaque, et on laisse arriver directement le faisceau calorifique sur la pile : on obtient une autre déviation, qui fait connaître la quantité de chaleur incidente. — On appelle *pouvoir diathermane* d'une plaque *le rapport entre la quantité de chaleur transmise et la quantité de chaleur incidente.*

Avant d'indiquer les résultats fournis par les expériences de ce genre, il est nécessaire, pour l'intelligence de ces résultats eux-mêmes, de remarquer qu'il existe, entre les rayons calorifiques, des différences semblables à celles qui caractérisent les rayons lumineux *de diverses couleurs* — En effet, quand on emploie une pile thermo-électrique pour explorer les diverses régions du spectre solaire, on constate que la pile accuse des quantités de chaleur croissantes depuis le violet jusqu'au rouge, et qu'elle accuse encore des quantités de chaleur sensibles en deçà du rouge, dans une étendue presque égale à celle du spectre lumineux. De là résulte que les radiations émises par le soleil comprennent, non seulement des rayons qui sont à la fois *calorifiques et lumineux*, mais aussi des rayons *calorifiques obscurs*, présentant, par rapport aux premiers, des différences de réfrangibilité semblables à celles qui distinguent entre eux les rayons lumineux de diverses couleurs (*). — La même expérience, répétée avec une autre source *lumineuse*, comme la lampe de Locatelli (*fig.* 306) ou la spirale incandescente (*fig.* 305), fournit un spectre présentant des caractères semblables. — Les sources de chaleur *obscure*, comme la plaque chauffée (*fig.* 304) ou le cube d'eau bouillante (*fig.* 303) ne donnent plus de spectre lumineux, mais uniquement un spectre de chaleur obscure.

Voici maintenant quelques-uns des résultats fournis par l'étude expérimentale des *pouvoirs diathermanes*, en employant successivement diverses sources de chaleur :

1° Si l'on prend, comme sources de chaleur, le cube à eau bouillante ou la plaque de cuivre chauffée, c'est-à-dire des sources *obscures*, on constate que des plaques de verre ou de cristal de roche ne laissent passer que des quantités de chaleur inappréciables. — Ces substances ne se laissent donc pas traverser par les rayons *calorifiques obscurs;* elles ont, pour les rayons de cette espèce, un pouvoir diathermane *sensiblement nul*.

2° Si maintenant on prend, comme sources de chaleur, la lampe de Locatelli ou la spirale incandescente, c'est-à-dire des sources *lumineuses*, la quantité de chaleur transmise au travers de ces mêmes plaques est une fraction très notable de la quantité de chaleur incidente. — Ce résultat, comparé au précédent, montre que ces substances (verre ou cristal de roche) n'arrêtent, dans les faisceaux émis par ces sources, que les rayons de chaleur obscure; elles laissent passer, avec la lumière, une portion considérable des rayons *calorifiques lumineux*.

3° Enfin, certaines autres substances, comme le sel gemme, laissent toujours passer la presque totalité de la chaleur incidente, *quelle que soit la source de chaleur* employée. Le sel gemme a donc un pouvoir

(*) On emploie généralement, pour ces expériences, un prisme de *sel gemme*. Un prisme de verre absorberait la plus grande partie des rayons de chaleur *obscure*, et ne laisserait guère passer que les rayons de chaleur *lumineuse*.

diathermane sensiblement égal à l'unité, pour les rayons *calorifiques de toutes natures.*

Ces résultats offrent une analogie remarquable avec ceux que présente la transmission de la lumière, au travers des divers corps. — Ainsi, on vient de voir que le verre ou le cristal de roche, recevant le faisceau de chaleur complexe émis par la lampe de Locatelli, ne laissent passer que les divers rayons de chaleur lumineuse et arrêtent les rayons de chaleur obscure, absolument comme une vitre rouge, recevant la lumière blanche du soleil, ne laisse passer que les rayons rouges et arrête les rayons des autres couleurs. — Le sel gemme laisse passer aussi bien les rayons obscurs que les rayons lumineux, absolument comme une vitre incolore laisse passer indifféremment les rayons des diverses couleurs qui constituent la lumière blanche.

429. Applications. — Dans les serres vitrées, la température s'élève rapidement, même pendant l'hiver, sous la simple influence des rayons solaires. Ce résultat s'explique facilement, d'après ce qui précède. La plus grande partie de la chaleur du soleil pénètre, avec la lumière, au travers des vitres, et échauffe les corps que la serre contient. Ceux-ci, à mesure qu'ils s'échauffent, émettent des quantités de chaleur de plus en plus grandes; mais c'est de la chaleur *obscure*, qui ne peut traverser le verre, en sorte que la chaleur s'accumule progressivement à l'intérieur de la serre. — Le même phénomène se produit sous les cloches dont les maraîchers couvrent leurs plantes, pour faire mûrir les fruits : il suffit d'introduire la main sous ces cloches, pour constater l'élévation de température qui s'y produit dès qu'elles ont été frappées quelque temps par le soleil.

L'eau jouit, sous ce rapport, de propriétés analogues à celles du verre. De là, l'élévation de température qu'éprouve la vase, au fond des étangs peu profonds, sous l'action des rayons solaires (*).

430. Absorption. — Pouvoirs absorbants. — La chaleur *absorbée* par un corps est la portion de chaleur incidente qui est retenue par lui, et qui sert, en général, à lui faire éprouver une élévation de température. — On appelle *pouvoir absorbant* d'un corps, pour une chaleur de nature déterminée, *le rapport de la quantité de chaleur absorbée à la quantité de chaleur incidente.*

Quand on opère sur le *noir de fumée*, l'expérience montre que ce corps, recevant un faisceau calorifique de nature quelconque, n'en renvoie aucune partie, soit par réflexion régulière, soit par diffusion, et

(*) La vapeur d'eau dont se charge notre atmosphère jouit également de propriétés semblables, comme l'ont montré les expériences de M. Tyndall. L'atmosphère humide a donc pour effet de ralentir le refroidissement de notre globe; elle laisse passer la chaleur lumineuse émise par le soleil, et arrête, en très grande partie, la chaleur obscure que la terre échauffée émet en sens contraire.

n'en laisse passer non plus aucune par transmission. — Le noir de fumée doit donc être considéré comme absorbant toute la chaleur qu'il reçoit, ou comme ayant *un pouvoir absorbant égal à l'unité* (*).

Pour ce qui concerne les autres corps, si l'on considère, en particulier, les métaux, qui sont complètement athermanes, et qui peuvent acquérir un poli assez parfait pour ne donner lieu qu'à la *réflexion régulière*, sans diffusion, leur pouvoir absorbant peut se déduire de leur pouvoir réflecteur. — Il suffit, pour chacun d'eux, de retrancher de l'unité la fraction qui représente son pouvoir réflecteur. — Le cas que nous venons de considérer est évidemment le plus simple; c'est le seul où les pouvoirs absorbants soient connus avec exactitude.

431. Égalité du pouvoir absorbant et du pouvoir émissif, pour un même corps et une même espèce de chaleur. — Nous venons de voir que, pour toute espèce de chaleur, le pouvoir *absorbant* du noir de fumée est égal à l'unité. D'après la définition même des pouvoirs émissifs (426), le pouvoir *émissif* du noir de fumée est également représenté par l'unité. — Si maintenant on prend un autre corps, dont le pouvoir absorbant soit exactement connu, et si l'on compare ce pouvoir absorbant avec le pouvoir émissif du même corps, défini comme nous l'avons dit (426), on trouve encore deux nombres *identiques*, à la condition qu'il s'agisse toujours d'une même espèce de chaleur.

Ce sont ces résultats qu'on exprime, en disant que *le pouvoir émissif d'un corps est égal à son pouvoir absorbant*, pour la même espèce de chaleur. — Ce principe, dont la théorie démontre la généralité, permet de se dispenser de la détermination directe des pouvoirs absorbants de certaines substances, quand on connait leurs pouvoirs émissifs pour la même espèce de chaleur.

432. Équilibre mobile de température. — Réflexion apparente du froid. — L'expérience montre que, si l'on met en présence divers corps, à des températures différentes, les plus froids s'échauffent, les plus chauds se refroidissent, et il en est ainsi jusqu'au moment où tous ces corps arrivent à une même température, qu'ils conservent ensuite indéfiniment. — Ce résultat pourrait s'expliquer en admettant que les corps les plus chauds sont les seuls qui rayonnent de la chaleur, et que ce rayonnement *cesse* dès que leur température est devenue égale à celle que les autres corps ont acquise. Pour chaque corps, la propriété d'émettre de la chaleur serait alors subordonnée à la température des corps environnants.

Il est plus rationnel d'admettre que *tous les corps* rayonnent de la chaleur, mais que, pour chacun d'eux, la quantité de chaleur émise est d'autant plus grande que la température du corps est plus élevée. —

(*) C'est pour cette raison que, dans l'appareil de Melloni, on couvre de noir de fumée la face de la pile thermo-électrique qui doit être soumise à l'action des faisceaux de chaleur.

Dès lors, plusieurs corps étant mis en présence, si l'un d'eux se refroidit, c'est *qu'il émet plus de chaleur qu'il n'en absorbe*; si un autre s'échauffe, c'est *qu'il absorbe plus de chaleur qu'il n'en émet*. — L'équilibre de température, une fois réalisé, se conserve, parce que, pour chacun des corps, la perte de chaleur due à son rayonnement propre est compensée par la chaleur qu'il absorbe. — C'est ce qu'on a appelé *l'équilibre mobile de température.*

Cette manière d'envisager les phénomènes fournit une explication de l'expérience connue sous le nom de *réflexion apparente du froid.* — Reprenons les miroirs déjà décrits (427); plaçons au foyer F′ du miroir A′B′ (*fig.* 310) le réservoir d'un thermomètre sensible, puis fixons au foyer F du miroir AB un ballon de verre contenant de la glace.

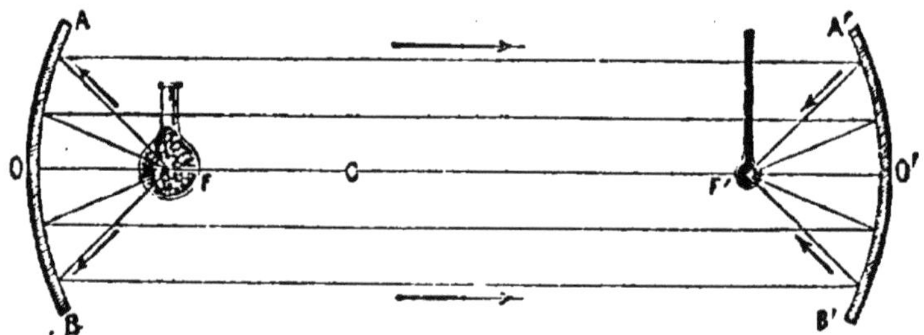

Fig. 310. — Miroirs conjugués, pour la réflexion apparente du froid.

Le thermomètre indiquera un abaissement de température. — Cette expérience, célèbre dans la science, semblait conduire à admettre l'existence de *rayons frigorifiques.*

La théorie de l'équilibre mobile de température dispense de cette nouvelle hypothèse. — En effet, supposons d'abord que le ballon *ne soit pas encore placé*, et que l'équilibre de température existe : admettons, pour plus de simplicité dans l'explication, que les parois de l'enceinte et la surface du thermomètre soient *dépourvues de pouvoir réflecteur*, et qu'elles aient *des pouvoirs émissifs égaux.* Le thermomètre F′ envoie sur le miroir A′B′ des rayons divergent qui sont réfléchis par ce miroir, puis par le miroir AB, vont passer par le point F, et parviennent ensuite à divers points de l'enceinte. Dans les mêmes directions, et en sens inverse, se propagent des rayons venant de l'enceinte, passant par F, et renvoyés par les miroirs vers le point F′. Puisque l'enceinte et le thermomètre ont même pouvoir émissif, et par suite même pouvoir absorbant, la perte de chaleur reste, pour le thermomètre, toujours égale au gain, et sa température reste invariable. — Au contraire, quand on vient à placer en F le ballon plein de glace, les rayons qui venaient de l'enceinte en passant par F, et qui étaient ainsi renvoyés par les miroirs sur le thermomètre F′, sont remplacés par les rayons moins intenses qu'émet le corps froid. Le thermomètre reçoit donc moins de chaleur que précédemment, c'est-à-dire moins de chaleur qu'il n'en perd : il doit donc éprouver un abaissement de température, comme le montre l'expérience.

II. — CONDUCTIBILITÉ

433. Propagation de la chaleur par conductibilité. — Les observations de chaque jour montrent que la chaleur peut se transmettre dans les corps solides par *conductibilité*, c'est-à-dire par une élévation graduelle de la température de leurs couches successives.

La méthode suivante permet de comparer entre eux les différents corps solides, au point de vue de leurs propriétés *conductrices*.

434. Conductibilité des corps solides. — Appareil d'Ingenhousz. — L'appareil d'Ingenhousz se compose d'une petite cuve rectangulaire de laiton (*fig.* 311), dans la paroi de laquelle sont assujetties des tiges de diverses substances : argent, cuivre, zinc, étain, verre, bois, etc. Ces tiges ont été couvertes d'une couche mince de cire (pour cela, on les a plongées dans un bain de cire fondue, et on les a laissées refroidir après les en avoir retirées). — On verse l'eau bouillante dans la caisse : la chaleur se transmet dans la longueur des tiges ; on juge de leur plus ou moins grande conductibilité, par la distance à laquelle se propage la fusion de la cire. — On constate ainsi, par exemple, que la cire fond jusqu'à l'extrémité de la tige d'argent, tandis que la fusion pse ropage à peine sur une longueur de quelques millimètres sur la tige de bois.

Fig. 311. — Appareil d'Ingenhousz.

Les corps solides les plus usuels peuvent être classés comme il suit, par ordre de conductibilité décroissante :

Argent, cuivre, or, laiton, zinc, étain, fer, acier, plomb, platine, bismuth ;

Verre, marbre, porcelaine, charbon, bois.

En général, les métaux sont les corps qui conduisent le mieux la chaleur. — Au contraire, le verre, la porcelaine, sont des corps *mauvais conducteurs*. — De tous les corps solides, c'est le bois qui présente la plus faible conductibilité. C'est pourquoi l'on adapte des manches de bois aux outils de fer qui doivent être introduits dans le feu ; des anses de bois, aux théières d'argent, etc.

435. Courants produits dans les liquides ou dans les gaz, chauffés par leur partie inférieure. — Lorsqu'on chauffe un liquide par la partie inférieure, comme on le fait d'ordinaire, les couches qui reçoivent directement l'action de la chaleur se dilatent: par suite, leur densité diminuant, elles s'élèvent; elles sont remplacées par d'autres qui s'échauffent à leur tour, et ainsi de suite. Il s'établit ainsi des courants ascendants de liquide chaud, et des courants descendants de liquide froid. — On peut rendre ces courants visibles par une expérience simple. Une cloche de verre renversée (*fig.* 312) contient de l'eau, dans laquelle on a mis en suspension un peu de sciure de bois; en chauffant cette cloche par un point de sa paroi inférieure, on voit les parcelles de bois, entraînées par les mouvements de l'eau, s'élever du point chauffé vers la surface, et redescendre ensuite en longeant les parois du vase. — Ce déplacement des diverses parties du liquide, qui a pour effet de répartir à peu près uniformément la chaleur dans toute sa masse, a été désigné sous le nom de *convection.* C'est, comme on le voit, un phénomène absolument différent de ceux que produit la *conductibilité*, dans un corps dont toutes les parties restent immobiles les unes par rapport aux autres.

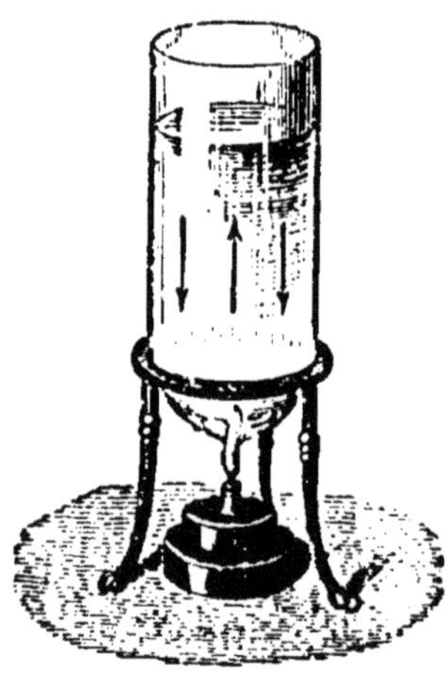

Fig. 312. — Courants produits dans un liquide chauffé.

Les gaz étant plus dilatables et plus mobiles que les liquides, les mouvements de ce genre s'y manifestent plus facilement encore. — C'est ainsi que l'air échauffé au contact des parois d'un poêle monte à la partie supérieure de la pièce qui le contient; il est remplacé par de l'air plus froid, qui s'échauffe et s'élève à son tour, et ainsi de suite.

De même, quand la surface de la terre est chauffée par le soleil, les couches d'air voisines du sol s'élèvent à mesure qu'elles s'échauffent; elles sont remplacées par de l'air froid, qui afflue des régions voisines, et qui se comporte ensuite de la même manière. — C'est l'une des causes qui produisent les *vents*, à la surface de la terre, comme on le verra plus loin (444).

436. Faible conductibilité des liquides et des gaz — D'après ce que l'on vient de voir, pour juger si les liquides sont conducteurs de la chaleur, il faut faire en sorte qu'il ne puisse pas s'y produire des mouvements de convection. — C'est à quoi l'on parvient en les chauffant pa la partie supérieure: dans ces conditions, la conductibilité est tellement faible qu'on peut faire bouillir, *à la surface*, de l'eau placée dans un tube de verre, sans faire éprouver une élévation de température sensible à la partie inférieure.

Les gaz sont encore plus mauvais conducteurs que les liquides; une couche gazeuze, maintenue dans un état d'immobilité absolue, peut-être considérée comme à peu près incapable de transmettre la chaleur par conductibilité. — C'est là ce qui explique l'emploi des fourrures, de la laine, des étoffes ouatées, comme vêtements pour l'hiver: les filaments dont ces étoffes sont formées emprisonnent, dans leurs interstices, une couche d'air qui empêche la chaleur de se propager au dehors. — Ces mêmes enveloppes, placées autour d'un corps dont la température est inférieure à celle du milieu ambiant, l'empêchent aussi de s'échauffer: c'est ainsi qu'on peut, en été, conserver de la glace pendant plusieurs heures, en l'environnant de couvertures de laine.

III. — DISTRIBUTION DE LA CHALEUR A LA SURFACE DU GLOBE

437. — Causes diverses qui influent sur la distribution de la température à la surface du globe. — Les inégalités qu'on observe dans la distribution de la température, aux diverses régions du globe, doivent être attribuées à des causes multiples. Les principales sont: l'influence de la latitude, l'influence de la proximité ou de l'éloignement des grandes étendues d'eau, et l'influence de l'altitude. — Enfin, les mouvements produits dans l'atmosphère, par les variations de pression, qui se rattachent aux variations de température, achèvent de donner, à l'ensemble de ces phénomènes, une complication particulière.

Nous nous contenterons d'indiquer les principaux résultats fournis par l'observation, en rapportant chacun d'eux à ses causes essentielles.

438. Températures moyennes. — La température moyenne d'*un jour*, en un lieu déterminé, est la moyenne des températures observées dans ce lieu, d'heure en heure, de minuit à minuit (*)

La température moyenne d'*un mois* est la moyenne des températures de tous les jours de ce mois.

La température moyenne d'*une année* est la moyenne des températures des mois de cette année.

La *température moyenne d'un lieu* est la moyenne des températures d'un grand nombre d'années. Cette donnée est d'autant plus exacte, qu'on emploie, pour l'évaluer, un plus grand nombre de moyennes annuelles. — La température moyenne de Paris, fournie par trente années d'observations, est de 10°,8.

439. Lignes isothermes, isothères et isochimènes. — Pour représenter la distribution des températures moyennes à la surface du globe, on a construit sur la sphère les trois systèmes de lignes suivants, dont l'idée première est due à de Humboldt :

(*) L'expérience a montré que la moyenne de ces vingt-quatre observations diffère peu de la moyenne de trois observations, faites, la première au lever du soleil, la seconde à midi, la troisième au coucher du soleil.

1° *Lignes isothermes* (ἴσος, égal, θερμός, chaleur), qui réunissent les points ayant la même température moyenne de l'année;

2° *Lignes isothères* (ἴσος, égal, θέρος, été), qui réunissent les points ayant la même moyenne des trois mois de l'été (juin, juillet, août);

3° *Lignes isochimènes* (ἴσος, égal, χειμών, hiver), qui réunissent les points ayant la même moyenne des trois mois de l'hiver (décembre, janvier, février).

440. Climats. — On nomme *climat* d'un lieu, l'ensemble des conditions météorologiques auxquelles il est soumis dans l'espace d'une année. — Au point de vue des conditions de température, il est facile de voir que la considération *simultanée* des trois espèces de lignes précédentes fournira des résultats précieux sur les climats des diverses régions. Si l'on sait, par exemple, qu'un point du globe est traversé par la ligne isotherme de 10°, on connaîtra sa température moyenne annuelle; ce n'est là qu'une notion imparfaite, car une même moyenne peut être fournie par des températures qui varient entre des limites très différentes. Mais, si l'on sait, en outre, que ce point est situé sur la ligne isothère de + 25°, et dans le voisinage de la ligne isochimène de — 5°, on saura que la température de l'été y est très élevée, et la température de l'hiver très basse. — Si, au contraire, une autre région, située sur la même ligne isotherme de 10°, est traversée par la ligne isothère de + 15° et par la ligne isochimène de + 5°, cette région présente, dans le cours de l'année, une température beaucoup plus uniforme et un climat tout différent. — Ces différences ont, au point de vue de la végétation par exemple, une extrême importance.

On distingue généralement trois espèces de climats :

1° *Climats constants*, pour lesquels la température moyenne de l'été ne présente avec celle de l'hiver qu'une différence de 6 à 7 degrés;

2° *Climats tempérés*, pour lesquels la température moyenne de l'été présente avec celle de l'hiver, une différence d'une quinzaine de degrés. — Tel est, par exemple, le climat de Paris, où la moyenne de l'été est + 18°,1, et la moyenne de l'hiver + 3°,3;

3° *Climats excessifs*, pour lesquels la différence des températures moyennes de l'été et de l'hiver est plus considérable.

441. Influence de la latitude. — Les durées relatives du jour et de la nuit sont variables, à une même époque de l'année, avec la latitude : en 24 heures, des régions situées à des latitudes différentes ne reçoivent donc pas la chaleur du soleil pendant le même temps. La hauteur à laquelle le soleil s'élève au-dessus de l'horizon varie également avec la latitude, et c'est là encore une cause d'inégalité dans les quantités de chaleur qui tombent sur des surfaces égales. — On s'explique ainsi le partage du globe en cinq grandes zones géographiques :

1° La *zone torride*, limitée par les deux tropiques, c'est-à-dire par les deux parallèles qui sont situés, de part et d'autre de l'équateur, à la latitude de 23°,28′. — Cette zone est caractérisée par un *climat très constant* et par une *température moyenne annuelle très élevée.*

2° Les deux *zones tempérées*, situées de part et d'autre de la zone torride : chacune d'elle est limitée, d'une part par les tropiques, de l'autre par le cercle polaire, qui est situé à 23°,28′ du pôle (latitude 66°,32′). — Dans chaque zone tempérée, à mesure qu'on s'éloigne du tropique, le climat, d'abord *tempéré*, tend à devenir *excessif*, et la température moyenne annuelle devient *de plus en plus basse.*

3° Les deux *zones glaciales*, comprises chacune entre l'un des cercles polaires et le pôle correspondant. — La température, extrêmement basse pendant des nuits dont la longueur devient de plusieurs mois, ne peut atteindre qu'une moyenne très peu élevée pendant les longs jours, à cause de la grande obliquité des rayons solaires. Aussi, ces zones sont-elles caractérisées par une température moyenne très basse : ce sont les régions des *glaces perpétuelles*, dont les limites varient peu avec les saisons.

442. Influence du voisinage des mers. — Les eaux possèdent, pour la chaleur, un pouvoir absorbant et un pouvoir émissif moindres que la terre ferme; par suite, toutes choses égales d'ailleurs, elles absorbent ou émettent des quantités moindres de chaleur. — En outre, l'eau est le corps qui a la plus grande chaleur spécifique (195) : pour une même quantité de chaleur absorbée ou émise, c'est donc l'eau qui éprouve la plus petite variation de température. — Enfin une partie de la chaleur absorbée par les eaux est employée à la vaporisation. — Pour ces diverses raisons, on conçoit que l'échauffement ou le refroidissement doive être beaucoup plus lent pour les grandes étendues d'eau, que pour la terre ferme.

Aussi, les *climats maritimes* doivent-ils être classés généralement parmi les climats tempérés, et souvent même parmi les climats constants, tandis que les *climats continentaux* peuvent être, sous la même latitude, des climats excessifs. — Les climats les plus constants sont les *climats insulaires*, offerts par les îles placées au milieu de mers très étendues. — Ces différences sont rendues frappantes par les caractères spéciaux de la végétation, pour chacun de ces climats.

443. Influence de l'altitude. — L'observation montre encore que, en chaque point du globe, la température diminue à mesure qu'on s'élève dans l'atmosphère : cet abaissement de température est d'environ 1 degré pour un accroissement de hauteur ou d'*altitude* de 180 mètres. — Cette remarque montre que, si l'on veut se rendre compte des valeurs des températures observées en tel ou tel lieu, on devra avoir égard, non seulement, comme nous venons de l'indiquer, à sa latitude et à sa situation près des côtes ou dans l'intérieur des continents, mais aussi à sa hauteur au-dessus du niveau de la mer (*).

(*) On s'explique ainsi, par exemple, comment la limite des *neiges perpé-*

IV. — DES VENTS

444. Causes des vents en général. — La production des vents se relie intimement aux variations de température. Elle peut dépendre de causes diverses : nous indiquerons les principales.

Lorsqu'une région a été fortement chauffée, les couches d'air voisines du sol s'élèvent, en vertu de leur diminution de densité ; ces couches sont remplacées par l'air froid, qui afflue des régions voisines. De là, un vent qui souffle, à la surface du sol, des régions plus froides vers la région considérée. Quant à l'air chaud qui s'est élevé, il se déverse par les régions supérieures vers les parties froides, et produit ainsi, dans les hautes régions de l'atmosphère, un vent en sens contraire (*).

Le même effet peut encore se produire par une différence dans l'état hygrométrique de deux masses d'air voisines, un mélange d'air et de vapeur d'eau étant moins dense que de l'air sec, à la même température et à la même pression.

Enfin, des coups de vents peuvent résulter du vide produit, en un point, par la condensation subite d'une grande quantité de vapeur d'eau, comme cela a lieu dans les orages : l'air des régions voisines se précipite dans cet espace, où la pression est moindre.

445. Vents périodiques. — Brises. — Moussons. — Parmi les vents périodiques, on peut citer les *brises*, qui se produisent presque chaque jour sur les côtes, et qui affectent deux directions différentes dans le cours d'une même journée. — La *brise de mer* souffle le matin, au lever du soleil : la terre s'échauffant plus vite que la mer (442), il s'établit au-dessus de la terre une colonne d'air ascendante, qui appelle l'air de la mer. — La *brise de terre* se produit au coucher du soleil : la terre se refroidissant plus vite que la mer, l'air de la côte descend, pendant que l'air de la mer s'élève pour lui faire place.

Les *moussons* sont des vents périodiques, qui s'observent surtout dans la mer des Indes, et qui règnent pendant six mois dans un sens, et pendant les six autres mois en sens contraire. La *mousson de printemps*

tuelles se trouve, sur les diverses montagnes, à des altitudes différentes, selon la position géographique de ces montagnes elles-mêmes. — A Quito, dans le voisinage de l'équateur, la limite des neiges perpétuelles est à 4800 mètres au-dessus du niveau de la mer ; dans les montagnes de l'Islande, au voisinage du cercle polaire boréal, elle n'est qu'à 936 mètres au-dessus de ce même niveau.

(*) On peut mettre en évidence ce double mouvement au moyen d'une expérience imaginée par Franklin. Si l'on ouvre la porte d'une chambre chauffée, donnant sur un espace froid, et si l'on place une bougie au niveau du sol, on constate, par le mouvement de la flamme, l'existence d'un courant d'air venant du dehors vers la chambre. Si on place, au contraire, la bougie vers le haut de l'ouverture de la porte, on constate un mouvement inverse de l'air chaud, de l'intérieur de la chambre vers le dehors.

commence au mois d'avril, c'est-à-dire à l'époque où la température du continent commence à devenir plus élevée que celle de la mer; aussi est-ce un vent de mer, qui dure jusque vers le mois d'octobre. A cette époque, survient le *mousson d'automne*, qui souffle du continent, tant que la température du sol décroît plus vite que celle des mers.

446. Vents constants. — Alizés. — Les seuls vents constants sont les *vents alizés*, qui soufflent pendant toute l'année dans le voisinage de l'équateur, et dont l'influence se fait sentir à une grande distance. — Voici l'explication qui en a été donnée par Halley.

Dans les régions intertropicales, l'élévation considérable de la température, jointe à l'évaporation rapide des eaux des mers, détermine une ascension des couches inférieures de l'atmosphère, qui sont remplacées par de l'air affluant des régions tempérées. Si la terre était immobile, il se produirait, à sa surface, des courants dirigés *de chacun des pôles vers l'équateur*. — Mais la terre tourne autour de la ligne des pôles, et les vitesses de rotation de ses différents points sont d'autant plus grandes qu'ils sont plus rapprochés de l'équateur. Donc, quand une masse d'air, ayant séjourné au contact des zones tempérées, vient à affluer vers les tropiques, elle est animée d'une vitesse de rotation moindre que celle des tropiques : elle reste, pour ainsi dire, en retard par rapport à ce mouvement de rotation, et paraît souffler en sens inverse du mouvement de la terre. Le vent de l'hémisphère boréal est donc ainsi transformé en un vent de *nord-est;* le vent de l'hémisphère austral, en un vent de *sud-est*. — Ces deux vents se combinent en arrivant sur l'équateur, où ils produisent un vent d'*est*.

La même explication fait comprendre la production de *contre-alizés supérieurs*, allant de l'équateur vers les pôles. Ces courants arrivent au-dessus des régions tempérées, avec une vitesse de rotation plus grande que celle de ces régions; de là, dans les parties supérieures de l'atmosphère, un vent de *sud-ouest* pour l'hémisphère boréal; un vent de *nord-ouest* pour l'hémisphère austral. — Ces contre-alizés, qui règnent au-dessus des alizés inférieurs, ont pu être constatés par la direction dans laquelle ils transportent les nuages élevés.

447. Influence des contre-alizés et du gulf-stream sur la température de l'Europe. — Les contre-alizés de notre hémisphère ont une influence considérable sur le *climat* de nos régions. Ces courants supérieurs, de direction sud-ouest, s'abaissent progressivement vers la surface du globe: c'est à eux qu'on doit attribuer la prédominance du vent de sud-ouest en Angleterre, en France (sauf la région méditerranéenne), etc. — Ces vents du sud-ouest n'atteignent notre continent qu'après avoir passé au-dessus d'une partie de l'océan Atlantique qui est traversée par le *gulf-stream*, ce grand courant d'eau tiède qui est indiqué sur les cartes, et qui, partant du golfe du Mexique, vient atteindre les côtes de Norvège. On comprend que ces vents empruntent à la surface de la mer sa température et son humidité, et ramènent, sur les régions qu'ils traversent, la pluie et une température modérée.

C'est à ce courant d'eau tiède (le *gulf-stream*), et à ce courant d'air tempéré et humide (le *courant équatorial* du sud-ouest), que nos pays doivent le climat exceptionnellement doux dont ils jouissent.

448. Trombes. — Cyclones. — Pendant le mouvement de translation de l'air, dans une direction déterminée, il se produit, comme dans les cours d'eau, des tourbillons animés d'une vitesse de rotation plus ou moins grande, et se transportant en même temps dans le sens du courant général. — Ces phénomènes ont été désignés par des noms différents, selon les dimensions de ces tourbillons et l'intensité des effets qu'ils peuvent produire.

On désigne sous le nom de *trombe*, un phénomène tout à fait local, dont on peut souvent observer tous les détails. On voit descendre des nuages une sorte de protubérance, affectant d'abord la forme d'un entonnoir, et s'allongeant ensuite en une sorte de colonne qui vient atteindre la mer ou le sol. Cette colonne est animée à la fois d'un mouvement de translation général, et d'un mouvement de rotation sur elle-même. La vitesse de rotation de l'air peut être assez grande pour arracher des arbres, renverser des édifices, etc.

Les *cyclones*, les *ouragans*, sont également dus à la rotation de l'air autour d'un axe vertical; mais le phénomène affecte des dimensions tout autres. Ce n'est qu'en réunissant les observations faites en des points suffisamment éloignés, qu'on a pu constater le mouvement de rotation de ces masses d'air, qui ont parfois plus de cent lieues de diamètre. — L'observation a montré que le sens de la *rotation* de l'air autour du centre, est toujours, pour notre hémisphère, de l'E. à l'O. en passant par le N., c'est-à-dire *en sens contraire du mouvement des aiguilles d'une montre*. Dans l'hémisphère austral, le sens est inverse, c'est-à-dire que la rotation s'effectue dans le sens du mouvement des aiguilles d'une montre. — Au centre du cyclone, le baromètre est très bas, et l'air est relativement calme; à mesure qu'on s'éloigne du centre, la pression barométrique va en croissant; sur les limites du cyclone, la vitesse de rotation peut devenir redoutable (*).

(*) La rotation étant accompagnée d'un mouvement de translation de toute la masse, on conçoit que la vitesse absolue du vent ne doit pas être la même des deux côtés d'un observateur qui serait placé au centre et qui regarderait dans la direction où le cyclone se transporte. A *droite*, elle est la somme de la vitesse de rotation et de la vitesse de translation; c'est ce côté que les marins appellent le *demi-cercle dangereux*. A *gauche*, elle n'est que la différence entre les deux vitesses; c'est ce qu'on nomme le *demi-cercle maniable*.

Lorsqu'un navire se sent atteint par un cyclone, ce dont il est averti par la baisse rapide du baromètre, il doit manœuvrer pour s'éloigner du centre, qui se trouve toujours, pour notre hémisphère, à *sa droite*, lorsqu'il fait face au vent. La règle inverse doit être appliquée dans l'hémisphère austral.

449. Service météorologique international. — Un service de correspondance télégraphique, pour la transmission des observations météorologiques, est établi sur toute l'Europe. Chacun des bureaux du service météorologique international, connaissant les hauteurs barométriques, à un instant déterminé, en un grand nombre de points répartis sur la surface de l'Europe, peut tracer sur une carte une série de lignes *isobares*, dont chacune réunit les points où la hauteur barométrique est la même (*fig.* 313). L'observation montre que les lignes successives,

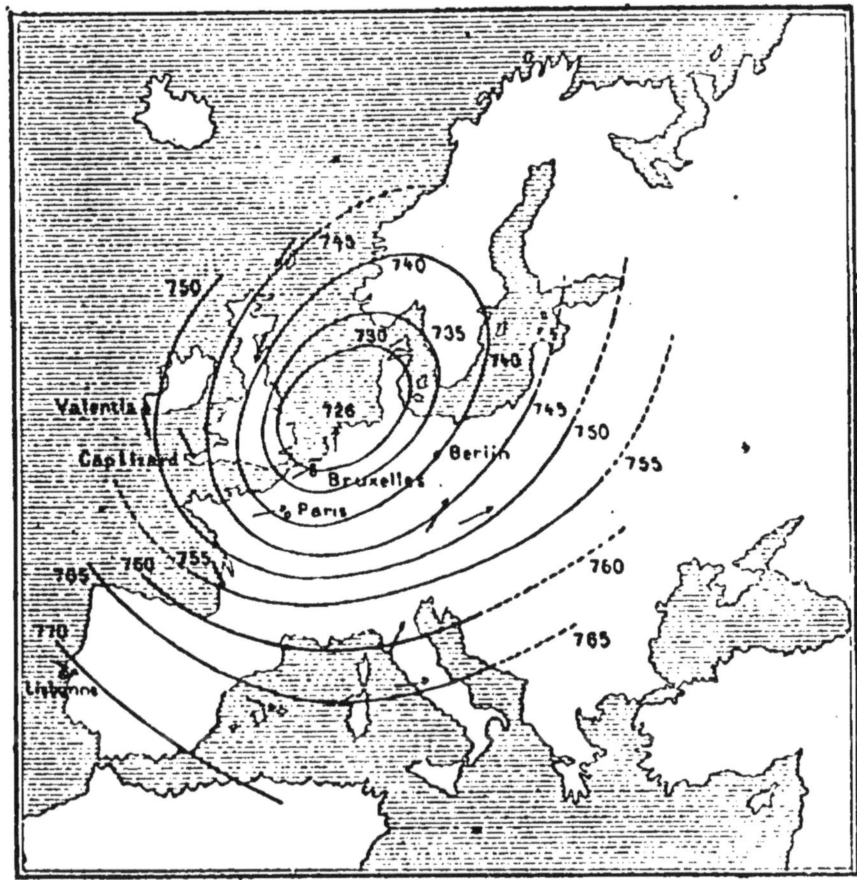

Fig. 313. — Diagramme de la tempête du 9 décembre 1871.

correspondant à des hauteurs barométriques variant de 5 millimètres en 5 millimètres de mercure, se présentent généralement sous la forme de cercles concentriques plus ou moins déformés. — En chaque point de la carte, on représente, en outre, par des signes conventionnels, la vitesse du vent en grandeur et en direction, l'état de la mer, etc.

450. Bourrasques et dépressions. — La construction quotidienne des lignes isobares a mis en évidence la loi suivant laquelle la direction et l'intensité des vents varient sur la partie occidentale de l'Europe.

Le vent souffle généralement en tournant autour du point où le baromètre est le plus bas ; le mouvement de rotation de l'air est en sens contraire des mouvements des aiguilles d'une montre; la force du vent est d'autant plus grande que la dépression du baromètre est plus grande au point central.

Nous reproduisons (*fig.* 313), à titre d'exemple, la carte des lignes isobares pour le 9 décembre 1874, carte qui montre d'une manière frappante les diverses particularités du phénomène.

Ces mouvements tournants, dont l'ensemble constitue ce qu'on a désigné d'abord sous le nom de *bourrasques*, et ce qu'on désigne aujourd'hui sous le nom de *dépressions*, sont semblables à ceux des cyclones, mais la vitesse de rotation et la vitesse de translation sont beaucoup moindres. Par contre, leur étendue est bien plus considérable. — Pour nos latitudes, les dépressions se forment généralement sur l'océan Atlantique, et se dirigent vers l'est; leur marche est connue par la comparaison des cartes des lignes isobares pour deux jours consécutifs. — C'est ainsi que la bourrasque représentée par la figure 313 a attaqué l'Irlande le 8 décembre, et que, le lendemain, son centre se trouvait dans la mer du Nord.

On peut dire que le régime météorologique ordinaire de l'Europe occidentale consiste dans le passage d'une série à peu près continue de dépressions, venant de l'océan Atlantique, se déplaçant avec une vitesse plus ou moins grande, se déformant plus ou moins en chemin, mais *se dirigeant toujours vers l'est* — Cette loi générale est un des éléments qui ont rendu possible la *prévision du temps*, au moins à courte échéance.

TABLE DES MATIÈRES

NOTIONS DE MÉCANIQUE PHYSIQUE

LIVRE PREMIER

PESANTEUR ET HYDROSTATIQUE

LIVRE II

CHALEUR

LIVRE III

ÉLECTRICITÉ ET MAGNÉTISME

LIVRE IV

ACOUSTIQUE

LIVRE V

OPTIQUE

COMPLÉMENT AU LIVRE II

PROPAGATION DE LA CHALEUR. — CHALEUR TERRESTRE

17948. — Imprimerie A. Lahure, 9, rue de Fleurus, à Paris.

A LA MÊME LIBRAIRIE

Précis de Chimie, par M. L. TROOST. 25e édition, entièrement refondue, rédigée conformément aux nouveaux programmes, pour la classe de philosophie, et suivie de quelques notions de chimie organique. 1 vol. in-18, avec 224 figures . . . . 3 fr.

Précis de Mécanique, par M. BURAT, prof. au lycée St-Louis. 8e édit., conforme aux récents programmes 1 vol. in-18, avec 226 fig. 3 fr.

Précis de Cosmographie, par A. TISSOT, ancien professeur de mathématiques au lycée St-Louis. 4e édit. 1 vol. in-18 cartonné toile. 3 fr.

Précis de Trigonométrie, par Ch. VACQUANT. 7e éd., conforme aux nouveaux programmes. 1 vol. in-18. . . . . 1 20

Éléments de Géométrie moderne contenant toutes les matières du programme de la classe de mathématiques élémentaires, par Ch. VACQUANT. 1 vol. in-18 cartonné toile bleue. 4 50

Mémento de Chimie à l'usage des candidats au Baccalauréat ès sciences et au Baccalauréat ès lettres, par M. A. DYBOWSKI, agrégé des sciences physiques, professeur au lycée Charlemagne. 4e édition, Paris, 1891. 1 vol. in-12. . . . . 2 fr.

Mémento d'Histoire naturelle, par le Dr MARAGE. Paris, 1 vol. in-12, avec 102 figures . . . . 2 fr.

Questions de Physique à l'usage des candidats aux Baccalauréats et à l'École militaire de Saint-Cyr. — Énoncés et solutions par R. CAZO, docteur ès sciences. 2e édition. 1 vol. in-12. . . . . 2 fr.

Cours complet de Géographie publié par une Société de professeurs sous la direction de M. Marcel DUBOIS, maître de conférences de géographie à la Sorbonne et à l'École normale de jeunes filles de Sèvres. 8 volumes petit in-8° reliés toile grise accompagnés de figures, cartes et croquis géographiques.

Géographie élémentaire des cinq parties du monde, par M. M. DUBOIS. 2 fr.

Géographie élémentaire de la France et de ses colonies (cours élémentaire), par M. Marcel DUBOIS. . . . . 2 fr.

Géographie générale du monde. — Géographie du bassin de la Méditerranée, par M. Marcel DUBOIS, avec la collaboration de M. A. PARMENTIER, professeur au lycée de Troyes . . . . 2 fr.

Géographie de la France et de ses colonies (cours moyen), par M. Marcel DUBOIS . . . . 3 fr.

Géographie générale. — Étude du continent américain, par M. Marcel DUBOIS, avec la collaboration de M. Augustin BERNARD, professeur agrégé d'histoire et de géographie. . . . . 3 fr.

Afrique — Asie — Océanie, par M. Marcel DUBOIS avec la collaboration de M. M.-C. MARTIN, professeur agrégé d'histoire et de géographie, et H. SCHIRMER, membre de la Société de géographie . . 3 50

Europe, par M. Marcel DUBOIS avec la collaboration de MM. DURANDIN et Albert MALET, professeurs agrégés d'histoire et de géographie. 5 fr.

Géographie de la France et de ses colonies (cours supérieur), par M. Marcel DUBOIS . . . . 6 fr.

Cours d'Histoire pour l'enseignement secondaire classique, par F. CORRÉARD, professeur d'histoire au Lycée Charlemagne (programme du 28 janvier 1890). 4 vol. in-16 cartonnés toile.

Classe de troisième : Histoire de l'Europe et de la France depuis 308 jusqu'en 1270 . . . . 2 fr. 50

Classe de seconde : de 1270 à 1610. . . . . 3 fr. 50

Classe de rhétorique : de 1610 à 1789. . . . . 3 fr. 50

Classe de philosophie : Histoire contemporaine, de 1789 à 1880. . 6 fr.

25921. — Imp. LAHURE, 9, rue de Fleurus, Paris.

www.ingramcontent.com/pod-product-compliance
Ingram Content Group UK Ltd.
Pitfield, Milton Keynes, MK11 3LW, UK
UKHW012155240726
13966UKWH00002B/346